PHYSIOGEOGRAPHICA

BASLER BEITRÄGE ZUR PHYSIOGEOGRAPHIE

Band 34

Basler Trinkwassergewinnung in den Langen Erlen –

Biologische Reinigungsleistungen
in den bewaldeten Wässerstellen

mit 239 Abbildungen, 49 Tabellen

und umfangreichem Anhang

von

Daniel Rüetschi

Bibliographische Information der Deutschen Bibliothek
Die Deutsche Bibliothek verzeichnet diese Publikation in der Deutschen Nationalbibliographie; detaillierte Daten sind im Internet unter http://dnb.ddb.de abrufbar.

PHYSIOGEOGRAPHICA

©2004 Prof. Dr. H. Leser und Dr. D. Rüetschi

Departement für Geographie der Universität Basel
Klingelbergstrasse 27
CH-4056 Basel

Alle Rechte vorbehalten.

Der vorliegende Band erscheint gleichzeitig als Dissertation der Philosophisch-Naturwissenschaftlichen Fakultät der Universität Basel.

Vorwort des Dissertationsleiters Prof. Dr. Hartmut Leser

Biologische Reinigungsleistungen bewaldeter Wässerstellen: Anwendung als Problem für Forschung an Hochschulen

Hartmut Leser[1]

Forschungsgruppe Landschaftsanalyse und Landschaftsökologie Basel (FLB)

Abteilung Physiogeographie und Landschaftsökologie
Geographisches Institut der Universität Basel

1 Einleitung: *Worum geht es?*

Die hier vorgestellte Dissertation (D. RÜETSCHI 2004) entstand in Zusammenarbeit mit den *Industriellen Werken Basel (IWB)* und vor dem Hintergrund langjähriger Arbeiten der Forschungsgruppe (GEOGRAPHISCHES INSTITUT, UNIVERSITÄT BASEL), die sich aus mehreren Diplomanden zusammensetzte und letztlich auch dem MGU-Projekt F2.00, das von Seiten des Geographischen Instituts der Universität Basel von CHR. WÜTHRICH geleitet wurde (CHR. WÜTHRICH et al. 2003).

Im Zuge der schrittweise vorangetriebenen Revitalisierung der Landschaft um die Untere Wiese wurden vom Geographischen Institut verschiedene Projekte gestartet, die sich auf den Zusammenhang „Fluss und Landschaft" sowie „Mensch und Nutzung" konzentrierten. Einen wichtigen Mosaikstein in diesem Komplex bildet die vorliegende Dissertation „Basler Trinkwassergewinnung in den Langen Erlen - Biologische Reinigungsleistungen in den bewaldeten Wässerstellen".

---

[1] PROFESSOR DR. RER. NAT. HABIL. DR. RER. NAT. h.c. HARTMUT LESER, Geographisches Institut, Universität Basel, Klingelbergstr. 27, CH-4056 Basel, E-Mail: Hartmut.Leser@unibas.ch / www.unibas.ch/geo/physiogeo/homepages/leser.htm

Vorwort des Dissertationsleiters Prof. Dr. Hartmut Leser

Die Arbeit setzt bei der so genannten künstlichen Grundwasseranreicherung an, die seit Jahrzehnten in den Langen Erlen praktiziert wird, indem Rohwasser aus dem Rhein über eine Schnellfilteranlage für die mechanische Reinigung in Wässerstellen geleitet wird. Dort erfolgt eine quasinatürliche Versickerung in den Aquifer und anschliessend eine Wiedergewinnung des Wassers über Grundwasserbrunnen, von denen das Wasser abgepumpt und in das allgemeine Trinkwassernetz eingespeist wird. Die Arbeit hat die Aufgabe, die ökologischen Umstände der Versickerungsleistung der bewaldeten Wässerstellen zu untersuchen.

2 Methodologische Betrachtungen zum Inhalt der Arbeit

Dieses Kapitel nimmt einzelne Inhaltsaspekte der Dissertation auf und schlägt eine Brücke zu methodischen und methodologischen Überlegungen, die sich auf raumbezogene Feldforschungen generell beziehen.

Die Dissertation von D. RÜETSCHI erscheint sehr speziell und ausserhalb des Rahmens zu liegen, in welchem sich die meisten anderen Dissertationen der Reihe *Physiogeographica* bewegen. Diese vermeintliche oder tatsächliche Spezialität bietet Anlass, dem Untertitel dieses Beitrages gerecht zu werden, über Forschung für Anwendung nachzudenken.

Der Spezialfall scheint sich zu ergeben aus
- der Kleinräumigkeit des Untersuchungsgebietes und
- der Fokussierung auf einen hydrobiochemischen Sachverhalt.

Trotzdem folgt D. RÜETSCHI eminent geographischem Gedankengut, wie es die Theorie des Faches vorgibt (D. BARTELS 1968; H. LESER & R. SCHNEIDER-SLIWA 1999; R. SCHNEIDER-SLIWA et al. 1999), speziell jedoch E. NEEF (1967), der von der *Geographischen Realität* spricht, die – wie bei H. LESER (2003 a) diskutiert – besonders von humangeographischer Seite gelegentlich in Frage gestellt wird (G. HEINRITZ Hrsg. 2003), vor allem, wenn es um die *Raumrealität* geht. Für die naturwissenschaftliche Feldforschung ist dies keine methodologische Hürde: Die Datengewinnung kann nur im Raum und vor Ort erfolgen, d.h. in den *aktuellen, also auch vom Menschen genutzten und veränderten* Landschaftsökosystemen.

2.1 Inhalt und Grundlagen

In sechs, zum Teil sehr umfangreichen Kapiteln werden nacheinander behandelt in der Einleitung (Kap. 1): das Projekt und die Grundprinzipien der Grundwasseranreicherung; in Kap. 2: „Methodik" die Untersuchungsgebiete, die physikalischen, chemischen und biologischen Sachverhalte und deren zum Teil höchstdiverse Untersuchungsaspekte; in Kap. 3: „Resultate" werden sehr umfassend zahlreiche Einzelsachverhalte zu Boden, mikrobieller Biomasse und der Wasserqualität während der Passage durch den Untergrund sowie die Folgen des Wirbelsturms *Lothar*, die Kohlenstoffbilanz und die Entwicklung der Versuchswässerstelle behandelt; das Kap. 4 „Diskussion" stellt Boden und Bios als zentrale Elemente des Reinigungsprozesses dar und differenziert die diversen physikalischen, chemischen und biologischen Vorgänge dieser Prozesse; in den „Schlussfolgerungen" des Kap. 5 greift der Verfasser die Hypothesen aus Kap. 1.5 auf und gibt Nutzungsempfehlungen, während in Kap. 6 „Ausblick" über die Weiterverbreitung des Basler Reinigungssystems nachgedacht wird.

Es folgen die „Zusammenfassung" (Kap. 7) bzw. das englische „Summary" (Kap. 8) und ein sehr umfangreiches Literaturverzeichnis. Die Arbeit wird mit drei Anhängen abgeschlossen. Sie beinhalten Dokumentationen zu den Böden sowie eine „Geschichte der Basler Trinkwasserversorgung", die historisch ansetzt und bei den aktuellen Problemen durch den Druck konkurrierender Nutzungen sowie dem aktuellen Gefährdungs-, aber auch Schutzpotential in den Langen Erlen endet. Am Schluss findet sich ein separater Farbtafelteil.

2.2 Gegenstandsdimensionen als methodisches und methodologisches Problem

Seit E. NEEF (1963, 1967; siehe auch H. LESER ^{4}1997 sowie diverse Beiträge in R. SCHNEIDER-SLIWA et al. 1999) steht die Beachtung der *Theorie der geographischen Dimensionen* nicht nur im Vordergrund des Interesses der Fachtheoretiker, sondern auch der Forscher: Die *Dimensionen* stellen nicht einfach nur Grössenordnungen des Raumes dar, in welchem gearbeitet wird, sondern sie sind bei Ansatz und Methodik zu beachten, weil sie über die Zusammenhänge und Grössenordnungen der Ergebnisse und damit letztlich über deren Anwendung entscheiden. Raumbezogene geo- und biowissenschaftliche Forschung hat sich an ihnen insofern zu orientieren, als von den Nutzern und sogenannten „Anwendern" anwendbare Ergebnisse gewöhnlich in anderen Dimensionen gefordert werden als sie vielfach in der wissenschaftlichen Forschung gesucht und erreicht werden. Oft wird an chaotischen Kleinprozessen und Kleinumsätzen geforscht, die sicherlich fachwissenschaftlich interessant, aber für die Anwendung unterhalb der Grössenordnungen der Praxis liegen. Dieser Sachverhalt wurde bereits bei der Einleitung zur Dissertation von B. SPYCHER (1997; H. LESER 1997 a) diskutiert, ebenso früher (H. LESER 1994).

Dies alles ist zu bedenken, wenn in der Arbeit von D. RÜETSCHI (2004) vermeintlich oder tatsächlich kleinräumig und spezialisiert vorgegangen wird. Verwiesen sei auf Abb. 4-15 mit dem *Prozess-Korrelations-System der künstlichen Grundwasseranreicherung in den Langen Erlen*, wo der komplexe ökologische Funktionszusammenhang in einem Beschreibungsmodell dargestellt wird. In diesem wurde genau gekennzeichnet, welche Parameter in welchem Subsystem Gegenstand der Forschung waren. D. RÜETSCHI (2004, S. 286) erfüllt damit eine Forderung auch der Nutzer und Anwender. Sie erwarten von wissenschaftlichen Spezialuntersuchungen eine Einordnung in die Systemzusammenhänge der Geographischen Realität – oder, mit anderen Worten, einen Beleg darüber, was im zugrunde gelegten Modell enthalten ist und vor allem, was *nicht* enthalten ist. Basis auch der Untersuchungen von D. RÜETSCHI ist das *Geoökosystemmodell* der Landschaftsökologie, dargestellt als *Standortregelkreis*, wie er von TH. MOSIMANN (1984; auch TH. MOSIMANN in H. LESER ^{4}1997) konzipiert wurde und seit dem als eines der Basishandwerkszeuge der Geoökologie und Landschaftsökologie Verwendung findet.

Die Komplexität des Ansatzes wird also aus der Darstellung des Prozess-Korrelations-Systems der künstlichen Grundwasseranreicherung in den Langen Erlen ersichtlich. Dieser Standortregelkreis belegt, dass D. RÜETSCHI die für die Fragestellung wesentlichen Grössen untersucht hat, deren Stellenwert durch die Platzierung im Regelkreis offen gelegt wird. Er gliedert in die Kompartimente oberflächennahe Luftschicht, Überstau in der Wässerstelle, Bodenoberfläche, ungesättigte Zone und gesättigte Zone. Die klassische *„Geoökologische Grenzschicht"* (H. LESER ^{4}1997) wird also sachgerecht definiert. Daraus resultieren eine Vielschichtigkeit und eine Multidimensionalität des Ansatzes, denen Laborexperimente sich nicht gegenüber sehen.

In Kap. 5 „Schlussfolgerungen" (S. 293ff.) werden die Hypothesen aus Kap. 1.5 aufgegriffen und beantwortet. Mit drei sehr anschaulichen Grafiken (Abb. 5-1 bis 5-3) werden diverse physikalische, chemische und biologische Prozesse für die einzelnen Kompartimente des Systems übersichtlich und plausibel dargestellt. Einmal mehr zeigt sich ein sehr differenziertes Verhältnis zwischen der Deckschicht (Oberboden), der ungesättigten Zone

Vorwort des Dissertationsleiters Prof. Dr. Hartmut Leser   V

unterhalb der Deckschicht (Tropfkörper) sowie dem Aquifer und seinen sedimentologischen Differenzierungen in Wiese- und Rheinschotter.

2.3 Inhaltliche Details als methodisches Problem

Die Arbeit setzt bei sehr präzisen Fragen der Praxis an. Diese blieben – trotz der jahrzehntelangen Nutzung der Grundwasseranreicherungsstellen in den Langen Erlen – bislang unbeantwortet. Dazu gehört unter anderem die nicht ganz unwesentliche Frage nach jenem Bereich im Untergrund, in dem die Reinigung des Wassers hauptsächlich stattfindet und welche Reinigungsvorgänge es sind, die dabei wirksam werden und eventuell im Prozessverlauf ihren Charakter ändern. Dies bedeutet für die Forschung, die *topische Dimension* zu unterschreiten und in Grössenordnungen biohydrochemischer Prozesse zu gelangen, die sich in der Feldrealität nicht präzis erfassen lassen – im Unterschied zum Laborexperiment oder zum mathematisch-statischen Rechenmodell. Wie kritisch mit Modellen umgegangen werden muss, wurde im Zusammenhang mit der Arbeit von B. HEBEL (2003) gezeigt (H. LESER 2003 b). Bodenwasserprozesse in subtopischer Grössenordnung spielen sich meist chaotisch ab, wie von C. KEMPEL-EGGENBERGER (1993, 2000) oder H. LESER (1997 a, b) diskutiert wurde. Dahinter steht die real gegebene und eigentlich nicht aufhebbare *Heterogenität* der Landschaft (H. NEUMEISTER 1999). Zwar kann man das Problem oberhalb der topischen Dimension methodisch bewältigen, z.B. durch Merkmalssonderungen, wie sie K. HERZ (1973, 1994) erarbeitete, nicht jedoch unterhalb dieser, also im subtopischen Bereich.

Einzelprobleme
(1) Das von D. RÜETSCHI (2004, S. 286) eingesetzte komplexe Modell und der differenzierte Ansatz erfordern einen breiten, *multidisziplinären* Methodenkatalog, der sich vom Boden über Wasser und Nährstoffe bis hin zur mikrobiellen Biomasse erstreckt. Alle Methoden sind Standardverfahren und werden sachgerecht und zugleich kritisch eingesetzt. Eine Übersicht der Resultate findet sich auf S. 97, die sich an der Reihenfolge der genannten Kompartimente orientiert. Bei den einzelnen Parametern des Systems werden jeweils Gesamtbilanzen vorgelegt, *beispielsweise* die ausführliche Kohlenstoffbilanz (Kap. 3.7; S. 217ff.), die nach Speichern und Flüssen gegliedert ist. Dabei ergibt sich ein kleines Ungleichgewicht zwischen Ein- und Austrägen, die jedoch im normalen Unschärfebereich des Bilanzierungsverfahrens liegt, das man – in Anbetracht des *Kontinuumscharakters* der Zusammenhänge der Einzelparameter dieses *hydrobiochemischen Systems* – nicht überfordern darf. Auch hier muss an den Feld-Schwerpunkt der Arbeit in der *landschaftlichen Reali-*

tät erinnert werden. Gleichwohl kann der Verfasser sehr genau nachweisen, wo die im Untersuchungsgebiet rund 150 t Kohlenstoff gespeichert werden und woher der Kohlenstoff stammt. Nur 16 % des eingetragenen Kohlenstoffs stammen übrigens aus der Wässerung.

(2) Auch die Frage der Veränderung der Wasserqualität während des Bewässerungszyklus' in Bezug zur Witterung oder die Frage der Kolmatierung des Substrats oder das Problem des Oberflächen-Landschaftsökosystems in den Wässerstellen erweist sich insofern als schwierig, als kleinsträumige Funktionszusammenhänge ermittelt werden müssen. Sie stellen an den Einsatz der Methodik in der Realität höchste Ansprüche. Dazu formuliert Verfasser in Kap. 1.5 (S. 46-47) sechs sehr plausible Hypothesen, die diese Fragestellungen aufgreifen.

(3) Im Kap. 4 „Diskussion" werden Boden und Bios als zentrale Elemente der Reinigungsprozesse herausgestellt, wobei sehr detaillierte Fragen, wie z.B. die Beschattung – durch Wald oder Riedvegetation – akribisch untersucht und diskutiert werden. Eine zentrale Aussage der Arbeit (S. 254) lautet, „dass unter den gegebenen Betriebsbedingungen mit einer Schnellfiltration des Versickerungswassers und dem 10-Tage/20-Tage-Bewässerungsrhythmus die Versickerungsleistung in den Wässerstellen auch mittel- bis langfristig (Zeitrahmen: 10-50 Jahre, wahrscheinlich aber noch viel länger) konstant bleibt". Dafür nennt der Verfasser sehr viele gute Gründe, ebenso zeigt er die positiven Auswirkungen des heutigen Bewässerungsrhythmus' auf. Auch aus Naturschutzgründen drängt sich keine Veränderung des derzeitigen Bewässerungszyklus' auf, vorausgesetzt sind jedoch gewisse einfache Massnahmen zur Förderung z.B. der Riedvegetation. Es wird auch plädiert für die Anpflanzung ökologisch wertvoller Baumarten, welche die standortheimische Artenvielfalt, z.B. der Insekten, erhöhen würde.

(4) Aus der Fülle der Diskussionen zu sehr vielen Details des Systems, etwa über die Prozesse im Aquifer oder die Wirkung der biogenen Makroporen, wird auch eine allgemeinere, weit über den Standort hinausgehende Grundsatzproblematik angesprochen. Dies ist die Dimensionierung der Untersuchungsgebiete und die Übertragbarkeit der Schlussfolgerungen auf andere Wässerstellen (Kap. 4.2.7). Die in der Dimension zwischen dem Top und der Mikrochore angelegte Untersuchung lässt den Verfasser zu dem Schluss kommen, dass die Aussagen über das Prinzip der Reinigungsmechanismen vom Untersuchungsstandort „wahrscheinlich generell auf die gesamten Langen Erlen übertragbar" sind (S. 271).

2.4 Praktische Ergebnisse der Dissertation

Obige und andere, hier nicht wiederholte Details weisen bereits eine praktische Perspektive auf. Zusätzlich nimmt D. RÜETSCHI auch zu grundsätzlicheren Fragen der Wasserreinigungspraxis Stellung. Dies geschieht in dem sehr wichtigen Kapitel 4.3, in welchem ein Vergleich der künstlichen Grundwasseranreichung in den Langen Erlen mit der konventionellen Langsamsandfiltration des Dortmunder Verfahrens (S. 271ff.) angestellt wird. Auch dieser Vergleich basiert auf dem landschaftsökologischen Ansatz und ist bewusst auf die allgemeinen theoretischen Grundlagen der Landschaftsökologie (Abb. 4-13; S. 281) abgestellt.

Der Vergleich fokussiert in den beiden Modelldarstellungen des Prozess-Korrelations-Systems für die Langen Erlen (Abb. 4-15; S. 286) und für die Insel Hengsen bei Dortmund (Abb. 4-17; S. 289). Hier findet der Verfasser auch zu Fragestellungen des regionalen Landschaftshaushaltes zurück und diskutiert die Bedeutung der beiden Anlagen, die ja in ehemaligen Auenlandschaften liegen. Ein zentraler Satz hierbei lautet: „Im Gegensatz ... sind es in den Langen Erlen jedoch die Anreicherungsflächen selbst und nicht deren Umgebung, die eine hohe ökologische Wertigkeit als Auen-Ersatzstandorte für viele Pflanzen- und Tierarten besitzen." (S. 290). D. RÜETSCHI ist der Meinung, dass sich durch die auf Grund seiner Untersuchung gegebenen Empfehlungen die ökologische Bedeutung der Wässerstellen steigern liesse. Er schätzt die künstliche Grundwasseranreichung in den Langen Erlen aus ökologischer Sicht positiver ein als das Langsamfilterverfahren von Dortmund und begründet, warum die Wässerstellen als Ersatzlebensräume für Organismen der Auen aufzuwerten wären (S. 291).

Mit Kap. 5.2 werden die Ergebnisse in Beziehung zur Trinkwassergewinnung in den Langen Erlen gesetzt (S. 301 ff.) und konkrete Empfehlungen gegeben, die sich auf die Kolmatierungsgefahr, die Verbesserung der Reinigungsprozesse und die Qualitätssicherung bei der Trinkwassergewinnung beziehen. Eine weitere Gruppe von Empfehlungen in Kap. 5.3 (S. 303 ff.) bezieht sich auf die zunehmenden Nutzungskonflikte in diesem stadtnahen, stark von der Erholungsnutzung frequentierten Bereich. Andere Nutzungen, wie Forst- und Landwirtschaft und die Ansprüche des Naturschutzes, überlagern sich damit zusätzlich. Mit Abb. 5-4 (S. 304) wird eine sehr klare Darstellung der diversen Nutzungsansprüche des Gebietes im „Landschaftspark Wiese" gegeben. Für die einzelnen Nutzerbereiche gibt es dann spezielle Empfehlungen, die sich durch eine sehr realistische Sichtweise – verbunden aber auch mit einer Menge Hoffnungen im Funktionieren des „Anthroposystems" – verbinden.

3 Hochschulen - Forschung - Anwendung

Bei jedem Forschungsprojekt und damit bei jeder Dissertation stellt sich die Frage, ob es um Grundlagenforschung oder um Forschung für Anwendung gehen soll. W. VON ENGELHARDT (1969) und D. BARTELS (1968) legten Definitionen für die Unterschiede zwischen *„Reiner Forschung", „Grundlagenforschung"* und *„Forschung für Anwendung"* vor, die hier nicht wiederholt werden. Die Dissertation RÜETSCHI wird zum Anlass genommen, über diese Problematik nachzudenken. Nicht zuletzt geschieht dies wegen der aktuellen Diskussionen an den Hochschulen, in der Politik und in der Öffentlichkeit, die sich um die *Leistungsaufträge* an die Universitäten drehen.

3.1 Anforderungen der Gesellschaft an „die Wissenschaft" heute

„Gesellschaft" sind wir alle. Aus Sicht der Universitäten – als Vertreter der klassischen Wissenschaftstraditionen („die Wissenschaft", „die Forschung") – begegnen sich vier, sich selbst erklärende gesellschaftliche Gruppierungen:
- Wissenschaft = Forschung und Lehre
- Wissenschaftsadministration =
  - Universitäts- bzw. Hochschulleitung
  - Organisationen der Forschungsförderer
  - Politik = Regierungen, Parlamente und Parteien
- Praxis = die Vielfalt der Anwender und Nutzer wissenschaftlicher Ergebnisse im weitesten Sinne
- „Öffentlichkeit" =
  - Politik
  - Medien
  - Wirtschaft = Finanzgeber, Abnehmer von Hochschulabsolventen
  - Bevölkerung = Steuerzahler.

Die aktuelle Vielfalt der öffentlichen Meinung darüber, was Hochschulen zu leisten haben und was nicht, erweist sich aus Sicht der Universitäten als unauflösbares Problem. Ehrlicherweise muss man *den bestehenden unscharfen, weil heterogenen Anforderungskatalog* an die Universitäten als *unqualifiziert und unüberlegt* bezeichnen, weil jede der obigen Gruppen nur an sich, nicht jedoch an den Kumulationseffekt denkt, dem sich die Universität gegenüber sieht. Die Öffentlichkeit erwartet von der Universität Vielerlei: Hochqualifizierte Forscher, ausgezeichnete Lehramtsleute, bestens ausgebildete Praktiker und ein hohes Ansehen der Hochschule bzw. Universität in der wissenschaftlichen Welt selber (möglichst weltweite Anerkennung), zudem Ergebnisse, die „gesellschaftlich relevant" sind und die (zugleich) für den direkten Einsatz in der Praxis taugen (was nicht identisch mit „gesellschaftlich relevant" sein muss). All dies ist eine eindeutige Überforderung der Universitäts- bzw. Hochschulleute und eine Überfrachtung des Leistungsauftrages.[2]

Ohne Wertung durch die Reihung werden einige in diesen Forderungen und Diskussionen auftauchenden kritischen Punkte stichwortartig benannt[3], welche die aktuelle Überforderung der Universitäten[4] ausmachen:

(1) *„Exzellenz der Hochschulen"*: Ein schillernder Begriff, der sich für alle Interessensgruppen anders darstellt. Der Öffentlichkeit genügt in der Regel das Wissen um einen hohen Standard der Universität, der sich jedoch aus der Einzelleistung des Individuums bzw. der Forschungsgruppe zusammensetzt.

(2) *„Exzellenz der Fakultäten und Fächer"* wird in den Naturwissenschaften mehr in Forschungsgruppen erzielt, wegen des inzwischen hohen Technisierungsgrades der Forschungen praktisch aller Fächer. In den Kultur- und Geisteswissenschaften wird Exzellenz immer noch eher durch die individuelle Leistung erzielt, die sich aus der *individuellen Gedankenarbeit* ergibt.

(3) *„Gesellschaftliche Relevanz"*: Sie wird ständig neu definiert, was mit dem Gang seriöser Forschung und Lehre, die *Zeit und Ruhe* benötigen, nicht zu vereinbaren ist.

(4) *„Gesellschaftlich relevante Forschung"* ist (eigentlich) vor allem *Grundlagenforschung bis Reine Forschung* (bzw. sie sollte es sein). Tatsächlich wird sie in Politik und sonstiger Öffentlichkeit meist mit *Forschung für Anwendung* in „der" Praxis verwechselt.

(5) *„Praxis"*: „Die" Praxis gibt es nicht, wohl aber unzählige Interessensfelder praktischer Bereiche, die der Hochschule näher oder ferner stehen. Praxisrelevante Forschung kann nur gezielt durchgeführt werden

---

[2] Von diesem *Leistungsauftrag* wird zwar allerorten geredet, er existiert jedoch oft nur in den Köpfen der Politiker und der Öffentlichkeit. Er müsste erstens definiert und zweitens – unter jenen Gruppen, welche an die Universität Anforderungen stellen – *koordiniert* werden.

[3] Um den Beitrag nicht zu überfrachten, erfolgt nur eine stichwortartige Benennung der Probleme. Kenner der Materie wissen um deren Hintergründe und Tragweite. Informationsinteressierten gibt der Verfasser gern persönlich Auskunft.

[4] Für die Fachhochschulen stellt sich das Problem nicht (oder nicht in diesem Umfang), weil sie einmal durch ihren Schulcharakter über klarere Strukturen als die Universitäten verfügen und in der Regel ein fest umrissener Leistungsauftrag vorliegt.

(Auftraggeber ⇔ Auftragnehmer). Das ist eine Sache der *Fachhochschulen*, nicht der Universitäten.

3.2 Science community heute: Wie geht es weiter?

Die Eigenwertsverständnisse der Fakultäten wurden bereits angedeutet: Naturwissenschaften mit einer heute oft stark technisierten und somit kostspieligen Forschung, die meist nur noch in Gruppenarbeit geleistet werden kann, stehen den Geistes- und Kulturwissenschaften gegenüber. Die dort üblichen Ansätze und Methodiken sind für viele Naturwissenschaftler Fremdkörper geworden, die human- und kulturwissenschaftliche Begrifflichkeit ist ihnen ohnehin fremd, weil auch innerhalb der eigenen Naturwissenschaft sehr spezialisiert geforscht wird[5]. Dem Naturwissenschaftler ist inzwischen kaum noch vorstellbar, dass *Exzellenz* auch durch individuelle Leistung erreicht werden kann. Dabei wird übersehen, dass die markanten Fortschrittssprünge in den Naturwissenschaften überwiegend Individualleistungen darstellten. Die Offenheit der Fakultäten untereinander existiert praktisch nicht mehr. Hinzu kommt: Naturwissenschaften halten sich grundsätzlich für gesellschaftlich relevant. Diese verhängnisvolle Situation prägt auch jenes Bild der Universität, das von Aussen wahrgenommen wird.

Ein weiteres Basisproblem: Die politische und universitäre Administration[6] amtet kurzatmig. Sie kann sich offensichtlich nicht entscheiden, ob sie Forschung und Lehre im klassischen Universitätsverständnis oder sogenannte Praxisrelevanz möchte. Eigentlich geht es dabei um politische Entscheidungen, die jedoch nicht auf der Ebene der Universitäten, vielleicht noch nicht einmal auf jener der Kantone bzw. Bundesländer gefällt werden können, sondern welche die *nationale Ebene* erfordern.

Beim derzeitigen Wandel der Universitätsstrukturen und dem zugleich erfolgenden Ausbau der Fachhochschulen, die inzwischen oft auch Fachgebiete anbieten, die bislang an den alten Hochschulen und Universitäten vertreten waren, sollte zwischen beiden Einrichtungen klar getrennt werden:

---

[5] Erinnert sei an die ökologisch arbeitenden Disziplinen der Geo- und Biowissenschaften, die immer noch Mühe mit einem einheitlichen, durchaus existierenden Vokabular und vor allem mit den fachlich-ökologischen Forschungsnotwendigkeiten haben. Zu den „Ökologien" siehe H. LESER (1995).
[6] Darunter werden an dieser Stelle alle Leitungs- und Förderungsgremien zusammengefaßt, die Einfluss auf Struktur und Ziele von Forschung und Lehre an der Universität nehmen.

Vorwort des Dissertationsleiters Prof. Dr. Hartmut Leser XI

- *Fachhochschulen* dienen der *berufsbildbezogenen Ausbildung*, in deren Rahmen *auch* geforscht wird. Dies ist *Forschung für Anwendung*. Diese Situation ist bereits fixiert. Studierende, die sehr schnell einen Beruf und keine hochrangige wissenschaftliche Ausbildung anstreben, wählen die Fachhochschule als Ausbildungsstätte.
- *Universitäten* dienen der *Bildung* im klassischen Sinne und bilden vor allem Wissenschaftler aus. Den Mittelpunkt bildet die Forschung. Die Ausbildungsgänge haben keinen direkten Berufsbezug. Die Universitäten betreiben in diesem Rahmen *Reine Forschung* (z.B. Weiterentwicklung facheigener Theorien) und/oder *Grundlagenforschung* (z.B. Weiterentwicklung facheigener Methodiken). Die Grundlagenforschung wird oft mit Forschung für Anwendung verwechselt. Beide Forschungsrichtungen machen den Unterschied zwischen Fachhochschule und Universität aus.

Das Ganze hat nichts mit dem Rückzug der Universitäten in den vielzitierten „Elfenbeinturm" zu tun, sondern vielmehr mit einer klaren Trennung von Zielen und Aufgaben der Fachhochschulen einerseits und der Universitäten andererseits. Was soll die Fachhochschule, was soll die Universität leisten? Auf diese klare Frage fehlt eine klare Antwort. Sie fehlt wohl bislang deswegen, weil es sich – wie angedeutet – um eine politische Entscheidung handelt. Dass davon auch die im Zwielicht stehenden und sich selber im Zwiespalt befindlichen Forschungsförderer betroffen wären, ist ein weiteres, weites Feld.[7]

3.3 Die Dissertation RÜETSCHI als Forschungsbeispiel

Es stellt sich hierbei die Frage „Grundlagenforschung" oder „Forschung für Anwendung". Sie kann kurz und bündig beantwortet werden: Obwohl von einem praktischen Problem ausgegangen wurde und obwohl für die Praxis der Trinkwassergewinnung wichtige und direkt einsetzbare Ergebnisse gewonnen wurden, handelt es sich um *Grundlagenforschung*.

Der grosse Rahmen für diese Arbeit wird durch die Trinkwassergewinnung vorgegeben. Dies ist – und wird es immer mehr, insbesondere aus globaler Sicht – eine Problematik, welche gesellschaftlich von hoher, bisweilen sogar vitaler Relevanz ist. Die Dissertation von RÜETSCHI belegt, dass Grundlagenforschung nicht nur realitätsfremde Forschung im Elfenbeinturm sein muss, sondern sich nah an dem bewegen kann, was für die Ge-

---

[7] Diese für die Universitäten fundamentale Problematik würde ein weites Ausholen erfordern, auf das an dieser Stelle verzichtet wird.

Vorwort des Dissertationsleiters Prof. Dr. Hartmut Leser

sellschaft – und damit auch im *konkreten Alltag* der Bevölkerung – wichtig ist.

Konkreter Anlass für diese Arbeit waren praktische Probleme im System der künstlichen Grundwasseranreicherung in den Langen Erlen, wie z.B. die Frage nach möglicher Kolmatierung, um total offene Fragen des Stoffumsatzes im „Oberflächennahen Untergrund" anzugehen.

Durch die weit gesteckte biohydroökologische Problematik, die Gegenstand der Dissertation war, wurde an noch offenen Grundsatzfragen des Stoffumsatzes in *realen* Pedohydroökosystemen gearbeitet, die eigentlich noch eine Ausweitung und Vertiefung zu erfahren hätten. Hier würde sich eine längerfristig zu bearbeitende Forschungsaufgabe stellen, die an sich von einem Einzelforscher allein nicht gelöst werden kann. Die Arbeit berührt zahlreiche offene ökologische Probleme, die einerseits weit über das praktische Interesse der IWB hinausgehen, andererseits weit in die Theorie, aber auch in die Methodikentwicklung der Hydrologie, der Pedochemie und der Bodenbiologie hineinreichen. Bei klareren Aufgabenstrukturen und deutlicheren Arbeitsteilungen zwischen Universitäten und Fachhochschulen hätte man auch eine solche Dissertationsaufgabe anders formuliert als sie zu Beginn der Arbeit definiert wurde: Es stecken nämlich in dem von D. RÜETSCHI bearbeiteten Projekt auch noch zahlreiche methodische und methodologische Fragen, die Ausweitungen verdient hätten, die jedoch über ein einzelnes Dissertationsprojekt hinausgehen.

Man könnte jetzt fragen, warum all dies nicht realisiert wurde. Dafür gibt es mehrere Gründe, die ebenfalls nur als eher willkürliche Auswahl genannt werden:
- Das fachliche Angebot, bedingt durch die bestehende Ausbildungsstruktur an der Universität, lässt keine starken Spezialisierungen einer Abteilung zu.
- Für fachliche Vertiefungen, ohne die Vielfalt zu gefährden und Überspezialisierungen zu vermeiden, mangelt es an qualifiziertem wissenschaftlichen Personal mit Daueranstellungsstatus (Typ Oberassistent).
- In den ökologisch ansetzenden Fächern, vor allem solche mit Raumbezug, muss immer auf den Gesamtzusammenhang gezielt werden. Das verbietet zu starke Spezialisierungen, die nur bedingt in eine immer komplexere, vernetztere Welt hineinpassen.
- Theoretische Fragestellungen, so wichtig sie für das Leben einer Disziplin sind, werden weder von Forschungsförderern geschätzt, noch finden sie sich in dem undifferenzierten Erwartungskatalog, den die Öffentlichkeit der Universität vorlegt.

Vorwort des Dissertationsleiters Prof. Dr. Hartmut Leser

Die Dissertation von D. RÜETSCHI bedient eigentlich verschiedene Erwartungen und trägt damit zum Profil der Universität bei, sich vielen Fragen der Wissenschaft, aber auch der Öffentlichkeit zu stellen. Das könnte künftig sogar gezielter und umfassender geschehen, wenn dafür die heutzutage vielzitierten „Rahmenbedingungen" gegeben werden. Eine davon ist ein ganz klarer Leistungsauftrag an die Universität, in diesem Fall an die Universität Basel, bei dessen Formulierung zugleich einerseits das Verhältnis Fachhochschulen/Universitäten und andererseits das Aufgabenverhältnis Lehre/Forschung an einer Universität zu definieren wäre. Eine weitere Sache wäre fachübergreifendes Zusammenarbeiten im Sinne der *Transdisziplinariät* (H. LESER 2002), die jedoch *institutionalisiert* werden müsste. Neue Departementsstrukturen innerhalb einer Universität oder einer Fakultät allein vermögen das nicht zu leisten. Auch müssten die Einzeldisziplinen willens sein, über ihren eigenen Schatten zu springen und mit den Nachbardisziplinen in der täglichen Forschungsrealität enger zusammenzuarbeiten.

4 Zusammenfassung

Ausgehend von einem Problem in der Praxis wird die Versickerungsleistung der Wässerstellen untersucht. Der vorliegende Beitrag zeigt die daran gebundene methodische und methodologische Problematik, die an sich weit über die praktische Fragestellung hinausgeht und – so gesehen – *Probleme der Grundlagenforschung* darstellt. Die Problematik gründet sich darauf, dass die Forschung in der Raumrealität, in der sogenannten *Geographischen Realität*, erfolgte. Das bedeutet *Ökosystemforschung im wahrsten Wortsinne* und zugleich Berücksichtigung des ökologisch-holistischen Ansatzes, der bei vielen ökologischen Fragestellungen durch zu enge Spezialisierung aus den Augen geriet. Spezialisierung ist der Tod jeglicher ökologischer Fragestellung.

Methodische Hilfsmittel, diese zu wahren, sind der *raumbezogene Ansatz*, der die Berücksichtigung der Dimensionsproblematik erfordert, und beispielsweise ein *Standortregelkreis-Modell*, welches die Berücksichtigung der Funktionszusammenhänge im System erzwingt. Methodische Hürden, speziell in dieser Dissertation, waren der sehr kleine Untersuchungsraum und die hochgradige Komplexität des Oberflächennahen Untergrundes, der als biohydrochemisches Wirkungsgefüge funktioniert. Sein Verhalten in der Realität kann relativ exakt bestimmt werden, was Unsicherheiten wegen des chaotischen Verhaltens kleinräumiger natürlicher Systeme nicht ausschliesst.

Der vorliegende Beitrag nimmt die Dissertation D. RÜETSCHI (2004) ausserdem zum Anlass, die Forschungssituation an der Universität zu beleuchten und auf die Probleme des Leistungsauftrages hinzuweisen. Dessen Formulierung kann nicht ohne Aufgabentrennung zwischen Fachhochschulen und Universitäten erfolgen. Dann würde nicht nur die Forschung an den Universitäten ein markanteres Profil bekommen, sondern auch deren Ausbildungsaufgabe präzisiert.

5 Danksagung

Der Verfasser dankt herzlichst D. RÜETSCHI für die langjährige, wirklich gute und zugleich sehr kompetente Zusammenarbeit. Grosser Dank gilt auch Oberassistent Dr. CHR. WÜTHRICH, der als Ratgeber auch dieser Dissertation fungierte und die Querverbindung zu verschiedenen Diplomarbeitsprojekten in den Langen Erlen sicherstellte, aber auch zu den INDUSTRIELLEN WERKEN BASEL (IWB), den Behörden und natürlich zum MGU-Projekt.

Weiterhin sei herzlicher Dank gesagt Herrn Professor Dr. PETER NAGEL (Institut für Natur-, Landschafts- und Umweltschutz [NLU], Abteilung Biogeographie), der sich besonders um den Kontakt zu den IWB bemühte und der das Korreferat übernahm.

Den zahlreichen Danksagungen von DANIEL RÜETSCHI an Universitäts-, Labor- und Fachstellenangehörige sowie natürlich an die IWB, die das Projekt finanziell und personell wesentlich unterstützten und es mitgetragen haben, schliesst sich der Verfasser dieses Beitrages uneingeschränkt und in voller Überzeugung an – nicht zuletzt auch deswegen, weil eine vielschichtige Zusammenarbeit zwischen Praxis und Wissenschaft realisiert werden konnte.

6 Literatur

BARTELS, D.: Zur wissenschaftstheoretischen Grundlegung einer Geographie des Menschen. - = *Erdkundliches Wissen*, H. 19 (= *Geographische Zeitschrift, Beihefte*), Wiesbaden 1968: 1 - 225.

GEOGRAPHISCHES INSTITUT, UNIVERSITÄT BASEL, FORSCHUNGSGRUPPE LANDSCHAFTSANALYSE UND LANDSCHAFTSÖKOLOGIE BASEL (FLB): Siehe http://www.physiogeo.unibas.ch/ - Publikationen.

HEBEL, B.: Validierung numerischer Erosionsmodelle in Einzelhang- und Einzugsgebiet-Dimension. - = *Physiogeographica, Basler Beiträge zur Physiogeographie*, Bd. 32, Basel 2003: 1 - 181. [Mit mehreren Anhängen].

HEINRITZ, G. (Hrsg.): „Integrative Ansätze in der Geographie - Vorbild oder Trugbild?" Münchner Symposium zur Zukunft der Geographie, 28. April 2003. Eine Dokumentation. - = *Münchener Geographische Hefte* 85, Passau 2003: 1 - 72.

HERZ, K.: Beitrag zur Theorie der landschaftsanalytischen Massstabsbereiche.- In: *Petermanns Geographische Mitteilungen*, 117 (1973): 91 - 96.

HERZ, K.: Ein geographischer Landschaftsbegriff. - In: *Wissenschaftliche Zeitschrift der Technischen Universität Dresden*, 43 (1994): 82 - 89.

KEMPEL-EGGENBERGER, C.: Risse in der geoökologischen Realität. Chaos und Ordnung in geoökologischen Systemen. - In: *Erdkunde, Archiv für wissenschaftliche Geographie*, Bd. 47 (1993): 1 - 11.

KEMPEL-EGGENBERGER, C.: Stoffumsatz- und Abflußprozesse als Ausdruck der Sensibilität eines Einzugsgebietes. - In: *Forschungen zur deutschen Landeskunde*, Bd. 246, Flensburg 2000: 69 - 82.

LESER, H.: Räumliche Vielfalt als methodische Hürde der Geo- und Biowissenschaften. - In: *Potsdamer Geographische Forschungen*, Bd. 9, Festschrift für Heiner Barsch, Potsdam 1994, 7 - 22.

LESER, H.: Ökologie: Woher - Wohin? Perspektiven raumbezogener Ökosystemforschung. - In: *DIE ERDE,* 126 (1995): 323 - 338.

LESER, H.: Landschaftsökologie. Ansatz, Modelle, Methodik, Anwendung. Mit einem Beitrag zum Prozeß-Korrelations-Systemmodell von THOMAS MOSIMANN. - = *UTB* 521, 4. Auflage Stuttgart 1997: 1 - 644. (^{4}1997)

LESER, H.: Geoökologische Aspekte der Boden-Pflanze-Beziehung. - In: *Physiogeographica, Basler Beiträge zur Physiogeographie*, Bd. 25, Basel 1997: I - XII. (a)

LESER, H. (unter Mitarbeit von C. KEMPEL-EGGENBERGER): Landschaftsökologie und Chaosforschung. - In: *Chaos in der Wissenschaft. Nichtlineare Dynamik im interdisziplinären Gespräch,* herausgegeben von PIERO ONORI, = Reihe MGU, Bd. 2, Liestal - Basel 1997: 184 - 210. (b)

LESER, H.: Geographie und Transdisziplinarität - Fachwissenschaftliche Ansätze und ihr Standort heute. - In: *Regio Basiliensis, Basler Zeitschrift für Geographie*, 43/1 (2002): 3 - 16.

LESER, H.: Geographie als integrative Umweltwissenschaft: Zum transdisziplinären Charakter einer Fachwissenschaft. - In: „Integrative Ansätze in der Geographie - Vorbild oder Trugbild?" Münchner Symposium zur Zukunft der Geographie, 28. April 2003. Eine Dokumentation, hrsg. von G. HEINRITZ, = *Münchener Geographische Hefte* 85, Passau 2003: 35 - 52. (a)

LESER, H.: Modellprobleme in der Landschaftsforschung - Fiktion und Wirklichkeit. - In: *Physiogeographica, Basler Beiträge zur Physiogeographie*, Bd. 32, Basel 2003: III - XII. (b)

LESER, H. & R. SCHNEIDER-SLIWA: Geographie - eine Einführung. - = *Das Geographische Seminar*, Braunschweig 1999: 1 - 248.

MOSIMANN, TH.: Landschaftsökologische Komplexanalyse. - = *Wissenschaftliche Paperbacks Geographie*, Stuttgart 1984: 1 - 115.

NEEF, E.: Dimensionen geographischer Betrachtungen. - In: *Forschungen und Fortschritte*, 37 (1963): 361 - 363.

NEEF, E.: Die theoretischen Grundlagen der Landschaftslehre. - Gotha 1967: 1 - 152.

NEUMEISTER, H.: Heterogenität – Grundeigenschaft der räumlichen Differenzierung in der Landschaft. - In: *Petermanns Geographische Mitteilungen, Ergänzungsheft* 294, Gotha - Stuttgart 1999: 89 - 106.

RÜETSCHI, D.: Basler Trinkwassergewinnung in den Langen Erlen - Biologische Reinigungsleistungen in den bewaldeten Wässerstellen. - = *Physiogeographica, Basler Beiträge zur Physiogeographie*, Bd. 34, Basel 2004: 1 - 348. [Mit mehreren Anhängen].

SCHNEIDER-SLIWA, R., D. SCHAUB & G. GEROLD (Hrsg.): Angewandte Landschaftsökologie. Grundlagen und Methoden. Mit einer Einführung von Professor Dr. Klaus Töpfer, Exekutivdirektor UNEP/UNCHS-HABITAT. - Berlin - Heidelberg - New York 1999: 1 - 560.

SPYCHER, B.: Skalenabhängigkeit von Boden-Pflanze-Beziehungen und Stickstoffhaushalt auf einem Kalktrockenrasen im Laufener Jura (Region Basel). - = *Physiogeographica, Basler Beiträge zur Physiogeographie*, Bd. 25, Basel 1997: 1 - 126.

VON ENGELHARDT, W.: Was heißt und zu welchem Ende treibt man Naturforschung? - = *Suhrkamp wissen, thesen*, Frankfurt am Main 1969: 1 - 82.

WÜTHRICH, CHR. et al.: Machbarkeit, Kosten und Nutzen von Revitalisierungen in intensiv genutzten, ehemaligen Auenlandschaften (Fallbeispiel Lange Erlen). Schlussbericht MGU F2.00. - Basel 2003: 1 - 156.

BASLER TRINKWASSERGEWINNUNG IN DEN LANGEN ERLEN

BIOLOGISCHE REINIGUNGSLEISTUNGEN IN DEN BEWALDETEN WÄSSERSTELLEN

Inauguraldissertation
zur
Erlangung der Würde eines Doktors der Philosophie
vorgelegt der
Philosophisch-Naturwissenschaftlichen Fakultät
der Universität Basel

von

Daniel Rüetschi

aus Suhr (AG)

Basel, 2004

Genehmigt von der Philosophisch-Naturwissenschaftlichen Fakultät auf Antrag von Herrn Prof. Dr. Hartmut Leser und Herrn Prof. Dr. Peter Nagel.

Basel, den 08. Juli 2003

                                                                       Prof. Dr. Marcel Tanner
                                                                       Dekan

Vorwort

„Wen dürstet, der komme, und wer da will, der nehme vom Wasser des Lebens umsonst."

Offenbarung des Johannes, Kap. 22, Vers 17

Wasser ist das Schlüsselelement des Lebens. Davon sind insgesamt auf der Erde 1'386 Millionen km^3 vorhanden (GLEICK 2000: 21). Über 97 % bestehen aber aus Salzwasser. Für den Menschen nutzbar sind nur rund 200'000 km^3, bzw. 0.014 % des gesamten Wassers auf der Erde. Diese Ressource ist sehr ungleich verteilt. Gerade dort, wo Wasser immer mehr gebraucht wird, z.B. in Staaten mit grossem Bevölkerungswachstum wie Äthiopien, ist es nur in sehr geringem Masse verfügbar. Weltweit haben 1.1 Milliarden Menschen keinen Zugang zu sauberem Trinkwasser. Jährlich sterben 2.2 Millionen aus Mangel an sauberem Trinkwasser oder wegen schlechter Hygienebedingungen (UNESCO 2002). Das Wasser und seine Verfügbarkeit ist bedroht von Verschwendung, anthropogener Klimaveränderung, Privatisierung und Verschmutzung. Nachhaltige Lösungen sind also gefragt – weltweit und dringend!

Auch in Basel ist es nicht selbstverständlich, dass das Wasser einfach aus dem Hahnen fliesst. Hier spielen die Langen Erlen eine grosse Rolle: Die Hälfte von Basels Trinkwasser wird in diesem wichtigen Naherholungsgebiet mittels künstlicher Grundwasseranreicherung gewonnen.

Zu Beginn der 1990er Jahre übernahm ich das 4000 m^2 grosse, mitten in den Langen Erlen gelegene Reservat „Blautannen" des damaligen Basler Naturschutz (heute Pro Natura Basel) zur Betreuung. Die mit der Zeit überhandnehmenden Brombeeren in der zehnjährigen, ehemals sehr artenreichen Schlagflur zwangen uns zu neuen Ideen. „Überfluten!" war das Stichwort. Die Industriellen Werke Basel (IWB) lehnten diese Idee zwar mit dem Hinweis auf den Grundwasserschutz ab, stellten uns aber 1996 eine Versuchsfläche zur Verfügung (Kap. 2.1.5). Sie bekundeten zudem ihr Interesse, eine Dissertation über die Reinigungsprozesse in den Wässerstellen zu unterstützen – eine Gelegenheit, die ich sehr gerne wahrnahm.

Damit konnten die Reinigungsprozesse dieses bereits seit über 90 Jahren bestens funktionierenden Systems, über welche bisher nur Vermutungen bestanden, wissenschaftlich untersucht werden. Diese Untersuchungen erlauben es nicht nur, die Grundwasseranreicherung langfristig in einem guten Zustand zu erhalten und auf Störfälle richtig zu reagieren. Mit dieser

Arbeit wird auch die Basis für einen Export und eine Vermarktung dieses Systems gelegt. Das in den Langen Erlen angewandte Wassergewinnungsverfahren ist in seiner Form meiner Kenntnis nach einzigartig. Hier wird mit einem low-tech-System auf naturnahe, relativ nachhaltige, sowie naturschutz- und erholungsverträgliche Weise einwandfreies Trinkwasser gewonnen. Erst die Kenntnisse über seine Funktionsweise machen es aber möglich, dass es auch anderswo etabliert werden könnte. Das Basler Trinkwassergewinnungsverfahren könnte so als ein kleiner Mosaikstein mit dazu beitragen, dass eines Tages alle Menschen genügend und genügend sauberes Wasser zur Verfügung haben.

Zu diesem Buch: Der deutlich grössere Umfang als ursprünglich beabsichtigt soll den Leser nicht erschlagen. Das Buch ist denn auch weniger zum ganz Durchlesen gedacht. Vielmehr soll es verschiedenste Nutzergruppen ansprechen: Diejenigen, die primär an der Geschichte der Basler Trinkwassergewinnung interessiert sind, seien auf den Anhang 2 verwiesen. Wer sich spezifisch für Detailresultate und beispielsweise Bodenprofile interessiert, ist mit Kapitel 3 und Anhang 1 gut bedient. Wer mehr über den Zusammenhang wissen will, dem seien die Kapitel 4 und 5 empfohlen. Der grosse Überblick findet sich in Kapitel 7. Wer wissen will, wie es weiter gehen könnte, findet in Kapitel 6 viele Hinweise.

D. Rüetschi

Basel, Juni 2004

Dank

Diese Arbeit wäre nie zustande gekommen ohne die Mithilfe Vieler. Ihnen allen einen herzlichen Dank.
Zuallererst möchte ich mich bei den Leitern und Betreuern der Dissertation bedanken: Prof. Dr. Hartmut Leser (Physiogeographie) und Prof. Dr. Peter Nagel (NLU-Biogeographie). Sie ermöglichten mir die Bearbeitung dieses Themas, liessen mir dabei eine grosse Freiheit und halfen mir auch mit einigen wichtigen Impulsen. Insbesondere geht auch ein herzlicher Dank an meinen direkten Betreuer, Dr. Christoph Wüthrich (Physiogeographie). Er ist mir mit Rat und Tat beiseite gestanden und hat mich durch viele Untiefen gelotst.
Als weitere, sehr wichtige Beteiligte bei dieser Dissertation sind die Industriellen Werke Basel (IWB) zu nennen. Sie trugen diese Arbeit finanziell, ideell und auch mit der tatkräftigen Hilfe von eigenem Personal. Deshalb möchte ich folgenden Personen danken: Eduard Schumacher (Vorsitzender der Geschäftsleitung), Robert Ziegler (ehemaliger Leiter Technik), Roland Jaccard (ehemaliger Leiter Produktion), Stefan Bitter (Leiter Produktion), Werner Aschwanden (Koordination/Controlling), Richard Wülser (Leiter Qualitätssicherung Wasser), sowie Hans Trachsel (Leiter Betrieb Wasser) und stellvertretend für die Dispatcher René Gesierich (Leiter Dispatching Wasser). Im Feld half mir die Schutzzonenequipe mit Rat und Tat, sowie insbesondere, die betrieblichen Bedingungen mit meinen Wünschen unter einen Hut zu bekommen. Einen lieben Dank deshalb an Werner Moser, Martin Sonderegger, Heinz Aeschbacher, Fritz Christen, Jürg Mall und Martin Soder. Das Laborteam der Qualitätssicherung Wasser nahm mir v.a. bei den eingehenderen Wasseranalysen (Ionen, Mikrobiologie) viel Arbeit ab. Einen grossen Dank deshalb an Daniel Schnyder, Rico Ryser, Pascale Arnold, Markus Krieger, Urs Schmidlin, Andreas Testa, Rolf Wanner und Maya Wyss. Ein Dank auch an Martin Seghers von der Abt. Vermessung. Er stellte mir die digitalen Karten der Wässerstellen zur Verfügung und nahm sich die Zeit, mich in die Kartenbearbeitung einzuführen. Die Mechaniker der IWB-Werkstätten halfen mir beim Zuschneiden und Waschen der Grundwasserrohre. Hier ebenfalls ein Dank stellvertretend an Gerhard Gschwind. Den pensionierten IWB-Mitarbeitern Theodor Stäheli (ehemaliger Laborleiter), Paul Hänsli (ehemaliger Bannwart) und Eduard Junghans danke ich für die wertvollen Informationen über frühere Zeiten. Hierüber verhalf mir auch der ehemalige Oberförster Hans Ritzler zu Informationen. Dem jetzigen Revierförster Christoph Zuber danke ich für das Zuwarten mit der Pflege in der Wässerstelle Spittelmatte.

Dank

Am Geographischen Institut sind zuerst meine Vorgänger in der „Langen-Erlen-Forschung" Markus Schmid, Urs Geissbühler, Luzia Siegrist, Andreas Dill, Erik Warken, Jessica Kohl, Oliver Stucki, Sabine Gerber und Kathrin Niederhauser zu nennen. Ganz besonders herzlich möchte ich mich bei meinen Freundinnen und Freunden Karin Ammon, Stefan Meier und Christoph Seiberth bedanken. Die guten Gespräche brachten mich weiter und halfen mir, viele mühsame Stunden zu überwinden.
Ohne die Mitarbeiter/innen im Labor und der Werkstatt des Geographischen Institutes wäre diese Arbeit nun wirklich nicht zustande gekommen. Für die grosse, grosse Hilfe beim Bodengruben schaufeln, Bodenproben sieben, den diversen Boden- und Wasseranalysen und den technischen Tricks und Kniffs ein Dank an Frau Bibione, Jesus Blanco, Marianne Caroni, Silvano Liliu, Paul Müller, Alois Schwarzentruber und Heidi Strohm. Günther Bing, Gergely Rigo und Kaspar Studer ein grosser Dank, dass auch die EDV nur selten grössere Probleme bot. Bernd Hebel danke ich für die Tipps zu den Abbildungen und Randy Koch für den Antrieb zum Schluss. Im Feld wäre ohne die Hilfe viele Studierender nie diese Anzahl und Tiefe an Bodengruben erreicht worden. Hier gilt ein besonders herzlicher Dank Erik Warken, der auch mit Erkältungen im Regenwetter unverzagt weitergrub. Zudem auch ein Dank an Andrea Bernhard, Peter Bürki, David Golay und Franziska Schädelin. Im gleichen Zusammenhang sind auch folgende Institutsmitarbeiter zu erwähnen, die mir neben dem Fahren auch bei den Gruben mithalfen: Valerio Ponziani, Marco Erikli, Enzo Incognito, Jussuf Pekerman und Adolf Sennrich.
Von Seiten der Abteilung NLU-Biogeographie wären Dr. Ralph Peveling, Dr. Ranka Junge und die damalige „Montagsrunde" zu nennen, welche zusätzliche Ideen und Impulse gab. Michèle Glasstetter danke ich für die Hilfe beim „Regenwurm-Buddeln". PD Dr. Peter Hugenberger, Dr. Erik Zechner und Majka Rohrmeier von der Angewandten Geologie des Geologisch-Paläontologischen Instituts danke ich ebenfalls für die Unterstützung mit Fachwissen und im Feld.
Dann erhielt ich auch Hilfe von verschiedenen Ämtern des Baudepartements Basel-Stadt: Von Seiten des Kantonalen Labors sind hier Verena Figueiredo und Martin Stöckli zu nennen, welche mir bei den Radon-Analysen halfen. Andreas Barth vom Staatsarchiv Basel-Stadt half mir beim Durchwühlen historischer Dokumente. Dr. Michael Zemp von der Naturschutzfachstelle Basel Stadt und Dr. Germaine Della Bianca vom Amt für Umwelt und Energie (AUE) stellten die Bewilligungen für die Versuchsriedwiese aus. In diesem Zusammenhang geht für ihre Unterstützung des Riedwiesenversuchs ebenfalls ein Dank an Dr. Johannes Randegger, bzw. der Novartis AG, Dr. Christoph Eymann, Michael Cartier und den Internationalen Pfadfindern von Basel sowie Pro Natura Basel und Leo Doser. Beim AUE erhielt ich von Dr. Robert Neher die notwendigen Be-

willigungen für die Bohrarbeiten in der Schutzzone 1. Ruedi Bossert vom Tiefbauamt half beim Versuch, die Grundwasserrohre in den Boden zu rammen. Auch der Basler Baufirma Glanzmann AG ein Dank für die Kooperation, speziell an Peter Ruf, sowie an das Bohrteam Vasfi Jacuby und Wolfgang Morschek.

Ich danke Dr. Andreas Fliessbach und Vit Fejfar vom Forschungsinstitut für biologischen Landbau (FibL) für die grosse Hilfe bei den Biolog-Analysen, Dr. Beate Hambsch vom Technologiezentrum Wasser (TZW) in Karlsruhe für die Durchführung der AOC-Analysen, und Dr. Christian Donner, Dr. Jürgen Schulte-Ebbert und der Institutsleiterin Dr. Ninette Zullei-Seibert für die Gastfreundschaft und Unterstützung im Institut für Wasserforschung GmbH in Dortmund.

Im Weiteren möchte ich auch Talis Juhna von der Technischen Universität in Riga und Dr. Daniel Urfer vom Amt für Wasser und Naturschutz des Kantons Jura für die fruchtbaren Diskussionen, sowie Prof. Ernst Trüeb und Dipl. Ing. Werner Schmidt für die wertvollen Informationen danken. Dem Ressort Nachwuchsförderung der Uni Basel danke ich für die Unterstützung der verschiedenen Kongressbesuche und Dr. Jürgen Schubert von den Wasserwerken Düsseldorf für den Besuch der „International Riverbank Filtration Conference" im November 2000.

Ein ganz besonderer Dank an PD Dr. Ewald Weber für die grandiose Idee der Überflutung des Blautannen-Reservats von Pro Natura Basel in den Langen Erlen. Sie stand am Anfang von allem.

Alex Ströber danke ich für die Energie zum Schluss und die guten und spannenden Aus- und Einsichten.

Der Druck dieser Dissertation wurde finanziert mit Beiträgen von den Industriellen Werken Basel, vom Dissertationenfonds der Universität Basel und von der Geographisch-Ethnologischen Gesellschaft Basel.

Zuletzt ein Dank an meine Eltern für ihre Unterstützung, Förderung und Geduld. Ihnen ist diese Arbeit gewidmet.

Inhaltsverzeichnis

1. Einführung	**1**
1.1 Verfahren der künstlichen Grundwasseranreicherung	1
1.1.1 Definition der künstlichen Grundwasseranreicherung	1
1.1.2 Formen der künstlichen Grundwasseranreicherung	1
1.1.2.1 Langsamsandfiltration	2
1.1.3 Funktionen der künstlichen Grundwasseranreicherung	6
1.1.4 Weitere Verfahren in der Trinkwasseraufbereitung	6
1.1.5 Geschichte der künstlichen Grundwasseranreicherung	8
1.2 Trinkwassergewinnung in den Langen Erlen	9
1.3 Dem Basler System ähnliche Anreicherungsverfahren	30
1.4 Wissenschaftliche Forschung in den Langen Erlen	32
1.4.1 Bisherige Untersuchungen am Departement Geographie Basel	32
1.4.2 Weitere Forschungsarbeiten und Projekte anderer Institutionen	38
1.4.2.1 Arbeiten am Departement Geologie der Universität Basel	38
1.4.2.2 Untersuchungen im Auftrag der IWB und weiterer kantonaler Behörden	39
1.4.2.3 Arbeiten an anderen Institutionen	40
1.4.3 MGU-Projekt F2.00 in den Stellimatten	42
1.5 Fragestellungen und Hypothesen dieser Arbeit	45
2. Methodik	**48**
2.1 Untersuchungsgebiete	48
2.1.1 Die Wieseebene	48
2.1.2 Wässerstelle Grendelgasse rechts, Feld 1 (GGR1)	53
2.1.3 Wässerstelle Spittelmatten, Feld 2 (SPM2)	56
2.1.4 Wässerstelle Verbindungsweg, Feld 1 (VW1)	59
2.1.5 Versuchswässerstelle Riedwiese (VR)	61
2.2 Bodenuntersuchungen	63
2.2.1 Probennahme und Profilansprache	63
2.2.1.1 Erstellung von Profilgruben	63
2.2.1.2 Ansprache der Profilgruben	64
2.2.1.3 Probennahme aus Profilgruben	64
2.2.1.4 Probennahme mittels Flügelbohrer	64
2.2.1.5 Probennahme mittels Rotations-Trockenkernbohrung	65
2.2.2 Probenvorbereitung im Labor	67
2.2.3 Korngrössenbestimmung	67
2.2.4 Nährstoffe	68
2.2.4.1 Kohlenstoff und Stickstoff	68
2.2.4.2 Nährstoffextraktion und -bestimmung	69
2.2.5 pH	70
2.2.6 Kationenaustauschkapazität (KAK) nach MEHLICH (1942)	70
2.2.7 Bodensaugspannung	70
2.2.8 Bodentemperatur	71
2.2.9 Mikrobielle Bodenrespiration (MBR)	71

2.2.9.1 Flächenbezogene Bodenrespiration	72
2.2.9.2 Trockengewichtsbezogene Bodenrespiration im Tiefenprofil	73
2.2.10 Mikrobielle Biomasse (MBIO)	74
2.2.11 Funktionelle Diversität der Bodenmikroorganismen	75
2.3 Wasseruntersuchungen	78
2.3.1 Probennahme	78
2.3.1.1 Sauerstoffbestimmung im Versickerungswasser mittels Lochblech	78
2.3.1.2 Bodenwassergewinnung mittels Saugkerzen	78
2.3.1.3 Boden- und Grundwasserentnahme mittels PE-, PVC- und Edelstahlrohren	81
2.3.2 Gelöster organischer Kohlenstoff (DOC)	86
2.3.3 Assimilierbarer organischer Kohlenstoff (AOC)	88
2.3.4 UV-Absorption bei 254 nm (SAK254)	90
2.3.5 Bestimmung der Feldparameter	91
2.3.6 Radongehalt	92
2.3.7 Mineralgehalt	93
2.3.7.1 Kationen	93
2.3.7.2 Anionen	93
2.3.7.3 Gelöste Kieselsäure	93
2.3.7.4 Säurekapazität	94
2.3.8 Mikrobiologische Untersuchungen	94
2.3.8.1 Aerobe, mesophile Keime	94
2.3.8.2 Escherichia coli	94
2.3.8.3 Enterokokken	95
3. Resultate	**96**
3.1 Aufbau der Wässerstellenböden	97
3.1.1 Vorgefundene Bodentypen	97
3.1.1.1 Wässerstelle Grendelgasse Rechts, Feld 1 (GGR1)	98
3.1.1.2 Wässerstelle Spittelmatten, Feld 2 (SPM2)	102
3.1.1.3 Wässerstelle Verbindungsweg, Feld 1 (VW1)	106
3.1.1.5 Versuchswässerstelle Riedwiese (VR)	109
3.2 Verlauf des Wässerungsrhythmus in den untersuchten Feldern	110
3.3 Verlauf von Bodentemperatur und -saugspannung während der Jahreszeiten und der unterschiedlichen Phasen des Bewässerungszyklus	113
3.3.1 Bodentemperatur	114
3.3.2 Bodensaugspannung	117
3.4 Die mikrobielle Besiedelung der Böden	119
3.4.1 Mikrobielle Bodenrespiration (MBR)	119
3.4.1.1 Saisonale Unterschiede	121
3.4.1.2 Räumliche Unterschiede	122
3.4.1.3 Verlauf der MBR während einer Trockenphase	124
3.4.1.4 Zusammenfassung	126
3.4.2 Mikrobielle Biomasse (MBIO)	127
3.4.2.1 Saisonale Unterschiede	128
3.4.2.2 Räumliche Unterschiede	130
3.4.2.3 Entwicklung der MBIO während einer Trockenphase	132
3.4.2.4 Berechnung der MBIO mit veränderlichem Konversionsfaktor k_{EC}	133

3.4.2.5 Zusammenfassung	135
3.4.3 Funktionelle Diversität der Mikroorganismengemeinschaften	135
3.5 Verlauf der Wasserqualität während der Boden- und Aquiferpassage	139
3.5.1 Änderung physikalischer und chemischer Parameter im Überstauwasser	139
3.5.1.1 Änderung von Einleitungsmenge, Überstauhöhe und der Versickerungsleistung im Laufe einer Wässerphase und im Jahresverlauf	139
3.5.1.2 Änderungen von Temperatur- und Sauerstoffgehalt im Überstauwasser	141
3.5.1.3 Auswirkungen der Fliessstrecke in der Wässerstelle Verbindungsweg auf den Gehalt und die Qualität von Kohlenstoffverbindungen	145
3.5.2 Änderung der Wasserqualität während der Passage des Oberbodens	146
3.5.2.1 Veränderungen des Sauerstoffgehaltes des versickernden Wassers	147
3.5.2.2 DOC und UV-Absorption des Bodenwassers aus Saugkerzen	149
3.5.3 Verlauf der Wasserqualität während der Passage der ungesättigten Zone und des Aquifers	153
3.5.3.1 Pegelstand	155
3.5.3.2 Spezifische elektrische Leitfähigkeit	159
3.5.3.3 pH	161
3.5.3.4 Temperatur	163
3.5.3.5 Sauerstoffgehalt und -sättigung	165
3.5.3.6 Mineralgehalt	168
3.5.3.7 Radongehalt	172
3.5.3.8 DOC-Gehalt und UV-Absorption	176
3.5.3.9 Verlauf der AOC-Konzentration während der Boden- und Aquiferpassage	193
3.5.3.10 Mikrobiologische Verhältnisse in Bodenwasser und Grundwasser	194
3.5.3.11 Zusammenfassung der Untersuchungsergebnisse in der ungesättigten Zone und im Aquifer	197
3.5.3.12 Pumpversuche	199
3.6 Die Folgen des Wirbelsturms Lothar vom 26.12.1999	206
3.6.1 Windwurf der Hybridpappelbestände in den Wässerstellen	207
3.6.2 Bewurzelungsstrategie der Hybridpappeln	211
3.6.3 Aufräumarbeiten und Wiederetablierung der Vegetationsdecke	214
3.6.4 Zusammenfassung der Auswirkungen des Sturms Lothar auf die Wässerstellen	216
3.7 Kohlenstoffbilanz der künstlichen Grundwasseranreicherung	217
3.7.1 Kohlenstoff-Speicher Vegetation	217
3.7.1.1 Oberirdisches Pflanzenmaterial	217
3.7.1.2 Unterirdisches Pflanzenmaterial	218
3.7.2 Kohlenstoff-Speicher Bodenfauna und -mikroorganismen	219
3.7.3 Kohlenstoff-Speicher Boden	219
3.7.4 Kohlenstoff-Speicher Aquifer	220
3.7.5 Kohlenstoff-Eintrag über die Vegetation	220
3.7.5.1 Laub und Fallholz	220
3.7.5.2 C-Eintrag über Streue der krautigen Pflanzen	221
3.7.5.3 C-Eintrag über Ernteabfälle beim Schlag der Hybridpappeln	221
3.7.5.4 C-Eintrag über Wurzelexsudate	221

3.7.6 Kohlenstoff-Eintrag über die Bewässerung	222
3.7.7 Ein- und Austrag über das native Grundwasser	222
3.7.8 Kohlenstoffaustrag über Bodenrespiration	223
3.7.8.1 Bodenrespiration in der Wässerstelle	223
3.7.8.2 Bodenrespiration im Aquifer	223
3.7.9 Kohlenstoff-Austrag über das versickerte Filtratwasser	224
3.7.10 Gesamtbilanz	225
3.8 Entwicklung der Versuchswässerstelle	226
3.8.1 Versickerungsleistung	226
3.8.2 Bodenbiologische, -chemische und -physikalische Parameter	226
3.8.2.1 Bodenbiologie	226
3.8.2.2 Bodenchemische und -physikalische Parameter	228
3.8.2.3 Fazit	229
3.8.3 Entwicklung der Vegetation	229
3.8.4 Beeinflussung der Wasserqualität	232
4. Diskussion	**235**
4.1 Der Boden und das Bios als zentrale Elemente der Reinigungsprozesse im Basler System	235
4.1.1 Umsetzungsprozesse im Überstau	235
4.1.1.1 Wirkung der Beschattung auf die Wasserqualität	235
4.1.1.2 Anstieg von DOC und SAK254 entlang des Fliesswegs im Überstau	237
4.1.2 Prozesse in der ungesättigten Zone	239
4.1.2.1 Infiltrationsleistung und die Bedeutung von Bewässerungsrhythmus, biogenen Makroporen und weiterer Faktoren	239
4.1.2.2 Mikrobieller Abbau	254
4.1.2.3 Sorptionsprozesse	259
4.1.2.4 Fazit über die Prozesse in der ungesättigten Zone	263
4.2 Reinigungsprozesse im Aquifer	264
4.2.1 Kolmatierung im Aquifer	264
4.2.2 Mikrobieller Abbau	265
4.2.3 Sorptionsprozesse	267
4.2.4 Verdünnung durch natives Grundwasser (Dispersion)	268
4.2.5 Transport von Mikroorganismen im Grundwasser	269
4.2.6 Fazit zu den Prozessen im Aquifer	270
4.2.7 Dimensionsproblematik der Untersuchungsgebiete	270
4.3 Vergleich der künstlichen Grundwasseranreicherung in den Langen Erlen mit der konventionellen Langsamsandfiltration am Beispiel des Dortmunder Verfahrens	271
4.3.1 Beispiel der Grundwasseranreicherungsanlage „Insel Hengsen" der Dortmunder Energie und Wasser	271
4.3.2 Vergleich der Anlage „Insel Hengsen" mit den Langen Erlen	276
4.3.2.1 Anreicherungsmenge	276
4.3.2.2 Wasserqualität	277
4.3.3 Landschaftsökologische Gegenüberstellung der beiden Systeme	280
4.3.3.1 Allgemeine Systembetrachtungen	280
4.3.3.2 Beschreibung beider Systeme anhand eines Standortregelkreises	284
4.3.3.3 Bedeutung der beiden Anlagen für den lokalen und regionalen	

Naturhaushalt sowie weitere Funktionen der Anlagen	290
4.3.4 Fazit zum Vergleich des Basler Systems mit dem Dortmunder Verfahren	292

5. Schlussfolgerungen   **293**

5.1 Antworten auf die Fragestellungen und Hypothesen von Kapitel 1.5	293
5.2 Bedeutung der Ergebnisse für die Trinkwassergewinnung in den Langen Erlen	301
5.2.1 Generelle Bemerkungen	301
5.2. Konkrete Empfehlungen	302
5.3 Empfehlungen für die Trinkwassergewinnung im Hinblick auf die zunehmenden Nutzungskonflikte in den Langen Erlen	303
5.3.1 Einführung	303
5.3.2 Empfehlungen für die landwirtschaftliche Nutzung	305
5.3.3 Empfehlungen für die forstwirtschaftliche Nutzung	305
5.3.3 Empfehlungen für Naturschutzprojekte	306
5.3.4.1 Ausgangslage	306
5.3.4.2 Empfehlungen	306
5.3.5 Empfehlungen im Hinblick auf Erholungsprojekte	307
5.3.5.1 Ausgangslage	307
5.3.5.2 Empfehlungen	308
5.3.6 Fazit	309

6. Ausblick   **310**

6.1 Die Vorteile des Basler Systems	310
6.2 Die Nachteile des Basler Systems	311
6.3 Lösungen zur Aufhebung der Nachteile	311
6.4 Fazit	313

7. Zusammenfassung   **314**

7.1 Beschreibung des Systems	314
7.2 Ausgangslage der vorliegenden Arbeit	316
7.3 Prozesse im Überstau der Wässerstellen	317
7.4 Infiltrationsprozesse	317
7.5 Reinigungsprozesse in der ungesättigten Zone	319
7.6 Reinigungsprozesse in der gesättigten Zone	321
7.7 Fazit	323

8 Summary   **324**

8.1 Characterisation of the Basel System	324
8.2 Background of this Study	326
8.3 Processes in the Supernatant Water of the Infiltration Areas	326
8.4 Infiltration Processes	327
8.5 Purification Processes in the Unsaturated Zone	328
8.6 Purification Processes in the Saturated Zone	330
8.7 Conclusions	332

Inhaltsverzeichnis xiii

Literaturverzeichnis **333**

Anhang

A1 Weitere Bodendaten **A1I**
A1.1 Bodenprofile des Transektes VW1-BrunnenXE A1I
A1.1.1 Legende zu den Bodenprofilen A1I
A1.1.2 Bodenprofil des Standorts GRA A1III
A1.1.3 Bodenprofil des Standorts GRB A1VII
A1.1.4 Bodenprofil des Standorts GRD A1XI
A1.1.5 Bodenprofil des Standorts GRE A1XVIII
A1.2 Weitere bodenchemische Daten A1XXII

A2 Geschichte der Basler Trinkwasserversorgung **A2I**
A2.1 Die Wasserversorgung bis zum 19. Jahrhundert A2I
A2.2 Die Grellinger Quellen A2IV
A2.3 Das Grundwasser aus dem Wiesental A2VI
A2.4 Das Grundwasserwerk im Hardwald A2XXIX
A2.5 Neuere Entwicklung der Trinkwasserfassung in den Langen
 Erlen A2XXXV
A2.6 Zunahme des Nutzungsdruckes und Gefährdungen der Grund-
 wasserqualität und der Schutzzone in den Langen Erlen A2XLIII

A3 Farbtafeln **A3I**

Abbildungsverzeichnis

Abb. 1-1: Versickerungsleistung in einem Langsamsandfilter.	4
Abb. 1-2: Ultrafiltrationsanlage Muotathal.	7
Abb. 1-3: Trinkwasserversorgungsgebiet der IWB.	10
Abb. 1-4: Trinkwasserabgabe im Versorgungsgebiet der IWB.	11
Abb. 1-5: Trinkwasserproduktion in den Langen Erlen.	12
Abb. 1-6: Schema der kGwa in den Langen Erlen.	14
Abb. 1-7: Wasserspiegelniveaus der kGwa in den Langen Erlen.	15
Abb. 1-8: Verlauf des Wasserstroms von der Rohwasserentnahme bis zur Einspeisung des Trinkwassers im Pumpwerk.	16
Abb. 1-9: Ansicht von vier der total 20 Schnellsandfilter.	17
Abb. 1-10: Detailaufnahme eines unbeschickten Schnellsandfilters.	17
Abb. 1-11: Nahaufnahme zweier Sandfilterdüsen	18
Abb. 1-12: Ansicht eines Schnellsandfilterbeckens von unten.	19
Abb. 1-13: Lagekarte aller aktuellen und ehemaligen Wässerstellen in den Langen Erlen.	21
Abb. 1-14: Ansicht der Wässerstelle Hüslimatten.	22
Abb. 1-15: Ansicht eines 2 m tiefen Bodenprofils im Feld 1 der Wässerstelle Verbindungsweg.	23
Abb. 1-16: Ansicht eines typischen Brunnenhäuschens in den Langen Erlen.	24
Abb. 1-17: Dosierungsanlage für die Zugabe von Chlordioxid.	25
Abb. 1-18: Zwei der vier Hochdruckpumpen-Motoren.	26
Abb. 1-19: Ansicht der Hochdruckpumpen.	26
Abb. 1-20: „...water goes to town...".	27
Abb. 1-21: Verteilung der Hochzonen.	28
Abb. 1-22: Grundwasseranreicherungsanlage in den Dünen bei Castricum/NL.	32
Abb. 2-1: Gesamtübersicht des Wiesentals.	49
Abb. 2-2: Entwicklung des Wieselaufs in den letzten 30'000 Jahren.	50
Abb. 2-3: Karte des Landschaftsparks Wiese.	51
Abb. 2-4: Lage der heutigen Grundwasserschutzzonen.	52
Abb. 2-5: Übersichtskarte der Wässerstelle Grendelgasse Rechts.	53
Abb. 2-6: Ansicht des Einlaufbauwerkes in GGR1.	54
Abb. 2-7. Porzellanscherben im Einströmbereich von GGR1.	55
Abb. 2-8: Ansicht der Vegetation von GGR1.	56
Abb. 2-9: Übersichtskarte der Wässerstelle Spittelmatten.	57
Abb. 2-10: Ansicht der Vegetation am Standort SPM2/2.	58
Abb. 2-11: Übersichtskarte der Wässerstelle Verbindungsweg.	59
Abb. 2-12: Ansicht der Vegetation in VW1.	60
Abb. 2-13: Schematische Darstellung von VR.	62
Abb. 2-14: Erstbewässerung der VR.	62
Abb. 2-15: Kernbohrung und Setzen eines Grundwasserbeobachtungsrohres.	66
Abb. 2-16: Ansicht eines Bohrkerns.	66
Abb. 2-17: Bodenrespirations-Messanordnung am Standort VW1/10.	73
Abb. 2-18: Ansicht einer BIOLOG-EcoPlate-Microtiterplatte.	77
Abb. 2-19: Entnahme von Bodenwasserproben aus Saugkerzen.	79

Abbildungsverzeichnis xv

Abb. 2-20: Fliessgeschwindigkeiten der Grundwasserströme. 82
Abb. 2-21: Ansicht des Transekts vom Nebenbrunnen X E bis zum Feld 3
  der Wässerstelle Verbindungsweg. 82
Abb. 2-22: Schematische Abbildung der Wasserentnahmetiefen der eingesetzten Boden- und Grundwasserbeobachtungsrohre. 83
Abb. 2-23: Schematischer Schnitt durch ein Bohrloch und ein Grundwasserrohr. 84
Abb. 2-24: Der Autor bei der Grundwasserprobennahme in VW1. 85
Abb. 3-1: Positionierung des Resultatekapitels im Basler System. 97
Abb. 3-2: Positionierung des Kapitels 3.1 im Basler System. 98
Abb. 3-3: Lagekarte der Messstandorte in GGR1 und den Gemeindematten. 99
Abb. 3-4: Ansicht eines 1 m tiefes Bodenprofils am Standort GGR1/4. 100
Abb. 3-5: Profilaufnahme am Standort GGR1/4. 100
Abb. 3-6: Lagekarte der Messstandorte in SPM2. 102
Abb. 3-7: Profilaufnahme am Standort SPM2/7. 103
Abb. 3-8: Lagekarte der Messstandorte in VW1. 105
Abb. 3-9: Profilaufnahme am Standort VW1/7 (N-Seite). 106
Abb. 3-10: Bodenaufnahme in der VR. 109
Abb. 3-11: Positionierung des Kapitels 3.2 im Basler System. 110
Abb. 3-12: Verlauf der Bewässerungsphasen von Juli 1997 bis Juli 1998. 110
Abb. 3-13: Verlauf der Bewässerungsphasen von Juli 1998 bis Juli 1999. 111
Abb. 3-14: Verlauf der Bewässerungsphasen von Juli 1999 bis Juli 2000. 111
Abb. 3-15: Verlauf der Bewässerungsphasen von Juli 2000 bis Juli 2001. 112
Abb. 3-16: Positionierung des Kapitels 3.3 im Basler System. 113
Abb. 3-17: Luft- und Bodentemperaturen sowie Dauer der Bewässerung am
  Standort VW1/1 von Mitte November bis Mitte Dezember 1997. 114
Abb. 3-18: Luft- und Bodentemperaturen sowie Dauer der Bewässerung
  am Standort SPM2/1 zwischen dem 01.08. und dem 18.09.1997. 115
Abb. 3-19: Luft- und Bodentemperaturen sowie Dauer der Bewässerung
  am Standort SPM2/1 zwischen dem 01.01. und dem 28.02.1998. 116
Abb. 3-20: Saisonale Unterschiede der Bodensaugspannung in VW1 im
  Sommer und Winter 1997. 118
Abb. 3-21: Vergleich der Bodensaugspannung in 10 cm Bodentiefe während
  einer Trockenphase im August 1997. 118
Abb. 3-22: Positionierung des Kapitels 3.4 im Basler System. 119
Abb. 3-23: Mikrobielle Bodenrespiration (MBR) in den Wässerstellen GGR1
  und VW1 im Sommer und Herbst. 120
Abb. 3-24: Verlauf der MBR mit zunehmender Bodentiefe am Standort BR3. 120
Abb. 3-25: Vergleich der MBR in der Wässerstelle Spittelmatten vom
  28.01. (SPM2/6) und vom 23.02.1998 (SPM2/7). 121
Abb. 3-26: Auswirkung der saisonalen Umkehr des Temperaturgradienten
  im Boden auf die MBR an den Standorten GGR1/5 und VW1/6. 122
Abb. 3-27: MBR von Bohrkernmaterial aus dem Transekt Verbindungsweg-Brunnen X vom Dezember 1998. 123
Abb. 3-28: Vergleich der flächenhaften MBR zwischen den bewässerten
  Standorten GGR1/7-11 und den nicht bewässerten Standorten
  GM/2-5 am 28.05. und 01.10.1999. 124
Abb. 3-29: MBR in 0-10 cm Bodentiefe in der WS Verbindungsweg. 125

Abbildungsverzeichnis   xvi

Abb. 3-30: Flächenbezogene MBR in der Wässerstelle Verbindungsweg.   126
Abb. 3-31: Vergleich von mikrobieller Bodenrespiration und Biomasse
          im Tiefenprofil am Standort VW1/6.   127
Abb. 3-32: Profil der MBIO über die gesamte Aquifertiefe am Beispiel
          des Bohrkerns D vom 11.12.1998.   128
Abb. 3-33: Saisonale Unterschiede der Biomasse im Tiefenprofil.   129
Abb. 3-34: Vergleich der MBIO in der Wässerstelle Spittelmatten vom
          28.01. (SPM2/6) und vom 23.02.1998 (SPM2/7).   129
Abb. 3-35: MBIO von Bohrkernmaterial aus 0-10 cm Bodentiefe vom
          Transekt Verbindungsweg-Brunnen X vom Dezember 1998.   130
Abb. 3-36: MBIO von Bohrkernmaterial aus tieferen Bodenschichten vom
          Transekt Verbindungsweg-Brunnen X vom Dezember 1998.   131
Abb. 3-37: Vergleich der MBIO an der Bodenoberfläche zwischen bewäs-
          serten und nicht bewässerten Standorten innerhalb SPM2.   132
Abb. 3-38: MBIO von Proben aus zwei je 2 m tiefen Bodengruben in VW1.   132
Abb. 3-39: MBIO von fünf Standorten aus der Wässerstelle Verbindungs-
          weg aus 0-10 und 40-50 cm Tiefe.   133
Abb. 3-40: Hauptkomponentenanalyse der Substratnutzungsmuster von
          Proben der Bodenoberfläche von BR3, GRB, VW1/7 und GRE.   137
Abb. 3-41: Hierarchische Cluster-Analyse der Substratnutzungsmuster
          von Proben aus verschiedenen Bodentiefen des Standorts GR B.   137
Abb. 3-42: Positionierung des Kapitels 3.5.1 im Basler System.   139
Abb. 3-43: Einleitungsmenge, Überstauhöhe und Versickerungsleistung
          im Verlauf einer Wässerphase vom 12. bis 22.04.1999 in VW1.   141
Abb. 3-44: Tagesgang von Sauerstoffgehalt und Temperatur im Überstau-
          wasser von SPM2/1 und VR am 26.07.98.   142
Abb. 3-45: Tagesgang des Sauerstoffs im Überstauwasser am 15./16.10.98. 142
Abb. 3-46: Sauerstoffgehalt und Temperatur im Überstauwasser über acht
          Stunden am 19.08.00.   143
Abb. 3-47: Sauerstoff- und Temperaturwerte im Überstauwasser von VW1.   144
Abb. 3-48: Positionierung des Kapitels 3.5.2 im Basler System.   147
Abb. 3-49: Verlauf des Sauerstoffgehaltes des Versickerungswassers im
          Oberboden am 27.11.97 zwischen 15:00-17:00 Uhr.   148
Abb. 3-50: Verlauf des Sauerstoffgehaltes des Versickerungswassers im Ober-
          boden am 15./16.10.98 im Vergleich zwischen GGR1 und VW1.   148
Abb. 3-51: DOC-Gehalt im aus Saugkerzen gewonnenen Boden-
          wasser der Wässerstelle SPM am 16.07.97.   149
Abb. 3-52: Verlauf der DOC-Konzentration im Bodenwasser am 22.04.1998.   150
Abb. 3-53: Verlauf des SAK254 im Bodenwasser am 22.04.1998.   151
Abb. 3-54: Verlauf der DOC-Werte in Proben tiefer gesetzten Saugkerzen. 151
Abb. 3-55: Verlauf der SAK254-Werte in Proben tiefer gesetzten Saugkerzen. 152
Abb. 3-56: Positionierung des Kapitels 3.5.3 im Basler System.   153
Abb. 3-57: Lage der Boden- und Grundwasserentnahmestellen entlang des
          Transekts Wässerstelle Verbindungsweg-Brunnen X.   154
Abb. 3-58: Verlauf des Grundwasserpegels von VW1 bis zu P236 während
          der Wässerphase vom November 1999.   156
Abb. 3-59: Verlauf des Grundwasserpegels von VW1 bis zu P236 in Ab-
          hängigkeit des Bewässerungsrhythmus.   157

Abbildungsverzeichnis   xvii

Abb. 3-60: Verlauf des Grundwasserpegels zwischen VW1 und Brunnen X von Januar bis März 2000. 158
Abb. 3-61: Verlauf der spezifischen elektrischen Leitfähigkeit in Filtrat-, Boden- und Grundwasser im August und November 1999. 159
Abb. 3-62: Verlauf der spezifischen elektrischen Leitfähigkeit im Grundwasser zwischen Januar und März 2000. 160
Abb. 3-63: Mittelwerte und Standardabweichungen aller während den Wässerphasen im November 1999, Januar und März 2000 gemessenen pH-Werte in Filtrat-, Boden- und Grundwasser. 161
Abb. 3-64: Verlauf des pH-Wertes im Grundwasser zwischen Januar und März 2000. 162
Abb. 3-65: Angleichung der Temperatur des versickernden Filtratwassers an die Grundwassertemperatur während der Aquiferpassage. 163
Abb. 3-66: Temperaturverlauf im Grundwasser von Januar bis März 2000. 164
Abb. 3-67: Verlauf der Sauerstoffsättigung in Filtrat-, Boden- und Grundwasser im August 1999 und im Januar 2000. 165
Abb. 3-68: Verlauf der Sauerstoffsättigung im Grundwasser von Januar bis März 2000. 167
Abb. 3-69: Chlorid-, Nitrat- und Sulfatgehalte in Filtrat-, Boden- und Grundwasser vom 28.11.1999. 168
Abb. 3-70: Fluorid-, Bromid- und Phosphatgehalte in Filtrat-, Boden- und Grundwasser vom 28.11.1999. 169
Abb. 3-71: Chloridkonzentrationen in Filtrat-, Boden- und Grundwasser am 06. und 20.03.2000. 171
Abb. 3-72: Prozentuale Anteile des Filtratwassers am Grundwasser in den untersuchten Grundwassermessstellen am 20.03.2000. 172
Abb. 3-73: Radongehalte in Filtrat-, Boden- und Grundwasser vom 16., 22. und 28.11.1999. 173
Abb. 3-74: Radongehalte in Filtrat-, Boden- und Grundwasser vom 06. und 20.03.2000. 174
Abb. 3-75: Radongehalte in den Nebenbrunnen des Sammelbrunnens X vom 06. und 20.03.2000. 174
Abb. 3-76: Gesamtübersicht über die in dieser Arbeit von März 1999 bis August 2000 erhobenen Messwerte von DOC, SAK254, bzw. errechneten Werte von SAK254/DOC. 177
Abb. 3-77: Gemitteltes DOC- und SAK254-Durchbruchsdiagramm der meisten der in dieser Arbeit erhobenen Filtrat- und Grundwasserproben im Bereich WS VW-Brunnen X. 178
Abb. 3-78: DOC-Verlauf in Filtrat- und Grundwasser zwischen Januar und März 2000. 181
Abb. 3-79: DOC-Verlauf in Boden- und Grundwasser während der zehntägigen Wässerungsphase im März 2000. 182
Abb. 3-80: SAK254-Verlauf in Filtrat- und Grundwasser zwischen Januar und März 2000. 184
Abb. 3-81: SAK254-Verlauf in Boden-, Filtrat- und Grundwasser während der zehntägigen Wässerungsphase im März 2000. 185
Abb. 3-82: Verlauf der spezifischen UV-Absorption im Grundwasser zwischen Januar und März 2000. 187

Abbildungsverzeichnis   xviii

Abb. 3-83: SAK254/DOC-Verlauf in Boden-, Filtrat- und Grundwasser
während der zehntägigen Wässerungsphase im März 2000.   188
Abb. 3-84: Saisonaler Verlauf des DOC in Boden-, Filtrat- und Grundwasser. 190
Abb. 3-85: Saisonaler Verlauf des SAK254 in Boden-, Filtrat- und Grund-
wasser.   190
Abb. 3-86: DOC-Gehalt und Filtratwasseranteil im Grundwasser in den
Nebenbrunnen des Brunnens X am 20.03.2000.   191
Abb. 3-87: DOC-Verlauf im Filtrat- und Grundwasser zwischen dem Feld 3
der WS GGR und dem Nebenbrunnen B des Brunnens V am
10.04.2000.   192
Abb. 3-88: DOC-Verlauf im Filtrat- und Grundwasser zwischen dem Feld
3 der WS GGL und dem Nebenbrunnen B des Brunnens X am
10.04.2000.   192
Abb. 3-89: Verlauf von DOC- und AOC-Konzentration in Filtrat- Boden-
und Grundwasser zwischen der WS VW und dem Brunnen X am
19.08.2000.   194
Abb. 3-90: Keimzahlen in Filtrat-, Boden- und Grundwasser am 28.11.1999. 196
Abb. 3-91: Keimzahlen in Filtrat-, Boden- und Grundwasser am 17.01.2000. 196
Abb. 3-92: Keimzahlen in Filtrat-, Boden- und Grundwasser am 20.03.2000. 197
Abb. 3-93: Verlauf des DOC-Gehalts über die ersten 30 Minuten Pumpdauer
in den untersuchten Grundwassermessstellen vom 17.04.2000.   200
Abb. 3-94: Verlauf der UV-Absorption über die ersten 30 Minuten Pumpdauer
in den untersuchten Grundwassermessstellen vom 17.04.2000.   200
Abb. 3-95: Verlauf der spezifischen elektrischen Leitfähigkeit über die ersten
30 Minuten Pumpdauer in den untersuchten Grundwassermessstellen vom 17.04.2000.   201
Abb. 3-96: Verlauf der Temperatur über die ersten 30 Minuten Pumpdauer
in den untersuchten Grundwassermessstellen vom 17.04.2000.   201
Abb. 3-97: Verlauf des Sauerstoffgehalts über die ersten 30 Minuten Pumpdauer in den untersuchten Grundwassermessstellen
vom 17.04.2000.   202
Abb. 3-98: Verlauf des DOC-Gehalts über die ersten 30 Minuten Pumpdauer in den untersuchten Boden- und Grundwassermessstellen
vom 24.08.2000.   203
Abb. 3-99: Verlauf der UV-Absorption über die ersten 30 Minuten Pumpdauer in den untersuchten Boden- und Grundwassermessstellen
vom 24.08.2000.   203
Abb. 3-100: Verlauf des spezifischen elektrischen Leitfähigkeit über die
ersten 30 Minuten Pumpdauer in den untersuchten Boden-
und Grundwassermessstellen vom 24.08.2000.   204
Abb. 3-101: Verlauf der Temperatur über die ersten 30 Minuten Pumpdauer
in den untersuchten Boden- und Grundwassermessstellen
vom 24.08.2000.   204
Abb. 3-102: Verlauf des Sauerstoff-Gehalts über die ersten 30 Minuten
Pumpdauer in den untersuchten Grundwassermessstellen
vom 24.08.2000.   205
Abb. 3-103: Geworfene Hybridpappelstämme in VW1.   208
Abb. 3-104: In die vom umgestürzten Wurzelteller Nr. 3 in VW 1 frei-

Abbildungsverzeichnis xix

gelegte Mulde einströmendes Versickerungswasser.	208
Abb. 3-105: Darstellung der ungefähren Lage und Fallrichtung der umgeworfenen Hybridpappeln in VW1.	209
Abb. 3-106: U. Geissbühler beim Freispülen des Wurzeltellers Nr. 1 in VW1.	212
Abb. 3-107: Wurzelteller Nr. 1 in der Seitenansicht.	212
Abb. 3-108. Ansicht des etwa zu 2/3 freigearbeiteten Wurzeltellers Nr. 1.	213
Abb. 3-109: Detailansicht der vorhangartig in einer Ebene in die Tiefe wachsenden Wurzeln.	213
Abb. 3-110: VW1 im Januar 2000.	214
Abb. 3-111: VW1 bei der ersten Wiederbewässerung nach der Räumung der umgeworfenen Hybridpappeln Mitte März 2000.	215
Abb. 3-112: Etwa 1 m hoher *Polygonum mite*- und *Senecio aquatica*-Bestand in VW1 im Sommer 2001.	216
Abb. 3-113: Mikrobielle Bodenrespiration (MBR) und Biomasse (MBIO) in und um die Versuchswässerstelle Riedwiese am 25.10 2000.	227
Abb. 3-114: Vegetationsbedeckung in der VR Ende Oktober 2000 nach viereinhalb Jahren Betriebsdauer.	231
Abb. 3-115: Ansicht der Vegetation in der VR im Oktober 2000 aus der nordöstlichen Ecke.	232
Abb. 3-116: Ansicht der Vegetation in der VR im Oktober 2000 aus der südwestlichen Ecke.	232
Abb. 4-1: Vergrösserte Ansicht einer Bodenprobe aus ca. 35 cm Bodentiefe.	245
Abb. 4-2: Mit Geschwemmsel gefüllter Mausgang in der Wässerstelle Vordere Stellimatten.	246
Abb. 4-3: Zerfallender Auswurfhügel am Ende eines Mausganges.	247
Abb. 4-4: Ausschnitt einer Bodengrube vom 01.06.1996 im feinwurzelreichen Rohrglanzgrasbestand des Feldes 1 der WS Wiesengriener.	251
Abb. 4-5: DOC-, SAK254- und SAK254/DOC-Monatswerte des Rheinwassers bei der Rohwasserentnahmestelle.	257
Abb. 4-6: Vergleich der Durchbruchsdiagramme von DOC, SAK254 und des Filtratwasseranteils über die Fliessstrecke im Aquifer.	268
Abb. 4-7: Grundwasserschutzzonen der Dortmunder Wasserversorgung.	273
Abb. 4-8: Karte der Grundwasseranreicherungsanlage Insel Hengsen.	274
Abb. 4-9: Teilansicht des Stausees Hengsen.	275
Abb. 4-10: Ansicht eines Kiesvorfilters.	275
Abb. 4-11: Ansicht der Furchenstauwiesen nordöstlich der Insel Hengsen.	276
Abb. 4-12: Lage der Probennahmestellen zwischen dem Langsamsandfilter 3 und der Sickerleitung.	279
Abb. 4-13: Landschaftsökologische Positionierung des Basler Systems.	281
Abb. 4-14: Zeitskalen der dynamischen Prozesse im Basler System.	283
Abb. 4-15: Prozesskorrelations-System der künstlichen Grundwasseranreicherung in den Langen Erlen.	286
Abb. 4-16: Vorgehen bei der Analyse eines Landschaftsökosystems.	287
Abb. 4-17: Prozesskorrelations-System der künstlichen Grundwasseranreicherung auf der Insel Hengsen.	289
Abb. 5-1: Schematischer Verlauf der DOC-Konzentration in der ungesättigten Zone sowie den obersten 2 m der gesättigten Zone.	295
Abb. 5-2: Bedeutung und Lokalisierung der verschiedenen, für die Abnahme	

Abbildungsverzeichnis XX

	des DOC im versickernden Filtratwasser relevanten Prozesse.	296
Abb. 5-3:	Schema der biologischen Prozessierung organischer Substanzen in der ungesättigten Zone.	298
Abb. 5-4:	Schematische Darstellung der verschiedenen Nutzergruppen in den Langen Erlen.	304

Anhang

Abb. A1-1:	Legende zu den nachfolgenden Bodenprofilen	A1I
Abb. A1-2:	Bodenprofil des Standorts GRA von 0-1.5 m Bodentiefe.	A1III
Abb. A1-3:	Bodenprofil des Standorts GRA von 1.5-3.0 m Bodentiefe.	A1IV
Abb. A1-4:	Bodenprofil des Standorts GRA von 3.0-4.5 m Bodentiefe.	A1V
Abb. A1-5:	Bodenprofil des Standorts GRA von 4.5-6.0 m Bodentiefe.	A1VI
Abb. A1-6:	Bodenprofil des Standorts GRB von 0-1.5 m Bodentiefe.	A1VII
Abb. A1-7:	Bodenprofil des Standorts GRB von 1.5-3.0 m Bodentiefe.	A1VIII
Abb. A1-8:	Bodenprofil des Standorts GRB von 3.0-4.5 m Bodentiefe.	A1IX
Abb. A1-9:	Bodenprofil des Standorts GRB von 4.5-6.0 m Bodentiefe.	A1X
Abb. A1-10:	Bodenprofil des Standorts GRD von 0-1.5 m Bodentiefe.	A1XI
Abb. A1-11:	Bodenprofil des Standorts GRD von 1.5-3.0 m Bodentiefe.	A1XII
Abb. A1-12:	Bodenprofil des Standorts GRD von 3.0-4.5 m Bodentiefe.	A1XIII
Abb. A1-13:	Bodenprofil des Standorts GRD von 4.5-6.0 m Bodentiefe.	A1XIV
Abb. A1-14:	Bodenprofil des Standorts GRD von 6.0-7.5 m Bodentiefe.	A1XV
Abb. A1-15:	Bodenprofil des Standorts GRD von 7.5-9.0 m Bodentiefe.	A1XVI
Abb. A1-16:	Bodenprofil des Standorts GRD von 9.0-10.6 m Bodentiefe.	A1XVII
Abb. A1-17:	Bodenprofil des Standorts GRE von 0-1.5 m Bodentiefe.	A1XVIII
Abb. A1-18:	Bodenprofil des Standorts GRE von 1.5-3.0 m Bodentiefe.	A1XIX
Abb. A1-19:	Bodenprofil des Standorts GRE von 3.0-4.5 m Bodentiefe.	A1XX
Abb. A1-20:	Bodenprofil des Standorts GRE von 4.5-6.0 m Bodentiefe.	A1XXI
Abb. A2-1:	Die Wasserversorgung der Stadt Basel im Mittelalter.	A2III
Abb. A2-2:	Darstellung der sanitären Verhältnisse der Stadt Basel vor Einführung der Kanalisation und der neuen Wasserversorgung.	A2V
Abb. A2-3:	Darstellung der Aufteilung der Wässermatten und -gräben, sowie des noch unkorrigierten Wieseflusses im nördlichen Teil der Langen Erlen.	A2VII
Abb. A2-4:	Darstellung der Aufteilung der Wässermatten und -gräben, sowie des noch unkorrigierten Wieseflusses im südlichen Teil der Langen Erlen.	A2VIII
Abb. A2-5:	Netz der Wässergräben im oberen Teil der Langen Erlen.	A2IX
Abb. A2-6:	Schematischer Querschnitt durch Brunnen I.	A2XI
Abb. A2-7:	Grundwasserbilanz der Wieseebene.	A2XIII
Abb. A2-8	Verlauf des Grundwasserspiegels nach Ende des Wässermattenbetriebs 1941 im Suhrental oberhalb Suhr.	A2XV
Abb. A2-9:	Ausschnittweise Reproduktion der Karte aus MIESCHER 1901.	A2XVII
Abb. A2-10:	Ansicht des Kraftwerkes am Riehenteich.	A2XVIII
Abb. A2-11:	Stromproduktion des Kraftwerks am Riehenteich zwischen 1990 und 1999.	A2XIX
Abb. A2-12:	Auszug aus dem Stadtplan von Basel von 1913.	A2XX
Abb. A2-13.	Entwicklung der Basler Wasserversorgung zwischen 1875 und 1925.	A2XXII

Abbildungsverzeichnis xxi

Abb. A2-14: Ansicht der WS Wiesengriener/Wiesenmatten im Übersichtsplan der Gemeinde Riehen und Bettingen von 1939. A2XXIV
Abb. A2-15: Ansicht der WS Hüslimatten mit Wässergräben im Übersichtsplan der Gemeinde Riehen und Bettingen von 1939. A2XXV
Abb. A2-16: Ansicht der WS Hüslimatten und Habermatten im Übersichtsplan der Gemeinde Riehen und Bettingen von 1948. A2XXV
Abb. A2-17: Ansicht der WS Finkenmatten 1913. A2XXVI
Abb. A2-18: Ansicht des Feldes 3 der Wässerstelle Verbindungsweg und des Brunnens X im Übersichtsplan der Gemeinde Riehen und Bettingen von 1948. A2XXVII
Abb. A2-19: Ansicht der Felder 1 und 2 der Wässerstelle Grendelgasse Rechts im Übersichtsplan der Gemeinde Riehen und Bettingen von 1948. A2XXVIII
Abb. A2-20: Lagekarte des Grundwasserwerks Hardwasser. A2XXXI
Abb. A2-21: Funktionsschema des Grundwasserwerks Hardwasser, östlicher Teil. A2XXXII
Abb. A2-22: Funktionsschema des Grundwasserwerks Hardwasser, westlicher Teil. A2XXXIII
Abb. A2-23: Ansicht eines Anreicherungsgrabens im Hardwald. A2XXXIV
Abb. A2-24: Übersicht über den im Bericht 1972 geplanten Ausbau des Grundwasserwerks in den Langen Erlen (nördlicher Teil). A2XXXVIII
Abb. A2-25: Übersicht über den im Bericht 1972 geplanten Ausbau des Grundwasserwerks in den Langen Erlen (Mitte). A2IXL
Abb. A2-26: Übersicht über den im Bericht 1972 geplanten Ausbau des Grundwasserwerks in den Langen Erlen (südlicher Teil). A2XL
Abb. A3-1: Ansicht eines 2 m tiefen Bodenprofils am Standort SPM2/7 vom 23.02.1998. A3I
Abb. A3-2: Ansicht der 3 m tiefen Bodengrube am Standort VW1/7. A3II
Abb. A3-3: Detailbild der Bodengrube am Standort VW1/7 (Nordseite) zwischen 1.0 und 2.3 m Bodentiefe. A3II
Abb. A3-4: Detailbild der Bodengrube am Standort VW1/7 zwischen 1.0 und 1.3 m Bodentiefe. A3III
Abb. A3-5: Detailbild der Bodengrube am Standort VW1/7 (Südseite) zwischen 2.3 und 2.8 m Bodentiefe. A3III
Abb. A3-6: Ausschnitt eines Regenwurmganges aus ca. 35 cm Bodentiefe etwa 5 m südwestlich von VW1/11. A3IV
Abb. A3-7: Mikrophoto der Eisen- und Manganoxid-Überzüge auf Schotter aus 3 m Bodentiefe aus der Grube am Standort VW1/7. A3V
Abb. A3-8: Mikrophoto der Eisen- und Manganoxid-Überzüge auf Schotter aus 3 m Bodentiefe aus der Grube am Standort VW1/7. Detailbild. A3V
Abb. A3-9: Ansicht der Langsamsandfilter 1 und 2 auf der Insel Hengsen von NO aus. A3VI
Abb. A3-10: Einlaufbauwerk des LSF 1 auf der Insel Hengsen mit Kaskaden zur Sauerstoffanreicherung von SO aus A3VI

Tabellenverzeichnis

Tab. 1-1: Grösse, Versickerungsleistung und Jahr der Inbetriebnahme der
  Wässerstellen. 22
Tab. 1-2: Grundwasserbrunnen in den Langen Erlen. 25
Tab. 1-3: Analysenwerte des Grundwassers der Langen Erlen vom Jahr 2001. 29
Tab. 2-1: Standort, Bezeichnung, Datum und Tiefe der im Laufe dieser
  Arbeit vorgenommenen Bodengruben. 63
Tab. 2-2: Substrate in einer Biolog EcoPlate-Mikrotiterplatte. 76
Tab. 2-3: Daten der im Rahmen dieser Arbeit vorgenommenen
  Filtrat-, Bodenwasser- und Grundwasserprobennahmen. 86
Tab. 3-1: Bodenchemische Parameter am Standort GGR1/1. 101
Tab. 3-2: Korngrössenverteilung, Kohlenstoff- und Stickstoffgehalt,
  sowie C/N-Verhältnis, Blei-, Zink- und Kupferkonzentrationen
  am Standort GGR1/5. 101
Tab. 3-3: Bodenchemische Parameter am Standort SPM2/4. 104
Tab. 3-4: Kohlen- und Stickstoff-Totalgehalte sowie C/N-Verhältnis
  und Schwermetallgehalte am Standort SPM2/7. 104
Tab. 3-5: Korngrössenverteilung, Kohlenstoff- und Stickstoff-Totalgehalt,
  sowie C/N-Verhältnis und Schwermetallgehalte am Standort
  VW1/6. 107
Tab. 3-6: Bodenchemische Parameter am Standort VW1/4. 108
Tab. 3-7: Anzahl Wässerungstage, Wässer- und Trockenphasen in den
  Jahren 1997-2001. 112
Tab. 3-8: Tiefsttemperaturen in der Kälteperiode zwischen dem 21.01.
  und dem 08.02.1998 am Standort SPM2/1. 122
Tab. 3-9: Korngrössenverhältnisse, C- und N-Gehalte, pH, KAK und k_{EC}
  der von DICTOR et al. (1998) untersuchten Bodenproben. 134
Tab. 3-10: Substratausnützung der einzelnen Bodenproben nach 55 h. 138
Tab. 3-11: Einleitungsmessungen in VW1 zwischen dem 09. und 20.03.2000. 140
Tab. 3-12: 20 m langer Temperatur-Transekt im Überstauwasser vom
  Standort SPM2/1 in Richtung WNW am 15.08.1997. 145
Tab. 3-13: Auflistung der absoluten und prozentualen Zu- bzw. Abnahmen
  von DOC, SAK254 und SAK254/DOC entlang des Fliesswegs. 146
Tab. 3-14: Daten der entlang des Transekts WS VW-Brunnen X ent-
  nommenen Filtrat-, Boden- und Grundwasserproben. 155
Tab. 3-15: Mineralgehalt in Filtrat-, Boden- und Grundwasser am 06.03.
  und 20.03.2000. 170
Tab. 3-16: Prozentuale Anteile des Filtratwassers am Grundwasser in den
  untersuchten Grundwassermessstellen am 20.03.2000. 172
Tab: 3-17: Anhand der ^{222}Rn- und Cl-Konzentrationen berechnete Auf-
  enthaltszeit des Grundwassers im Aquifer zwischen
  VW1 und Brunnen X E am 20.03.2000. 176
Tab. 3-18: SAK254-Werte in Filtrat-, Boden- und Grundwasser im Gebiet
  zwischen der WS VW und dem Brunnen X während der
  Wässerphase im Januar 2000. 185

Tabellenverzeichnis   xxiii

Tab. 3-19: Vergleich der prozentualen Veränderungen von DOC, SAK254
und SAK254/DOC im Verlaufe der Wässerphasen vom
06.-17.01.2000 und vom 16.-27.11.1999.   189
Tab. 3-20: Pegelstände zwischen GGR und dem Brunnen V, sowie
zwischen GGL und dem Brunnen X vom 10.04.2000.   193
Tab. 3-21: Übersicht über die Keim-Eliminationsraten der Boden- und
Aquiferpassage an drei Probenahmetagen.   195
Tab. 3-22: Beschreibung der Wurzelteller Nr. 1-16, bzw. des ausgehobenen
Bodenmaterials der umgeworfenen Hybridpappeln in VW1.   209
Tab. 3-23: Zusammenstellung aller DOC-Messergebnisse des Referenz-
pegels 413.   223
Tab. 3-24: Zusammenstellung der Gehalte der C-Flüsse und -Speicher im
Untersuchungsgebiet VW1-Brunnen X.   225
Tab. 3-25: Vergleich der Gehalte an Nährstoffen, C, N und KAK in der
VR zwischen 1996 und 2000.   228
Tab. 3-26: Vergleich der Korngrössenverteilung zwischen Standorten
innerhalb und ausserhalb von VR am 25.10.2000.   228
Tab. 3-27: Vergleich des Gesamtporenvolumens und der Lagerungsdichte
zwischen Standorten innerhalb und ausserhalb von VR.   229
Tab. 3-28: Qualität des Überstauwassers in der VR und des Wassers im
Nebenbrunnen A des Brunnens IV am 25.08.2000.   233
Tab. 3-29: Wasserqualität im Brunnen IV A am 17.10.2000.   234
Tab. 4-1: Vergleich der mittleren Infiltrationsleistungen unterschiedlicher
Infiltrationsmethoden im längeren Betrieb.   239
Tab. 4-2: Vergleich der Versickerungsleistungen verschiedener Ried-
und Feuchtwiesengräser.   252
Tab. 4-3: Vergleich der Eliminierungsraten von Nährstoffen und der
organischen Substanz bei der Passage von Pflanzenbecken.   252
Tab. 4-4: Vergleich der Wasserqualität von Rheinwasserfiltrat, Grundwas-
ser aus den Langen Erlen, Ruhrwasser aus dem Stausee Hengsen
und Grundwasser aus dem Pumpwerk Hengsen im Jahre 1999.   278
Tab. 4-5: Reduktion von DOC und SAK entlang der Sandfilter- und
Aquiferpassage.   279
Tab. 4-6: Verlauf der Keimzahl während der Grundwasseranreicherung
im Gebiet „Insel Hengsen".   280
Tab. 4-7: Abkürzungsverzeichnis zu den Abb. 4-15 und 4-17.   285
Tab. 7-1: Zusammenfassung der wichtigsten Daten zur künstlichen
Grundwasseranreicherung in den Langen Erlen.   315
Tab. 8-1: Summary of the most important technical data of the
artificial groundwater recharge plant in the Langen Erlen.   325

Tab. A1-1: Legende zu den Bodenfarben.   A1II
Tab. A1-2: Nährstoffgehalte sowie C_{org}- und N_{tot}-Gehalte der Bohr-
kerne GRA, GRD und GRE.   A1XXII
Tab. A1-3: Schwermetalle in den Bohrkernen.   A1XXIII
Tab. A2-1: Errichtung und Schliessung der Brunnwerke von Basel.   A2II
Tab. A2-2: Trinkwasserlieferungen der Hardwasser AG im Jahre 2001.   A2XXXV

Abkürzungsverzeichnis:

- AOC: assimilierbarer organischer Kohlenstoff (Assimilable Organic Carbon)
- AUE: Amt für Umwelt und Energie, Kanton Basel-Stadt
- AWCD: Average Well Colour Development
- BS: Basensättigung
- CFE: Chloroform-Fumigation-Extraktion
- DOC: gelöster organischer Kohlenstoff (Dissolved Organic Carbon)
- GGL: Wässerstelle Grendelgasse Links
- GGR1: Wässerstelle Grendelgasse Rechts, Feld 1
- HWZ: Halbwertszeit
- IRGA: Infrarot-Gasanalyse
- IWB: Industrielle Werke Basel
- KAK: Kationenaustauschkapazität
- kGwa: künstliche Grundwasseranreicherung
- LSF: Langsamsandfilter
- MBIO: mikrobielle Biomasse
- MBR: mikrobielle Bodenrespiration
- OD: Optical Density
- PE: Polyethylen
- PVC: Polyvinylchlorid
- PVDF: Polyvinylidenfluorid
- SAK254: spektraler Absorptionskoeffizient bei 254 nm
- SLMB: Schweizerisches Lebensmittelbuch
- SPM2: Wässerstelle Spittelmatten, Feld 2
- SSF: Schnellsandfilteranlage
- VR: Versuchswässerstelle Riedwiese
- VW1: Wässerstelle Verbindungsweg, Feld 1
- WS: Wässerstelle

Kapitel 1: Einführung

1. Einführung

„Der Ursprung aller Dinge ist das Wasser."

Thales von Milet

Rund die Hälfte des Trinkwassers für die Stadt Basel und umliegende Gemeinden wird mittels künstlicher Grundwasseranreicherung (kGwa) in den Langen Erlen gewonnen. In diesem Kapitel folgt daher zuerst ein Überblick über die unterschiedlichen Verfahren und die Geschichte der künstlichen Grundwasseranreicherung. Dabei wird gesondert auf die wohl gängigste Methode der kGwa, die Langsamsandfiltration, eingegangen. Anschliessend wird die Trinkwassergewinnung in den Langen Erlen detailliert beschrieben. Da über die in den Langen Erlen vorgenommenen Forschungsarbeiten bisher keine allgemeine Übersicht besteht, werden diese in einem weiteren Teil zusammengefasst dargestellt. Zum Schluss des Einleitungskapitels werden die Hypothesen für die vorliegende Dissertation erläutert.

1.1 Verfahren der künstlichen Grundwasseranreicherung

1.1.1 Definition der künstlichen Grundwasseranreicherung

Nach BMI (1985: 3) wird Grundwasseranreicherung wie folgt definiert:
„Grundwasseranreicherung (groundwater recharge) ist nach allgemeinem Sprachgebrauch in der Fachliteratur eine vom Menschen ausgehende Vermehrung der aus einem bestimmten Grundwasserleiter in der Zeiteinheit gewinnbaren Wassermenge. (...) Eine direkte Grundwasseranreicherung findet statt, wenn Oberflächenwasser durch verschiedene Massnahmen und Einrichtungen über dem Grundwasserleiter verteilt und ihm durch Versickerung zufliesst oder direkt in diesen eingeleitet wird. Für diese Vorgänge wird im deutschen Sprachgebrauch der Begriff künstliche Grundwasseranreicherung (artificial groundwater recharge) angewendet. Nach DIN 4046 „Wasserversorgung, Begriffe" ist Grundwasseranreicherung: Künstliche Grundwasserneubildung überwiegend aus Oberflächenwasser, z.B. mittels Versickerungsbecken, Schluckbrunnen, horizontalen Versickerungsleitungen."

1.1.2 Formen der künstlichen Grundwasseranreicherung

Das Grundwasser kann auf viele verschiedene Arten angereichert werden. Nachfolgend werden basierend auf BMI (1985) verschiedene Formen der kGwa benannt und mit Beispielen oder Literaturzitaten ergänzt.

Oberirdische Grundwasseranreicherung:
- Verregnung oder Verrieselung in Wald- oder Wiesenflächen (z.B. in Finnland: HELMISAARI et al. 1998; bzw. Rieselfelder in Berlin: SCHEYTT et al. 2000 und BÖKEN & HOFFMANN 2001),
- periodische, flächenhafte Überflutung von Wiesen (Wässermatten: BINGGELI 1994),
    - Spezialfall Lange Erlen: Einstau von Waldflächen,
- Versickerung in Gräben (unbewachsen, mit Sand/Kies gefüllt oder bewachsen; Hardwald bei Muttenz, s. Kap. A2.4; Berlin; Frankfurt; Amsterdam),
- Versickerung in bewachsenen oder unbewachsenen Teichen bzw. Kiesgruben,
- Versickerung in Becken, unbewachsen mit Sandfilter (Langsamsandfilter) oder bewachsen mit Binsen oder Gras (LÖFFLER et al. 1973, BOUWER et al. 1974).

Unterirdische Grundwasseranreicherung:
- Schluckbrunnen (vertikal),
- Sickerschlitzgraben (vertikal und horizontal; Frankfurter Stadtwald: HANTKE 1983),
- Sickerleitung (horizontal),
- Spezialform: Uferfiltration (z.B. WILDERER et al. 1985, JÜHLICH & SCHUBERT 2001, ZIEGLER & JEKEL 2001).

1.1.2.1 Langsamsandfiltration

Die Langsamsandfiltration ist wahrscheinlich die insgesamt häufigste Form der kGwa und ein etabliertes Verfahren in der Trinkwassergewinnung. Bereits 1829 wurden erstmals Langsamsandfilter (LSF) in England zur Wasserreinigung eingesetzt (s. Kap. 1.1.5). In Deutschland waren nach SCHMIDT (1994) im Jahre 1992 LSF mit einer Gesamtfläche von 159 ha in Betrieb. In den USA waren 1988 nach einer Untersuchung von SIMS & SLEZAK (1991) 71 LSF-Anlagen vorhanden, welche zu 75 % Gemeinden mit < 10'000 Einwohnern mit Trinkwasser versorgten. Obwohl in den USA LSF-Anlagen schon lange bekannt waren, wurden viele davon erst nach Ausbrüchen von *Giardia lamblia*-Infektionen in den 1970er Jahren erstellt (LOGSDON & FOX 1988). Heute dienen sie neben der Entfernung von *G. lamblia*-Cysten (BELLAMY et al. 1985a, GOLLNITZ et al. 1994) v.a. zur Reduktion von leichter Trübung, von *E. coli* und Trihalogenmethan-Prekursoren sowie auch zur Versickerung von vorbehandeltem Abwasser im Untergrund.

Langsamsandfilter bestehen bei einem zweischichtigen Aufbau in der Regel aus einer 70-100 cm mächtigen Sandschicht (0.15-0.3 mm mittlerer Korngrössendurchmesser), die von einer 20-50 cm mächtigen Kiesschicht getragen wird. Möglich sind auch eingelagerte Aktivkohleschichten (s. z.B. DONNER 2001). LSF, die als Vorstufe der Untergrundpassage dienen, sind zum Grundwasserträger (Aquifer) hin *offen*. Das in den Untergrund infiltrierte Wasser wird mittels Sickerleitung oder Brunnen gefasst. *Geschlossene* LSF besitzen zur Wasserfassung unterhalb der Stützschicht ein Drainagesystem. Solche LSF sind sehr oft in Gebäuden oder Stahlkammern (Druckfilter) untergebracht. Nicht in Gebäude integrierte, nach unten offene LSF sind meist von rechteckiger Form und seitlich von einer Betonmauer begrenzt. Dies gibt ihnen einen künstlich-technischen Charakter.

Das Wasser, das den LSF meist mit 0.5-1 m überstaut, sickert mit einer Geschwindigkeit von ca. 10-20 cm pro Stunde durch den 5-25'000 m^2 grossen Filter. Bei einer Überflutungsdauer von mehreren Wochen bis Monaten bildet sich an der Filteroberfläche eine gallertartige Schicht - auch „Biofilm", „Filterhaut", „Schmutzdecke" oder „aktive Schicht" genannt. Diese besteht aus Algen (v.a. bei offenen LSF), Bakterien, Pilzen und Einzellern sowie aus organischen und anorganischen Partikeln, welche in dieser Schicht zurückgehalten werden (HUISMAN & WOOD 1974, BELLAMY et al. 1985b). Der Biofilm nimmt an Dicke ständig zu (von Millimeterbruchteilen bis zu 0.5 cm), wodurch die Sickerleistung des Filters mit der Anzahl Betriebstagen kontinuierlich abnimmt (Kolmatierung oder „clogging"; Abb. 1-1).

Die volle Sickerleistung kann durch zwei Arten wiederhergestellt werden. Einerseits werden durch intermittierenden Betrieb die Organismen im Biofilm (v.a. Algen) in ihrem Wachstum gehemmt. Zudem reisst der Film durch Schrumpfung in Trockenzeiten auf. Dabei wird frische Sandfläche freigelegt. Andererseits werden in Abständen von etwa einem bis sechs Monaten die obersten 2-3 cm des Sandkörpers inkl. Biofilm maschinell abgetragen und aus dem Filter entfernt. Der abgetragene Sand wird entweder gewaschen und rezykliert, als Abfall deponiert oder im Strassenbau verwendet. Unterschreitet der Sandkörper durch mehrmaliges Abtragen eine minimale Mächtigkeit (z.B. 50 cm), wird neuer Sand aufgebracht.

Eine innere Kolmation der Filter, die ohne komplette Sandwäsche nicht entfernbar ist, wird durch die Sandlückenfauna („interstitial sand fauna") verhindert. Diese besteht aus Arthropoden (Gliederfüssler, z.B. Harpacticoiden), Anneliden (Würmer), Nematoden (Fadenwürmer), Plathelminthen (Plattwürmer), Rotiferen (Rädertierchen), Ciliaten (Wimpertierchen) und Flagellaten (Geisseltierchen; DUNCAN 1988). Mückenlarven halten mit

Kapitel 1: Einführung 4

ihren Frassgängen die Poren zwischen den Sandkörnern offen und scheiden die aufgenommene, teilweise mineralisierte organische Substanz (z.B. Algen) als kompakte Fäkalpellets aus, was ein Wiederverstopfen der Poren verzögert (WOTTON et al. 1996).

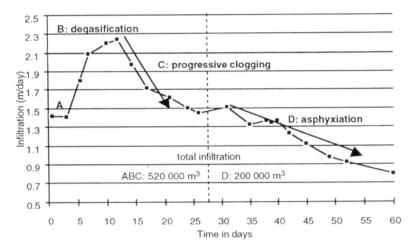

Abb. 1-1: Versickerungsleistung im Verlaufe einer Bewässerungsperiode in einem LSF in Aubergenville, 30 km NW von Paris (aus DETAY & HAEFFNER 1997). B: zunehmende Versickerungsleistung aufgrund von Entgasung und der Lösung von Luft aus dem Sandfilter im Versickerungswasser; C: Kolmatierung durch Biofilmentwicklung; D: „Erstickung" – zunehmende Mächtigkeit des Biofilms kombiniert mit Kolmatierung durch Schwebstoffe, Algen und ausgefällte Substanzen.

Die Reinigungsmechanismen in diesen Filtern sind vielgestalt und trotz langjähriger internationaler Forschungsbemühungen noch immer nicht restlos geklärt, auch wenn der – vermeintlich – homogene Sandkörper einfach zu beschreiben sein sollte. Es sind dies vermutlich (Angaben meist aus HAARHOFF & CLEASBY 1991):

- *Photolyse*: Im Überstau offener LSF werden organische Substanzen, Bakterien und Viren durch die UV-Strahlung der Sonne gespalten bzw. abgetötet.
- *Sedimentation*: Aus dem überstehenden Wasserkörper sinken grobe Partikel wegen der nach unten gerichteten Strömung des versickernden Wassers auf die Filteroberfläche ab und verbleiben dort.
- *Filtration*: Bei der rein mechanisch wirkenden Filtration werden aus dem Wasserstrom Partikel entfernt, welche einen Durchmesser bis zu ≥ 15 % der Sandkörner aufweisen und damit zu gross sind, um die Poren zwischen den Körnern zu passieren.

- *Interzeption*: Werden Partikel durch die Wasserströmung mit einem Sandkorn in Kontakt gebracht, können sie sich dort ablagern. Damit werden Partikel aus dem Wasserstrom entfernt, welche mit bis zu < 1 µm deutlich kleiner als die Poren zwischen den Sandkörnern sind.
- *Elektrostatische Anziehung und Adsorption*: Organische Stoffe, Ionen sowie Bakterien und Viren können an Sandkörnern adsorbieren. Coulomb- und Van-der-Waals-Kräfte sowie Polymerbindungen führen zur Abscheidung der Partikel (s. z.B. SIMONI 1999). Wegen des grossen Volumens des LSF ist das Adsorptionsvermögen relativ hoch. Allerdings können bei Massensterben von Algen im Überstau mit nachfolgenden anaeroben Verhältnissen oder bei sich plötzlich ändernder Rohwasserqualität Stoffe wieder desorbieren und durch den Filter durchbrechen.
- *Fällung*: Im Wasser gelöste Metalle werden je nach pH- und Redoxverhältnissen in der Filterhaut und im Filter selbst ausgefällt.
- *Biodegradation*: Durch Mikroorganismen und übrige Destruenten werden organische Stoffe teilweise oder ganz mineralisiert, bzw. in mikrobielle Biomasse umgebaut.
- *Aasfresser*: Würmer, die meist in tieferen Schichten des Filters vorkommen, entfernen gröberen Detritus.
- *Bakterivorie*: Bei der Passage durch LSF werden ca. zwischen 90-99.99 % aller pathogenen Keime entfernt (z.B. *E. coli*-Bakterien, *Giardia lamblia*-Cysten). Einerseits werden diese im Biofilm festgehalten, andererseits von räuberischen Einzellern (Ciliaten und Amöben) im Biofilm selbst und in der Zone direkt darunter als Nahrung genutzt (DUNCAN 1988, WEBER-SHIRK & DICK 1997).
- *Herbivorie*: Herbivore Ciliaten und benthische Invertebraten wie Plattwürmer, Mückenlarven oder Wasserschnecken entfernen Algen aus dem Überstauwasser.

Bis in die 1970er/80er Jahre wurde der Filterhaut und den in ihr lebenden Organismen eine grosse Bedeutung bei der Reinigung des in den LSF eingebrachten Rohwassers beigemessen. Heute ist diese Bedeutung umstritten. Dies nicht zuletzt wegen widersprüchlicher Ergebnisse über die Reinigungsleistungen nach Entfernen der Filterhaut bei Regenerationsmassnahmen. Die Bedeutung der Filterhaut wurde früher überschätzt und diejenige der direkt darunter liegenden 10-40 cm Sandschicht unterschätzt (s. dazu HUISMAN & WOOD 1974, COLLINS et al. 1992, JUHNA & SPRINGE 1998).

1.1.3 Funktionen der künstlichen Grundwasseranreicherung

Neben der Trinkwassergewinnung (v.a. in Europa: S [LEKANDER et al. 1994; HJORT & ERICSSON 1998], D [SCHMIDT 1994], NL [PHILIPS et al. 1994] und F [HAEFFNER et al. 1998]) kann die kGwa auch zu vielen anderen Zwecken eingesetzt werden:
- Ausgleich von physikalischen oder chemischen Parametern des infiltrierten Oberflächenwassers im Grundwasser, z.B. Temperatur oder Härte
- Reinigung des infiltrierten Oberflächenwassers bei der Untergrundpassage
- Ergänzung der Grundwasserneubildung
- Wasserspeicherung im Untergrund (v.a. in den USA verbreitet, PYNE 1994 und PYNE 1998)
- Abdrängung von ungeeignetem oder verschmutzten Grundwasser (z.B. Verhinderung von Salzwasserintrusion in Küstennähe [z.B. BERGER & GIENTKE 1998] oder Sanierung von Grundwasserkontaminationen)
- Bewässerung in der landwirtschaftlichen Nutzung
- Siedlungsentwässerung (MIKKELSEN et al. 1997, HÜTTER & REMMLER 1997, BOLLER & MOTTIER 1998)
- Vermeidung von Setzungen als Folge abgesenkter Grundwasserspiegel (z.B. durch Tief- oder Bergbau)
- Hochwasserrückhaltung
- Kühlwassereinleitungen
- Schaffung und Erhaltung von Feuchtgebieten
- Abwasserbeseitigung, -reinigung und -recycling (USA: ICEKSON-TAL & BLANC 1998, ZIEGLER & JEKEL 1999; Naher Osten: IDELOVITCH & MICHAIL 1984; Australien: BOSHER et al. 1998). Die Reinigung mittels Versickerung und Untergrundpassage wird dabei als „Soil Aquifer Treatment" bezeichnet. Hierzu und besonders zu den dabei ablaufenden Reinigungsmechanismen finden sich in der neueren Literatur viele Untersuchungen, welche v.a. an der Universität von Arizona durchgeführt wurden: AMY et al. 1993, DEBROUX et al. 1994, WILSON et al. 1994, WILSON et al. 1995b, AMY et al. 1996, KOPCHYNSKI et al. 1996, QUANRUD et al. 1996, DREWES & FOX 1999. Ein zusammenfassender Bericht dieser Forschungsaktivitäten findet sich in NCSWS (2001).

1.1.4 Weitere Verfahren in der Trinkwasseraufbereitung

Bei vielen Wasserwerken ist die kGwa nur *ein* Element in der gesamten Trinkwasseraufbereitung. Sowohl vor, als auch nach der Untergrundpassage werden verschiedenste Behandlungsverfahren in vielen Kombinationsvarianten angewandt (s. dazu z.B. FAUST & ALY 1998 oder IAWR 2000):

- Flockung (z.B. mit Zugabe von Aluminium- oder Eisenchlorid)
- Sedimentation
- Filtration über Kies- und Schnellsandfilter
- Aktivkohlefiltration
- Mikro-, bzw. Ultra- und Nanofiltration sowie Umkehrosmose über Membranen (s. Abb. 1-2)
- Ionenaustausch
- Oxidation und Entkeimung mit UV, Cl_2, ClO_2, O_3, $KMnO_4$ oder H_2O_2
- Sauerstoffzugabe (durch Verdüsung des Wassers, Kaskadenbelüftung oder Einblasung)
- Entsäuerung (durch Belüftung oder NaOH- bzw. Kalkmilch-Zugabe).

Ziel der Behandlung ist ein möglichst keim- und schadstoffarmes Wasser, dessen Qualität mindestens den jeweiligen nationalen Lebensmittelgesetzgebungen genügt.

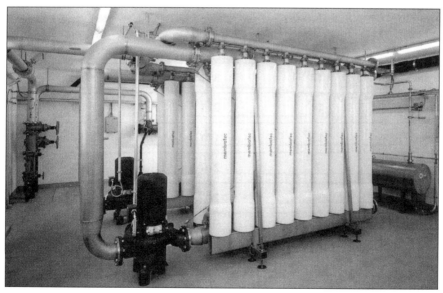

Abb. 1-2: Ultrafiltrationsanlage Muotathal mit einer Leistung von 30 $L*s^{-1}$ (aus KLAHRE & ROBERT 2002).

Heute finden sich in der Wasseraufbereitung drei gegenläufige Trends:
1. Der Einsatz von moderner Hochtechnologie (z.B. Ultrafiltration).
2. Gerade auf Druck europäischer Verbraucher findet eine Hinwendung zu Produktionsformen statt, die mit möglichst wenig „Chemie" ein hochqualitatives und gut schmeckendes Wasser liefern.
3. Speziell in ländlichen Gegenden der 3. Welt nimmt die Quantität und Qualität der Trinkwasserressourcen ab.

Kapitel 1: Einführung

Der privatisierte Wassermarkt wird heute von drei weltweit tätigen Konzernen fast absolut beherrscht: Vivendi Environment (aus Fusion der Compagnie Générale des Eaux mit Universal), Ondeo (ehemalige Suez-Lyonnaise des Eaux) und RWE (aus Fusion von RWE mit Thames Water und American Water Works): Diese setzen bevorzugt auf Technik und Profit in grossen, kapitalträchtigen Märkten, vernachlässigen hingegen dezentrale, billige Wasserversorgungen. Es zeichnet sich dabei ein immer grösser werdender Spagat zwischen Technik auf der einen Seite und Natur bzw. Mensch auf der anderen Seite ab. Die Untergrundpassage (auch über Langsamsandfilter) steht in dieser Hinsicht eindeutig auf der Seite der naturnahen Produktionsverfahren.

1.1.5 Geschichte der künstlichen Grundwasseranreicherung

Relativ ausführlich über die Geschichte der künstlichen Grundwasseranreicherung berichten BETTAQUE (1958), FRANK (1982) und BMI (1985). Bereits 1810 wurde durch die Glasgow Waterworks Company zur Fassung von Uferfiltrat unter dem Fluss Clyde eine Sickergalerie erstellt und 1830 deren Ergiebigkeit durch Überflutung von angrenzendem Gelände gesteigert. Einige Jahre später, mit einem Höhepunkt in den 1860er Jahren, wurde dieses Verfahren von verschiedenen weiteren Städten in Grossbritannien übernommen. Vielfach ging im Laufe der Zeit die Leistungsfähigkeit der Anlagen wegen mangelnder Regenerationsfähigkeit deutlich zurück, so dass, neben der Uferfiltration, vermehrt direkt entnommenes Oberflächenwasser verwendet wurde.

Im Jahre 1829 wurde von J. SIMPSON für die öffentliche Wasserversorgung in London der Langsamsandfilter entwickelt (HUISMAN & WOODS 1974: 14f.). Aufgrund der guten Erfahrungen in England wurden die ersten grossen deutschen Wasserversorgungen in der zweiten Hälfte des 19. Jahrhunderts nach englischem Vorbild erstellt. Die Uferfiltration kam wegen abnehmender Durchlässigkeit und schlechter Kontrollierbarkeit immer mehr unter Kritik. In Gebieten mit direkter Oberflächenwasserentnahme ohne Aufbereitung über LSF griffen Cholera-Epidemien wie 1892/93 in Hamburg mit 17'000 Erkrankten und 8'600 Toten um sich. Der schwedische Ingenieur und Leiter der Wasserwerke Göteborg, J. G. RICHERT, kombinierte im Jahre 1898 die bis anhin in Kammern vorgenomme Langsamsandfiltration und die Untergrundpassage der Uferfiltration, indem er in einigem Abstand zum Flussufer die oberen Bodenschichten entfernte und sie durch Feinsand ersetzte (RICHERT 1900). Über diese LSF-Becken liess er Flusswasser mit einer Geschwindigkeit von 1.3 $m \cdot d^{-1}$ in den Untergrund einsickern. Nach 200 m Fliessstrecke und einer Aufenthaltszeit von 2-3 Monaten im Aquifer wurde das angereicherte Grundwasser in einem Brun-

Kapitel 1: Einführung

nen frei von störendem Geruch und Geschmack wiedergewonnen. War der Filter zugesetzt, wurde einfach die oberste Sandschicht entfernt. RICHERT gilt daher als „Vater der künstlichen Grundwasseranreicherung" (BMI 1985: 20), obwohl bereits 1875 in Chemnitz ein Sandfiltergraben zur Flusswasserversickerung gebraucht wurde.

Die ersten Anreicherungsbecken nach RICHERT wurden 1902 in Essen in Betrieb genommen. Sie fanden bei den meisten Ruhrwasserwerken rasch Nachahmung und werden auch heute noch verwendet. Weitere Anreicherungstechniken wurden ebenfalls genutzt, wie die Infiltration über Gräben oder die Untergrundinfiltration über Schluckbrunnen oder Sickerleitungen. Diese waren aber viel weniger verbreitet. Während Schluckbrunnen wegen Verdichtungen des Untergrundes meist innert weniger Jahre unbrauchbar wurden, bewährten sich die Sickerleitungen, welche z.B. von SCHEELHAASE 1908 im Frankfurter Stadtwald intermittierend verwendet wurden. Mit diesem später v.a. in Schweden angewandten „Frankfurter System" wurde eine gute Grundwasserqualität erzielt. Dies stärkte das Vertrauen der damaligen Wasserfachleute in die neuen Aufbereitungsverfahren. Trotzdem blieb die künstliche Grundwasseranreicherung bis weit in die 1950er Jahre v.a. auf Deutschland, Schweden und Holland beschränkt. Die zunehmende Wohnbevölkerung in den Städten, die mit der Industrialisierung und dem Nachkriegsaufschwung einhergehende Steigerung des Pro-Kopf-Wasserverbrauchs, die sich stark verschlechternde Oberflächenwasserqualität und die verstärkte Forschung über die künstliche Grundwasseranreicherung führte dann v.a. in den 1960er und 70er Jahren zu einem vermehrten und v.a. weltweiten Einsatz dieser Verfahren. Auch wurde deren Zweck, genügend sauberes Trinkwasser zu liefern, immer mehr auf andere Bereiche ausgeweitet (s. Kap. 1.1.3). Nach einer Untersuchung von SCHMIDT (1994) existierten im Jahre 1992 in Deutschland 46 Werke, welche die künstliche Grundwasseranreicherung zur Förderung von 532 Mio. m^3 Trinkwasser einsetzen (9.8 % des gesamten Trinkwasserverbrauchs).

1.2 Trinkwassergewinnung in den Langen Erlen

Die Industriellen Werke Basel (IWB) versorgen in der Stadt Basel sowie in den Gemeinden Riehen, Bettingen und Binningen rund 201'500 Einwohner mit Trinkwasser (IWB, 2001a und 2001b; Abb. 1-3). Im Jahre 2001 wurden im Versorgungsgebiet der IWB 27.84 Mio. m^3 Wasser verbraucht. Dies ergibt einen mittleren Tagesverbrauch von 379 L pro Person und Tag (inkl. Industrie), bzw. 227 L pro Person und Tag (nur Haushalte und Kleingewerbe). 14.37 Mio. m^3 stammten aus den Grundwasserwerk Langen Erlen, 13.4 Mio. m^3 aus dem Grundwasserwerk Hard bei Muttenz und 0.32 Mio. m^3 aus Quellen im nahen Jura (Pelzmühletal, Grellingen, Angenstein und

Kaltbrunnental; Abb. 1-3). Die Quellwasserversorgung wurde im Sommer 2002 vom Netz abgehängt.

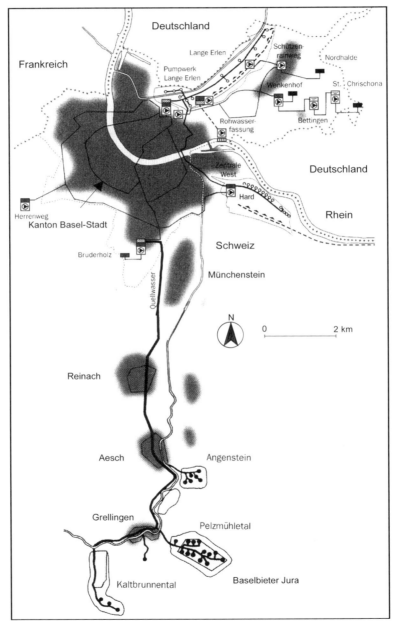

Abb. 1-3: Trinkwasserversorgungsgebiet der IWB (aus IWB, 2001a, verändert; für einen umfassenderen Lageüberblick, s. auch Abb. 2-1; Kap. 2.1).

Der Wasserverbrauch war früher bedeutend grösser: Im Spitzenjahr 1971 wurden 48.88 Mio. m³ Trinkwasser abgegeben (530 L pro Person und Tag [inkl. Industrie]; nur Haushalte und Kleingewerbe: 239 L pro Person und Tag). Davon stammten 27.5 Mio. m³ aus dem Grundwasserwerk Lange Erlen, 16.63 Mio. m³ aus der Hard und 3.05 Mio. m³ aus den Juraquellen. Seit 1971 ging somit der gesamte Wasserverbrauch bis heute um über 40 % zurück (Abb. 1-4) und die Wasserproduktion in den Langen Erlen um 48 % (Abb. 1-5). Der Jahrtausendsommer 2003 bildet hierbei nur eine kleine Ausnahme im langjährigen Trend.

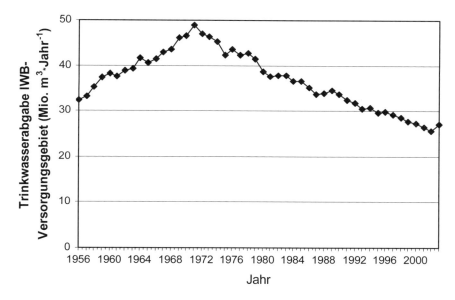

Abb. 1-4: Trinkwasserabgabe im Versorgungsgebiet der IWB zwischen 1956 und 2003 (Daten IWB).

Kapitel 1: Einführung 12

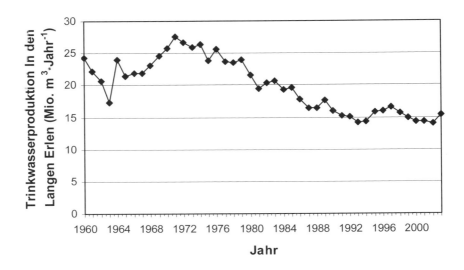

Abb. 1-5: Trinkwasserproduktion in den Langen Erlen zwischen 1960 und 2003 (Daten IWB).

Im Folgenden wird das System der Trinkwassergewinnung der IWB in den Langen Erlen beschrieben. Die Angaben dazu stammen aus IWB (2001a und 2001b), GWW Basel (1964), und weiteren Quellen, die im Einzelfall besonders angegeben sind, sowie von pers. Mitteilungen von IWB-Mitarbeitern (RICHARD WÜLSER, HANS TRACHSEL, EDUARD JUNGHANS und WERNER MOSER).

In den Langen Erlen und im Hardwald wird zur Trinkwassergewinnung das natürliche Grundwasser künstlich mit Rheinwasser angereichert. In Abb. 1-6 wird schematisch das in den Langen Erlen angewandte Prinzip gezeigt, während in Abb. 1-7 die Wasserspiegelniveaus und in Abb. 1-8 der Verlauf des Wasserstroms kartographisch dargestellt sind.

Das für die Anreicherung in den Langen Erlen benötigte Rheinwasser wird im Stau oberhalb des Kraftwerkes Birsfelden gefasst. Bei laufendem Betrieb sind dies zur Zeit im Mittel rund 65'000 m^3 pro Tag, bzw. 750 L$*$s^{-1}, mit einer Schwankungsbreite zwischen 600 und 900 L$*$s^{-1} (sog. „Halblast"). Mit den drei Rohwasserpumpen können maximal bis 1'400 L$*$s^{-1} gefördert werden („Volllast"). Gegen den Rhein hin ist die Rohwasserleitung mit einer Tauchglocke und einem Seiher zur Abweisung von Fischen und grobem Geschwemmsel geschützt. Nach Passage eines Grobrechens mit 4 cm Durchlassweite und einer Trübungsmessung sowie einer automatischen Probennahme wird das Wasser durch zwei Schleuderbetonleitungen von 1

Kapitel 1: Einführung

m Durchmesser und 1.7 km Länge zur Schnellfilteranlage gefördert, die sich in der Nähe des Eglisees befindet.

Dort gelangt das Wasser zuerst in ein Einlaufbauwerk mit einem Volumen von 340 m^3. Nach einer Aufenthaltszeit von vier bis 14 Minuten wird das Wasser auf bis zu 20 Sandfilterbecken verteilt, die jeweils 50 m^2 Fläche aufweisen (Abb. 1-9 und 1-10). Das Wasser passiert diese mit einer Geschwindigkeit von ca. 5 m$*$h^{-1}, wobei rund 95 % der Schwebstoffe entfernt werden. Die Filter bestehen aus einer 80 cm mächtigen Quarzsandschicht mit einer Korngrösse von 1.5-2.5 mm. In den Filterboden sind 48'000 speziell gestaltete Filterdüsen aus Kunststoff eingebaut, die Sandkörner zurückhalten, das filtrierte Wasser jedoch passieren lassen und in ein 2'000 m^3 fassendes Reservoir abführen (Abb. 1-11 und 1-12). Durch die Filterdüsen werden zudem die Sandfilter mit Druckluft und filtriertem Wasser aus dem Reservoir rückgespült. Bei den dabei entstehenden Verwirbelungen im Sandbett reiben sich die Sandkörner aneinander, wodurch die anhaftenden Schmutzstoffe (v.a. Lehmpartikel) wieder abgelöst werden. Nach fünf Minuten wird das überstehende Wasser mit den abgelösten Schmutzstoffen oberhalb der Filter abgelassen (Abb. 1-10) und über eine Schlammwasserleitung mit 0.6 m Durchmesser zurück in den Rhein geleitet. Die Sandfilter werden mindestens jeden zweiten Tag rückgespült. Pro Rückspülung werden bis zu zwei Tonnen Material zurück in den Rhein transportiert.

Ist der Rhein nach Starkniederschlägen getrübt (Trübung >15 FNU) oder tritt eine Gewässerverschmutzung auf (Rheinalarm), wird die Fassung unterbrochen. Damit werden einerseits die Sandfilter wegen den kosten- und energieintensiven Rückspülungen nicht unnötig mit Schwemmmaterial belastet und andererseits ist eine Gefährdung der Trinkwassergewinnung ausgeschlossen. Durch dieses Vorgehen mussten die Sandfilter seit dem Bau im Jahre 1964 erst einmal – im Jahre 1982 – wegen Unterschreitens der minimalen Sandmenge neu aufgefüllt werden. In der Regel ist die Wässerung, bedingt durch Rheintrübungen und -verschmutzungen, Umbauten, Betriebsstörungen und Abschaltungen während Feiertagen oder Grundwasserhochständen, gesamthaft nur während ungefähr neun bis zehn Monaten im Jahr in Betrieb.

Kapitel 1: Einführung

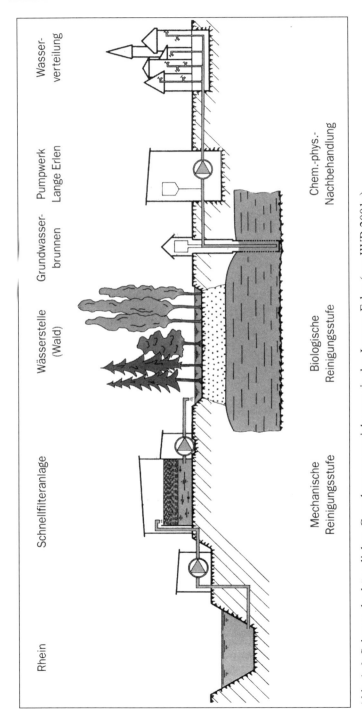

Abb. 1-6: Schema der künstlichen Grundwasseranreicherung in den Langen Erlen (aus IWB 2001a).

Kapitel 1: Einführung

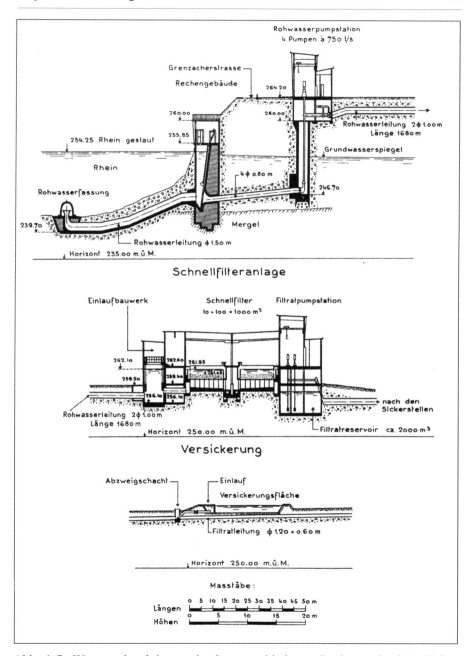

Abb. 1-7: Wasserspiegelniveaus in den verschiedenen Stationen der künstlichen Grundwasseranreicherung in den Langen Erlen (aus WIDMER 1970).

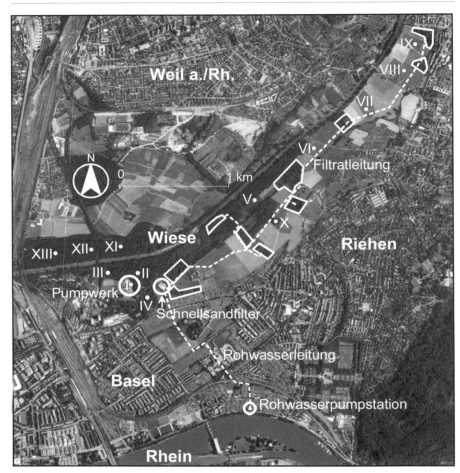

Abb. 1-8: Verlauf des Wasserstroms von der Rohwasserentnahme bis zur Einspeisung des Trinkwassers im Pumpwerk. Römische Ziffern bezeichnen die Grundwasserbrunnen. Luftbild (Stand: 1998): © Symplan AG/Endoxon AG, Luzern.

Kapitel 1: Einführung 17

Abb. 1-9: Ansicht von vier der total 20 Schnellsandfilter. Photo: D. Rüetschi.

Abb. 1-10: Detailaufnahme eines unbeschickten Schnellsandfilters. An der Stirnwand des Beckens erscheint der Überfall für das Rückspülwasser als dunkler Streifen. Photo: D. Rüetschi.

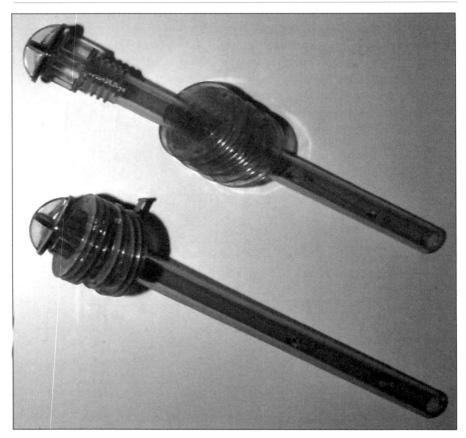

Abb. 1-11: Nahaufnahme zweier Sandfilterdüsen. Die Ringe beim Düsenkopf liegen im eingebauten Zustand direkt aufeinander, wodurch das Wasser ungehindert passieren kann, Sandkörner aber zurückgehalten werden. Photo: D. Rüetschi.

Kapitel 1: Einführung   19

Abb. 1-12: Ansicht eines Schnellsandfilterbeckens von unten mit den eingebauten Düsen. Photo: D. Rüetschi.

Zur Qualitätssicherung wird nach der Schnellsandfiltration eine kontinuierliche Probenanreicherung des Filtratwassers durchgeführt. Das Filtratwasser wird anschliessend von sechs Pumpen in elf bewaldete Wässerstellen geleitet, welche im gesamten schweizerischen Teil des Wiesentals verteilt sind und total eine Nettofläche von rund 13 ha bedecken (Abb. 1-13 und Tab. 1-1). Die Wässerstellen sind hauptsächlich mit Hybridpappeln, Eschen, Erlen und Weiden bestockt und meist in drei Felder unterteilt (Abb. 1-14). Ein Feld wird dabei in der Regel während zehn Tagen bewässert, worauf sich eine Abtrocknungsperiode von 20 Tagen anschliesst. Mit einer Geschwindigkeit von etwa 1-2 $m \cdot d^{-1}$ sickert das Wasser zuerst durch eine Humus- und eine Auenlehmschicht von im Mittel je ca. 20-30 cm Mächtigkeit und anschliessend durch eine 2.5 m mächtige Kies- und Sandschicht, bevor es den Grundwasserspiegel erreicht (Abb. 1-15). Bei dieser Passage durch den natürlichen Boden wird das Wasser durch physikalische, chemische und biologische Prozesse gereinigt. Betrachtet man die Versickerungsleistung der gesamten Wässerstellenfläche über das ganze Jahr inkl. Trockenphasen und Betriebsunterbrüchen, so liegt die Versickerungsleistung zur Zeit zwischen 300 und 450 $L*m^{-2}*d^{-1}$. Nimmt man einen Volllastbetrieb über das ganze Jahr an, liegt die rechnerisch maximale Leistungsfähigkeit der Anlage bei 930 $L*m^{-2}*d^{-1}$, was allerdings nur während beschränkten Spitzenzeiten (jeweils über einige Wochen bis wenige Monate) in den 60er und 70er Jahren erreicht worden sein dürfte.

Das Grundwasser wird nach einer Fliessstrecke von ca. 200-800 m mit Niederdruckpumpen in insgesamt 11 Haupt- und 16 Nebenbrunnen wieder zur Oberfläche gepumpt (Abb. 1-16 und Tab. 1-2). Die mittlere Entnahmemenge beträgt heute knapp 40'000 m^3 pro Tag. Im Verlaufe eines Jahres wird in etwa gleich viel Wasser in den Aquifer versickert, wie daraus wieder entnommen wird. Für den Fall einer Grundwasserverschmutzung steht eine Aktivkohlefilteranlage zur Verfügung. Zur Einstellung eines für das Leitungsnetz optimalen pH-Wertes wird das Grundwasser aus den Langen Erlen mittels Belüftung entsäuert (bis 2001 mittels Natronlauge). Danach wird es mit demjenigen aus dem Hardwald in einem Verhältnis von 1:1 in einer Mischkammer mit 2410 m^3 Volumen gemischt. Anschliessend wird als Verkeimungsschutz ca. 0.05 $mg*L^{-1}$ Chlordioxid zugegeben (Abb. 1-17), worauf das hygienisch und chemisch einwandfreie Trinkwasser (Tab. 1-3) in das 542 km lange Stadtnetz eingespiesen wird (Abb. 1-20). Die dabei im Wechsel eingesetzten vier Hochdruckpumpen weisen eine Leistung von jeweils 500-700 kW auf (Abb. 1-18 und 1-19).

In der Nacht werden v.a. die insgesamt 13 im ganzen Kantonsgebiet und über fünf verschiedene „Hochzonen" verteilten Reservoire aufgefüllt, die bis zu 340 m höher als das Pumpwerk liegen und total rund 65'235 m^3 Wasser fassen (Abb. 1-21). Sie decken damit einen Teil des über den Tag verbrauchten Wassers und dienen auch der Druckerhaltung, als Vorratsbehälter bei Betriebsstörungen und zu Feuerlöschzwecken. Die Trinkwasserqualität wird vom IWB-eigenen Trinkwasserlabor überwacht, das im März 1999 von der Schweizerischen Akkreditierungsstelle nach den Normen SN EN 45001 und 45004 zertifiziert wurde. Das Wasserlabor wiederum wird von Kantonalen Laboratorium kontrolliert.

Kapitel 1: Einführung

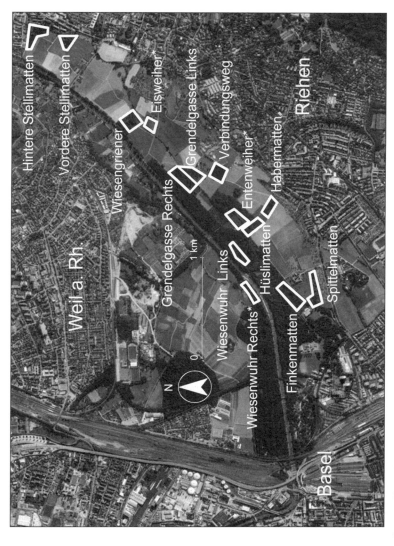

Abb. 1-13: Lagekarte aller aktuellen und ehemaligen* Wässerstellen in den Langen Erlen. Luftbild (Stand 1998): © Symplan AG/Endoxon AG, Luzern.

Abb. 1-14: Ansicht der Wässerstelle Hüslimatten. Photo: D. Rüetschi.

Tab. 1-1: Grösse, Versickerungsleistung (Angaben nach W. MOSER, IWB, pers. Mitt. sowie DILL 2000 und SIEGRIST 1997) und gesichertes oder wahrscheinliches Jahr der Inbetriebnahme der Wässerstellen (s. Kap. A2.3 und A2.5).

Bezeichnung	Grösse in m^2	Versickerungsleistung in $m^3 \cdot m^{-2} \cdot d^{-1}$	Jahr der Inbetriebnahme
Spittelmatten Feld 1	8091	1230	1970
Spittelmatten Feld 2	7888	1100-1220	1970
Finkenmatten Feld 1a	6500	680-800	1913?
Finkenmatten Feld 1b	6400	680-800	1913?
Finkenmatten Feld 2	5688	1570	1913?
Hüslimatten	9657	860	1932/4
Habermatten	8157	250-1060	zw. 1939-48
Wiesenwuhr Links	7395	430-530	zw. 1964-1968
Grendelgasse Rechts, Feld 1	7456	1960-2560	1912
Grendelgasse Rechts, Feld 2	5483	2790-3150	1912
Grendelgasse Rechts, Feld 3	6533	2390-2650	1912
Grendelgasse Links, Feld 1	3998	1490-2230	1912/1950-60 planiert
Grendelgasse Links, Feld 2	2905	2400-3600	1912/1950-60 planiert
Grendelgasse Links, Feld 3	4799	2020-3030	1912/1950-60 planiert
Verbindungsweg, Feld 1	3947	450-1300	1970
Verbindungsweg, Feld 2	3850	660-1760	1970
Verbindungsweg, Feld 3	3668	1070-2130	zw. 1940-1948
Wiesengriener, Feld 1	6087	1420-2700	um 1929
Wiesengriener, Feld 2	3197	2040-3060	um 1929
Wiesengriener, Feld 3	2537	1520-3410	um 1929

Bezeichnung	Grösse in m²	Versickerungsleistung in m³*m⁻²*d⁻¹	Jahr der Inbetriebnahme
Vordere Stellimatten, Feld 1	4185	620-825	1980
Vordere Stellimatten, Feld 2	2823	510	1980
Vordere Stellimatten, Feld 3	3411	510-1010	1980
Hintere Stellimatten, Feld 1	4120	630	1980
Hintere Stellimatten, Feld 2	4305	610	1980
Hintere Stellimatten, Feld 3	2785	450-930	1980

Abb. 1-15: Ansicht eines 2 m tiefen Bodenprofils im Feld 1 der Wässerstelle Verbindungsweg. Photo: D. Rüetschi.

Kapitel 1: Einführung 24

Abb. 1-16: Ansicht eines typischen (denkmalgeschützten) Brunnenhäuschens in den Langen Erlen (Brunnen IX bei den Hinteren Stellimatten). Im Vordergrund ist ein Grundwasserbeobachtungsrohr sichtbar. Photo: D. Rüetschi.

Tab. 1-2: Grundwasserbrunnen in den Langen Erlen; VF: Vertikalfilterbrunnen, HF: Horizontalfilterbrunnen, NB: Nebenbrunnen, FS: Filterstränge, §: nur noch Notbrunnen; (H. TRACHSEL, IWB, pers. Mitt., 2003).

Brunnen	Typ	Anzahl NB, FS	max. Kapazität in $L*s^{-1}$	mittl. Kapazität in $L*s^{-1}$
1	VF	1 NB	110	60
2	VF	2 NB	110	60
3	VF	1 NB	110	60
4	VF	1 NB	110	60
5	VF	2 NB	110	60
6	VF	2 NB	110	60
7	VF	1 NB	130	100
8	VF	1 NB	60	60
9§	VF	1 NB	---	---
10	VF	7 NB	160	110
11	HF	9 FS	100	60
12	HF	12 FS	100	60
13§	HF	12 FS	---	---

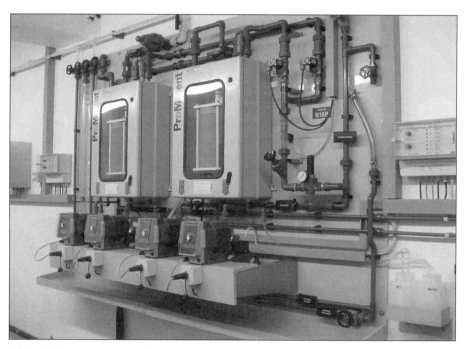

Abb. 1-17: Dosierungsanlage für die Zugabe von Chlordioxid, welches vor Ort aus HCl und $NaClO_2$ hergestellt wird (s. Flaschen unten rechts). Photo: D. Rüetschi.

Kapitel 1: Einführung

Abb. 1-18: Zwei der vier Hochdruckpumpen-Motoren, mit welchen das Trinkwasser in das städtische Leitungsnetz gefördert wird. Photo: D. Rüetschi.

Abb. 1-19: Ansicht der Hochdruckpumpen. Photo: D. Rüetschi.

Kapitel 1: Einführung

Abb. 1-20: „...*water* goes to town..." Das kostbare Nass verlässt das Pumpwerk. Photo: D. Rüetschi.

Kapitel 1: Einführung

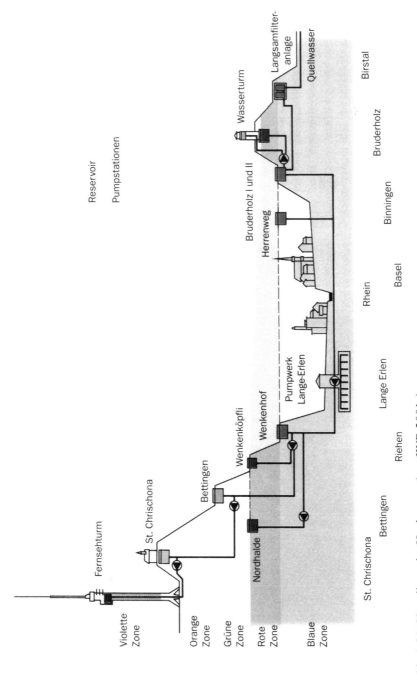

Abb. 1-21: Verteilung der Hochzonen (aus IWB 2001a).

Kapitel 1: Einführung

Tab. 1-3: Analysenwerte des Grundwassers der Langen Erlen vom Jahr 2001 (Mischwasser aller Brunnen beim Einlauf in das Pumpwerk). Quelle: Wasserlabor IWB. n.n. = nicht nachweisbar (Konzentration unter der analytischen Nachweisgrenze).

Parameter	Einheit	Mittelwert	Minimalwert	Maximalwert
Temperatur	°C	11.9	8.7	14.3
Spezifische elektrische Leitfähigkeit	$\mu S*cm^{-1}$	351	314	389
pH-Wert		7.38	7.16	7.49
Gesamthärte	°fH	17.1	15.9	18.7
Karbonathärte	°fH	14.7	13.0	15.8
Nichtkarbonathärte	°fH	2.5	1.6	3.2
Trübung	FNU	0.07	0.03	0.15
Trockenrückstand	$mg*L^{-1}$	225	188	255
Abfiltrierbare Stoffe	$mg*L^{-1}$	<1	n.n.	<1
Sauerstoffgehalt	$mg\ O_2*L^{-1}$	8.7	6.7	10.9
Rel. Sauerstoffsättigung	%	82	65	97
Aerobe, mesophile Keime	$KBE*mL^{-1}$ (30 °C)	3	0	81
Escherichia coli	$KBE*100\ mL^{-1}$ (37/44 °C)	0	0	1 (5 Fälle)
Enterokokken	$KBE*100\ mL^{-1}$ (37 °C)	0	0	1 (5 Fälle)
DOC	$mg\ C*L^{-1}$	0.54	0.43	0.69
SAK254	$1*m^{-1}$	0.9	0.8	1.1
AOX	$\mu g*L^{-1}$	<2	n.n	<2
Ammonium	$mg*L^{-1}$	<0.009	n.n.	<0.009
Calcium	$mg*L^{-1}$	56.2	52.5	61.2
Eisen	$mg*L^{-1}$	n.n.	n.n.	n.n.
Kalium	$mg*L^{-1}$	1.8	1.5	2.1
Magnesium	$mg*L^{-1}$	7.5	6.9	8.3
Mangan	$mg*L^{-1}$	n.n.	n.n.	n.n.
Natrium	$mg*L^{-1}$	10.0	8.9	11.0
Summe der Kationen	$meq*L^{-1}$	3.90	3.63	4.26
Bromid	$mg*L^{-1}$	0.030	0.016	0.042
Chlorid	$mg*L^{-1}$	11.5	9.8	13.4
Fluorid	$mg*L^{-1}$	0.12	0.11	0.13
Hydrogencarbonat	$mg*L^{-1}$	180	158	193
Nitrat	$mg*L^{-1}$	9.9	8.0	11.1
Nitrit	$mg*L^{-1}$	n.n.	n.n.	n.n.
Orthophosphat	$mg*L^{-1}$	0.069	0.050	0.084
Sulfat	$mg*L^{-1}$	30.7	26.3	35.2
Summe der Anionen	$meq*L^{-1}$	4.06	3.60	4.38
Kieselsäure	$mg*L^{-1}$	6.8	6.3	7.4

Zur klaren und einfachen Unterscheidung von anderen Grundwasseranreicherungssystemen wird das Anreicherungsverfahren, das die IWB in den Langen Erlen anwenden, im Weiteren als „Basler System" bezeichnet. Dies in Anlehnung an weitere Verfahrensbezeichnungen, wie das „Dortmunder Verfahren" (s. Kap. 4.3) oder das „Frankfurter System" (s. Kap. 1.1.5). Das Anreicherungssystem, wie es im Hardwald betrieben wird (s. Kap A2.4), ist im Gegensatz zu den Anlagen in den Langen Erlen auch an anderen Orten in ähnlicher Form verbreitet, z.B. im Spandauer Forst in Berlin. Aus diesem Grund wird in der vorliegenden Arbeit der Name „Basler System" immer nur für die Anlagen in den Langen Erlen verwendet.

1.3 Dem Basler System ähnliche Anreicherungsverfahren

Nach einer weitreichenden Literaturrecherche sowie Befragungen von Experten an diversen internationalen Fachkongressen fand sich keinerlei Hinweis darauf, dass gleich funktionierende Systeme wie das Basler System auch an anderen Orten zur Trinkwassergewinnung verwendet werden.

Die drei entscheidenden Charaktergrössen des Basler Systems sind:
- Benutzung von ± natürlichen *Wald*standorten auf ehemaligen Auenböden zur Grundwasseranreicherung zu Trinkwassergewinnungszwecken,
- enger Bewässerungszyklus von zehn Tagen Überflutung und 20 Tagen Trockenphase,
- auch bei jahrzehntelanger Laufzeit ist zur Aufrechterhaltung hoher Versickerungsleistungen von 1-2 $m^3 * m^{-2} * d^{-1}$ und einer gleichbleibenden Qualität mit Ausnahme der Trockenphase keine weitere Regeneration, bzw. Wartung der Versickerungsflächen notwendig.

Die Grundwasseranreicherung in den Langen Erlen wird in anderen Publikationen wie folgt beschrieben:
- SIA (1978):
  „*Grundwasseranreicherung durch Waldböden*: Wenn immer möglich, soll von einer Überflutung von Waldböden zur Grundwasseranreicherung abgesehen werden. Es stehen sehr viele, auch dem Fachmann unbekannte bio-ökologische Reaktionen zur Diskussion. Diese können unerwartete Schäden an Waldbeständen verursachen. Die Schadenermittlungen sind in der Regel mühsam und oft unangenehm. In jedem für schweizerische Verhältnisse in Frage kommenden Waldstandort besteht die Gefahr einer *Überdosierung der Wasserbeschickung*. Die bekannten Verhältnisse um Basel sind standörtliche Spezialfälle, die sich in der Schweiz nicht häufig wiederholen."
  Leider wird der letzte Satz nicht weiter ausgeführt oder begründet.
- MÖHLE (1989):
  „Die Anreicherung erfolgt intermittierend durch Überflutung kleiner Polder mit Grasdecke oder mit Baumbestand. Das Wasser versickert über die Humusdecke, wobei die biochemischen Abbauprozesse weitgehend in dieser Schicht ablaufen und der Boden periodisch durchlüftet wird (STÄHELI, 1974). Eine grössere Anreicherungsanlage dieser Art wird von der Stadt Basel seit

Kapitel 1: Einführung

1911 im Wasserwerk „Lange Erlen" betrieben (JORDI, 1967). Bevorzugt werden Polder („Wässerstellen") mit forstwirtschaftlicher Nutzung (Erlen, Pappeln, Weiden), die gegenüber Anreicherungsbecken verschiedene Vorteile haben, z.B. Verhinderung des Algenwachstums, Verhinderung extremer Temperaturschwankungen im Überstau, geringe Unterhaltsmassnahmen. Von der Anlage sind folgende Einzelheiten bekannt (persönliche Mitteilungen, sowie: NATIONALZEITUNG: Die Wasserversorgung der Stadt Basel. Nr. 322, 334 und 346 (Stand 1974):"
(Anmerkung: Die folgende Tabelle ist im Originaltext anders dargestellt.)

Sickerwassermenge:	21 Mio. m³/a
Rohwasser:	Rheinwasser max. 120.000 m³/d nach Aufbereitung durch Schnellfilter
Poldergrösse:	9 Polder („Wässerstellen") mit insgesamt 10 ha Fläche
Höhe des Grundwasserspiegels:	ohne Anreicherung: ca. 5-8 m unter Gelände, mit Anreicherung: ca. 1-2 m unter Gelände
Mächtigkeit des Grundwasserleiters:	5-8 m
Abstand der Entnahmebrunnen von der Anreicherung:	200-400 m
Bodendurchlässigkeit:	$k_f = 2\text{-}4 * 10^{-3}$ m/s
Betrieb:	Flutung und Betrieb der Wässerstellen über einen Zeitraum von 10 Tagen, daran schliesst sich eine Abtrocknungsphase von 20 Tagen an
Filtergeschwindigkeit:	während der Flutung: von 3 auf etwa 1 m/d abnehmend, im Mittel etwa 1.8 m/d. Differenzen zwischen Sommer- und Winterwerten,
Mittlere Jahressickerleistung:	0.57 m³/m² * d (einschl. Abtrocknungsphasen.

Im Folgenden sind drei Beispiele von Verfahren aufgeführt, welche in verschiedenster Hinsicht Ähnlichkeiten zum Basler System aufweisen:
- Beregnungsinfiltration in Waldföhren-Fichtenmischwäldern in Hämeenlinna, Südfinnland, mit sehr hohen Versickerungsleistungen von 8 $m^3 * m^{-2} * d^{-1}$ (HELMISAARI et al. 1998; PAAVOLAINEN et al. 2000).
- Wiederbewässerung des Mooswaldes in Freiburg über alte Entwässerungsgräben (SCHWARZ 1996).
- Grundwasseranreicherung zur Trinkwassergewinnung in den Küstensanddünen bei Castricum in der Nähe von Amsterdam. Im total 150 ha grossen Gebiet werden auf einer Fläche von 22 ha auf naturnahe Weise max. rund 25 Mio. m³ jährlich versickert (im Mittel 0.1 $m^3 * m^{-2} * d^{-1}$; PE-

TERS et al. 1998; Abb. 1-22). Die Versickerungsleistung ist damit etwa ein Halb bis ein Drittel so gross wie zur Zeit im Basler System.

Abb. 1-22: Grundwasseranreicherungsanlagen der Wasserwerke Amsterdam in den Dünen bei Castricum (NL). Photo: D. Rüetschi.

1.4 Wissenschaftliche Forschung in den Langen Erlen

In den Langen Erlen wurden in den letzten Jahrzehnten von verschiedenen Seiten diverse Forschungsarbeiten durchgeführt. Ein Überblick fehlte aber bisher. Deshalb werden in diesem Kapitel die meisten neueren Forschungsarbeiten kurz beschrieben und ihre Schlussfolgerungen z.T. gerafft, z.T. etwas ausführlicher dargestellt. Ältere Arbeiten sind teilweise ebenfalls aufgeführt, allerdings nur, soweit sie dem Autor bekannt sind. Es besteht deshalb kein Anspruch auf Vollständigkeit.

1.4.1 Bisherige Untersuchungen am Departement Geographie Basel

Die Wässerstellen in den Langen Erlen sind in der Regel mit in Reihen gepflanzten Hybridpappeln bestockt. Aus Naturschutzüberlegungen installierte der Basler Naturschutz im Jahre 1996 in einem fünf Jahre dauernden Versuchsprojekt mit den IWB eine sonnenexponierte Versuchswässerstelle („VR") bei der Schnellsandfilteranlage, welche mit Initialpflanzen von standortheimischer Riedvegetation (Schilf, Seggen, Binsen, etc.) bepflanzt wurde (Kap. 2.1.5). Die IWB waren an einer Untersuchung der Entwicklung der Vegetation bzw. der Auswirkungen auf die Grundwasserqualität interessiert. Mit der Versuchswässerstelle befassten sich deshalb SCHMID (1997), KOHL (1997), GEISSBÜHLER (1998) und WARKEN (1998). Diese

Kapitel 1: Einführung

Arbeiten bildeten neben den humangeographischen Arbeiten von SCHULTHESS (1995) und SUTER (1996) den Einstieg des Departements Geographie in die Erforschung der Langen Erlen. SIEGRIST (1998) nahm eine ökologische Bewertung aller Wässerstellen vor, während DILL (2000) sich mit der Versickerungsleistung und NIEDERHAUSER (2002) mit dem Schwermetallgehalt in den Böden der hinteren Langen Erlen befassten. Faunistische Untersuchungen wurden von LUKA (2002) und ENRIGHT vorgenommen. Ein weiterer Schwerpunkt der Forschungsaktivitäten bildete das MGU-Projekt (s. dazu Kap. 1.4.3).

SCHMID (1997)
In seiner Diplomarbeit an der Abteilung Physiogeographie des Geographischen Instituts hat MARKUS SCHMID von Juni bis August 1996 Boden und Wasserqualität in der Versuchswässerstelle Riedwiese (VR) mit der bewaldeten Wässerstelle Spittelmatten (Kap. 2.1.3) verglichen, die nur ca. 80 m von der Versuchsfläche entfernt lag. In den Vergleich bezog er auch die Wässerstelle Wiesengriener (s. Abb. 1-13) mit ein, in welcher drei Jahre zuvor der Bestand an Hybridpappeln vollständig geräumt worden war. In der nun sonnenbeschienenen Fläche hat sich seither, neben den neu gesetzten Pappelstecklingen, ein geschlossener Rohrglanzgras-Bestand etabliert. SCHMID ist in seiner Arbeit zu folgenden Schlüssen gekommen (hier wörtlich zitiert, soweit nicht anders vermerkt):
- Die Temperaturen liegen am Versuchsstandort (*VR, Anmerkung DR*) mit sehr wenig Vegetation 0.5-4.5 °C höher als beim bewaldeten Vergleichsstandort (*Spittelmatten*), am Standort mit einem geschlossenen Bestand an Feuchtvegetation (*Wiesengriener*) ist die Differenz aber nur halb so hoch.
- Bei der Versuchs-Wässerstelle sind wegen ungünstigen Bodeneigenschaften (Baugrube, Aufschüttung) eine verminderte Versickerung und im Unterboden eine verzögerte Abtrocknung anzutreffen.
- Die Sauerstoffgehalte nehmen bei der verminderten Sickerleistung in der Riedwiesenvegetation stärker ab, dagegen findet nur eine geringe Sauerstoffzehrung an den Referenzstandorten bei normalen Sickerbedingungen statt.
- Die biologische Bodenaktivität, d.h. die Abbauleistung, findet nicht nur in den obersten Zentimetern statt und daher werden Nutzungsänderungen an der Oberfläche im Unterboden abgepuffert.
- Die biologische Bodenaktivität nimmt unter dem Einfluss der Riedvegetation zu.

Allgemeinere Schlussfolgerungen seiner Arbeit sind:
- Ein geschlossener, vitaler Riedbestand erfüllt die gleichen Funktionen wie der Wald.

- Das Abholzen des Waldes gefährdet das Grundwasser grundsätzlich nicht.
- Trockenphasen sollten im Sommer nicht deutlich länger als 20 Tage dauern, sonst können die biologische Abbauleistung und die Vegetation leiden.
- Grundwassernutzung und Naturschutz sind miteinander vereinbar.
- Die Forstwirtschaft kann viel zur Aufwertung von Wässerstellen beitragen. Ein relativ extensiver Anbau (= lockere Bestockung) von Pappeln wäre durchaus möglich. Aus rein naturschützerischer Sicht wäre dennoch anderen Baumarten (Weiden, Erlen, Eichen in Verbindung mit verkürzten Abtrocknungsphasen) Vorrang zu geben.

KOHL (1997)
In einer Projektarbeit in der Abteilung Biologie des NLU-Instituts untersuchte JESSICA KOHL die Veränderung der Vegetationszusammensetzung in der VR im ersten Jahr der Bewässerung (1996). Nach ihrer Arbeitshypothese sollten v.a. Pflanzenarten der ehemaligen Wirtschaftswiese schnell aussterben, bzw. reduziert werden, Riedgräser sich jedoch ausbreiten. Es zeigte sich, dass die wiesentypischen Arten z.T. reduziert wurden (z.B. Löwenzahn, Weiss- und Rotklee), aber weniger Arten verschwanden als vermutet. Die Riedvegetation war zwar vital, konnte sich aber weniger stark ausbreiten als erwartet.

WARKEN (1998)
Die Vegetationsaufnahme von KOHL (1997) wurde von ERIK WARKEN in einer Projektarbeit an der Abteilung Biogeographie des NLU-Instituts im Jahre 1998 wiederholt. Er stellte neben einer signifikanten Abnahme von Gräsern (z.B. *Holcus lanatus*, *Lolium perenne*) und weiteren Arten der Wirtschaftswiese (z.B. *Prunella vulgaris*, *Plantago lanceolata*) eine Zunahme von feuchtliebenden Arten (z.B. *Lythrum salicaria*, *Epilobium hirsutum*, *Polygonum mite* und v.a. *Potentilla reptans*) sowie eine Ausbreitung der angepflanzten Vegetation fest (besonders *Carex acutiformis*, *Juncus effusus* und *J. inflexus*). Von den angepflanzten Arten haben sich *Typha latifolia*, *Filipendula ulmaria* und *Schoenoplectus lacustris* jedoch kaum verändert. Der Schilf breitete sich nur langsam aus. Das Rohrglanzgras (*Phalaris arundinacea*) war unbeabsichtigt mit den Initialpflanzen in die Fläche eingebracht worden und konnte sich ebenfalls ausbreiten.

SIEGRIST (1997)
LUZIA SIEGRIST untersuchte in ihrer Diplomarbeit an der Abteilung Physiogeographie die Ökodiversität der Wässerstellen anhand deren Struktur-, Habitat- und Artenvielfalt. Dabei wurden insgesamt 16 Ökotope der einzelnen Wässerstellen v.a. aufgrund von Vegetationsaufnahmen ausgeschie-

Kapitel 1: Einführung

den und kartiert. Durch den Einbezug weiterer Parameter wie z.B. dem Totholzanteil wurde ein eigenes Bewertungssystem für die Ökodiversität der Bewässerungsfelder etabliert.

Die höchste Ökodiversität wurde für die reich strukturierte Habermatte 1a ermittelt. Auch die Finkenmatten 1a und 1b (1997 geräumt) sowie Vordere und Hintere Stellimatten wurden als sehr gut bewertet, ganz im Gegensatz zur Grendelgasse Links und Rechts und zur Wiesenwuhr Links 1a.

SIEGRIST (1997) schlug im Weiteren Aufwertungsmassnahmen vor, mit welchen die Wässerstellen zum Kernstück eines „renaturierten Auengebietes Lange Erlen" werden sollen:
- reiche Strukturierung und Reliefierung der Bewässerungsfelder mit offenen und geschlossenen Beständen sowie mit permanenten Nass- bzw. Trockenstandorten,
- regelmässige Bewässerung zur Schaffung und Erhaltung typischer Feuchtstandorte,
- Änderung des traditionellen Bewässerungsrhythmus zu einem Zyklus mit einer im Vergleich zur Abtrocknungsphase länger dauernder Bewässerungsphase
- Bevorzugung standortheimischer Gehölze wie Weiden und Erlen gegenüber den Hybridpappeln sowie Förderung von Sträuchern wie dem Wolligen Schneeball (*Viburnum opulus*) und dem Pfaffenhütchen (*Euonymus europaea*),
- Initialpflanzungen von Helophyten (*Sumpfpflanzen, Anmerkung DR*) wie dem Schilf (*Phragmites australis*),
- Belassen von stehendem und liegendem Totholz in den Wässerstellen zur Förderung von Vögeln und xylobionten Tieren,
- Erhaltung der Bewässerung in den beiden Stellimatten und Errichtung eines Auenlehrpfades (s. MGU-Projekt, Kap. 1.4.3).

GEISSBÜHLER (1998)
URS GEISSBÜHLER setzte in seiner Diplomarbeit an der Abteilung Physiogeographie die Untersuchungen SCHMIDS fort, legte jedoch das Hauptgewicht auf die Periode von Dezember bis Juni und führte zusätzlich die Bestimmung der mikrobiellen Biomasse nach dem CFE-Verfahren ein (s. Kap. 2.2.10). Seine wichtigsten Ergebnisse waren:
- Die bodenbiologische Aktivität war im Winter wesentlich geringer als im Sommer und die Hauptaktivitätszone war temperaturbedingt in die Tiefe (belegt bis 90 cm) verschoben. Die Bodenfeuchte war dabei nicht limitierend.
- Es zeigte sich eine (*proportionale, Anmerkung DR*) Beziehung der mikrobiellen Biomasse zur Bodenaktivität.

- Trotz der reduzierten mikrobiellen Aktivität im Oberboden fand keine Beeinträchtigung der Grundwasserqualität statt. Der Boden ist durch seine Mächtigkeit und die Anpassungsfähigkeit der Mikroorganismen in der Lage, saisonale Schwankungen abzufangen.
- Wie SCHMID (1997) stellte er eine gleiche bis höhere Aktivität der Mikroorganismen bei offenen Bedingungen als in bewaldeten Wässerstellen fest. Ein vitaler Riedbestand erfüllt somit auch im Winter die gleichen Funktionen wie der Wald. In den Wässerstellen könnte künftig eine natürliche Selbstverjüngung zugelassen oder eine Riedvegetation gefördert werden.
- Auch am Ende der Bewässerungsphase war der Sauerstoffgehalt im Sickerwasser (*genügend*) hoch, sogar in der schlecht schluckenden Versuchswässerstelle.

DILL (2000)
In einer Diplomarbeit in der Abteilung Physiogeographie untersuchte ANDREAS DILL die Böden der hinteren Langen Erlen und ihr Infiltrationsvermögen. Dazu legte er drei Transekte senkrecht zum heutigen Wieseverlauf durch die Schwemmebene zwischen Weilstrasse und der Landesgrenze zu Lörrach. Entlang der Transekte wurden Bodenaufnahmen mit Pürckhauer- und Grubenansprachen sowie Infiltrationsmessungen mit Doppelinfiltrometer durchgeführt. Zudem wurde in sechs Wässerstellen (inkl. der drei in dieser Dissertation untersuchten; s. Kap. 2.1.2, 2.1.3 & 2.1.4) das Infiltrationsvermögen während der Bewässerungsphasen mit Bouwer-Infiltrometer bestimmt, was durch tägliche Messungen während einer ganzen Bewässerungsphase ergänzt wurde.

Entlang der Transekte fanden sich vorwiegend flachgründige Paternien mit hohen Versickerungsraten (ca. 7'000 $L*m^{-2}*d^{-1}$). Durch das Pürckhauer-Netz konnten an mehreren Standorten der Ebene ehemalige Seitenarme der Wiese und Gräben aus der früheren Wässermattenbewirtschaftung lokalisiert werden.

In den Wässerstellen nahm die Infiltrationsleistung im Laufe einer Bewässerungsphase von zehn Tagen zu (Abb. 3-43, Kap. 3.5.1.1; s. auch Abb. 1-1, Kap. 1.1.2.1) – dies entgegen den früheren Veröffentlichungen der IWB (z.B. von WIDMER 1966, bis STÄHELI 1993; s. auch die in Kap. 1.3 zitierte Tabelle von MÖHLE 1989) und entgegen den Aussagen von ehemaligen IWB-Mitarbeitern (HÄNSLI, pers. Mitt.: 28.01.2001). Unterstützt wird das Ergebnis von Dill durch die eigenen Beobachtungen des Autors seit 1996 und durch die Aussagen der jetzigen IWB-Schutzzonen-Equipe. Der Grund für diese Diskrepanz ist unklar. Die Schluckraten variieren jedoch innerhalb einer Wässerstelle sehr stark. Dafür sind v.a. Mäusegänge verantwortlich, welche als biogene Makroporen für lokal z.T. sehr hohe Versickerungsraten sorgten (bis 11'000 $L*m^{-2}*d^{-1}$). Die wichtigsten Resultate der Diplomarbeit von DILL (2000) werden, kombiniert mit Untersuchungen zur Regenwurmfauna in den Wässerstellen Grendelgasse und Verbindungsweg, in DILL et al. (*in Vorb.*) publiziert.

NIEDERHAUSER (2002)
KATHRIN NIEDERHAUSER ging in ihrer Diplomarbeit an der Abteilung Physiogeographie den Resultaten früherer Arbeiten nach (z.B. IAP 1989, HOHL 1992), welche in den Böden der Wässerstellen der Langen Erlen hohe Schwermetallgehalte vorfanden (s. Kap. 1.4.2.1). Im Rahmen des MGU-Projektes (Kap. 1.4.3) konzentrierte sie sich dabei besonders auf das Gebiet nordöstlich der Weilstrasse. Dort fand sie auch in grösseren Tiefen hohe Bleikonzentrationen, welche teilweise sogar den Prüfwert der Verordnung über Belastungen des Bodens (VBBo) überschritten. Die Werte für Zink, Kupfer und Cadmium überschritten in einigen Fällen den Richtwert nach VBBo, ebenfalls z.T. bis in grosse Bodentiefen. Es ist aufgrund der heutigen Kenntnisse davon auszugehen, dass – mit Ausnahme bodenoberflächennaher Bleikonzentrationen, welche aus dem Verkehr stammen – die erhöhten Werte durch den historischen Bergbau im Südschwarzwald und nicht durch die Grundwasseranreicherung bedingt sind.

LUKA (2002)
HENRYK LUKA untersuchte in seiner Dissertation an der Abteilung Biogeographie des NLU-Instituts und am Forschungsinstitut für biologischen Landbau (FibL) die epigäische Arthropodenfauna von Agrarökosystemen in Wasserversorgungsanlagen. Neben den Landwirtschaftsflächen bei zwei Pumpwerken und fünf Reservoiren im Baselbiet erforschte er die Lauf- und Kurzflügelkäferfauna auch in der Wässerstelle Vordere Stellimatten und in der Magerwiesenfläche rund um den Brunnen VIII.

Es zeigte sich, dass Wasserversorgungsanlagen vielen Käfer- und Spinnenarten einen Lebensraum gewähren können. Im Vergleich zu den übrigen Wasserversorgungsanlagen verzeichneten insbesondere die Anlagen in den Langen Erlen nennenswerte Vorkommen von bedrohten und stenöken Arten.
- Die Wässerstelle Vordere Stellimatten wies mit 48 Lauf- und 50 Kurzflügelkäferarten die höchste Artenvielfalt aller untersuchten Flächen auf und wurde zum Ersatzlebensraum von sehr anspruchsvollen Sumpf-Arten. Hier wurden mit *Agonum nigrum* und *Oodes helopioides* zwei Laufkäferarten der Roten Liste gefunden. Die in Mitteleuropa sehr seltene Art *A. nigrum* wurde mit 43 Individuen erstmals in der Schweiz nachgewiesen.

- Die Wiese beim Brunnen VIII wies mit 25 Laufkäfer- und 33 Kurzflügelkäferarten eine niedrige Artenvielfalt auf. Unter diesen Arten waren aber besonders zahlreich spezielle steno-xero-thermophile Grünland-Arten vertreten. Drei der gefundenen Laufkäfer-Arten sind in der Roten Liste verzeichnet.

JAMES B. ENRIGHT von der Arbeitsgruppe Zoomorphologie und Zoosystematik am Fachbereich Biologie, Geo- und Umweltwissenschaften der Universität Oldenburg untersucht zur Zeit in Zusammenarbeit mit Prof. Dr. PETER NAGEL von der Abt. Biogeographie des NLU-Instituts die Grundwasserbiologie in der Langen Erlen. Eine Publikation der Ergebnisse ist in Vorbereitung.

Auch aus humangeographischer Sicht wurde das Gebiet der Langen Erlen untersucht:

SCHULTHESS (1995)
ANDREAS SCHULTHESS befasste sich in seiner Diplomarbeit an der Abteilung Humangeographie des Geographischen Instituts mit der Entwicklung und Organisation der Trinkwasserversorgung in Basel. Er konzentrierte sich dabei v.a. auf die Geschichte der einzelnen Brunnwerke von Basel. Die Langen Erlen hingegen wurden nur kurz gestreift. Seine Arbeit bildete die Grundlage für die Informationsbroschüre der IWB über das Basler Trinkwasser (IWB 2001a).

SUTER (1995)
MONIKA SUTER entwarf mit ihrer Diplomarbeit ein Umweltpädagogikkonzept für das Naherholungsgebiet Langen Erlen.

1.4.2 Weitere Forschungsarbeiten und Projekte anderer Institutionen

1.4.2.1 Arbeiten am Departement Geologie der Universität Basel

Im Baugrundarchiv sind diverse Untersuchungen (v.a. hydrogeologische Gutachten) des Departements Geologie in den Langen Erlen verzeichnet (meist vom ehemaligen Kantonsgeologen Dr. LUKAS HAUBER; s. dazu z.B. auch HAUBER & BITTERLI-BRUNNER 1974). Im Weiteren sind speziell zu erwähnen:

SCHÜTZ (1990)
HERBERT SCHÜTZ untersuchte in einer Diplomarbeit am Mineralogisch-Petrographischen Institut die anorganisch-chemische Qualität des Basler Trinkwassers aus der Muttenzer Hard, den Langen Erlen und den Juraquel-

len. Zudem erhob er noch drei Bodenproben im Gebiet der Wässerstellen Stellimatten, in welchen er hohe Blei- und Zinkgehalte feststellte.

ZECHNER (1996)
ERIK ZECHNER entwickelte in einer Dissertation am Geologisch-Paläontologischen Institut ein Grundwassermodell der gesamten Langen Erlen und validierte dieses anhand von Tracern und retrospektiv anhand der Grundwasserverschmutzung mit Lösungsmitteln in den oberen Langen Erlen anfangs der 1980er Jahre.

ROHRMEIER (2000)
MAJKA ROHRMEIER untersuchte in ihrer Diplomarbeit am Geologisch-Paläontologischen Institut die Anströmbereiche von angereichertem Grundwasser sowie von ins Grundwasser infiltriertem Wiesewasser beim Brunnen XIII. Nach der Revitalisierung der Wiese in diesem Bereich trat 1999 vermehrt und schneller Wiese-Infiltrat mit *E. coli*-Keimen im Brunnen auf.

REGLI (2002, 2003 & 2004)
In einer Dissertation am Geologisch-Paläontologischen Institut kalibrierte CHRISTIAN REGLI Daten von Georadaruntersuchungen im Bereich des Brunnens XIII mittels Interpretation von Bohrkernen aus dem Untersuchungsgebiet. Diese Daten waren Grundlage für die anschliessende Erstellung einer Software zur stochastischen Generierung eines Aquifers und der räumlichen Verteilung von Aquiferparametern. Dateninterpretation, Software und anschliessende Grundwassermodellierung wurden danach konkret im Untersuchungsgebiet beim Brunnen XIII angewandt.

1.4.2.2 Untersuchungen im Auftrag der IWB und weiterer kantonaler Behörden

Die IWB untersuchen seit Jahrzehnten in einem engen zeitlichen Rhythmus die Grundwasserqualität und -quantität. Es wurden auch weitere Studien wie z.B. zur Grundwasserströmungsgeschwindigkeit beim Brunnen X durchgeführt. Dazu sind jedoch keine schriftliche Unterlagen mehr vorhanden.

RÜESCH-THOMMEN (1988)
In einer Übersichtsstudie über die Böden beider Basel vom AUE Basel-Land und dem Kantonalen Laboratorium Basel-Stadt fand HEINZ RÜESCH-THOMMEN in den obersten 20 cm des Bodens im Bereich des Riehener Eisweihers und des Erlensträsschens nahe dem Brunnen VI erhöhte Blei- und Fluoridwerte.

IAP (1989)
In einer Untersuchung in den Böden der Wässerstellen Finkenmatten, Wiesengriener und Grendelgasse wurden vom Institut für Angewandte Pflanzenbiologie mehrfache Richtwertüberschreitungen beim Blei gefunden. Bei Quecksilber, Cadmium, Kupfer, Zink und Fluor wurden die Richtwerte bis in 70 cm Bodentiefe z.T. unter-, z.T. überschritten, in der Wässerstelle Grendelgasse, bzw. in den benachbarten Gemeindematten sogar mehrfach überschritten.

HOHL (1992)
CHRISTOPHER HOHL vom Kantonalen Laboratorium Basel-Stadt stellte in einer Untersuchung der Böden in der Wässerstelle Hüslimatten hohe Bleikonzentrationen fest. Aber auch die Totalgehalte von Fluor, Zink und Quecksilber waren teilweise erhöht. Besonders auffällig war die punktuelle, 14fache Richtwertüberschreitung des Cadmiums in einer Linse aus schwarz umkrusteten Schottern (s. auch Abb. A3-5). Punktuell erhöht waren auch die löslichen Gehalte von Zink und Cadmium. Die hohen Schwermetallkonzentrationen wurden auf frühere Ablagerungen der Wiese von natürlicherweise belastetem Material zurückgeführt. Aber auch die Gehalte an polyzyklischen aromatischen Kohlenwasserstoffen waren nahe der Bodenoberfläche deutlich erhöht. Hier waren die Gründe unbekannter Natur.

Geothermie
Neben einer bereits bestehenden Erdwärmegewinnungsanlage am Bachtelenweg am Rande der Grundwasserschutzzone Lange Erlen (s. dazu auch http://www.riehen.ch/Verwaltung/tiefbau/wvr.cfm, Stand: April 2004) wird zur Zeit beim Zoll Otterbach (ebenfalls am Rand der Schutzzone) erstmals in der Schweiz das Hot-Dry-Rock-Verfahren erprobt, bei welchem 200 °C heisses Wasser aus 5 km Tiefe gewonnen werden soll (s. auch: http://www.geothermal.ch, Stand: April 2004).

1.4.2.3 Arbeiten an anderen Institutionen

WENGER (1989)
MICHAEL WENGER schätze in einer Diplomarbeit des Fachbereichs Forstökonomie und Forstpolitik am Institut für Wald- und Holzforschung der ETH Zürich die betriebswirtschaftlichen Folgen der multifunktionellen Aufgaben des Stadtwaldes Lange Erlen ab, dies im Falle einer gleichbleibenden Holznutzung und im Falle von sich ändernden Nutzungsansprüchen.

Kapitel 1: Einführung

SCHWER & EGLI (1997)
In einer Diplomarbeit untersuchten PETER SCHWER und ANDREAS EGLI am Institut für Kulturtechnik der ETH Zürich die Machbarkeit einer Renaturierung der Wiese. Neben einer geomorphologischen, hydrologischen, hydraulischen und geschiebehydraulischen Groberfassung arbeiteten sie die Defizite der Wiese in ökologischer und landschaftsgestalterischer Sicht auf. Daraus entwickelten sie ein aus drei Varianten bestehendes Konzept zur Renaturierung und beurteilten die Machbarkeit der einzelnen Varianten im Hinblick auf die Trinkwassernutzung, die Hochwassersicherheit und die ökologische Wirksamkeit.

GOLZ & GISIN (1999)
INGO GOLZ und PASCAL GYSIN entwarfen in einer Diplomarbeit an der Abteilung Landschaftsarchitektur der Hochschule Rapperswil ein Entwicklungskonzept für den Tierpark in den Langen Erlen. Sie zeigten aufgrund einer Situationsanalyse vor Ort Möglichkeiten für eine zukunftsorientierte Entwicklung des 125jährigen Parks. Als Schwerpunkt wurde die Zoopädagogik mit Kindern und Jugendlichen mit einem starken thematischen Bezug zur Region anhand der Lebensräume Wald, Auen- und Flurlandschaft vorgeschlagen. Dabei ist das Element Wasser das tragende Gestaltungselement bei der Gehegeabgrenzung und im Bereich Aue. Künftig sollen nur noch einheimische Tier- und Pflanzenarten zu sehen sein. Die Flurlandschaft soll zudem alte Nutztierrassen beherbergen. Mittlerweile ist ein Masterplan erstellt und in Vernehmlassung. Neben der Christoph Merian-Stiftung sind die Stadtgärtnerei, die IWB und, massgeblich, der Erlen-Verein in der Planungsgruppe vertreten.

Naturschutz
Im Bereich Naturschutz sind verschiedene Konzepte und Studien zu nennen:

Am aktuellsten und bekanntesten ist das Projekt der Wieserevitalisierung zwischen dem Erlenparksteg und der Freiburgerstrasse. Dabei wird von Seiten der IWB und des Instituts für Angewandte Geologie das vermehrte Einsickern von Wiesewasser durch die durchlässigere Sohle ins Grundwasser und damit zum benachbart liegenden Brunnen XIII untersucht. Hierzu sind die Publikationen von HUGGENBERGER et al. (2001) und KÜRY (1997) zu erwähnen. Von KÜRY wurde auch die Reaktion der Fisch- und Grundwasserfauna auf die Revitalisierung untersucht.

Weitere Arbeiten im Bereich Naturschutz sind:
- ein Vernetzungskonzept von DURRER (1992) für den Bereich Kuhstelli-Wiesengriener (Erstellung von Weihern und Feuchtflächen), sowie

Studien in den von Prof. Dr. HEINZ DURRER errichteten Reservaten Wiesenmatten und Arche Noah,
- ein Gestaltungs- und Pflegekonzept von SCHENKER (1992) für das Reservat „Entenweiher" der Ornithologischen Gesellschaft Basel (OGB; in diesem Reservat durchgeführte ornithologische Erhebungen werden jeweils im Jahresbericht der OGB publiziert),
- Gestaltungs- und Pflegekonzepte von RÜETSCHI & MEIER (2003a und b) für die Reservate Etzmatten und Weilmatten und ein Gestaltungskonzept von GOLAY (1994) für das Gebiet Weilmatten von Pro Natura Basel (inkl. faunistische und floristische Erhebungen von THOMMEN, MÜHLETHALER und FREI in diesen Gebieten),
- Studien zur ökologischen Aufwertung der Wiese-Ebene (MGU-Forschungsprojekt F21; THOMMEN 1996) inkl. faunistische und floristische Erhebungen,
- faunistische und floristische Erhebungen im Rahmen der Erstellung des Basler Naturatlas (BLATTNER & RITTER 1985) und seitens der Abt. Stadtgärtnerei und Friedhöfe des Baudepartements Basel Stadt für das Naturschutzkonzept und das Naturinventar Basel-Stadt, sowie im Rahmen des Basler Tages der Artenvielfalt (NATURHISTORISCHES MUSEUM BASEL 2003).

Im Bereich Forst- und Landwirtschaft sind der abgeschlossene Waldentwicklungsplan (WEP) Basel-Stadt sowie die Bodenkartierung Basel-Stadt (SIMON & STAUSS 1993) und das neue kantonale Landwirtschaftskonzept (HARTNAGEL & DIERAUER 2002) zu nennen.

1.4.3 MGU-Projekt F2.00 in den Stellimatten

Die Langen Erlen waren bis zur landwirtschaftlichen Nutzung der Wieseebene und der Kanalisierung der Wiese eine wilde, vielfältige Auenlandschaft. Heute können nur noch die Wässerstellen als Ersatzstandorte für Fauna und Flora der Auenlebensräume dienen. Die Wässerstellen könnten aber noch naturnäher gestaltet werden. Aus diesem Grund wurde die Wiederherstellung einer amphibischen Auenlandschaft unter Beibehaltung der heutigen Nutzungen im Raum der Hinteren und Vorderen Stellimatten transdisziplinär untersucht (WÜTHRICH et al. 2003). Dies im Rahmen des von der Stiftung Mensch-Gesellschaft-Umwelt der Universität Basel (MGU) finanzierten Forschungsprojektes „Machbarkeit, Kosten und Nutzen von Revitalisierungen in dicht genutzten, ehemaligen Auenlandschaften" von Januar 2000 bis Januar 2003.
Die Studie gliederte sich in einen natur- und einen sozialwissenschaftlichen Teil und wurde von folgenden Institutionen getragen: Das Kernteam, das auch die Forschungen betrieb, bestand aus dem Geographischen Institut,

Kapitel 1: Einführung

Abt. Physiogeographie (C. WÜTHRICH, Leitung), und Abt. Humangeographie (A. GURTNER) sowie dem Geologischen Institut, Abt. Angewandte Geologie (P. HUGGENBERGER). Die Steuergruppe, welche das Projekt begleitete, bestand aus den IWB, dem Amt für Umwelt und Energie (AUE), dem Tiefbauamt, dem Hochbau- und Planungsamt, der Naturschutzfachstelle sowie dem Forschungsinstitut für biologischen Landbau (FibL).

Im Vordergrund der naturwissenschaftlichen Forschungen stand die Inwertsetzung einer bestehenden Ausleitung der Wiese (Mühleteich) zur Bewässerung zweier Wässerstellen der IWB (Vordere und Hintere Stellimatten). Da diese beiden Wässerstellen am weitesten von der Schnellfilteranlage entfernt sind und das Wasser hier auf den höchsten Punkt gepumpt werden muss (ca. 32 m höher als die Sandfilter), sind die Produktionskosten relativ hoch. Gleichzeitig weisen diese Wässerstellen die geringste Versickerungsleistung auf (s. Tab. 1-1, Kap. 1.2) Daher wären die beiden Stellimatten im Rahmen einer ökonomischen Optimierung der Grundwasseranreicherung unter Berücksichtigung des seit 1972 deutlich sinkenden Wasserbedarfs und einer möglichen Umstrukturierung im Strom- und Wassermarkt die ersten Wässerstellen, die ausser Betrieb genommen würden.

Hingegen hat SIEGRIST (1997: 104) festgestellt, dass genau diese beiden Flächen zu den ökologisch wertvollsten und auennächsten gehören. Deshalb sollten diese Wässerstellen unbedingt erhalten bleiben. Mittels einer Bewässerung aus dem etwa 5-10 m entfernten Mühleteich, einem seit dem 13. Jahrhundert bestehenden Gewerbekanal, der über eine Ausleitung beim Tumringer Wehr mit Wiesewasser gespeist wird, könnte dies auch in Zukunft in einer ökonomisch und ökologisch nachhaltigen Weise erreicht werden.

Im Vergleich mit dem Rhein als Wasserquelle weist die Wiese aber folgende Nachteile auf:
- deutlich schlechtere Vorwarnstrukturen bei einem Havariefall (Rheinalarm)
- fehlende kontinuierliche Überwachung der Flusswasserqualität
- geringere Verdünnungswirkung bei Havariefällen aufgrund der geringeren Wasserführung
- keine Schnellsandfiltration vorhanden
- höhere Belastung mit pathogenen Keimen bei Hochwasser (Regenüberläufe) und bei Niedrigwasser (Kläranlagenausläufe)
- geringere Pufferkapazität gegenüber Säuren (evtl. Erhöhung der Schwermetallmobilität im Boden).

Im Vergleich mit dem Rhein weist die Wiese folgende Vorteile auf:
- vom grossen Rheineinzugsgebiet mit seinen unzähligen potenziellen Verschmutzungsquellen (Siedlung, Industrie- und Hafenanlagen, Son-

dermülldeponien) völlig unabhängige Wasserquelle
- im Mittel leicht geringere Belastung mit organischen Stoffen (DOC, SAK254, AOX, PAKs, PSBM; AUE 1996-2000)
- geringere Belastung mit Nitrat, Nitrit, Ammonium und Phosphat (AUE 1996-2000)
- kein Aufwand für Pumpenenergie, direkt benachbarter Einlauf im freien Gefälle
- einfaches und deshalb störungsarmes Einlaufbauwerk möglich.

Von Ende August 2000 bis Anfang Januar 2003 wurden die Hinteren Stellimatten über eine direkte Ausleitung mit Wasser aus dem Mühleteich versorgt (ca. 20-60 $L*s^{-1}$; Bewässerungsrhythmus: 14 Tage/14 Tage; WÜTHRICH et al. 2003). Den obengenannten Nachteilen der Verwendung von Wiesewasser wurde folgendermassen begegnet:
- Einsatz eines Einlaufbauwerkes mit einer Ölschürze, welches mit einem Trübungssensor und einem UV-Absorptionssensor ausgerüstet war. Eine grenzwertgetriggerte automatische Steuerung verhinderte das Eindringen von trübem und verschmutztem Flusswasser (Trübungsgrenzwerte ab 2000: 12 FNU, ab 2001: 8 FNU, ab 2002: 6 FNU; UV-Absorption: ab 2000: $8*m^{-1}$, ab 2002: $6*m^{-1}$). Die ganze Anlage war zudem vom Geographischen Institut aus über eine Fernsteuerung online steuerbar.
- Verwendung standortheimischer Auenvegetation (v.a. Schilf, Binsen, Rohrglanzgras und Seggen) als Horizontalfilter für das durchströmende Wiesewasser, ähnlich den Pflanzenkläranlagen. Die Entwicklung dieser Vegetation wurde durch die vom Wirbelsturm Lothar massiv unterstützte Entfernung der Hybridpappeln stark gefördert (WARKEN 2001).

Folgende Resultate wurden erreicht (s. auch WÜTHRICH et al. 2003, BALTES 2001, BALTES & RÜETSCHI 2001, GERBER 2003, KOHL *in Vorb.*, STUCKI 2002, STUCKI et al. 2002, WARKEN 2001):

- Im Verlauf der Projektdauer konnte sich eine vielfältige, standorttypische Vegetation etablieren.
- Auch der Beginn einer Etablierung aquatischer Fauna konnte beobachtet werden.
- Die kontinuierlich aktive Online-Überwachungssensorik erwies sich als wirksam und kostengünstig.
- Für verschiedene wasserchemische und -biologische Parameter konnte beim Durchfluss durch die Vegetation der Wässerstelle eine Verbesserung gezeigt werden (v.a. NO_3^-, NH_4^+ und *E. coli*).
- Ein im Rahmen des Projektes erstelltes Grundwasserströmungsmodell zeigte die Abwesenheit von schnellen Fliesswegen im Aquifer. Des-

Kapitel 1: Einführung 45

halb war die Aufenthaltszeit im Aquifer lange genug, so dass die Grundwasserqualität nicht abnahm, obwohl insgesamt rund 1 Mio. m^3 Wiesewasser in die Wässerstelle eingeleitet wurden.
- Das Grundwassermodell kann auch für weitere Bereiche in den Langen Erlen verwendet werden.

Für die Öffentlichkeit wurde durch die Wässerstelle Hintere Stellimatten ein Auenpfad errichtet: ein Holzsteg mit Lehrpfadtafeln, mit welchen die Besucher über Auenlandschaften im Allgemeinen und das Projekt im Besonderen informiert wurden. Befragungen der involvierten Akteurs- und Nutzergruppen zeigten eine sehr hohe, breite und im Laufe des Projektes noch zunehmende Akzeptanz von Feuchtgebietsrevitalisierungen bei den Passanten und bei den Amtsstellen – mit Ausnahme der IWB und der Landwirtschaft. Eine gemeinsame Basis zwischen Projektleitung und den IWB als Hauptakteuren und Verantwortungsträger für die Sicherheit des Trinkwassers konnte bis zum Ende des Projektes nicht hergestellt werden, so dass das Nachfolgeprojekt nicht in der Wieseebene, sondern in der Brüglingerebene durchgeführt wird (WÜTHRICH et al. 2003). Unabhängig davon, ob die naturwissenschaftlichen Daten für die Idee einer Revitalisierung in den Hinteren Stellimatten sprechen, ist vielen Akteuren bewusst, dass solche Vorhaben ohne die Akzeptanz der IWB nicht weiter geführt werden können. Das MGU-Projekt in den Stellimatten zeigte, dass flächenhafte Auenrevitalisierungen im Verdichtungsraum mit Schwierigkeiten verbunden sind. Der Konflikt mit der Grundwassernutzung tritt in Basel in den Vordergrund, während Nutzungskonflikte mit der Landwirtschaft und der Naherholung von sekundärer Bedeutung sind.

1.5 Fragestellungen und Hypothesen dieser Arbeit

Das System der künstlichen Grundwasseranreicherung in den Langen Erlen benutzt die Passage von Boden und Aquifer als entscheidenden Schritt bei der Aufbereitung von Flusswasser zu Trinkwasser – und dies in einer sehr erfolgreichen Form seit 1912 bzw. in der heutigen Art und Weise seit 1964 (s. auch Kap. A2.3 und A2.5). Während der ganzen Betriebsdauer wurde die Wasserqualität in einem sehr engen Zeitraster immer wieder getestet. Heute entnimmt und analysiert das Wasserlabor der IWB alle zwei Wochen Proben aus den Brunnen, sowie wöchentlich Proben vom Filtratwasser. Zudem besteht bezüglich Rheinwasserqualität ein dichtes Informationsnetz mit weiteren Wasserwerken und Behörden entlang des Rheines sowie mit der Rheinüberwachungsstation in Weil am Rhein (Internationaler Rheinalarm). Hingegen wurden während der ganzen jahrzehntelangen Betriebsdauer die Reinigungsprozesse in den Wässerstellenböden nur in sehr geringem Masse wissenschaftlich untersucht.

Kapitel 1: Einführung

Die Erfahrung aus dem Betrieb von Langsamsandfiltern, dass organische Stoffe zum grossen Teil bereits in den obersten Dezimetern des Sandfilters (ca. 0-40 cm) zurückgehalten werden (s. Kap. 1.1.2.1), wurde schon sehr früh (möglicherweise schon zu Beginn der künstlichen Grundwasseranreicherung in den Langen Erlen in den 1910er Jahren) vermutlich 1:1 und ungeprüft auf die Prozesse in den Wässerstellen übertragen. Dazu sei aus dem Gutachten der Eidg. Agrikulturchemischen Anstalt Liebefeld anlässlich einer Grundwasserverschmutzung beim Brunnen X um 1950 (s. Kap. A2.6) zitiert:

„(...) muss aber unbedingt und erneut darauf hingewiesen werden, dass die obere Humusschicht die grösste Absorptions- und Filtrierkraft besitzt, die auf frisch gepflügten Böden praktisch ausgeschlossen wird. Weiter sei betont, dass die oberste Schicht die stärkste biologische Regenerierkraft zeigt."

Diese Ansicht wurde bis in die heutige Zeit übernommen.

In der vorliegenden Arbeit sollten, teilweise in Kombination mit der begleitenden Diplomarbeit von DILL (2000), deshalb folgende Fragen beantwortet werden:

- In welcher Region des Bodens findet die Reinigung des Wassers hauptsächlich statt?
- Welche Reinigungsvorgänge spielen dabei eine Rolle und wie verändern sich diese mit der Bodentiefe?
- Wie verändert sich die Wasserqualität im Verlaufe eines Bewässerungszyklus und im Verlaufe der Jahreszeiten?
- Welche Phase eines Bewässerungszyklus ist in welchem Ausmass für die Reinigung des Wassers und das Schluckvermögens des Bodens entscheidend?
- Besteht die Gefahr einer Kolmatierung (Verstopfung) der Wässerstellenböden? Mit dieser Frage beschäftigte sich v.a. (DILL 2000).
- Welche Rolle spielt die Bedeckung der Wässerstellen mit Bäumen, bzw. allgemein das Ökosystem Auwald in den Wässerstellen?

Aufgrund dieser Fragestellungen wurden folgende Hypothesen entworfen:

1. Für die vollständige Reinigung des Versickerungswassers ist die Passage durch die Humusschicht in der Wässerstelle alleine nicht ausreichend.
2. Der mikrobielle Abbau (Biodegradation) ist von grosser Bedeutung für die Reinigung des Wassers.
3. Die Wasserqualität wird während eines Bewässerungszyklus besser. Im Verlaufe eines Jahres ist die Wasserqualität im Frühjahr am höchsten, im Sommer, Herbst und Winter nimmt sie leicht ab.

Kapitel 1: Einführung

4. Innerhalb einer Wässerphase von zehn Tagen nimmt die Infiltrationsleistung nicht ab.
5. Beim derzeitigen Wässerungsregime und den derzeit eingesetzten Vorreinigungsmassnahmen (trübungsbegrenzter Betrieb mit anschliessender Schnellsandfiltration) besteht für die Böden der Wässerstellen auch bei grossen Infiltrationsmengen und über längere Zeiträume (> 50 Jahre) kaum eine Kolmatierungsgefahr (DILL 2000).
6. Das Ökosystem Auwald spielt für die optimale und nachhaltige Funktion des gesamten Anreicherungssystems eine zentrale Rolle.

2. Methodik

In diesem Kapitel werden die im Rahmen vorliegender Arbeit eingesetzten Untersuchungsmethoden und -materialien beschrieben. Dabei folgen zuerst die Untersuchungsgebiete und anschliessend Angaben zu den Analysemethoden von Boden- und Wasserproben.

2.1 Untersuchungsgebiete

2.1.1 Die Wieseebene

Die Langen Erlen sind Teil des Deltas der Wiese, einem 55 km langen Mittelgebirgsfluss, der im Südwestschwarzwald beim Feldberg auf 1'200 m.ü.M entspringt und bei Basel in den Rhein mündet. Das Gesamteinzugsgebiet umfasst 454 km^2 (Abb. 2-1). Die Langen Erlen liegen am Nordrand des Kantons Basel-Stadt (Nordwestschweiz) zwischen der Stadt Basel, dem Dorf Riehen und der deutschen Landesgrenze (ca. 47° 35' n.B., 7° 37' ö.L.; Abb. 1-8). Geologisch befinden sie sich am Rand der Rheintalflexur in der südöstlichen Ecke des Rheintalgrabens und liegen in den von randlichen Niederterrassen umgebenen holocaenen Talauen von Rhein und Wiese.

Vor ca. 30'000 Jahren floss der Rhein noch auf direkter Linie von der Südwestecke des Dinkelberges zum Tüllinger Hügel, wurde dann aber mehr und mehr vom Wiese-Delta nach Südwesten abgedrängt („Die Wiese zwingt den Rhein ins Knie."; Abb. 2-2). Deshalb werden zwischen Weil und Riehen die gräulichen, kalkhaltigen, groben und sandreichen Rheinschotter aus dem vorwiegend alpinen und mittelländischen Einzugsgebiet von den rötlichbraunen, silikatischen, feineren Wieseschotter aus dem Schwarzwald überlagert. Der Aquifer ist in den Langen Erlen ca. 8-16 m mächtig und der Grundwasserstauer wird durch tertiäre Elsässer Molasse und Cyrenenmergel gebildet. Für nähere Informationen zu Geologie und Hydrologie der Langen Erlen sei auf ZECHNER (1996) verwiesen. Die Geschichte der Wiese und die verschiedenen Phasen der Wiesekorrektur sind in GOLDER (1991) ausführlich dargestellt.

Kapitel 2: Methodik

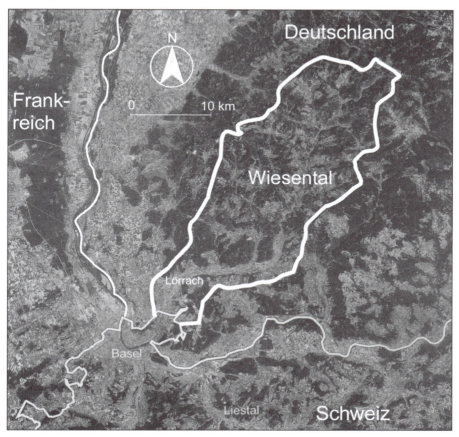

Abb. 2-1: Gesamtübersicht des Wiesentals. Dünne Linie: Landesgrenze; dicke Linie: Einzugsgebietsgrenze der Wiese. © Satellitenbild: Geospace Beckel-Satellitenbilddaten GmbH, Salzburg, 1998.

Kapitel 2: Methodik 50

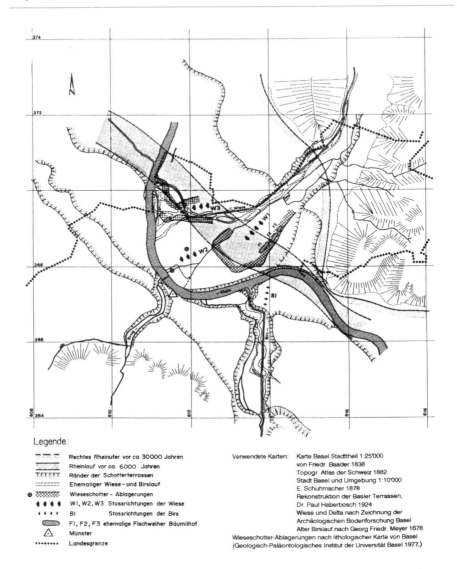

Abb. 2-2: Entwicklung des Wieselaufs in den letzten 30'000 Jahren (aus GOLDER 1991: 10). Äquidistanz des Koordinatennetzes: 2 km.

Der heute unverbaute Teil der Wieseebene umfasst eine Grösse von rund 600 ha (entspricht dem Perimeter des „Landschaftsparks Wiese" Abb. 2-3). Dieser Raum unterliegt vielfältigen Nutzungen. Neben der Trinkwassergewinnung – praktisch die gesamte Fläche ist den Grundwasserschutzzonen 1 oder 2 zugeteilt (s. Abb. 2-4) – sind hier Naherholung, Land- und Forstwirtschaft sowie Naturschutz zu nennen. Neben dem Allschwiler Wald und der Brüglinger Ebene sind die Langen Erlen das wichtigste Naherholungs-

Kapitel 2: Methodik   51

gebiet von Basel. Die im gleichen Raum parallel stattfindenden Nutzungen führen immer wieder zu Konflikten (s. auch Kap. A2.6). Im Jahre 2001 wurde deshalb durch den Kanton Basel-Stadt, die Gemeinde Riehen und die Stadt Weil unter Einbezug aller relevanter Nutzerkreise eine grenzübergreifende, behördenverbindliche Richtplanung erstellt, in welcher die verschiedensten Interessen miteinander vereinbart werden konnten. Mit dem „Landschaftspark Wiese" (SCHWARZE et al. 2001) können nun die nötigen Massnahmen zur Erhaltung und Aufwertung des Landschafts- und Erholungsraumes Wieseebene eingeleitet werden, wobei allerdings zukünftige Nutzungskonflikte nicht ausgeschlossen sind (s. Kap. 5.3).

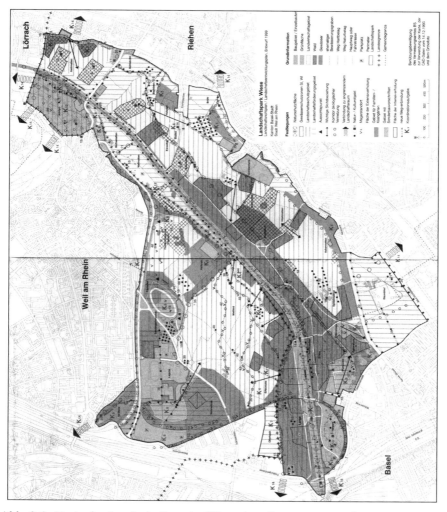

Abb. 2-3: Karte des Landschaftsparks Wiese (aus SCHWARZE et al. 2001).
© Kartengrundlage: Vermessungsamt Basel-Stadt.

Kapitel 2: Methodik

Abb. 2-4: Lage der heutigen Grundwasserschutzzonen mit den Einteilungen S1, S2a und b sowie S3 (s. dazu Kant. Gewässerschutzverordnung, Gesetzessammlung Nr. 783.410; © Kartengrundlage: Amt für Umwelt und Energie, Kt. Basel-Stadt; leicht bearbeitet).

Kapitel 2: Methodik

2.1.2 Wässerstelle Grendelgasse Rechts, Feld 1 (GGR1)

Die Wässerstelle Grendelgasse Rechts befindet sich im Zentrum der Langen Erlen und liegt rechtsseitig des Neuen Teiches auf der Höhe des Sportplatzes Grendelmatten (Abb. 1-13 und 2-5). Unterliegende Entnahmebrunnen sind die Sammelbrunnen V und X.

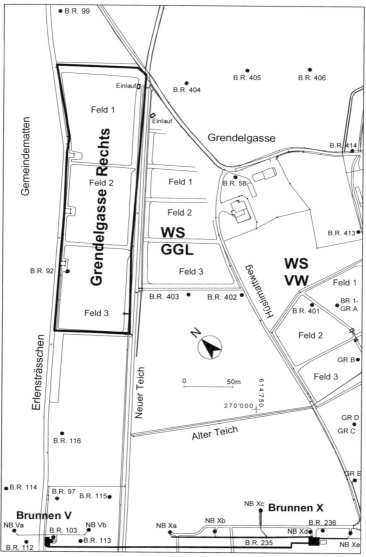

Abb. 2-5: Übersichtskarte der Wässerstelle Grendelgasse Rechts und deren Umgebung. B.R. 236: Beobachtungsrohr 236. CAD-Datengrundlage: IWB; bearbeitet.

Kapitel 2: Methodik

GGR1 ist etwa 7'500 m^2 gross. Die überflutete Fläche beträgt je nach Jahreszeit und Zeitpunkt innerhalb einer Wässerphase zwischen ca. 50-85 % der Gesamtfläche. Nach DILL (2000) und Angaben der IWB versickern in diesem Feld im Mittel ca. 2'000 L*m^{-2}*d^{-1}, womit es zu den schluckfähigsten in den Langen Erlen zählt (s. Tab. 1-1, Kap. 1.2). Durchschnittlich werden ca. 150-200 L*s^{-1} in das Feld eingeleitet (Abb. 2-6). Dabei hat das Wasser durch die grosse Fliessgeschwindigkeit richtiggehend „Bachläufe" in den Boden erodiert. Durch das grosse Schluckvermögen ist die Überstauhöhe mit 0-20 cm sehr gering. Die grosse Schluckfähigkeit bildete auch das Auswahlkriterium für diese Wässerstelle (WS). Das Feld wurde zur Grundwasseranreicherung 1912 in Betrieb genommen und ist damit die älteste noch heute in Betrieb stehende WS (Kap A2.3).

Abb. 2-6: Ansicht des Einlaufbauwerkes in GGR1. Photo: D. Rüetschi.

Scheinbar wurde die WS anfangs des 20. Jahrhunderts als eine kleine Müll- oder Ablagerungsdeponie betrieben (!), wie die vielen Porzellanscherben und Glassplitter in Abb. 2-7 sowie die hohen Schwermetallgehalte im Boden (Tab. 3-2, Kap. 3.1.1.1) zeigten, und wie auch Angaben des ehemaligen Pächters der Mattenhofs, GOTTFRIED SUMI, (pers. Mitt., 10.04.00) bestätigten. Vor 1964 wurden alle WS direkt mit Wasser aus dem Neuen

Kapitel 2: Methodik 55

Teich bewässert (s. Kap. A2.3), obengenannte Abfallspuren sind hingegen nur in der Grendelgasse vorhanden. Damit ist ein Eintrag über den Teich höchstwahrscheinlich ausgeschlossen.

Abb. 2-7. Porzellanscherben (kurze Pfeile) im ausgewaschenen Einströmbereich (langer Pfeil in Strömungsrichtung) von GGR1. Photo: D. Rüetschi.

Die Bestockung setzte sich zum Untersuchungszeitpunkt v.a. aus Esche (*Fraxinus excelsior*), Hybridpappel (*Populus x canadensis*) – einer Kreuzung von nordamerikanischen Pappeln, meist *P. deltoides*, mit der europäischen Schwarzpappel (*P. nigra*) –, sowie Schwarzerle (*Alnus nigra*), Spitz- und Bergahorn (*Acer platanoides*, *A. pseudoplatanus*), Weide (*Salix sp.*) und Hainbuche (*Carpinus betulus*, v.a. entlang der Dämme) zusammen (Abb. 2-8). Obwohl die Bäume in einer Stangenholzformation mit einer Höhe von rund 15 m bereits ein relativ dichtes Kronendach bildeten, fand sich eine dichte Krautschicht aus Kratzbeere (*Rubus caesius*), Brennnessel (*Urtica dioica*), Brombeere (*Rubus fruticosus*), Scheinerdbeere (*Duchesnea indica*), Efeu (*Hedera helix*), Gelber Schwertlilie (*Iris pseudacorus*), Knoblauchsrauke (*Alliaria petiolata*), Gemeiner Nelkenwurz (*Geum urbanum*) und Gemeinem Scharbockskraut (*Ranunculus ficaria*). Zusätzlich befand sich nahe beim Einlaufbauwerk noch ein grösserer Bestand an Japanischem Staudenknöterich (*Reynoutria japonica*). In der eher schütteren Strauchschicht dominierten Weide und der Rote Hartriegel (*Cornus sanguinea*), neben Holunder (*Sambucus nigra*), Pfaffenhütchen (*Euonymus europaea*) und der Johannisbeere (*Ribes rubrum*).

Abb. 2-8: Ansicht der Vegetation von GGR1. Photo: D. Rüetschi.

2.1.3 Wässerstelle Spittelmatten, Feld 2 (SPM2)

Die WS Spittelmatten liegt nahe der Schnellfilteranlage der IWB beim Eglisee und wurde 1970 in Betrieb genommen (Abb. 1-13 und 2-9). Unterliegende Grundwasserfassungsstellen sind die Brunnen I-IV. Das zweite Feld der Wässerstelle weist eine Fläche von etwa 7'900 m^2 auf. Je nach Jahreszeit und Zeitpunkt innerhalb einer Wässerphase sind davon ca. 60-70 % überflutet. Das Feld 2 zeigt mit 1200 L$*$m$^{-2}*$d^{-1} eine mittlere Versickerungsleistung (DILL 2000), was auch das Auswahlkriterium für diese WS bildete.

Kapitel 2: Methodik

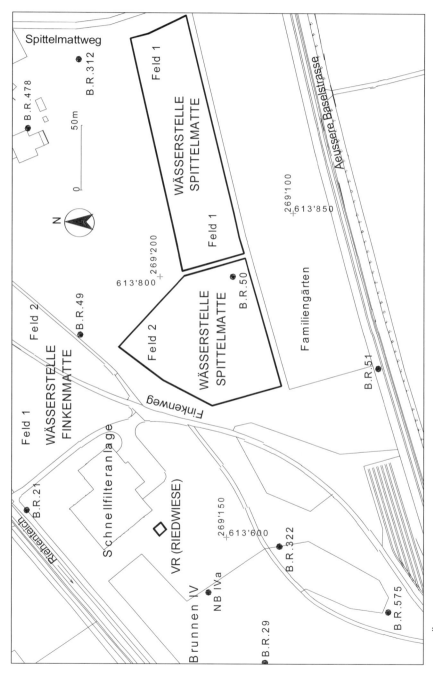

Abb. 2-9: Übersichtskarte der Wässerstelle Spittelmatten und deren Umgebung (CAD-Datengrundlage: IWB; bearbeitet).

Kapitel 2: Methodik   58

Die Baumschicht der WS bestand zum Zeitpunkt der Untersuchungen mehrheitlich aus Silberweiden mit Hybridpappeln und Schwarzerlen im Nebenbestand (Abb. 2-10). Diese Baumartenzusammensetzung fand sich in keiner anderen WS. Durch die Stürme Vivian und Wiebke im Februar 1990 wurden hier viele Hybridpappeln entwurzelt (s. auch Kap. 3.6). Die Fläche wurde daraufhin v.a. mit Silberweiden (*Salix alba*) bepflanzt, welche für die ebenfalls neu gesetzten Pappeln eine Stützfunktion übernahmen. Im nördlichen und östlichen Teil des Feldes bestand der Unterwuchs v.a. aus Brombeere und Brennessel, im südwestlichen Teil hingegen v.a. aus dem Spitzblättrigen Spiessmoos (*Calliergonella cuspidata*) und dem Pfennigkraut (*Lysimachia nummularia*). Die Bäume waren zum Zeitpunkt der Untersuchungen ca. 7-15 m hoch, standen sehr dicht und beschatteten deshalb den Waldboden sehr stark. Aufgrund der Nutzung der WS als Untersuchungsstandort für diese Arbeit wurden auf Ende 1996 geplante Durchforstungsmassnahmen bis Ende 2000 ausgesetzt. Viele Weiden waren aufgrund der Beschattung abgestorben und die Fläche deshalb sehr totholzreich. Im lichteren Teil der Fläche gegen den Einlauf hin fand sich im geschlossenen Unterwuchs v.a. Brennnessel sowie Brombeere und Kratzbeere.

Abb. 2-10: Ansicht der Vegetation am Standort SPM2/2. Photo: D. Rüetschi.

Kapitel 2: Methodik

2.1.4 Wässerstelle Verbindungsweg, Feld 1 (VW1)

Die Wässerstelle Verbindungsweg befindet sich nahe der Wässerstelle Grendelgasse links und grenzt direkt an den Sportplatz Grendelmatten (Abb. 1-13 und 2-11). Die WS liegt am südöstlichen Rand der Wieseebene. Der unterliegende Entnahmebrunnen ist der Sammelbrunnen X. Nach DILL (2000) betrug die mittlere Versickerungsleistung im untersuchten Feld 1 der Wässerstelle knapp 900 $L*m^{-2}*d^{-1}$, womit dieses Feld zu den schluckärmeren in den Langen Erlen gehört. Die Versickerungsleistung bildete auch in diesem Falle das Auswahlkriterium. Bei einer totalen Fläche von etwa 4'000 m^2 (Angaben IWB) war das Feld 1 je nach Jahreszeit und Zeitpunkt innerhalb einer Wässerphase zu rund 60-90 % überflutet.

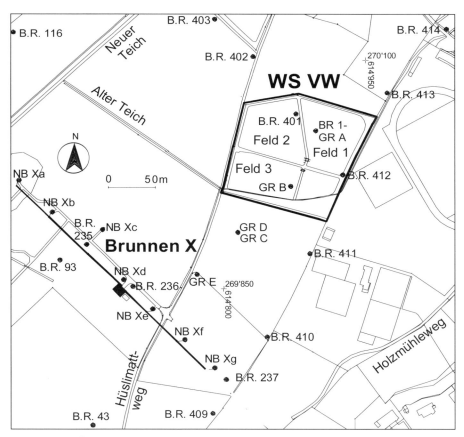

Abb. 2-11: Übersichtskarte der Wässerstelle Verbindungsweg und deren Umgebung (CAD-Datengrundlage: IWB; bearbeitet).

Das Feld 1 wurde 1970 in Betrieb genommen und war in der Baumschicht durchgehend mit Hybridpappeln bestockt (Abb. 2-12). Die Pappeln wiesen ein Alter von rund 25 Jahren auf und waren im Mittel etwa 30-40 m hoch. Im deutlich niederwüchsigeren Nebenbestand (bis zu 7 m hoch) fand sich fast ausschliesslich der aus dem östlichen Nordamerika stammende Eschenahorn (*Acer negundo*), der vermutlich mit dem Damm-Material in die WS eingeschleppt wurde (Angabe von HEINZ AESCHBACHER, IWB-Schutzzonenequipe). Am östlichen Rand kamen auch etliche Eichen vor. Der Unterwuchs bestand einerseits aus Pfennigkraut, andererseits in der lichteren südlichen Teilhälfte v.a. aus Brennnessel, Rohrglanzgras (*Phalaris arundinacea*), Gelber Schwertlilie, Kratzbeere und Brombeere (diese nur im wenig benetzten Gebiet entlang des Randes zum Sportplatz). Im Weiteren kamen das Wasserkreuzkraut (*Senecio aquaticus*), das Wiesenschaumkraut (*Cardamine pratensis*) und die Scheinerdbeere vor. Besonders im nördlichen Teilstück war der Boden im Schatten von dichtstehenden Pappeln auch vegetationslos. Das Feld 3, das auch mit einem Grundwasserbeobachtungsrohr beprobt wurde (GRB; s. Kap. 2.3.1.2), war bereits vor Ende der 1940er Jahre als Wässermatte in Betrieb (s. Kap. A2.3).

Die Bewässerung der drei Wässerstellen GGR1, SPM2 und VW1 erfolgte während dieser Arbeit jeweils synchron.

Abb. 2-12: Ansicht der Vegetation in VW1 im Winter 1998/99.
Photo: D. Rüetschi.

Kapitel 2: Methodik											61

2.1.5 Versuchswässerstelle Riedwiese (VR)

Die Wässerstellen in den Langen Erlen sind in der Regel bewaldet und damit stark beschattet. Ein grosser Teil des Baumbewuchses in den WS besteht zudem aus nicht standortheimischer Hybridpappel. Längerfristig sonnenexponierte Wässerstellen mit standortheimischer Riedvegetation fehlen. Neben dem Auen*wald* sind auch Riedflächen typische Lebensräume in Flussauen. Aus Naturschutzüberlegungen wurde deshalb im Rahmen einer Kooperation zwischen dem Basler Naturschutz (heute Pro Natura Basel) und den Industriellen Werken Basel auf einer Mähwiese 15 m südwestlich der Schnellfilteranlage (s. Abb. 2-9) eine 8∗8 m grosse Versuchswässerstelle errichtet und mit Riedvegetation bepflanzt. Dabei sollten einerseits die Auswirkungen einer sonnenexponierten und danach von Riedvegetation bewachsenen Anreicherungsfläche auf die Grundwasserqualität untersucht werden. Andererseits sollte auch die Entwicklung der gepflanzten Vegetation verfolgt werden (s. dazu SCHMID 1997, KOHL 1997, GEISSBÜHLER 1998, WARKEN 1998; Kap. 1.4.1).

Die Fläche wurde anfangs 1996 vom Basler Naturschutz und der Pfadfindergruppe „Boy Scouts of America, Basel" mit einem Erddamm aus schluffigem Material umgeben. Dieses stammte aus der Umgebung des Reservoirs Wenkenhof in Riehen und wurde durch die Ciba-Geigy AG (heutige Novartis AG) auf Schwermetallbelastung kontrolliert. Die Innenfläche wurde in ein Quadratmeterraster unterteilt. In den Kreuzungspunkten des Rasters wurden zur Initialbepflanzung jeweils 1-5 Stöcke bzw. Rhizome von Riedpflanzen gesetzt (Abb. 2-13 und 2-14): Scharfkantige Segge (*Carex acutiformis*), Ufersegge (*C. riparia*), Schilf (*Phragmites australis*), Rohrkolben (*Typha latifolia*), Flatterbinse (*Juncus effusus*), Blaugrüne Binse (*J. inflexus*), Teichbinse (*Schoenoplectris lacustris*), Gelbe Schwertlilie (*Iris pseudacorus*) und Mädesüss (*Filipendula ulmaria*). Diese stammten aus dem Naturschutzgebiet Wiesenmatten beim Riehener Eisweiher. Unbeabsichtigt wurden auch zwei kleine Sprosse des Rohrglanzgrases (*Phalaris arundinacea*) eingebracht, was aber erst zwei Jahre später bemerkt wurde. Zur Beobachtung einer spontanen Vegetationsentwicklung bleiben rund 9 m^2 unbepflanzt. Zum Schluss wurde die Damminnenseite mit Plastikfolie ± wasserdicht abgedeckt.

Bewässert wurde die Fläche mit Filtratwasser, das über einen Schlauch aus der Schnellfilteranlage zur Versuchsfläche geleitet wurde. Die eingeleitete Menge wurde über eine Wasseruhr bestimmt. Die Bewässerung erfolgte synchron mit den anderen Untersuchungsgebieten, aus logistischen Gründen in der Regel aber jeweils um einen bis zwei Tage verschoben. Die eingeleitete Menge richtete sich mit rund 20 L∗min^{-1} nach dem Sickervermögen der Fläche. Diese wurde durch den Bau der Schnellfilteranlage 1963 stark beeinträchtigt: Aushub, Rückverfüllung mit Aushub und anschliessende Planierung führten zu einem anthropogen völlig veränderten Bodenaufbau. Die Nähe zum Filtratgebäude für die Bewässerung und zum unterliegenden Nebenbrunnen IVa für die Grundwasseruntersuchung sowie die Lage als Testfläche unterhalb der für die Trinkwasserversorgung wichtigen Brunnen waren aber als Kriterien für die Auswahl dieses Standorts bedeutender als die geringe Sickerleistung.

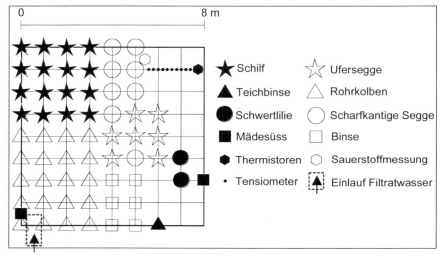

Abb. 2-13: Schematische Darstellung der Lage der gesetzten Initialpflanzen und der Instrumentierung in der VR zu Beginn der Untersuchungen 1996.

Abb. 2-14: Erstbewässerung der VR am 26.03.1996.

Kapitel 2: Methodik

2.2 Bodenuntersuchungen

Nachfolgend werden die verschiedenen Methoden beschrieben, mit welchen im Rahmen vorliegender Arbeit Bodenproben entnommen und untersucht wurden. Die Laboranalysen wurden meist nach LESER et al. (2000) durchgeführt.

2.2.1 Probennahme und Profilansprache

2.2.1.1 Erstellung von Profilgruben

Die insgesamt 14 Bodengruben von 1 bis 3 m Tiefe zur Entnahme von Bodenproben wurden – mit Ausnahme der einzelnen 3 m-Grube in der Wässerstelle Verbindungsweg (VW1/7) – alle von Hand erstellt (s. Abb. 3-3, 3-6, 3-8, Tab. 2-1). Beteiligt waren dabei auch Studierende und Mitarbeiter des Geographischen Instituts der Universität Basel. Die 3 m tiefe Bodengrube in der Wässerstelle Verbindungsweg wurde am 30.11.98 nach Genehmigung durch die IWB und das kantonale Amt für Umwelt und Energie (AUE) durch die Firma Glanzmann AG, Basel, mit einem Bagger erstellt. Alle Gruben – mit Ausnahme von VW1/7 und VW1/8 – wurden noch am Tag der Erstellung wieder zugeschüttet – z.T. aber erst nach Einbringung von Saugkerzen oder Bodenwasserbeobachtungsrohren (s. Kap. 2.3.1).

Tab. 2-1: Standort, Bezeichnung, Datum und Tiefe der im Laufe dieser Arbeit vorgenommenen Bodengruben.

Standort	Datum	Tiefe
Grendelgasse		
GGR1/1	17.04.1997	1.0 m
GGR1/4	23.07.1997	1.0 m
GGR1/5	04.05.1998	1.0 m
GGR1/6	16.09.1998	1.0 m
Gemeindematten		
GM1/1	16.09.1998	1.0 m
Spittelmatten		
SPM2/4	09.04.1997	1.0 m
SPM2/6	28.01.1998	1.5 m
SPM2/7	23.02.1998	2.0 m
Verbindungsweg		
VW1/4	12.04.1997	1.0 m
VW1/5	01.10.1997	1.0 m
VW1/6	12.05.1998	1.0 m
VW1/7	30.11.1998	3.0 m
VW1/8	23.03.2000	2.0 m
VW1/9	07.04.2000	2.0 m

2.2.1.2 Ansprache der Profilgruben

Die Bodenprofile wurde anhand der Deutschen bodenkundlichen Kartieranleitung (AG BODEN 1994) angesprochen. Folgende Parameter wurden aufgenommen:
- Horizontierung
- Bodenart
- Bodenfarbe
- pH
- Kalkgehalt
- Skelettgehalt
- Gefüge
- Dichte

2.2.1.3 Probennahme aus Profilgruben

Aus jeweils drei Grubenwänden (der Ansprachewand und den beiden seitlich davon gelegenen Wänden) wurde in einem ca. 10-20 cm breiten Streifens aus den ausgewählten Tiefen Bodenmaterial entnommen. Dabei wurde im skelettfreien Oberboden mit einer kleinen Handschaufel möglichst ungestört ein Würfel Erde mit einem Volumen von einem Liter entnommen. Im Schotter konnte die Probe nicht mehr ungestört entnommen werden, das Material musste mit der Handschaufel aus der Wand herausgebrochen werden. Für die Bestimmung der mikrobiellen Bodenrespiration (s. Kap. 2.2.9) wurde das Bodenmaterial in PE-Bechern mit einem Liter Volumen aufgefangen. Da für die anderen Laboranalysen zum grössten Teil der Feinbodenanteil benötigt wurde, musste von Böden mit hohem Skelettanteil deutlich mehr Material gewonnen werden. Dieses wurde in PE-Beuteln aufgefangen und nach der Schliessung der Grube gleichentags ins Labor transportiert.

2.2.1.4 Probennahme mittels Flügelbohrer

Im März 2000 wurden zur Bestimmung des Verlaufs von mikrobieller Bodenrespiration und Biomasse (s. Kap. 2.2.9.2 und 2.2.10) während einer Trockenphase in VW1 mit einem Hand-Flügelbohrer (Holländerbohrer) Bodenproben aus 0-10, 40-50 und 90-100 cm Bodentiefe gewonnen. Dabei wurde darauf geachtet, dass die Proben nicht mit Material aus oberen Bodenschichten kontaminiert wurden. Die Proben wurden nach der Entnahme in PE-Säcke verpackt und anschliessend in Kühlboxen ins Labor transportiert.

2.2.1.5 Probennahme mittels Rotations-Trockenkernbohrung

In der Wässerstelle Verbindungsweg und im Bereich zwischen dieser WS und dem unterliegenden Sammelbrunnen X wurden von der Firma Glanzmann AG, Basel, im Dezember 1998 zur Installation von Bodenwasser- und Grundwasserbeobachtungsrohren acht Kernbohrungen durchgeführt (Abb. 2-15; s. auch Kap. 2.3.1.3). Die Bohrungen von je 20 cm Durchmesser wurden trocken, d.h. ohne Spülflüssigkeit, und bis in Tiefen von 1 bis 11 m vorgenommen. Je nach Tiefe und auftretenden Hindernissen benötigte eine Bohrung zwischen einem und drei halben Tagen. Aus verschiedenen Gründen konnten die Bohrkerne nicht steril, bzw. unter Schutzgasatmosphäre gewonnen werden. Die einzelnen Kernstücke von ca. 1 m Länge wurden direkt nach dem Bohren aus dem Trockenrohr geschlagen und in Holzkisten überführt (Abb. 2-16). Dadurch wurde die Lagerung etwas gestört, so dass die Genauigkeit der Tiefenangaben (s. Kap. A1) bei ca. 20 cm liegt. Die Ansprache der Kerne erfolgte ebenfalls gemäss AG BODEN (1994). Für die Laboranalysen wurden in der Regel noch gleichentags oder spätestens am Tag nach der Bohrung Proben aus dem Bohrkernmaterial entnommen.

Abb. 2-15: Kernbohrung und Setzen eines Grundwasserbeobachtungsrohres am Standort GRE im Dezember 1998.

Abb. 2-16: Ansicht eines Bohrkerns (Standort GRA, 4.00-4.58 m Bodentiefe).

Kapitel 2: Methodik   67

2.2.2 Probenvorbereitung im Labor

Nach dem Transport ins Labor wurden die Proben wie folgt weiterbehandelt:
- Die Proben zur Bestimmung der mikrobiellen Bodenrespiration wurden in einen Kühlraum (ca. 20 m^3 Volumen) bei Feldtemperatur bis zur Messung über 24 Stunden im offenen Kunststoffbecher dunkel gelagert. Die Bohrkerne wurden bei 9 °C, der mittleren Aquifertemperatur im Dezember, über 36 Stunden gelagert.
- Die Proben im Plastikbeutel, die zur Analyse weiterer Parameter dienten, wurden in der Regel noch am selben Abend oder am Tag nach der Probennahme im Labor über ein 2 mm-Metallsieb feldfeucht gesiebt.
- Für mikrobiologische Analysen (s. Kap. 2.2.10 und 2.2.11) wurde der so erhaltene Feinboden bis zur Analyse feldfeucht in einem verschlossenen PE-Plastikbeutel bei 2 °C in einem Kühlraum aufbewahrt.
- Für Korngrössen- und Nährstoffanalysen (s. Kap. 2.2.3 und 2.2.4) wurde der feldfeuchte Feinboden bei 105 °C im Ofen über 36 Stunden getrocknet und anschliessend bis zur Analyse in einem verschlossenen Plastikgefäss bei Raumtemperatur aufbewahrt.

2.2.3 Korngrössenbestimmung

Die Grösse der mineralischen Bodenpartikel wurde mittels Pipettenanalyse (Schluff- und Tonfraktion) bzw. Siebung (Sandfraktion) bestimmt.

Bei der Pipettenanalyse wurde 10 g ofentrockener Feinboden mit 25 mL 0.2 n Natriumpyrophosphat ($Na_4P_2O_7 * 10\ H_2O$) versetzt, die Suspension mit destilliertem Wasser auf 200 mL aufgefüllt und vier Stunden geschüttelt. Danach wurde die Suspension in einen Sedimentierzylinder überführt und mit destilliertem Wasser auf 1000 mL aufgefüllt. Die Wassertemperatur im Sedimentierzylinder lag konstant bei 21 °C. Nach jeweils 4 min 38 sec, 46 min 40 sec und 7 h 46 min wurde aus dem Zylinder auf definierter Höhe eine Aliquotprobe von 10 mL entnommen und bei 105 °C eingedampft, im Exsikkator abgekühlt und gewogen. Aufgrund der zur unterschiedlichen Sinkgeschwindigkeit proportionalen Zeitabstände konnten nach untenstehender Formel die Korngrössen Schluff (63-2 µm) und Ton (<2 µm) bestimmt werden.

$$r = \sqrt{3 * 2\pi * v * \eta / (\tfrac{4}{3} \pi * g * [\rho_{\text{Boden}} - \rho_{\text{Wasser}}])}$$

r = Radius der einzelnen Bodenpartikel
v = Sinkgeschwindigkeit
η = Viskosität der Flüssigkeit ($\eta_{\text{Wasser [20°C]}}$ = 0.01002 g*s^{-1}*cm^{-1})
g = Erdbeschleunigung (= 9.81 m*s^{-2})
ρ = Dichte (ρ_{Boden} als ρ_{Quarz} = 2.65 g*cm^{-3}; $\rho_{\text{Wasser [20°C]}}$ = 0.99823 g*cm^{-3})

Bei der Siebanalyse wurde der Inhalt des Sedimentierzylinders in einen Siebsatz umgefüllt und die Siebe solange mit Wasser gespült, bis dieses ungetrübt aus dem Siebsatz floss. Danach wurden die Siebe mindestens 1 Stunde bei 105 °C getrocknet, der Inhalt in Tiegel überführt und gewogen.

2.2.4 Nährstoffe

2.2.4.1 Kohlenstoff und Stickstoff

Elementaranalyse
Die ofentrockenen Bodenproben wurden von Hand vermörsert und durch ein 2 mm-Sieb gelassen. Davon wurden 75 mL in einer Planetenmühle (PM4, Retsch, CH) staubfein gemahlen. 200 mg des so homogenisierten Bodens wurden im Kohlenstoff-Stickstoff-Analysator (CHN 1000, Leco, USA) bei 1050 °C über einem Kupferkatalysator oxidiert und der totale Kohlenstoff sowie der totale Stickstoff mittels Infrarot-Gasanalyse bzw. Wärmeleitfähigkeitsdetektion gemessen. Bei einem Teil der Proben wurde auch der Gehalt an anorganischem C bestimmt, indem 200 mg der Probe in 2 n HCl bei 100 °C aufgelöst wurden (CC 100, Leco, USA). Das aus den Carbonaten gebildete CO_2 wurde ebenfalls im CHN-Analyzer gemessen. Durch die Differenz aus $C_{tot.} - C_{anorg.}$ erhielt man den organischen Anteil.

Analyse des mineralischen Stickstoffs (N_{min})
In einer 100 mL PE-Probenflasche wurde eine Menge der feldfrischen Bodenprobe, die 20 g Trockensubstanz entsprach, eingewogen, mit 80 mL 1 n NaCl+0.1 n $CaCl_2$-Lösung versetzt und bei 200 U*min^{-1} eine Stunde lang geschüttelt (Horizontalschüttler Lab-Shaker, Adolf Kühner, CH). Danach wurde die Lösung über Papier-Faltenfilter (Filter 790 ½, Schleicher & Schuell, D) unter Verwerfung der ersten fünf Tropfen abfiltriert. Zur Bestimmung des Ammoniumgehalts mittels einer gassensitiven Elektrode (Ammoniak-Elektrode 6.0506.010 und pH/Ion Meter 692; Metrohm, CH) wurden 2 mL 10 M NaOH einer Aliquotprobe von 10 mL zugegeben. Danach wurde das Aliquot mit einer Spatelspitze pulverisierter Devarda-Legierung (50 % Cu, 45 % Al, 5 % Zn) versetzt und nach einer Minute mit der Elektrode der Nitratgehalt bestimmt.

2.2.4.2 Nährstoffextraktion und -bestimmung

Das für Verdünnungs-, Extraktions- oder Kalibrierungsschritte bei allen chemischen Analysen verwendete Labor-Reinstwasser wurde mit einer Milli-Q 185 Plus-Anlage (Millipore, USA) gewonnen (im Weiteren als $H_2O_{Milli-Q}$ bezeichnet). Dieses wurde aus $H_2O_{dest.}$ hergestellt, das mit UV-Licht (185 nm und 254 nm) bestrahlt wurde, eine Umkehrosmose passierte und über einen 0.22 µm-Filter filtriert wurde.

Für die Bestimmung der wichtigen Makronährstoffe P_2O_5, K^+, Ca^{2+} und Mg^{2+} wurden die ofengetrockneten Proben wie folgt extrahiert:

CO_2-Extraktion (nach FAL 1996: Kapitel CO_2-Ex; verändert auf ein Extraktionsverhältnis von 1:10):
5 g Bodenmaterial wurden mit 50 mL Kohlendioxid-(CO_2)-gesättigtem $H_2O_{Milli-Q}$ versetzt, und bei 200 U*min^{-1} für eine Stunde geschüttelt. Der Extrakt wurde danach über einen Papier-Faltenfilter (Filter 790 ½, Schleicher & Schuell, D) unter Verwerfung der ersten fünf Tropfen abfiltriert. Mit dieser Extraktion werden die leicht pflanzenverfügbaren Nährstoffe aus der Probe gelöst.

AL-Extraktion (nach EGNÉR et al. 1960):
Die Bodenprobe wurden mit Ammoniumlactat-Essigsäure (AL; 9.01 g Milchsäure, 18.75 g Essigsäure und 7.70 g Ammoniumacetat pro Liter $H_2O_{Milli-Q}$) versetzt und vier Stunden geschüttelt. Das restliche Verfahren war identisch zur CO_2-Extraktion. Mit dieser Extraktion werden die langfristig oder durch aktiven Ionenaustausch verfügbaren Nährstoffe gelöst.

Phosphatbestimmung (nach VOGEL 1978: 756f.):
Dazu wurden 10 mL des filtrierten Bodenextrakts mit 1 mL einer Mischung von je 25 mL schwefelsaurer Ammoniumheptamolybdat-Lösung und verdünnter Amidosulfonsäurelösung und mit 1 mL einer 1%igen Ascorbinsäurelösung versetzt. Beim Erhitzen auf 98 °C über 15 Minuten bildet sich ein blauer Phosphormolybdänkomplex. Dessen Farbintensität ist der Phosphorkonzentration proportional und wurde im Spektrophotometer bei 824 nm gemessen (Lambda II, Perkin Elmer, USA).

Bestimmung von Kalium, Calcium und Magnesium:
Der Gehalt an K^+, Ca^{2+} und Mg^{2+} der Extrakte wurde mit einem Flammen-Atomabsorptionsspektrometer gemessen (AAS; SpectrAA 800, Varian, AUS; K: 769.9 nm; Ca: 422.7 nm; Mg: 285.2 nm).

2.2.5 pH-Wert

Je 15 g der feldfeuchten Probe wurden mit 37.5 g $H_2O_{Milli-Q}$, bzw. der gleichen Menge KCl-Lösung versetzt, mit einem Magnetrührer während 10 Minuten gerührt und anschliessend mit einer pH-Elektrode (pH Meter 691, Metrohm, CH) gemessen.

Wird der Boden mit Wasser suspendiert, zeigt der gemessene pH-Wert die aktuelle Azidität, welche z.B. von der Bodenfeuchte bei der Probennahme oder jahreszeitlichen Effekten beeinflusst ist. Wird KCl verwendet, werden diese Schwankungen eliminiert und der potentiell niedrigste Wert bestimmt.

2.2.6 Kationenaustauschkapazität (KAK) und Basensättigung (BS) nach MEHLICH (1942)

Kationen wie Ca^{2+}, und Mg^{2+} sind wichtige Nährstoffe für Pflanzen und Mikroorganismen. Diese Ionen lagern sich an negativ geladene Partikel wie Tonminerale oder Huminstoffe im Boden an, können von dort aber durch gleichsinnig geladene Substanzen wie Protonen (Säuren) oder Schwermetalle wieder verdrängt werden. Die maximal sorbierbare Ionenmenge wird als Austauschkapazität bezeichnet. Diese ist somit ein indirektes Mass für die Pufferfähigkeit des Bodens gegenüber Säuren. Damit lässt sich auch die Gefahr einer Remobilisierung von Schwermetallen abschätzen. In basischen Böden besteht der Kationenbelag v.a. aus Ca^{2+}, Mg^{2+}, Na^+ und K^+. Der prozentuale Anteil dieser Ionen an der KAK wird als Basensättigung bezeichnet.

Zur Bestimmung der potentiellen KAK nach Mehlich wurden in einem Perkolationsrohr 10 g luftgetrocknete Feinerde mit reinem Quarzsand vermischt und anschliessend mit 75 mL Austauschlösung versetzt. Diese bestand aus 45 mL Triäthanolamin und 500 mL $H_2O_{Milli-Q}$, welches mit HCl auf pH 8.1 eingestellt und danach mit $H_2O_{Milli-Q}$ auf 1 L verdünnt wurde. Als zweite Perkolationslösung wurde 20 mL 0.2 n $BaCl_2$ zugegeben und mit $H_2O_{Milli-Q}$ nachgespült, bis die beiden vereinigten Perkolate auf 250 mL verdünnt waren (= 1. Perkolat). Darauf wurde das Perkolationsrohr mit 250 mL 0.2 n $MgCl_2$-Lösung durchgewaschen (= 2. Perkolat). Die Ionenkonzentrationen in beiden Perkolaten wurden danach im AAS bestimmt.

2.2.7 Bodensaugspannung

Eine wichtige Grösse, was die langfristig konstante Versickerungsleistung, die Erhaltung einer Auwald-Vegetation wie auch die Funktionsfähigkeit

Kapitel 2: Methodik   71

der Reinigungsprozesse betrifft, ist die Sauerstoffversorgung des Bodens nach dem Ende einer Bewässerung. Die Bodensaugspannung (dekadischer Logarithmus des Bodenmatrixpotentials in cm Wassersäule) gibt Auskunft über die Abtrocknung und damit die Wiederbelüftung des Bodens.

Die Bodensaugspannung wurde mit einem Tensiometer bestimmt. Dabei saugt der Boden während des Abtrocknens ein Alkohol-Wassergemisch (1:4) aus einem hohlen PVC-Rohr durch einen porösen Keramikkopf (Modell 2725 der Soil Moisture Equipment Corp., USA). Am oberen Rohrende ist ein 20 cm langes Plexiglasrohr eingebaut. Der Tensiometer wurde bis fast zum oberen Ende des Plexiglasrohres gefüllt und mit einem Gummistopfen verschlossen. Der im Rohr entstehende Unterdruck wurde mit einem Tensimeter (2120, DMG, CH) gemessen. Pro Standort wurde mit einem Tensiometerbohrer auf 10, 20, 30 und 40 cm Tiefe ein Loch gebohrt und die vier Tensiometerrohre vorsichtig eingeführt.

Die abgelesene Saugspannung wurde nach folgender Formel um die Höhe der Wassersäule im Rohr, die Dichte der Wasser-Alkohol-Lösung und den Druckverlust während des Einstichs korrigiert (GEISSBÜHLER 1998: 50):

$p_{korr} = 0.9 * (p + (L - L_{Lb}) - E)$

p: Druck in hPa
L: Länge des Tensiometers ab Mitte Keramikzylinder minus Gummistopfen (cm)
L_{Lb}: Länge der Luftblase vom unteren Rand des Gummistopfens bis zum Meniskus der Wassersäule (cm)
E: empirischer Korrekturfaktor für den Druckverlust beim Einstich: 10 hPa

2.2.8 Bodentemperatur

Zur Messung der Bodentemperatur wurden geeichte Thermistoren (Mini-Thermistor, Typ U, Grant, GB) in den Bodentiefen 1, 10, 20, 30 und 40 cm vergraben. Auch die Lufttemperatur in 1.5 m über Grund wurde bestimmt (Versuchswässerstelle: ca. 80 cm über Grund). Die Messung erfolgte einmal pro Stunde und die Ergebnisse wurden mit einem Datalogger (Squirrel, Grant, GB) erfasst.

2.2.9 Mikrobielle Bodenrespiration (MBR)

Biologische Aktivitäten durch Mikroorganismen im Porensystem des Bodens sind bei der Reinigung des versickernden Filtratwassers entscheidend. Die Freisetzung von CO_2 als Endprodukt des aeroben mikrobiellen Abbaus (Bodenrespiration) erlaubt eine gute Aussage über die Aktivität eines bestimmten Bodenhorizontes bzw. einer Bodenfläche (WÜTHRICH 1994:

31ff., WÜTHRICH et al. 1999). Deshalb wurde die Produktion an CO_2 in Abhängigkeit von Bodentiefe und jahreszeitlicher Variabilität als *indirekten Indikator für die Reinigungsleistung des Systems* untersucht.

2.2.9.1 Flächenbezogene Bodenrespiration

Zur Messung der CO_2-Flüsse an der Bodenoberfläche wurden an jeweils fünf Standorten innerhalb der Wässerstellen Verbindungsweg und Grendelgasse sowie im nicht bewässerten Waldstück Gemeindematten Aluminium-Rahmen (35*35*10 cm) 5 cm tief installiert. Während der Messung wurde eine Plexiglas-Messkammer gasdicht auf diesen Rahmen gesetzt (Abb. 2-17). Durch die abgedunkelte Messkammer wurden 500 mL*min^{-1} Aussenluft aus einem Mischkolben gepumpt (Flow-Control Unit, DMP, CH), ebenso wie durch eine abgedunkelte, geschlossene, aber leere Referenzkammer, welche das gleiche Volumen wie die Messkammer aufwies. Ein Infrarotgasanalysator (IRGA; LI6252, LICOR, USA) verglich die CO_2-Gehalte der beiden Volumenströme (offenes, differentielles Messsystem). Der CO_2-Anstieg in der Messkammer wurde über fünf Minuten mit einem Schreiber (SE 110, Goertz, A) aufgezeichnet. Die kurze Messdauer diente der Vermeidung eines Kammereffektes. Die ganze Anlage wurde über eine 12 V-Batterie mit Strom versorgt.

Mittels einer Differenzialgleichung wurde der CO_2-Fluss aus Anfangs- und Endpunkt der Messung bestimmt. Mit Hilfe von Temperatur, Luftdruck, Luftstrom, durchströmten Volumen und dem CO_2-Fluss konnte schlussendlich die CO_2-Emission pro Flächen- und Zeiteinheit angegeben werden. Dabei ist zu berücksichtigen, dass diese Methode keine Angabe über die Bodentiefe ermöglicht, aus welcher das emittierte CO_2 stammt. Es ist beim verwendeten Volumenstrom von 500 mL*min^{-1} und der Einstichtiefe von 5 cm davon auszugehen, dass in der Regel nur diese obersten 5 cm des Bodens beteiligt sind. Mit dieser Methode kann nicht zwischen der Wurzelrespiration und der reinen mikrobiellen Respiration von Bakterien und Pilzen unterschieden werden. Nach TRÜBY (1998) liegt der Anteil der Wurzelrespiration an der gesamten Bodenrespiration bei 30 %.

Kapitel 2: Methodik 73

Abb. 2-17: Bodenrespirations-Messanordnung am Standort VW1/10 (s. Abb. 3-8, Kap. 3.1.1.3) im März 2000. Zur Vermeidung einer Erwärmung werden Mess- und Referenzkammer während der Messung mit schwarzen Tüchern abgedeckt.

2.2.9.2 Trockengewichtsbezogene Bodenrespiration im Tiefenprofil

Um die mikrobielle Bodenrespiration nicht nur an der Bodenoberfläche, sondern im Tiefenprofil bestimmen zu können, wurden in Bodengruben (s. Kap. 2.2.1.1) aus definierten Tiefen jeweils drei Bodenwürfel von 1 L pro Tiefe entnommen (s. Kap. 2.2.1.3). Bis zur Messung wurden die Proben offen, dunkel und kühl gelagert (s. Kap. 2.2.2). Die Bodenrespiration wurde im Labor durch Infrarot-Gasanalyse (s. oben) bestimmt. Hierzu wurde in einer temperaturkontrollierten Umgebung die CO_2-Bildung des Bodenwürfels in der Messkammer gegen eine leere Referenzkammer gemessen, wobei beide Kammern konstant von 200 $mL*min^{-1}$ vorgemischter Aussenluft durchströmt wurden (in wenigen Fällen auch mit 400 $mL*min^{-1}$; Präzisionspumpe DPM 1L, DMP, CH). Die Messtemperatur richtete sich nach der im Feld bei der Entnahme der Proben gemessenen Temperatur. Innerhalb von ca. 25-60 Minuten ergab sich eine konstante CO_2-Emission (in $\mu mol*Mol^{-1}$). Nach der Messung wurden die Proben bei 105 °C über 36 Stunden getrocknet und nach einer Vermörserung gesiebt (2 mm), um die CO_2-Bildung auf 100 g trockenen Feinboden beziehen zu können. Dies, da die Mikroorganismen v.a. das Porensystem des Feinbodenmaterials, jedoch nur in geringem Mass die Oberflächen von Kies und Steinen besiedeln.

Kapitel 2: Methodik

Aus der CO_2-Emission, der Temperatur, dem durchströmten Volumen und dem Trockengewicht wurde die Bodenrespiration wie folgt berechnet:

Bodenrespiration (in kg CO_2*s^{-1}) = $m*v*P*(R*T)^{-1}*(c2-c1)$

m: Molekularmasse von CO_2 (= 0.044101 kg)
v: Flussrate in m^3*s^{-1}
P: Luftdruck in Pa
R: universelle Gaskonstante (= 8.311)
T: Temperatur in K
c2-c1: abgelesene Differenz zwischen Mess- und Referenzkammer in $\mu mol*mol^{-1}$.

2.2.10 Mikrobielle Biomasse (MBIO)

Als weiterer indirekter Parameter zur Erfassung der Reinigungsleistung der Bodenpassage diente die mikrobielle Biomasse. Diese umfasst die Trockenmasse von im Boden lebenden Bakterien, Pilzen, Algen und Protozoen. Dabei ist der Gewichtsanteil von Protozoen und Algen im Vergleich zu Bakterien und Pilzen („heterotrophe Mikroflora") meistens unerheblich. Obwohl die Mikroflora nur einen geringen Anteil an der organischen Substanz der Böden darstellt, hat sie die grösste Umsatzrate aller organischen Kompartimente im Boden und ist daher für den Umsatz von organischer Substanz bei der Bodenpassage in der Wässerstelle von herausragender Bedeutung (s. JÖRGENSEN 1995: 1f.).

Die mikrobielle Biomasse wird im Folgenden als deren Kohlenstoffgehalt ausgedrückt, der mittels der Chloroform-Fumigation-Extraktionsmethode (CFE) nach VANCE et al. (1987) bestimmt wurde. Dabei werden durch die Begasung des Bodens mit Chloroform während 24 Stunden die Zellmembranen von Mikroorganismen aufgelöst und die organischen, polymeren Zellinhaltsstoffe in ihre Einzelteile zerlegt. Im Vergleich zu einer unbegasten Probe steigt dadurch nach der Entfernung des Chloroforms der Anteil der extrahierbaren Substanzen. Diese Zunahme ist proportional zur im Boden vorhandenen Biomasse (JÖRGENSEN 1995: 22).

Die feldfeuchten Proben wurden über ein 2 mm-Sieb vorgesiebt und anschliessend bei 2 °C über maximal drei bis vier Wochen gelagert. Von einer untersuchten Bodenprobe wurden je zwei Teilproben mit Chloroform begast und mit K_2SO_4-Lösung extrahiert bzw. nicht begast und direkt extrahiert. Bei den nicht begasten Proben wurde je eine Bodenmenge, die 20 g Trockengewicht entsprach, in 250 mL-PE-Flaschen eingewogen, mit 80 mL 0.5 m K_2SO_4-Lösung versetzt und während 30 Minuten bei 280 $U*min^{-1}$ geschüttelt (nach BRUNNER 1998). Die Suspension wurde anschliessend über einen Faltenfilter (595 ½, Schleicher & Schuell, D) in 100

Kapitel 2: Methodik

mL-PE-Flaschen extrahiert, wobei jeweils die ersten fünf Tropfen verworfen wurden. Die Extrakte wurden bis zur Messung bei -18 °C tiefgefroren.

Die zur Begasung verwendeten Teilproben wurden in ein 50 mL-Becherglas eingewogen und in einen implosionsgeschützten Exsikkator gestellt, auf dessen Boden eine mit NaOH gefüllte Keramikschale zur CO_2-Absorption stand. Um eine Austrocknung der Bodenproben während der Begasung zu verhindern, wurden die Seitenwände des Exsikkators mit nassem Papier ausgekleidet. Zuletzt wurde ein 250 mL-Becherglas mit 50 mL ethanolfreiem Chloroform und vier Siedesteinen in den Exsikkator gestellt. Dieser wurde anschliessend auf 150 mbar evakuiert, so dass bei Zimmertemperatur das Chloroform ca. 2 Minuten siedete. Nach einer Inkubationszeit von 24 Stunden im Dunkeln wurde der Exsikkator zur Entfernung des Chloroforms sechsmal auf 100 mbar evakuiert. Die begasten Bodenproben wurden in 250 mL-PE-Flaschen überführt und anschliessend wie die nicht begasten mit 80 mL 0.5 M K_2SO_4-Lösung extrahiert.

Wegen der Übersättigung mit $CaSO_4$, das sich bei der Extraktion durch den Austausch von K aus der K_2SO_4-Lösung bildet, fällt beim Gefriervorgang ein Niederschlag aus. Da dieser die weitere Messung behindert, wurden die Proben nach dem Auftauen von Hand aufgeschüttelt und danach eine Wartezeit von zwei Stunden eingehalten. Erst dann wurde der organische Kohlenstoffgehalt der mit 2 n HCl auf pH 2 angesäuerten Extrakte mit einem TOC-Analyzer (TOC 5000A, Shimadzu, J) bestimmt (s. auch Kap. 2.3.2). Da dieses Gerät auf hohe Salzkonzentrationen empfindlich ist, wurden die begasten Proben in der Regel mit $H_2O_{Milli-Q}$ auf 1:5 und die unbegasten auf 1:2 verdünnt. Aus den erhaltenen Messresultaten wurde der mikrobielle Biomassen-Kohlenstoff (C_{mik}) wie folgt errechnet:

$C_{mik} = E_C * k_{EC}^{-1}$

$E_C = C_{org, begast} - C_{org, unbegast}$ (in mg $C*L^{-1}$)
$k_{EC} = 0.45$ (extrahierbarer Teil der Gesamtmenge des in der mikrobiellen Biomasse gebundenen Kohlenstoffs, s. auch Kap. 3.4.2.4).

2.2.11 Funktionelle Diversität der Bodenmikroorganismen

Nach mikrobieller Bodenrespiration und Biomasse wurde in einer zusätzlichen Untersuchung im Forschungsinstitut für biologischen Landbau (FibL) anhand von 50 Bohrkernproben (s. Kap. 2.2.1.5) die funktionelle, d.h. physiologische Diversität der Bodenmikroorganismen bestimmt. Mit Hilfe der Biolog EcoPlate™-Methode lassen sich die Mikroorganismengemeinschaten von unterschiedlichen Standorten und aus unterschiedlicher Bodentiefe anhand ihrer verschiedenen Substratnutzungsprofile charakterisieren (nach GARLAND & MILLS 1991, CHOI & DOBBS 1999).

Eine 10 g Trockengewicht entsprechende Menge einer über das 2 mm-Sieb vorgesiebten feldfeuchten Bohrkernprobe wurde mit 90 mL 0.8%igen NaCl-Lösung versetzt und über 30 Minuten bei 300 U∗min^{-1} geschüttelt. Die NaCl-Lösung war vorher während 20 Minuten bei 120 °C im Autoklav sterilisiert worden. Nach der Suspendierung und einer Absetzphase von 10 Minuten wurde aus dem Überstand 1 mL entnommen und mit 9 mL NaCl-Lösung verdünnt. Aus diesem Extrakt wurden jeweils 135 µL pro Vertiefung (= well) einer Biolog EcoPlate-Mikrotiterplatte (Biolog, Hayward, USA) pipettiert. Die Platte besitzt 32 wells in 3 Wiederholungen (insgesamt 96 wells), die jeweils mit einer Einzel-Kohlenstoffquelle, gemischt mit Tetrazoliumviolett als Redoxfarbindikator, versetzt sind (s. Tab. 2-2).

Tab. 2-2: Kontroll-well (A1) und 31 wells mit Einzel-C-Quellen (A2-H4) in einer Biolog EcoPlate-Mikrotiterplatte. KH: Kohlenhydrat, CS: Carbonsäure, AS: Aminosäure, P: Phosphat.

A1 Wasser (Kontrolle)	A2 β-Methyl-D-Glucosid (KH)	A3 D-Galactonsäure-γ-Lacton (CS)	A4 L-Arginin (AS)
B1 Pyruvinsäure-methylester	B2 D-Xylose (KH)	B3 D-Galacturonsäure (CS)	B4 L-Asparagin (AS)
C1 Tween 40 (Polymer)	C2 I-Erythritol (KH)	C3 2-Hydroxy-Benzoësäure (CS)	C4 L-Phenylalanin (AS)
D1 Tween 80 (Polymer)	D2 D-Mannitol (KH)	D3 4-Hydroxy-Benzoësäure (CS)	D4 L-Serin (AS)
E1 α-Cyclodextrin (KH, Polymer)	E2 N-Acetyl-D-Glucosamin (KH)	E3 γ-Hydroxybuttersäure (CS)	E4 L-Threonin (AS)
F1 Glycogen (KH, Polymer)	F2 D-Glucosaminsäure (CS)	F3 Itaconsäure (CS)	F4 Glycyl-L-Glutaminsäure (AS)
G1 D-Cellobiose (KH)	G2 Glucose-1-Phosphat (P)	G3 α-Ketobuttersäure (CS)	G4 Phenylethylamin (Amin)
H1 α-D-Lactose (KH)	H2 D,L-α-Glycerolphosphat (P)	H3 D-Apfelsäure (CS)	H4 Putrescin (Amin)

Anschliessend wurden die Platten bei 21 °C über 223 Stunden inkubiert. Durch die Stoffwechselaktivität der Mikroorganismen wurden die Einzel-

Kapitel 2: Methodik
77

C-Quellen in den wells oxidiert, wobei sich der Redox-Farbindikator (Tetrazoliumviolett) zu einem zunehmenden Violett verfärbt (Abb. 2-18). Der Verfärbungsgrad ist proportional zur Fähigkeit der Mikroorganismen eine C-Quelle zu nutzen (d.h. oxidieren). Nach folgenden Zeiten wurde die Verfärbung (optical density, OD) bei 600 nm mit einem Auslesegerät bestimmt (Microplate Reader, Model 450, Bio Rad, USA): 24 Stunden, 30, 33, 36, 39, 42, 45, 48, 52, 55, 71, 79, 102, 128, 151 und 223 Stunden.

Abb. 2-18: Ansicht einer BIOLOG-EcoPlate-Microtiterplatte (Standort GR B, 0-10 cm Bodentiefe, nach 79 Stunden Inkubation bei 21 °C).

Damit die OD der wells richtig bestimmt wurden, mussten sie jeweils um die Werte der Kontroll-wells korrigiert werden. Die so erhaltenen Werte der drei Wiederholungen jedes Substrates wurden gemittelt. Danach wurde aus den Mittelwerten der 31 Substrate pro Platte ein Mittelwert für die ganze Platte errechnet (Average Well Colour Development, AWCD). Mit zunehmender Inkubationsdauer stieg der AWCD-Wert jeweils s-förmig an. Zur statistischen Auswertung der Messung wurde derjenige Messtermin ausgewählt, bei welchem sich die AWCD-Werte der meisten Platten etwa in der Mitte des Hauptanstieges befanden und somit der Zuwachs an Substratnutzung pro Zeiteinheit am höchsten war. Zu dem Zeitpunkt – in diesem Fall bei 55 Stunden Inkubationsdauer – unterschieden sich die einzelnen Platten und damit die einzelnen Bodenproben am deutlichsten in der physiologischen Diversität ihrer Mikroorganismengemeinschaft. Zu Beginn der Inkubation finden sich in den wenigsten Platten bereits umgefärbte wells, während am Ende der Inkubation in vielen Platten die meisten wells umgefärbt sind, weshalb sich die Platten weder am Ende noch zu Beginn voneinander unterscheiden lassen. Zur statistischen Auswertung wurde nach einer multiplen Regressionsanalyse eine Hauptkomponentenanalyse sowie eine hierarchische Clusteranalyse durchgeführt (JMP, Version 3.0).

2.3 Wasseruntersuchungen

Mittels Messung der Wasserqualität entlang der Fliessstrecke vom Überstau in der Wässerstelle durch die ungesättigte Zone bis zum Aquifer wurde der Verlauf der Reinigung während der künstlichen Grundwasseranreicherung auch direkt verfolgt.

Im Weiteren werden die verschiedenen Methoden beschrieben, mit welchen im Rahmen vorliegender Arbeit Wasserproben entnommen und untersucht wurden.

2.3.1 Probennahme

2.3.1.1 Sauerstoffbestimmung im Versickerungswasser mittels Lochblech

Um den Verlauf des Sauerstoffgehaltes bei der Oberbodenpassage des versickernden Filtratwassers zu bestimmen, wurde an jeweils drei Standorten pro Wässerstelle (gleiche Standorte wie Tensiometer) ein Vierkant-Lochblech von 3 cm Durchmesser 40 cm tief eingeschlagen. Das dabei im Innenraum des Lochbleches verbleibende Erdmaterial wurde anschliessend entfernt, womit Wasser aus dem Boden durch die 0.7 mm grossen Löcher in das Innere einströmen konnte. Das Wasser aus dem Überstau wurde mit einer Plastikplane abgehalten. Mittels einer 100 mL-Blasen-Spritze wurde über ein in das Lochblech eingeführtes Plastikrohr (2 mm Innendurchmesser) sorgfältig Bodenwasser aus definierter Tiefe abgezogen (meist 10 und 30 cm Tiefe). Der Inhalt der Spritze wurde luftblasenfrei in ein 50 mL-Becherglas überführt, wo anschliessend der Sauerstoffgehalt mit einer temperaturkompensierten Sauerstoffsonde bestimmt wurde (Model 830, Orion, USA).

2.3.1.2 Bodenwassergewinnung mittels Saugkerzen

Die Veränderung der Wasserqualität mit zunehmender Bodentiefe wurde nicht nur *indirekt* mittels bodenbiologischen und -chemischen Parametern, sondern auch *direkt* mittels wasserchemischen Parametern untersucht. Dazu wurde Bodenlösung aus verschiedenen Tiefen gewonnen. Dies kann mit unterschiedlichen Verfahren erfolgen (WILSON et al. 1995a). Die zur Zeit weitverbreitetste, einfachste und günstigste Methode ist die Entnahme mittels Saugkerzen.

Kapitel 2: Methodik   79

Die verwendeten Saugkerzen sind äquivalent zum Soil Water Sampler (Model 1900, Soil Moisture Equipment Corp., USA) und bestanden aus einem Keramikkopf (Länge: 6 cm; Innendurchmesser: 5 cm; Porendurchmesser: ca. 1 µm) und einem PVC-Rohr (Länge: variabel, mind. 60 cm; Innendurchmesser: 5 cm). Das PVC-Rohr wurde am oberen Ende mit einem Kautschukstopfen abgedichtet. Das durch diesen Stopfen geführte Entnahmeröhrchen konnte mit einer Klemme verschlossen werden. Mit Hilfe eines am Entnahmeröhrchen angelegten Unterdrucks von 70 cbar wird Bodenwasser durch den porösen Kopf in das Rohr hineingesaugt. Anschliessend wird das Bodenwasser über das Entnahmeröhrchen aus dem Rohr in ein Sammelgefäss abgezogen (Abb. 2-19).

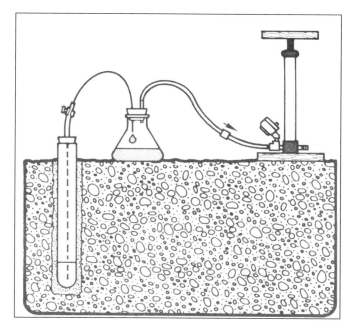

Abb. 2-19: Entnahme von Bodenwasserproben aus Saugkerzen (aus Soil Moisture Equipment Corp., Santa Barbara, USA, ca. 1995: Bedienungsanleitung zur Pumpe 2006G).

Von Mai bis Juni 1997 wurden in den drei untersuchten Wässerstellen an jeweils drei Standorten pro Wässerstelle Saugkerzen in 10, 20, 30 und 40 cm Tiefe gesetzt (Lage s. Abb. 3-3, 3-6, 3-8). Vor der Installation wurden die innen mit sauberem Quarzsand vorgereinigten Kerzen in 0.1%iger HCl gespült. Zudem wurden die Kerzen unter Unterdruck gesetzt, so dass ca. 2 L verdünnte Säure den Keramikkopf passierten. Danach wurden die Saugkerzen mit destilliertem Wasser gespült.

Mit einem Holländerbohrer wurde zur Installation der Saugkerzen bis in 40 cm Bodentiefe ein Loch vorgebohrt. Um einen guten Kontakt zwischen Kerzenkopf und der Bodenmatrix herzustellen, wurde Material aus dem tiefsten Bereich des Bohrlochs mit etwas destilliertem Wasser aufgeschlämmt und zurück in das Loch gefüllt. Danach wurde die Kerze in das Bohrloch eingebracht und die bestehende Lücke zwischen dem Kerzenrohr und dem Boden (ca. 1 cm) mit dem horizontweise separierten Erdmaterial dicht aufgefüllt.

Vor der ersten Beprobung der Kerzen wurde mindestens eine Bewässerungsphase abgewartet, damit sie durch die Setz- und Quellbewegungen des Bodens einen guten Sitz erhielten und durch den Kontakt mit dem versickernden Filtratwasser bereits ein erstes Mal konditioniert wurden.

Jeweils direkt vor der Entnahme der Bodenwasserproben wurden die Kerzen gespült. Dazu wurde etwa 20 Stunden nach dem ersten Anlegen eines Unterdrucks das in der Kerze enthaltene Wasser (meist ca. 1-1.5 L) in das Probennahmegefäss gesaugt und verworfen. Danach wurde die Kerze erneut unter Unterdruck gesetzt und nach weiteren 20 Stunden das Probenwasser gewonnen und in 100 mL-Glasflaschen (Duran, Schott, D) aufgefangen und ins Labor transportiert. Zwischen den Wässerungsphasen waren die Kerzen unterdruckfrei, damit sich im über Wochen im Kerzenkopf stehenden Bodenwasser kein übermässiger Bakterienrasen bilden konnte, der die Messergebnisse verfälscht hätte.

Während den ersten drei Probennahmen am 16.07., 03.08. und 10.09.1997 wurden jeweils alle Saugkerzen beprobt. Aufgrund der unerwarteten Ergebnisse (s. Kap. 3.5.2.2) wurde auf die Probennahme im September hin in der Wässerstelle Spittelmatten ein weiterer Standort mit speziellen Kerzen eingerichtet (SPM 4). Dabei wurden die Schäfte der Kerzen auseinandergesägt und anschliessend in einem Winkel von 90° wieder zusammengeklebt und in der Wässerstelle installiert. Da die Installation wegen des 90°-Winkels nicht mehr mit einem Holländerbohrer erfolgen konnte, wurde eine Bodengrube bis 50 cm Tiefe ausgehoben. Der Boden im Bereich des Saugkerzenkopfes wurde anschliessend von Hand ausgehöhlt, damit der Kopf selbst in ungestörten Boden zu liegen kam. Mit dieser Art der Saugkerzenform sollte ein direkter Kurzschluss zwischen Oberflächenwasser und Bodenwasser entlang des Kerzenschaftes verhindert werden.

Am 12.10.1997 wurde in der Wässerstelle Verbindungsweg eine Bodengrube bis auf 1 m Tiefe ausgehoben und je zwei Saugkerzen in den Tiefen 15, 30, 45, 60, 75 und 105 cm installiert. Bei diesen Tiefen konnte wegen des unpassierbaren Schotters kein Holländerbohrer eingesetzt werden.

Stattdessen wurden die Saugkerzen in der entsprechenden Tiefe senkrecht in die Grube gestellt und anschliessend sorgfältig mit Bodenmaterial, ebenfalls aus der entsprechenden Tiefe, rundum zugeschüttet. Das Material wurde dabei immer wieder festgetreten, um einen Kurzschluss zwischen Oberflächen- und Bodenwasser entlang des Schafts zu vermindern.

Am 28.01. und 23.02.1998 wurden in der Wässerstelle Spittelmatten von Hand zwei 1.5 bzw. 2.0 m tiefe Bodengruben ausgehoben. In der ersten Grube wurden je zwei Saugkerzen in 15, 40, 60, 90, 120 und 150 cm Tiefe installiert. In der zweiten Grube wurde je eine Saugkerze in 30, 50, 60, 90, 120 und 150 cm installiert. Beide Gruben wurden am 17.03. und 22.04.1998 beprobt.

Um den mittlerweile grossen Probennnahmeaufwand zu minimieren, wurden von den ursprünglich zwischen Mai und Juni 1997 installierten Saugkerzen am 30.10. und 03.12.1997, sowie am 17.03.1998 nur diejenigen Standorte beprobt, an welchen ein eindeutig abnehmender Trend bei DOC und SAK254 sichtbar war (s. Kap. 2.3.2 und 2.3.4). Am 22.04.1998 wurden alle Standorte beprobt.

2.3.1.3 Boden- und Grundwasserentnahme mittels PE-, PVC- und Edelstahlrohren

Zusätzlich zu den Saugkerzen wurden weitere Bodenwasserentnahmerohre installiert. Am 28.01.1998 wurden in der Wässerstelle Spittelmatte in einer 150 cm tiefen Bodengrube parallel mit den Saugkerzen auf 15, 90 und 150 cm Bodentiefe auch PVC-Rohre (Innendurchmesser 5.2 cm) gesetzt, die in der jeweiligen Entnahmetiefe rundum über 10 cm Länge mit 1 mm breiten Schlitzen versehen waren. Am 23.02.1998 wurden in einer 2 m tiefen Bodengrube in der gleichen WS auf 30, 90, und 200 cm Tiefe PE-Rohre (Innendurchmesser 4.3 cm) gesetzt. Diese waren in der Entnahmetiefe ebenfalls rundum über 10 cm Länge mit 1 mm breiten Schlitzen versehen. Um ein Versanden der Rohre zu vermeiden, wurden die Schlitze mit einem Polypropylen-Vliess umhüllt (Viledon P15/500S, Filterklasse EU4, Freudenberg Vliessstoffe, D). Aus beiden Rohrtypen wurde das Wasser mit einem an eine Saugkerzenpumpe angeschlossenen PE-Schlauch gewonnen.

Im Dezember 1998 wurden in der Wässerstelle Verbindungsweg mehrere Bodenwasserentnahmerohre (BR1, BR3) und ein Grundwasserentnahmerohr (GRA) aus Cr-Ni-Edelstahl (V2A, 1.4301-Qualität) installiert, sowie ein weiteres Grundwasserrohr (GRB) im Feld 3 (Innendurchmesser je 8 cm; Abb. 2-11, 2-22 und 3-57). Zudem wurden entlang der vom Modell von ZECHNER (1996) vorausgesagten Strömungsrichtung des Grundwassers

Kapitel 2: Methodik

von der Wässerstelle zum Sammelbrunnen X drei weitere Grundwasserrohre installiert (GRC-E; Abb. 2-20, 2-21 und 3-57).

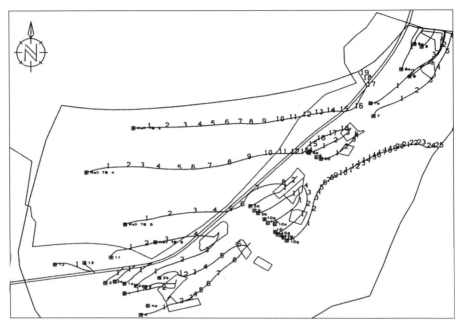

Abb. 2-20: Fliessgeschwindigkeiten der Grundwasserströme in den Langen Erlen in 10 Tages-Schritten (aus: ZECHNER 1996: 114).

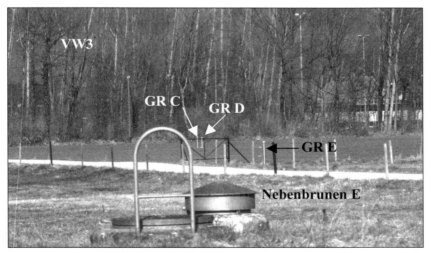

Abb. 2-21: Ansicht des Transekts vom Nebenbrunnen X E über die Rohre GR E, GR D und GR C bis zum Feld 3 der Wässerstelle Verbindungsweg. Photo: D. Rüetschi.

Kapitel 2: Methodik

Die Bohrlöcher für die Boden- und Grundwasserrohre wurden mittels Kernbohrung (20 cm Durchmesser) erstellt. Aufgrund der Zusammensetzung der gewonnenen Bohrkerne wurde die Tiefe der Wasserentnahme (= Filterstrecke) festgelegt (Abb. 2-22). Bei den Grundwasserrohren wurde das Rohr im meist 1 m langen Bereich der Filterstrecke rundum perforiert (ca. 5 Reihen à 10 Filterlöcher mit je 0.5 mm Durchmesser).

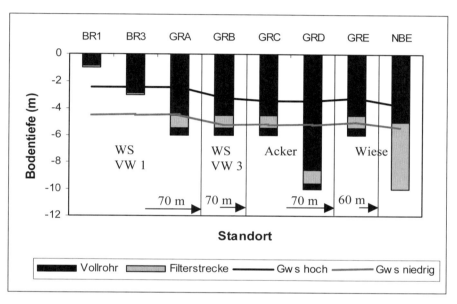

Abb. 2-22: Schematische Abbildung der Wasserentnahmetiefen (jeweils in m unter Flur) der eingesetzten Boden- (BR) und Grundwasserbeobachtungsrohre (GR), sowie des Nebenbrunnens E (NBE). GWS: Grundwasserspiegel; hoch: nach Ende einer Wässerphase (20.03.2000); niedrig: nach einer 52tägigen Trockenphase (06.03.2000).

Nach Anbringen der Filterlochung wurden die Rohre in die Bohrlöcher gestellt, die am unteren Ende mit einem Tonstopfen abgedichtet wurden. Der Raum zwischen Bohrlochwand und Rohr wurde im Bereich der Filterstrecke mit Filterkies (8-12 mm Durchmesser) und oberhalb davon mit Bohrkernmaterial verfüllt (Abb. 2-23). Auch am oberen Ende wurde ein Tonstopfen gegen einströmendes Versickerungs- bzw. Niederschlagswasser eingebracht. Bei den Bodenwasserrohren (BR1 und BR3) wurden die Filterlöcher am unteren Rohrende angebracht (Filterstrecke ca. 10 cm). In diesem Falle wurden keine Tonstopfen eingesetzt.

Kapitel 2: Methodik

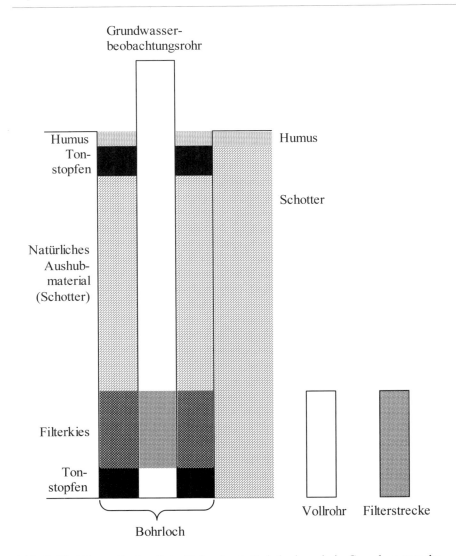

Abb. 2-23: Schematischer Schnitt durch ein Bohrloch und ein Grundwasserrohr.

Im Weiteren wurden ca. 2-3 m entfernt von den Rohren BR1-GRA drei weitere Edelstahlrohre gesetzt. Dabei wurde mit einem Bagger ein 3*5*3 m grosses Loch gegraben (Standort VW1/7, s. Kap. 3.1.1.3). Darin wurden auf 1, 2 und 3 m Bodentiefe jeweils ein 70 cm langes, zugespitztes Rohrstück horizontal in die Seitenwände eingeschlagen. An den offenen Rohrenden wurde über ein Winkelstück eine bis 1 m über die Bodenoberfläche reichende vertikale Verlängerung angeschraubt. Die horizontalen Rohrstücke waren 5 cm hinter der angeschweissten Spitze rundum gelocht (ca. 5 mm Ø, alle 2 cm ein rundes Loch; Länge der Filterstrecke: 10 cm). Mit

Kapitel 2: Methodik   85

dieser Installation sollte ein Kurzschluss zwischen Oberflächenwasser und Bodenwasser entlang der Rohrwand verhindert werden.

Die Wasserproben wurden mittels einer 12 Volt-Tauchpumpe (Geo-Inline Plus, Comet, D) nach einer halben Stunde Pumpdauer mit ca. 3-4 $L*min.^{-1}$ aus den Boden- bzw. Grundwasserbeobachtungsrohren entnommen und in Glasflaschen (100 mL, Duran, Schott, D) gekühlt ins Labor transportiert (Abb. 2-24). Entsprechend der Grösse der Beobachtungsrohre wurde somit während der Pumpzeit rund das drei- bis elffache Messstellenvolumen vor der Probennahme ausgetauscht. Hinsichtlich der mit der Pumpdauer und -menge verknüpften Probleme wird auf das Kap. 3.5.3.12 verwiesen.

Abb. 2-24: Der Autor bei der Grundwasserprobennahme in VW1.

Tab. 2-3 gibt Auskunft über die im Rahmen vorliegender Arbeit vorgenommenen Wasseruntersuchungen.

Tab. 2-3: Daten der im Rahmen dieser Arbeit vorgenommenen Filtrat-, Bodenwasser- und Grundwasserprobennahmen

Wässerphase	Probennahme-Daten
08.-15.03.1999	15.03.1999
12.04.-22.04.1999	13., 16., 21.04.1999
12.08-13.08., 15.08.-20.08.1999	12., 16., 18.08.1999
20.-25.09.1999	23.09.1999
16.-28.11.1999	16., 22., 28.11.1999
06.-17.01.2000	05., 07., 12., 17.01.2000
Trockenphase: 17.01.-08.03.2000: VW1 26.01.-08-03.2000, restl. Lange Erlen	22.01., 26.01., 30.01., 04.02., 14.02., 21.02., 28.02., 06.03.,
09.-20.03.2000	täglich
30.03.-10.04.2000	10.04.2000
10.04.-17.04.2000	17.04.2000
17.08.-27.08.2000	24.08.2000

2.3.2 Gelöster organischer Kohlenstoff (DOC)

Der gelöste organische Kohlenstoff (DOC; Dissolved Organic Carbon) setzt sich als Summenparameter aus Tausenden von Einzelsubstanzen zusammen, die ausser der Gemeinsamkeit der organischen Verbindung ganz unterschiedliche funktionelle chemische Gruppen aufweisen (THURMAN 1985: 88):

- Carboxylsäuren (R-CO_2H)
- Enole (R-HC=CH-OH)
- Phenole (aromat. Ring-OH)
- Chinone (aromat. Ring=O)
- Alkohole (R-CH_2-OH)
- Äther (R-CH_2-O-CH_2-R)
- Ketone (R-C=O(-R))
- Aldehyde (R-C=O(-H))
- Ester und Lactone (R-C=O(-OR))
- Amine (R-CH_2-NH_2)
- Amide (R-C=O(-NH-R)).

Bei pH 6-8 sind 90 % des aquatischen DOC den organischen Säuren zuzuordnen (THURMAN 1985: 88). In natürlichen Gewässern bestehen rund 40 % des DOC aus Fulvosäuren und etwa 10 % aus Huminsäuren. Diese beiden Klassen bilden zusammen die Huminstoffe und sind aufgrund ihrer Komplexität und Hydrophobizität gegenüber dem mikrobiologischen Abbau ziemlich resistent. Eine weitere grosse Gruppe sind mit 30 % die hydrophilen Säuren, deren Zusammensetzung schlecht bekannt ist. Der restliche DOC besteht aus einfachen Komponenten, die auch der Biodegradation meist gut zugänglich sind: 10 % des DOC bestehen aus Kohlehydra-

Kapitel 2: Methodik

ten, rund 7 % aus Carboxylsäuren, 3 % aus Aminosäuren und weniger als 1 % aus Kohlenwasserstoffen (THURMAN 1985: 104f.).

Ein Grossteil der Einzelstoffe ist auch mit modernster Messtechnik nicht bestimmbar. Einzelstoffanalytik ist zudem sehr teuer und aufwendig. Der DOC als Summenparameter ist demgegenüber relativ einfach messbar. Er enthält definitionsgemäss alle organischen Substanzen, die einen Filter mit einer Porengrösse von 0.45 µm passieren können. Organische Substanzen mit grösserem Volumen werden als partikulärer organischer Kohlenstoff (POC) bezeichnet.

Das in die Wässerstellen eingeleitete, filtrierte Rheinwasser enthält einen DOC von ca. 1.7 mg C_*L^{-1}, das Grundwasser in den Brunnen ca. 0.6 mg C_*L^{-1}. Während der Passage durch den Waldboden der Wässerstellen und den Grundwasserleiter wird der aus dem Filtratwasser stammende DOC somit um einen Faktor von 3.5 reduziert. Diese Reduktion lässt sich mit der eingesetzten Messtechnik (s. unten) gut verfolgen. Aus diesem Grunde wurde mit Hilfe des Verlaufs der DOC-Konzentration die Reinigungsleistung der Boden- und Aquiferpassage von der Wässerstelle zu den Brunnen untersucht. Im Gegensatz zu den in den Kap. 2.2.9 und 2.2.10 erwähnten *indirekten* Erfassung der Reinigungsleistung wie Bodenrespiration oder mikrobieller Biomasse lässt sich mit der DOC-Bestimmung die Reinigungsleistung *direkt* erfassen.

Der DOC-Gehalt im untersuchten Boden- und Grundwasser wurde mittels katalytischer Hochtemperatur-Oxidation gemessen. Dazu wurden die im Kühlraum bei 2-4 °C aufbewahrten Bodenwasser- und Grundwasserproben in der Regel noch am selben oder am nächsten Tag, spätestens aber nach sieben Tagen (dann bereits mit 2n HCL angesäuert) über einen 0.45 µm-Filter vorfiltriert. Die verwendeten Polyvinylidenfluorid-(PVDF)-Einmal-Spritzenfilter (Millex HV, Millipore, USA), die man zur Filtration der Proben auf LUER-Spritzen montierte, wurden zu Beginn dieser Arbeit evaluiert und wiesen gegenüber anderen getesteten Typen (Zellulose-Ester [Millex HA, Millipore, USA]; Nylon [Millex HN, Millipore, USA]; Teflon [Chromafil 729005, Macherey-Nagel, D]; PVDF [Chromafil 729019, Macherey-Nagel, D]) die geringste DOC-Auswaschung (<0.1 mg C_*L^{-1}) auf.

Von den Wasserproben wurden ca. 4.5 mL in ein Probenglas (ca. 6 mL Inhalt, Shimadzu, J) filtriert, mit 50 µL 2n HCL versetzt und die Öffnung des Glases zum Schutz gegen Verunreinigungen der Probe mit einem vorher mit $H_2O_{Milli-Q}$ abgewaschenen Stück Parafilm verschlossen. Anschliessend wurde der DOC-Gehalt der Proben mit einem TOC-Analysator bestimmt (TOC-5000 A, Shimadzu, J). Dabei wurde zuerst der gelöste anorganische Kohlenstoff und die extrem kleinen Anteile des flüchtigen DOC ausgetrieben, indem durch die zugesetzte Salzsäure aller anorganischer Kohlenstoff in CO_2 überführt wurde. Dieses wurde aus den Proben im zugehörigen Autosampler (ASI-5000 A, Shimadzu, J) während fünf Minuten mit 30 mL*min^{-1} hochreiner, CO_2-freier Luft (N55, O45, Carbagas, CH) ausgeblasen. Danach wurden 162 µL der Probe in ein ca. 680°C heisses, mit hochsensitivem Katalysator (Platin auf Quarzwolle) gefülltes Glasrohr gespritzt. Über dem Katalysator wurde alle organische Substanz zu CO_2 oxidiert. Das Probengas wurde anschliessend in einer Infrarotzelle gemessen. Gegen eine Kalibration mit Eichlösungen berechnete das Gerät aus der Fläche unter der Infrarot-Absorptionskurve die in der Probe enthaltene Kohlenstoffmenge. Aus mindestens drei Einspritzungen pro Probe wurde ein Mittelwert gebildet. Blieb dabei der Standardfehler der Messungen unter 2 %, und/oder die Unterschiede der Flächen unter 2000 Flächeneinheiten, wurde der Wert als Messwert akzeptiert. Wurden diese Kriterien nicht erfüllt, nahm das Gerät maximal zwei weitere Einspritzungen vor.

Geeicht wurde das Gerät mit einer Standardlösungsreihe von 5, 2, 1 und 0 mg C*L^{-1}. Als C-Quelle wurde Kaliumhydrogenphtalat (Nacalai Tesque, J) verwendet. Die Stammlösung von 1000 ppm C*L^{-1} wurde während maximal zwei Monaten im Dunklen bei 2 °C aufbewahrt. Zur Verdünnung wurde H_2O_{MilliQ} verwendet. Aus diesem Wasser wurde auch die Null-Lösung hergestellt. Der TOC-Analysator wurde in der Regel vor jeder Messung neu geeicht. Wenige Ausnahmen bildeten nacheinanderfolgende Messungen am gleichen oder nächsten Tag. Zu Beginn und am Ende jeder Messung liefen die Standardlösungen zur Kontrolle auch als Proben mit. Zudem wurde nach jeweils ca. zehn Proben ein Blank (Null-Lösung) eingesetzt. Die Messungen der mikrobiellen Biomasse vom 16.07.1997 (Standorte SPM2/4, GGR1/1, VW1/4) wurden von den IWB mit einem Dohrmann DC 90 durchgeführt. Bei späteren DOC-Messungen verwendeten die IWB ebenfalls einen Shimadzu 5000 A-DOC-Analysator. Vergleichsmessungen mit den IWB ergaben eine gute Übereinstimmung.

2.3.3 Assimilierbarer organischer Kohlenstoff (AOC)

Frisch aufbereitetes Trinkwasser ist in der Regel sehr keimarm. Über Lecks oder Baumassnahmen können aber Bakterien ins Leitungsnetz eindringen. Im Trinkwasser enthaltene geringe Spuren an mikrobiell abbaubaren organischen Substanzen, welche bei der Aufbereitung nicht entfernt wurden oder welche aus den Leitungsmaterialien selbst stammen, dienen diesen Keimen als Nährstoffe (FLEMMING 1998, NORTON & LECHEVALLIER 2000). Die Keime können sich im Netz vermehren (Biofilmbildung) und sind als erhöhte Keimzahlen im Trinkwasser beim Verbraucher festzustel-

Kapitel 2: Methodik

len (sog. „Wiederverkeimung"). Bei vielen Wasserwerken wird deshalb das aufbereitete Trinkwasser vor der Einspeisung ins Netz mit Chlordioxid (so auch in Basel) oder Chlor versetzt. Insbesondere letzteres ist aber problematisch, da es zusammen mit organischen Stoffen kanzerogene Trihalomethane bilden kann (z.B. Chloroform). Aus diesem Grund sind die Wasserwerke bestrebt, dass das aufbereitete Trinkwasser möglichst tiefe Gehalte an TOC sowie im Speziellen an mikrobiell abbaubaren organischen Substanzen (assimilierbarer organischer Kohlenstoff, AOC) enthält und damit ein biologisch stabiles Wasser ist. Somit ist dieser Gehalt auch ein Qualitätsindikator für die eingesetzte Aufbereitung. Im Weiteren lässt sich erfassen, in welchem Bereich der Boden- und Aquiferpassage der mikrobielle Abbau von organischen Substanzen hauptsächlich vonstatten geht, bzw. wann der Abbau abgeschlossen ist.

Dazu wurden nach dem im Kap. 2.3.1.3 beschriebenen Probennahmeverfahren am 17. 06. 1999 (am Ende einer Trockenphase von rund sechs Wochen) und am 27.08.1999 (am Ende einer zehntägigen Bewässerungsphase) Proben von Rhein- bzw. Filtratwasser (5 L), sowie aus den Rohren GRA, GRD, GRE und dem Nebenbrunnen E des Sammelbrunnens X entnommen (je 1 L). Aufgrund des hohen Untersuchungsaufwandes sind die Analysen kostenintensiv (rund 500 € pro Einzelprobe), was der Grund für die wenigen, statistisch nicht ausreichenden Probenzahlen ist. Die Proben wurden in sehr sorgfältig vorgereinigten Glasflaschen gesammelt und noch gleichentags in Kühlboxen in das Technologiezentrum Wasser (TZW) nach Karlsruhe transportiert.

Die Bestimmung des AOC, ausgedrückt als Wiederverkeimungspotential, erfolgte nach HAMBSCH et al. (1992). Sie basiert auf einem Trübungsanstieg der Probenlösung als Folge der mikrobiellen Biomassezunahme. Nach einer DOC-Bestimmung (DC 80, Dohrmann, D) und Sterilfiltration der Proben über Polycarbonatfilter (0.2 µm) wurde das Filtrat mit einer ebenfalls sterilfiltrierten anorganischen Nährsalzlösung versetzt. Danach wurde dem Probenwasser ein Inoculum zugegeben, welches aus dem Rhein- bzw. Filtratwasser gewonnen wurde, so dass die Anfangskonzentration an Bakterien $5*10^4$ Zellen$*$mL^{-1} betrug. Anschliessend wurde der Trübungsverlauf über eine automatisierte Messung des 12°-Vorwärtsstreulichtes bestimmt. Die Messung wird beendet, sobald keine weitere Trübungszunahme mehr festzustellen ist, normalerweise nach ca. 60 Stunden. Zusätzlich wurde die Zuwachsrate der Bakterien (durch Bestimmung der Gesamtzellzahl mittels Acridinorange-Färbung) und die DOC-Differenz zum Anfangsgehalt festgehalten. Die Messung wird jeweils von einer Negativkontrolle (Nullwasser) begleitet.

Der AOC-Gehalt wird üblicherweise nach der ursprünglichen AOC-Messmethode von VAN DER KOOIJ et al. (1982) als µg Acetat-C-Äquivalent angegeben. 1 µg$_*$L^{-1} Acetat-C entspricht einer Trübungsäquivalenz von 2.30 ppm SiO$_2$. Bei einem AOC-Gehalt von ≤10 µg Acetat-C$_*$L^{-1} kann Trinkwasser als mikrobiologisch stabil betrachtet werden (VAN DER KOOIJ 1990), weshalb dieser Wert als Zielwert gilt. Nach HAMBSCH (1993) bereiten Trinkwässer mit einem Bakterienvermehrungsfaktor <5 innerhalb der Messdauer und einer Wachstumsrate <0.1$_*$h^{-1} auch ohne Desinfektionsmittelrestgehalt erfahrungsgemäss keine Wiederverkeimungsprobleme im Netz.

2.3.4 UV-Absorption bei 254 nm (SAK254)

Einige im Wasser gelöste organische Stoffe haben die Eigenschaft, elektromagnetische Strahlung im nahen UV-Bereich zu absorbieren. Dies sind v.a. Verbindungen mit delokalisierten Elektronensystemen. Dazu gehören
- C=C-Bindungen in:
    - aromatischen Stoffen, wie den sehr giftigen PAKs (polyzyklische aromatische Kohlenwasserstoffe, z.B. Benzpyren)
    - ungesättigten aliphatischen Verbindungen, wie den Fetten (z.B. Linolensäure)
- Carbonyl- und Carboxylverbindungen (C=O-Bindungen) wie in:
    - Aldehyden oder Ketonen (z.B. Formaldehyd und Aceton)
    - Carbonsäuren (z.B. Ameisensäure).

Alle genannten Gruppen sind häufig in anthropogenen Schadstoffen und auch in natürlichen Substanzen wie Huminstoffen zu finden.
Zur Messung dieser Stoffe eignet sich besonders die UV-Absorption bei einer Wellenlänge von 254 nm. Diese Wellenlänge ist mit einer Quecksilberdampflampe gut isolier- und reproduzierbar. Mit der Messung des Gruppenparameters „**S**pektraler **A**bsorptions**k**oeffizient" bei 254 nm (SAK254) kann somit ohne aufwendige Einzelstoffanalytik eine Aussage über die Belastung eines Gewässers mit (UV-absorbierenden) organischen Stoffen gemacht werden, allerdings sind damit keine Konzentrationsangaben möglich (FRIMMEL 1995, MOSER & KREUZINGER 1995, NOWAK & UEBERBACH 1995).

In der Regel sind der SAK254 und der DOC-Gehalt miteinander korreliert, da bei beiden der Gehalt an organischen Substanzen gemessen wird. Da aber beim DOC der Gesamtgehalt der Organika, beim SAK254 hingegen nur deren UV-absorbierende Anteile gemessen werden, können aber durchaus auch grössere Differenzen auftreten. Zeitliche oder räumliche Veränderungen des Verhältnisses von SAK254:DOC (= spezifische UV-Absorption), z.B. in einem Oberflächengewässer, weisen auf eine Änderung in der

Zusammensetzung der organischen Substanzen hin (z.B. Einleitung von Schmutzwasser in einen Fluss oder Biodegradation während der Bodenpassage oder Uferfiltration).

Da ungelöste Stoffe zu einer unspezifischen Abschwächung der Absorption führen, musste vor der Messung die Trübung durch Vorfiltration über einen 0.45 μm-PVDF-Filter (Millex-HV) eliminiert werden. Direkt danach wurde der SAK254 der Proben mit einem Photometer (Lambda II mit Autosampler AS90, Perkin Elmer, USA) in einer 1cm-Quarz-Durchflussküvette gemessen. Jeweils zu Beginn der Messungen wurde mit $H_2O_{Milli-Q}$ eine Nullpunktkalibration des Photometers vorgenommen.

Für die Untersuchungen in den Langen Erlen wurde dieser Parameter wegen der deutlichen Differenz zwischen den Werten im Rohwasser ($4-5*m^{-1}$) und im Grundwasser (um $1*m^{-1}$) ausgewählt, welche eine gute Auftrennung ermöglicht und den Einfluss von Messfehlern verringert.

2.3.5 Bestimmung der Feldparameter

Grundwasserstand und Einleitmenge
Der Grundwasserstand in den Grundwasserbeobachtungsrohren wurde mit einem Massband bestimmt, das beim Auftreffen auf die Wassersäule im Rohr ein hörbares Geräusch erzeugte.
Die Wassermenge, welche durch das Einleitbauwerk der Wässerstelle Verbindungsweg in das Feld 1 floss, wurde mit einem Kleinflügelrad bestimmt (C2, Ott Hydrometrie, D; s. dazu SEIBERTH 1997: 28-33).

Die Bestimmung von Leitfähigkeit, Temperatur, pH und Sauerstoffgehalt des Grundwassers wurden wegen zu kurzer Elektrodenkabel nicht im Grundwasserrohr selbst vorgenommen. Das mit einer Tauchpumpe geförderte Grundwasser (s. Kap. 2.3.1.2) wurde in eine 100 mL Glasflasche (Duran, Schott, D) geleitet, worin die einzelnen Parameter mit den entsprechenden Sonden gemessen wurden.

Spezifische Elektrische Leitfähigkeit und Temperatur
Sowohl die Temperatur wie auch die Leitfähigkeit wurden mit einem Leitfähigkeitsmessgerät erfasst (LF-91, WTW, D).

pH und Sauerstoffgehalt
Der pH-Wert (s. Kap. 2.2.5) des Grundwassers wurde mit einer temperaturkompensierten pH-Elektrode (pH 96, WTW, D) gemessen. Diese wurde mit zwei Pufferlösungen (pH 4.0 und 7.0) geeicht.

Die Sauerstoffkonzentration und die relative Sauerstoffsättigung des geförderten Grundwassers wurden mit einer temperaturkompensierten Sauerstoffsonde bestimmt (Model 830, Orion, USA). Dieses Gerät liess sich mit einer Ein-Punkt-Kalibration eichen. Um bei der Sauerstoffmessung Verfälschungen zu verhindern, wurde die Glasflasche luftblasenfrei mit Grundwasser gefüllt.

2.3.6 Radongehalt

Das radioaktive Edelgas Radon (^{222}Rn) entsteht im Verlaufe des Zerfalls von ^{238}Uran (Uran-Radium-Zerfallsreihe), das als kleine Beimengung ubiquitär in silikatischem Gestein wie Gneis oder Granit vorkommt. Uran ist ein Schwermetall und lagert sich im Boden wie andere Schwermetalle auch (z.B. Eisen oder Mangan) bevorzugt u.a. im Schwankungsbereich des Grundwasserspiegels ab, wo sowohl reduzierende wie auch oxidierende Bedingungen vorkommen. Wenn sich Wässer unterschiedlicher Herkunft mischen, kann ^{222}Rn wegen seines Edelgascharakters als nicht reaktiver Tracer verwendet werden. Wegen der kurzen Halbwertszeit (HWZ) von 91.8 Stunden ist es nach seiner Entstehung nur rund 15 Tage lang im Wasser verfolgbar.

Das von der Pumpe mit 3-4 L$\cdot$min^{-1} geförderte Grundwasser wurde luftblasenfrei in ein Probennahmeglas (100 mL, Duran, Schott, D) geleitet, das anschliessend gut verschlossen ins Labor transportiert und während maximal 17 Stunden bei 4 °C gelagert wurde. In einem Spezialvial wurden 10 mL Szintillationscocktail vorgelegt (Opti-Fluor O, Packard, USA; 98 % Dodecylbenzol, 1 % Diphenyloxazol, 1 % 1,4-Bis-(2-methylstryryl)-benzol). Daraufhin wurde 1 mL der Probe unter den Cocktail gespritzt, das Glas gut verschlossen und die Lösung von Hand aufgeschüttelt. Während einer dreistündigen Ruheperiode trennt sich die Wasserphase der Probe vom organischen Cocktail und im Cocktail selbst stellt sich ein Gleichgewicht zwischen dem Edelgas ^{222}Rn aus der Probe und seinen Tochterprodukten ^{218}Po (HWZ: 3.05 Min.) und ^{214}Pb (HWZ: 26.8 Min.) ein. In einem Flüssigszintillations-Zähler (Tri-Carb 2250 CA, Packard, USA) des Kantonalen Laboratoriums Basel-Stadt wurden anschliessend die radioaktiven Zerfälle im Cocktail bestimmt. Mittels folgenden Formeln liess sich im Vergleich mit einer Blindprobe (aufgekochtes H$_2$O$_{dest.}$) die Konzentration von ^{222}Rn im Probenwasser zum Zeitpunkt der Probennahme berechnen:

Kapitel 2: Methodik 93

1.) $A_t = (cpm_{Probe} - cpm_{Blind}) * 100/(5*60*0.964)$

Aktivität von ^{222}Rn zum Messzeitpunkt (in $Bq*L^{-1}$) = (Zerfälle pro Minute$_{Probe}$ - Zerfälle pro Minute$_{Blind}$) * 100 (Korrekturfaktor: 10 mL auf einen L) / (5 Impulse pro Rn-Zerfall [3α, 2β] * 60 Sekunden * Korrekturfaktor für Rn in Luft und Wasser des Vials)

2.) $A_0 = A_t * \ln2 * (\Delta_t / 91.8)$

Aktivität von ^{222}Rn zum Probennahmezeitpunkt (in $Bq*L^{-1}$) = Aktivität zum Messzeitpunkt * ln2 * (Differenz Probennahmezeitpunkt und Messzeitpunkt [in h] / Halbwertszeit [in h])

2.3.7 Mineralgehalt

Die in Kap. 2.3.7 und 2.3.8 beschriebenen Methoden wurden im Wasserlabor der IWB zum grössten Teil von IWB-Laborpersonal durchgeführt. Der Verfasser selbst entnahm die Wasserproben und half beim Ansetzen der mikrobiologischen Untersuchungen mit. Der Methodenbeschrieb wurde aufgrund von Angaben des Wasserlabors erstellt. Die Methoden beruhen zum grössten Teil auf Normverfahren nach DIN, ISO oder SLMB.

2.3.7.1 Kationen

Nach der Stabilisierung der in Kunststoffflaschen transportierten Wasserproben mittels 65%iger HNO_3 (Einstellung der Proben auf pH 3) wurden die Kationen Ca^{2+}, Mg^{2+}, K^+ und Na^+ ionenchromatographisch mit einer Trennsäule getrennt (Metrosep Cation 1-2, Metrohm, CH) und mit einem Leitfähigkeitsdetektor erfasst (Ion Chromatograph 690, Metrohm, CH). Als Eluent wurde dabei eine wässrige Lösung von Weinsäure und Pyridin-2,6-dicarbonsäure verwendet.

2.3.7.2 Anionen (nach DIN EN ISO 103041)

Die Anionen F^-, Cl^-, Br^-, NO_2^-, NO_3^-, PO_4^{3-} und SO_4^{2-} wurden ionenchromatographisch mit einer Trennsäule getrennt (Ionpac AG12A, Dionex, USA) und mit einem Leitfähigkeitsdetektor erfasst (DX 120, Dionex, USA). Als Eluent wurde eine $Na_2CO_3/NaHCO_3$-Lösung verwendet.

2.3.7.3 Gelöste Kieselsäure (nach DIN 38405 T21)

Die in Kunststoffflaschen transportierten Wasserproben wurden mit 0.5 M Schwefelsäure auf einen pH-Wert von 3 eingestellt. Die im Wasser gelöste Kieselsäure bildet mit Molybdat-Ionen (Ammoniumheptamolybdat-Tetrahydrat) in Gegenwart von Ascorbinsäure als Reduktionsmittel einen blauen Molybdatosilikat-Komplex. Dessen Absorption wurde bei einer Wellenlänge von 810 nm in einem UV/VIS-Spektrophotometer gemessen (Lambda II, Perkin Elmer, USA, mit 5 cm-Quarzküvette).

2.3.7.4 Säurekapazität (Alkaliät; nach DIN EN ISO 9963-1)

Die Säurekapazität der in randvoll gefüllten Thermosflaschen transportierten Wasserproben wurde direkt nach dem Eingang ins Labor mittels Titration mit 0.1 M HCl bestimmt. Durch den HCl-Zusatz wurde die Wasserprobe auf einen pH-Wert von 8.2 oder 4.3 eingestellt (je nach dem ursprünglichen pH-Wert der Proben; pH > oder <8.2). Aus dem Säureverbrauch liess sich $Ks_{4.3}$ bzw. $Ks_{8.2}$ bestimmen.

2.3.8 Mikrobiologische Untersuchungen

Bodenwasser- und Grundwasserproben zur Bestimmung der Keimbelastung wurden am 28.11.1999, sowie am 17.01., 06.03. und 20.03.2000 entnommen. Die Proben wurden in einer 250 mL-Glasflasche (Duran, Schott, D) aufgefangen, welche zuvor bei 180 °C im Trockenschrank über eine Stunde sterilisiert wurde. Bis zum Transport ins Labor wurden die Proben in einer Kühlbox gelagert. Sobald alle Proben entnommen waren (max. nach sechs Stunden) wurden die Proben ins Trinkwasserlabor der IWB transportiert und dort für die Bestimmung der Koloniezahlen vorbereitet.

2.3.8.1 Aerobe, mesophile Keime (nach SLMB 56/7.01)

1 mL der Wasserprobe wurde jeweils in eine Petrischale pipettiert und anschliessend mit 9 mL vorher im Wasserbad bei 50 °C verflüssigten Plate Count Agar (PCA, Oxoid, UK) vermischt. Nach einer Bebrütung der Platten bei 30 °C über 72 h im Dunkeln wurden die entstandenen Bakterienkolonien ausgezählt.

2.3.8.2 *Escherichia coli* (nach SLMB 56/7.07.2)

100 mL der Probe wurden jeweils in einer abgeflammten Filterapparatur durch einen 0.45 µm-Membranfilter (406 576, Schleicher & Schuell, D) filtriert. Die Filter wurden anschliessend mit abgeflammter Pinzette in bereits mit tryptone soya agar (TSA, Oxoid, UK) gefüllte Petrischalen überführt. Diese wurden danach während zwei bis vier Stunden bei 37 °C mit dem Boden nach oben bebrütet. Darauf wurden die Filter auf *E. coli* direct agar (ECD, Oxoid, UK) umgeimpft und während zehn bis 20 Stunden bei 44 °C inkubiert. Dann konnten bei einer Wellenlänge von 366 nm die hell-

blau leuchtenden Kolonien ausgezählt werden. Zudem wurden die Kolonien mit einem Bestätigungsnachweis mittels Indolreagenz getestet (violette Verfärbung der Kolonienvorhöfe). Nur Kolonien, welche UV- und Indolpositiv sind, gelten als *E. coli*.

2.3.8.3 Enterokokken (nach SLMB 56/7.11)

100 mL der Probe wurden jeweils in einer abgeflammten Filterapparatur durch einen 0.45 µm-Membranfilter (406 576, Schleicher & Schuell, D) filtriert. Die Filter wurden anschliessend mit abgeflammter Pinzette in bereits mit Slanetz & Bartley-Medium (Oxoid, UK) gefüllte Petrischalen überführt. Diese wurden danach während 48 Stunden bei 37 °C inkubiert. Dann konnten die dunkelbraun bis rosa gefärbten Kolonien ausgezählt werden. Waren Kolonien vorhanden, wurden mit dem Streptococcal Grouping Kit (Oxoid, UK) und einem Pyrase-Test (PYR, Oxoid, UK) nach einer weiteren Inkubation auf neuen Nährböden von 12-24 Stunden bei 37 °C Bestätigungstests durchgeführt.

3. Resultate

In diesem Kapitel werden die im Rahmen vorliegender Arbeit erhaltenen Ergebnisse präsentiert.
- Dabei werden zuerst die in den einzelnen Untersuchungsgebieten vorgefundenen Böden charakterisiert.
- Danach werden mit den Messresultaten von mikrobieller Bodenrespiration, Biomasse und physiologischer Zusammensetzung der Mikroorganismengemeinschaften die Reinigungsleistungen der Wässerstellenböden auf *indirekte* Art und Weise beschrieben.
- Anschliessend folgen die Resultate von DOC-, AOC- und UV-Absorptionsmessungen in Filtrat-, Boden- und Grundwasser. Damit lassen sich die Reinigungsleistungen während der Boden- und Aquiferpassage in *direkter* Weise abbilden.
- Im Weiteren werden die Auswirkungen des Sturms „Lothar" von Ende Dezember 1999 auf die Hybridpappeln in den Wässerstellen dargestellt.
- Unter anderem durch die Vermessung einer der geworfenen Hybridpappeln wurde es möglich, eine Kohlenstoff-Bilanz des Gesamtsystems „Wässerstelle Verbindungsweg-Sammelbrunnen X" zu erstellen.
- Abgeschlossen wird das Resultatekapitel mit einem Schlussbericht über die Entwicklung der Versuchswässerstelle Riedwiese im Verlauf der fünfjährigen Versuchsphase von 1996 bis 2001.

Zur Verbesserung der Übersicht wird zu Beginn jedes Unterkapitels dessen Inhalt anhand des folgenden Schemas (Abb. 3-1) in das Basler System eingeordnet. Dabei erscheinen die im Unterkapitel behandelten Kompartimente/Parameterklassen im Schema schwarz und in Fettdruck, während die anderen Kompartimente/Parameterklassen grau erscheinen und normal gedruckt sind.

Kapitel 3: Resultate

Überstau	Wasser: - physikalisch (Kap. 3.2, 3.5.1.1) - chemisch (Kap. 3.5.1.2, 3.5.1.3)
Bodenoberfläche	

Ungesättigte Zone	Boden: - physikalisch (Kap. 3.1, 3.3)
	        - chemisch (Kap. 3.1)
	        - (mikro)biologisch (Kap. 3.4)
	
	Wasser: - physikalisch (Kap. 3.5.2, 3.5.3.1-3.5.3.5)
	          - chemisch (Kap. 3.5.2, 3.5.3.6-3.5.3.9)
	          - mikrobiologisch (Kap. 3.5.3.10)

Grundwasserspiegel	

Gesättigte Zone	Boden: - physikalisch (Kap. 3.1, 3.3)
	        - chemisch (Kap. 3.1)
	        - (mikro)biologisch (Kap. 3.4)
	
	Wasser: - physikalisch (Kap. 3.5.2, 3.5.3.1-3.5.3.5)
	          - chemisch (Kap. 3.5.2, 3.5.3.6-3.5.3.9)
	          - mikrobiologisch (Kap. 3.5.3.10)

Abb. 3-1: Positionierung der Resultate-Kapitel in das System der künstlichen Grundwasseranreicherung (kGwa) der Langen Erlen (Basler System).

3.1 Aufbau der Wässerstellenböden

3.1.1 Vorgefundene Bodentypen

Im Folgenden sind die in den untersuchten Wässerstellen angetroffenen Böden physikalisch und chemisch beschrieben (s. auch Abb. 3-2). Dabei ist jeweils eine Standortskarte, eine exemplarische Bodenaufnahme mit Photo sowie eine Auflistung bodenchemischer und -physikalischer Parameter beigefügt. Auswahlkriterium für die dargestellte Bodenaufnahme war eine möglichst grosse Bodentiefe und eine gute photographische Abbildung. Da aus Kapazitätsgründen nicht an jedem Standort eine volle Laboranalyse der bodenchemischen Parameter erfolgen konnte, beschreiben die beigefügten Tabellen andere Standorte innerhalb der Wässerstelle. Die Legende zu den Bodenaufnahmen findet sich bei den im Anhang 1 dargestellten Bohrkernprofilen (Kap. A1.1.1). Datum und Bodentiefe der aufgenommenen Profile finden sich in Tab. 2-1, Kap. 2.2.1.1).

Kapitel 3: Resultate																																98

Überstau		Wasser: - physikalisch
		- chemisch
Bodenober-		
fläche		
	Boden: - physikalisch	Wasser: - physikalisch
Ungesättigte Zone	**- chemisch**	- chemisch
	- (mikro)biologisch	- mikrobiologisch
Grundwasser-		
spiegel		
	Boden: - physikalisch	Wasser: - physikalisch
Gesättigte Zone	**- chemisch**	- chemisch
	- (mikro)biologisch	- mikrobiologisch

Abb. 3-2: Positionierung des Kapitels 3.1 im Basler System.

Die Böden in den Wässerstellen Grendelgasse Feld 1 (GGR1), Spittelmatten Feld 2 (SPM2) und Verbindungsweg Feld 1 (VW1) waren als anthropogen leicht überformte, allochthone Braunauenböden (Vega) über silikatischem Wieseschotter anzusprechen (Bezeichnung gemäss FAO-Nomenklatur: Fluvi-Eutric Cambisols). Der Boden in der Versuchswässerstelle Riedwiese (VR) war anthropogen stark überformt.

3.1.1.1 Wässerstelle Grendelgasse Rechts, Feld 1 (GGR1)

In der GGR1 (Abb. 3-3) wurde mit der Horizontfolge (aAh/aM/aC) ein Vega-Auenboden vorgefunden (exemplarisch dargestellt anhand des Standorts GGR1/4 in den Abb. 3-4 und 3-5). Aufgrund einer fehlenden künstlichen Aufschüttung, die in den übrigen Wässerstellen anzutreffen ist, ist dieser Boden nur durch die fehlende Hochwasserdynamik, die Aufforstung und damit die Entwicklung eines Waldhumus-Horizontes in der obersten Bodenschicht anthropogen beeinflusst. Die bodenchemischen und -physikalischen Parameter der Wässerstelle Grendelgasse Rechts sind in den Tab. 3-1 und 3-2 anhand der Standorte GGR1/1 und GGR1/5 dargestellt.

Kapitel 3: Resultate

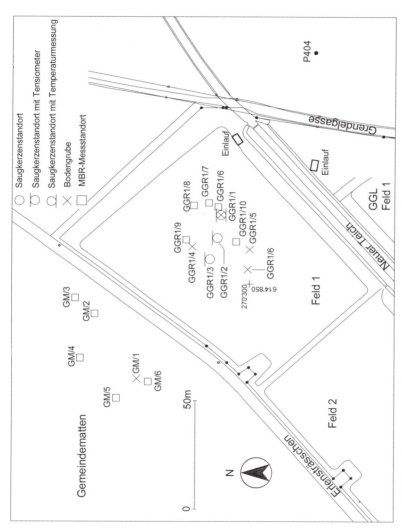

Abb. 3-3: Lagekarte der Saugkerzen-, Tensiometer-, und Temperaturmesspunkte, Standorte der flächenhaften mikrobiellen Bodenrespiration (MBR), sowie der Bodengrubenstandorte im Feld 1 der Grendelgasse Rechts (GGR1) und im nicht bewässerten Waldstück in den Gemeindematten.

Kapitel 3: Resultate

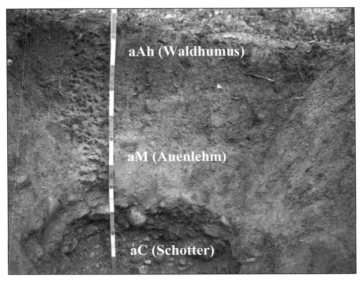

Abb. 3-4: Ansicht eines 1 m tiefen Bodenprofils am Standort GGR1/4 vom 23.07.1997. Photo: D. Rüetschi.

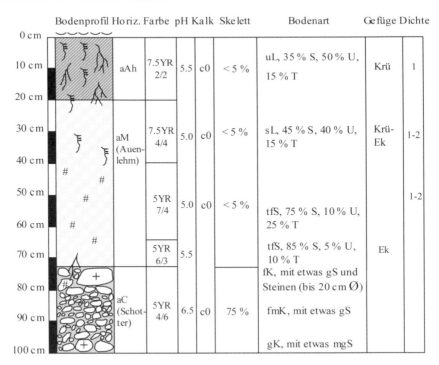

Bodenprofil	Horiz.	Farbe	pH	Kalk	Skelett	Bodenart	Gefüge	Dichte
	aAh	7.5YR 2/2	5.5	c0	< 5 %	uL, 35 % S, 50 % U, 15 % T	Krü	1
	aM (Auen-lehm)	7.5YR 4/4	5.0	c0	< 5 %	sL, 45 % S, 40 % U, 15 % T	Krü-Ek	1-2
		5YR 7/4	5.0	c0	< 5 %	tfS, 75 % S, 10 % U, 25 % T		1-2
		5YR 6/3	5.5			tfS, 85 % S, 5 % U, 10 % T	Ek	
	aC (Schot-ter)	5YR 4/6	6.5	c0	75 %	fK, mit etwas gS und Steinen (bis 20 cm Ø) fmK, mit etwas gS gK, mit etwas mgS		

Abb. 3-5: Profilaufnahme am Standort GGR1/4 vom 23.07.1997. Legende s. Kap. A1.1.1.

Tab. 3-1: Bodenchemische Parameter am Standort GGR1/1 (12.04.1997). Ca-CO_2: Calziumgehalt nach CO_2-Extraktion, AL: AL-Extraktion (s. Kap. 2.2.4.2); Nmin: mineralischer Stickstoffgehalt (s. Kap. 2.2.4.1); pH (s. Kap. 2.2.5); Konzentrationsangaben in mg∗kg^{-1} Feinboden; KAK in meq∗L^{-1} und BS: Basensättigung in % (s. Kap. 2.2.6).

Tiefe (cm)/ Parameter	0-10	10-20	20-30	30-40	40-50	50-60	60-70	70-80	80-90
Ca-CO_2	542.23	478.8	486.4	403.1	216.8	260.2	84	60.1	91
Ca-AL	4168.50	3349	3079	2859	1076	2138	592	470	472
Mg-CO_2	65.23	54.1	54.85	47.3	28.65	32.45	13.05	9.1	10.95
Mg-AL	289.88	231.4	222.6	197	77.8	154.5	46.9	36.65	40.35
K-CO_2	28.75	22.6	19	16.35	13.7	13.3	12.63	12.25	14
K-AL	83.32	75.6	74.35	65.2	31.3	51.2	27	23.7	22.8
P_2O_5-CO_2	9.63	9.2	8.15	6.8	8.75	7.9	6.35	5.05	6.4
P_2O_5-AL	185.82	175.9	193	148.9	61.4	109.4	35.35	27.65	32.7
Nmin	2.19	1.22	1.1	1.18	1.55	1.18	0.975	0.66	0.93
pH H_2O	7.62	7.62	7.68	7.68	7.63	7.81	7.77	7.9	7.85
pH KCl	6.62	6.59	6.55	6.5	6.51	6.47	6.52	6.53	6.55
KAK	23.67	23.26	23.47	21.14	16.26	8.97	5.86	3.92	3.94
BS	>100	>100	>100	>100	>100	>100	>100	>100	>100

Tab. 3-2 Korngrössenverteilung (s. Kap. 2.2.3), Kohlenstoff- und Stickstoff-Totalgehalt (s. Kap. 2.2.4.1), sowie C/N-Verhältnis, Blei-, Zink- und Kupferkonzentrationen am Standort GGR1/5. Schwermetallgehalte in mg∗kg^{-1} Feinboden (Schwermetalldaten aus NIEDERHAUSER 2000: 95).

Bodentiefe (cm)	Ton (%)	Schluff (%)	Sand (%)	Kies/ Blöcke (%)	C_{tot} (%)	N_{tot} (%)	C/N	Pb	Zn	Cu
0-10	13.62	42.48	43.9	5.14	4.47	0.327	13.66	348.0	435.8	108.7
10-20	13.49	44.31	42.2	8.24	3.80	0.256	14.86	330.5	398.7	112.8
40-50	12.39	35.11	52.2	4.19	1.09	0.089	12.27	222.5	117.3	23.96
60-70	12.16	7.74	80.1	77.52	0.78	0.047	16.64	112.7	107.7	19.47
80-90	4.61	14.89	80.5	80.76	0.68	0.034	19.94	88.49	89.5	17.07

Kapitel 3: Resultate

3.1.1.2 Wässerstelle Spittelmatten, Feld 2 (SPM2)

In der WS SPM2 (Abb. 3-6) wurde mit der Horizontfolge (aAh/jYK/ IjYK/aM/aC/IIaC) ein anthropogen überformter Vega-Auenboden vorgefunden (exemplarisch dargestellt anhand des Standorts SPM2/7 in den Abb. 3-7 sowie A3-1 im Anhang 3). Die bodenchemischen und -physikalischen Kennzahlen der Wässerstelle Spittelmatten sind in den Tab. 3-3 und 3-4 anhand der Standorte SPM2/4 und 2/7 aufgeführt.

Abb. 3-6: Lagekarte der Bodengruben-, Tensiometer- und Saugkerzenstandorte im Feld 2 der Wässerstelle Spittelmatten. B.R. 50 = Grundwasserbeobachtungsrohr 50.

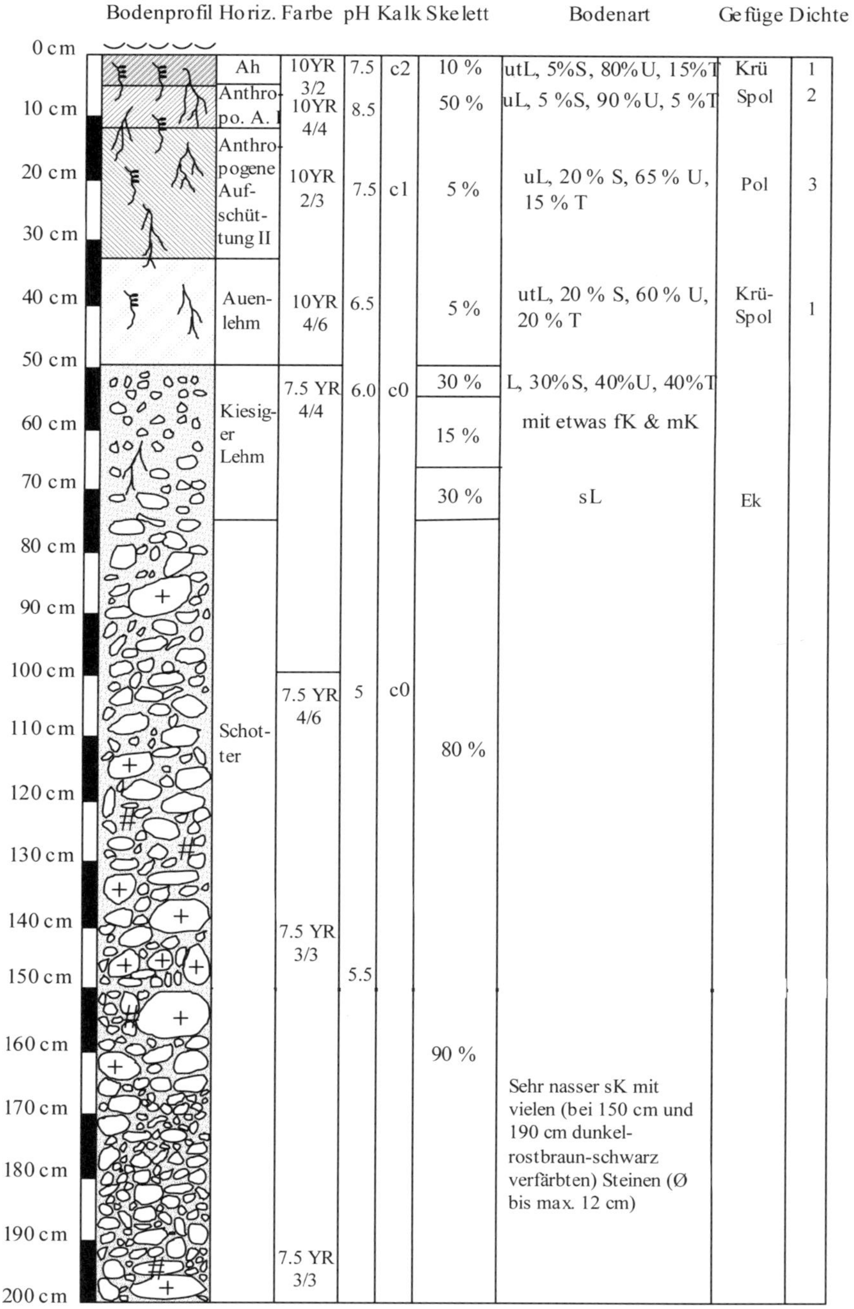

Kapitel 3: Resultate

Tiefe	Bodenprofil	Horiz.	Farbe	pH	Kalk	Skelett	Bodenart	Gefüge	Dichte
0 cm		Ah	10YR 3/2	7.5	c2	10 %	utL, 5%S, 80%U, 15%T	Krü	1
10 cm		Anthropo. A.	10YR 4/4	8.5		50 %	uL, 5 %S, 90%U, 5 %T	Spol	2
20 cm		Anthropogene Aufschüttung II	10YR 2/3	7.5	c1	5 %	uL, 20 % S, 65 % U, 15 % T	Pol	3
30 cm									
40 cm		Auenlehm	10YR 4/6	6.5		5 %	utL, 20 % S, 60 % U, 20 % T	Krü-Spol	1
50 cm									
60 cm		Kiesiger Lehm	7.5 YR 4/4	6.0	c0	30 %	L, 30%S, 40%U, 40%T mit etwas fK & mK		
70 cm						15 %			
80 cm						30 %	sL	Ek	
90 cm									
100 cm									
110 cm		Schotter	7.5 YR 4/6	5	c0				
120 cm						80 %			
130 cm									
140 cm			7.5 YR 3/3						
150 cm				5.5					
160 cm						90 %			
170 cm							Sehr nasser sK mit vielen (bei 150 cm und 190 cm dunkel-rostbraun-schwarz verfärbten) Steinen (Ø bis max. 12 cm)		
180 cm									
190 cm									
200 cm			7.5 YR 3/3						

Abb. 3-7: Profilaufnahme am Standort SPM2/7. Legende s. Kap. A1.1.1.

Tab. 3-3: Bodenchemische Parameter am Standort SPM2/4 (09.04.1997). Ca-CO_2: Calziumgehalt nach CO_2-Extraktion, AL: AL-Extraktion; Nmin: mineralischer Stickstoffgehalt; pH; Konzentrationsangaben in mg∗kg^{-1} Feinboden; KAK in meq∗L^{-1}; BS: Basensättigung in %.

Tiefe (cm)/Parameter	0-10	10-20	20-30	30-40	40-50	50-60	60-70	70-80	80-90
Ca-CO_2	629.50	622	468	357.5	1515	216.5	273.5	78.4	92.55
Ca-AL	3335.17	2992	1727	1985	5711	1530	1504	876	983.5
Mg-CO_2	75.82	71.8	58.55	45.1	86.2	27.9	26.85	14.15	16.05
Mg-AL	310.67	340.5	274.5	214.2	388.5	114.6	108.9	61.2	67.8
K-CO_2	25.15	19.7	14.8	12.75	17.15	13.6	11.95	13.25	13.2
K-AL	107.42	100.5	86.55	72.45	62.85	50.55	38.6	31.75	33.55
P_2O_5-CO_2	12.82	11.9	11.25	7.1	4.05	7	4.35	4.75	6.1
P_2O_5-AL	8.72	17	23.85	44	50.45	43	34	36.1	47.15
Nmin	1.16	0.795	1.35	1.11	0.71	0.515	0.905	2.05	1.92
pH H_2O	7.64	7.75	7.70	7.66	8.05	7.72	8	7.87	7.84
pH KCl	6.62	6.60	6.44	6.33	6.91	6.51	6.96	6.65	6.65
KAK	22.27	19.93	18.05	16.66	14.98	10.76	7.31	5.18	5.93
BS	>100	>100	95.43	>100	>100	>100	>100	>100	>100

Tab. 3-4: Kohlen- und Stickstoff-Totalgehalte, sowie C/N-Verhältnis, Blei-, Zink- und Kupferkonzentrationen am Standort SPM2/7. Schwermetallgehalte in mg∗kg^{-1} Feinboden (Schwermetalldaten aus NIEDERHAUSER 2000: 95).

Bodentiefe (cm)	C_{tot} (%)	N_{tot} (%)	C/N	Pb	Zn	Cu
0-10	3.61	0.17	20.97	37.02	77.6	17.54
20-30	2.19	0.22	9.98	253.2	126.7	29.54
30-40	2.74	0.19	14.81	172.6	106.3	27.53
60-70	0.51	0.07	7.91	60.47	47.5	10.1
110-120	0.15	0.02	6.82	6.42	27.8	5.45
140-150	0.20	0.02	10.32	9.02	32.1	6.94
190-200	0.21	0.03	8.15	13.21	40.4	8.94

Kapitel 3: Resultate 105

3.1.1.3 Wässerstelle Verbindungsweg, Feld 1 (VW1)

In der WS VW1 (Abb. 3-8) wurde mit der Horizontfolge (aAh/jYK/aM/ aSd/aC/aGo) ein anthropogen überformter Vega-Auenboden angetroffen (exemplarisch dargestellt anhand des Standorts VW1/7 in den Abb. 3-9 sowie A3-2 bis A3-6 im Anhang 3). Die bodenchemischen und –physikalischen Kennzahlen der Wässerstelle Verbindungsweg sind in den Tab. 3-5 und 3-6 anhand der Standorte VW1/4 und 1/6 aufgeführt.

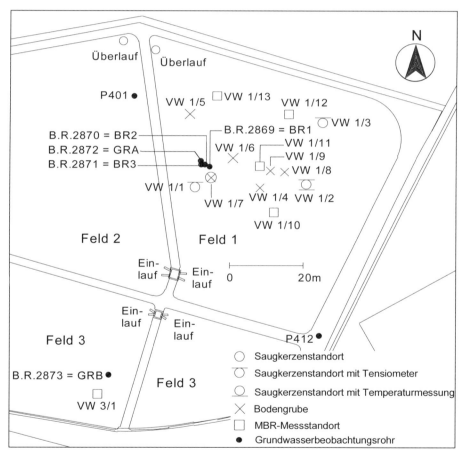

Abb. 3-8: Lagekarte der Saugkerzen-, Tensiometer-, und Temperaturmesspunkte, Standorte der flächenhaften mikrobiellen Bodenrespiration (MBR), sowie der Bodengrubenstandorte in der Wässerstelle Verbindungsweg. Die im Rahmen dieser Arbeit neu installierten Standorte BR1-GRB (Bodenwasser- und Grundwasserbeobachtungsrohre) sind zusätzlich mit den Nummern des Bohrkatasters des Kantons Basel-Stadt versehen.

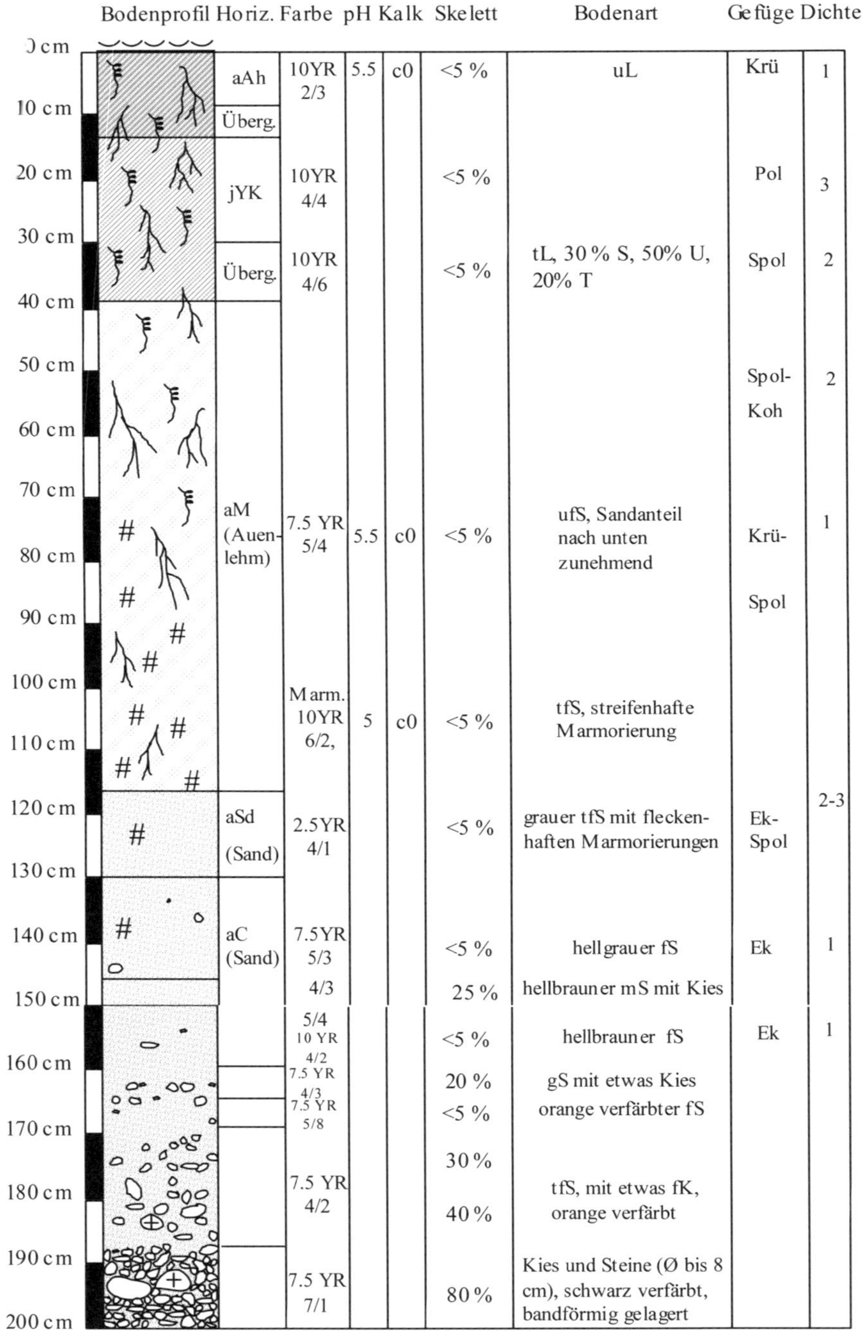

Kapitel 3: Resultate

Bodenprofil	Horiz.	Farbe	pH	Kalk	Skelett	Bodenart	Gefüge	Dichte
0–10 cm	aAh	10YR 2/3	5.5	c0	<5 %	uL	Krü	1
10 cm	Überg.							
20–40 cm	jYK	10YR 4/4			<5 %	tL, 30 % S, 50% U, 20% T	Pol	3
	Überg.	10YR 4/6			<5 %		Spol	2
50–60 cm							Spol-Koh	2
70–90 cm	aM (Auenlehm)	7.5 YR 5/4	5.5	c0	<5 %	ufS, Sandanteil nach unten zunehmend	Krü-Spol	1
100–110 cm		Marm. 10YR 6/2,	5	c0	<5 %	tfS, streifenhafte Marmorierung		
120–130 cm	aSd (Sand)	2.5YR 4/1			<5 %	grauer tfS mit fleckenhaften Marmorierungen	Ek-Spol	2-3
140 cm	aC (Sand)	7.5YR 5/3			<5 %	hellgrauer fS	Ek	1
150 cm		4/3			25 %	hellbrauner mS mit Kies		
160 cm		5/4 10 YR 4/2			<5 %	hellbrauner fS	Ek	1
		7.5 YR 4/3			20 %	gS mit etwas Kies		
170 cm		7.5 YR 5/8			<5 %	orange verfärbter fS		
180 cm		7.5 YR 4/2			30 %			
					40 %	tfS, mit etwas fK, orange verfärbt		
190–200 cm		7.5 YR 7/1			80 %	Kies und Steine (Ø bis 8 cm), schwarz verfärbt, bandförmig gelagert		

Abb. 3-9: Profilaufnahme am Standort VW1/7 (N-Seite). Legende s. Kap. A1.1.1.

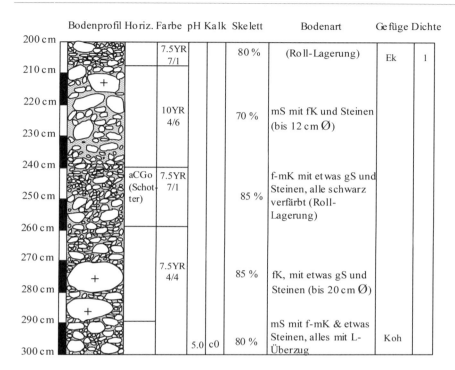

Abb. 3-9 (Fortsetzung): Profilaufnahme am Standort VW1/7 (N-Seite).

Tab. 3-5: Korngrössenverteilung, Kohlenstoff- und Stickstoff-Totalgehalt, sowie C/N-Verhältnis, Blei-, Zink- und Kupferkonzentrationen am Standort VW1/6. Schwermetallgehalte in mg∗kg^{-1} Feinboden (Schwermetalldaten aus NIEDERHAUSER 2000: 95).

Boden-tiefe (cm)	Ton	Schluff	Sand	Kies/Blöcke	C_{tot} (%)	N_{tot} (%)	C/N	Pb	Zn	Cu
0-10	26	55.03	19	0.481	3.892	0.376	10.35	185.6	111.4	25.22
10-20	27.987	52.613	19.4	0.212	2.5	0.262	9.54	192.9	86.5	22.24
40-50	8.743	46.557	44.7	0.225	0.463	0.021	22.05	36.79	48.2	9.4
80-90	0.371	21.729	77.9	83.568	0.345	0.005	69.00	16.02	43.9	7.46

Kapitel 3: Resultate

Tab. 3-6: Bodenchemische Parameter am Standort VW1/4 (17.04.1997). Ca-CO$_2$: Calziumgehalt nach CO$_2$-Extraktion, AL: AL-Extraktion; Nmin: mineralischer Stickstoffgehalt; pH; Konzentrationsangaben in mg$_*$kg^{-1} Feinboden; KAK in meq$_*$L^{-1}; BS: Basensättigung in %.

Tiefe (cm)/ Parameter	0-10	10-20	20-30	30-40	40-50	50-60	60-70	70-80	80-90
Ca-CO$_2$	689.50	514.8	408.2	297.1	247.8	192	170.9	145.9	132
Ca-AL	3041.83	2882	3051	2445	2010	1881	1631	1323	1047
Mg-CO$_2$	75.20	54.5	46.8	35	28.6	22.3	18.75	15.95	14.6
Mg-AL	339.73	324	310.7	254.6	211	174.5	162	130.4	109.8
K-CO$_2$	28.40	16.1	11.55	10.1	10.8	10.9	11	12.7	15.8
K-AL	117.28	99.4	79.5	72.4	65.9	60.75	54.4	46.45	44.4
P$_2$O$_5$-CO$_2$	20.00	9.05	3.2	0.9	0.5	0.75	1.2	2.5	4.6
P$_2$O$_5$-AL	95.32	67.75	189.6	162	200	187.2	127.2	37.85	15.1
Nmin	1.45	1.255	0.795	0.515	0.14	0.185	0.325	0.54	0.435
pH H$_2$O	7.63	7.52	7.61	7.6	7.49	7.59	7.71	7.75	7.69
pH KCl	6.63	6.33	6.16	6.01	5.94	5.96	5.97	6.09	6.17
KAK	31.53	29.32	23.36	18.16	14.35	13.46	9.84	8.44	6.46
BS	>100	>100	>100	>100	93.55	92.89	81.82	87.91	82.45

Die weiteren Bohrprofile des Transekts Wässerstelle Verbindungsweg-Brunnen X (GRA-GRE) sind im Anhang 1 dargestellt (Kap. A1.1). Weitere bodenchemische Daten zu diesem Transekt finden sich in Kap. A1.2.

Einen Eindruck über die Heterogenität des Bodens in VW1 lässt sich auch anhand der Tab. 3-22 in Kap. 3.6.1 gewinnen, in welcher durch die Wurzelteller der vom Sturm Lothar umgeworfenen Hybridpappeln eine Ansicht des Bodenaufbaus bis in ca. 1-1.5 m Tiefe ermöglicht wird.

Kapitel 3: Resultate   109

3.1.1.5 Versuchswässerstelle Riedwiese (VR)

Der Boden in VR (Lagekarte s. Abb. 2-9) war durch die Deponierung von Aushubmaterial während des Baus der Schnellsandfilteranlage 1963 anthropogen völlig überformt. Als Bodenaufnahme ist ein Profil dargestellt, welches am 13.03.1996 gemeinsam mit M. SCHMID aufgenommen wurde (Abb. 3-10).

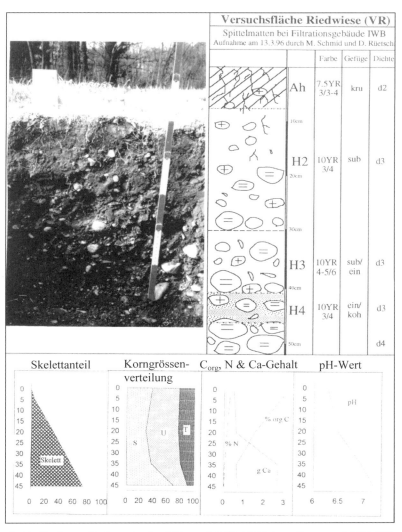

Abb. 3-10: Bodenaufnahme in der VR am 16.03.1996 (aus SCHMID 1997: 35).

3.2 Verlauf des Wässerungsrhythmus in den untersuchten Feldern

Nachfolgend wird der Wässerungsrhythmus in den untersuchten Feldern GGR1, SPM2 und VW1 von 1997-2001 dargestellt (Abb. 3-11 bis 3-15). Auffällig ist, dass der Rhythmus von zehn Tagen Bewässerung und 20 Tagen Trockenphase nur in wenigen Fällen eingehalten werden konnte.

Überstau		Wasser: - physikalisch
		- chemisch
Bodenober-fläche		
Ungesättigte Zone	Boden: - physikalisch - chemisch - (mikro)biologisch	Wasser: - physikalisch - chemisch - mikrobiologisch
Grundwasser-spiegel		
Gesättigte Zone	Boden: - physikalisch - chemisch - (mikro)biologisch	Wasser: - physikalisch - chemisch - mikrobiologisch

Abb. 3-11: Positionierung des Kapitels 3.2 im Basler System.

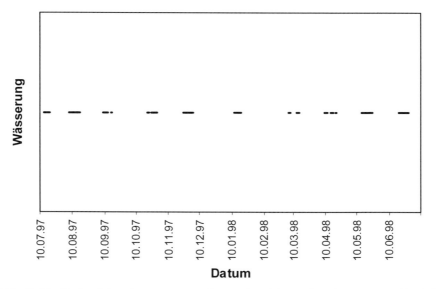

Abb. 3-12: Verlauf der Bewässerungsphasen (markiert mit schwarzem Balken) in den Feldern GGR1, SPM2 und VW1 vom 10. Juli 1997 bis 09. Juli 1998.

Kapitel 3: Resultate 111

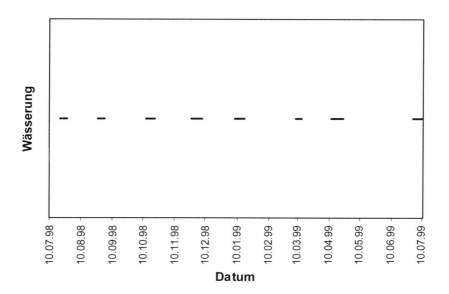

Abb. 3-13: Verlauf der Bewässerungsphasen (markiert mit schwarzem Balken) in den Feldern GGR1, SPM2 und VW1 vom 10. Juli 1998 bis 10. Juli 1999.

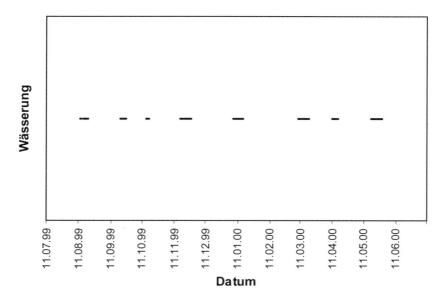

Abb. 3-14: Verlauf der Bewässerungsphasen (markiert mit schwarzem Balken) in den Feldern GGR1, SPM2 und VW1 vom 11. Juli 1999 bis 10. Juli 2000.

Kapitel 3: Resultate 112

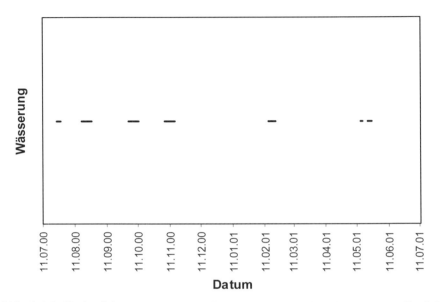

Abb. 3-15: Verlauf der Bewässerungsphasen (markiert mit schwarzem Balken) in den Feldern GGR1, SPM2 und VW1 vom 11. Juli 2000 bis 11. Juli 2001.

In Tab. 3-7 sind die Anzahl Wässerungstage und -phasen pro Jahr insgesamt sowie die Anzahl derjenigen Wässer- und Trockenphasen angegeben, welche dem üblichen Rhythmus entsprachen.

Tab. 3-7: Anzahl Wässerungstage, Wässer- und Trockenphasen in den Feldern GGR1, SPM2 und VW1 in den Jahren 1997-2001 (jeweils von Juli bis Juli). Zusätzlich ist jeweils noch die Anzahl normal verlaufender Wässer- und Trockenphasen mit einer Länge von zehn bzw. 20 Tagen angegeben.

Jahr	Wässertage	Anzahl Wässerphasen	davon normal	Anzahl Trockenphasen	davon normal
1997-98	97	10	4	11	6
1998-99	78	8	5	8	1
1999-00	70	7	4	8	3
2000-01	57	6	2	7	1

Es ist zu allerdings betonen, dass die aufgezeigten Unregelmässigkeiten oft durch aussergewöhnlich Ereignisse bedingt waren und nicht dem langjährigen Betriebsdurchschnitt entsprachen. Monatelange Betriebsunterbrüche wurden verursacht durch:
- den Sturm Lothar,
- Lecks in der Filtratleitung,

Kapitel 3: Resultate   113

- die Umstellung der Schnellsandfilter-Anlage von manueller auf elektronische Steuerung,
- die Jahrhundert-Schneeschmelze nach dem Lawinenwinter 1999 mit langanhaltender Rheintrübung und Verstopfung der Rohwasserfassung,
- die Kanalisationssanierung entlang der Schutzzonengrenze in Riehen und die Installation der Grundwasserbeobachtungsrohre in der WS VW, was beides tiefgehaltene Grundwasserstände notwendig machte.
- Wegen regenreicher Witterung mit gleichzeitig geringem Wasserverbrauch war zudem eine Wässerung zeitweise gar nicht notwendig.

3.3 Verlauf von Bodentemperatur und -saugspannung während der Jahreszeiten und der unterschiedlichen Phasen des Bewässerungszyklus

Nachfolgend sind der Verlauf der Bodentemperatur und der Bodensaugspannung in den Wässerstellen während verschiedener Jahreszeiten und während den Phasen des Bewässerungsrhythmus beschrieben (s. auch Abb. 3-16).

Überstau		Wasser:	- physikalisch
			- chemisch
Bodenoberfläche			
	Boden: - physikalisch	Wasser:	- physikalisch
Ungesättigte Zone	- chemisch		- chemisch
	- (mikro)biologisch		- mikrobiologisch
Grundwasserspiegel			
	Boden: - physikalisch	Wasser:	- physikalisch
Gesättigte Zone	- chemisch		- chemisch
	- (mikro)biologisch		- mikrobiologisch

Abb. 3-16: Positionierung des Kapitels 3.3 im Basler System.

3.3.1 Bodentemperatur

Auswirkung der Bewässerung
Der Boden der Wässerstellen wirkte als Temperaturpuffer: Schwankungen der Lufttemperatur waren bereits an der Bodenoberfläche verringert und in 40 cm Tiefe nochmals deutlich abgeschwächt und verzögert. Die Temperaturen zwischen der Bodenoberfläche und 40 cm Tiefe wurden von der Bewässerung beeinflusst (Abb. 3-17): Obwohl die Lufttemperatur vom 22. bis 27. November bei 1-2.5 °C lag, nahmen mit Beginn der Wässerung am 24.11. die Bodentemperaturen sprunghaft auf 7-8 °C zu. Die Temperaturdifferenzen zwischen den unterschiedlichen Bodentiefen wurden kleiner. Mit zurückgehender Überstauhöhe im Verlauf der Wässerung (s. Kap. 3.5.1.1) fiel der Messstandort VW1/2 ab dem 30.11. wieder trocken, so dass die Lufttemperatur direkt auf die Bodentemperatur einwirken konnte und diese rasch absank.

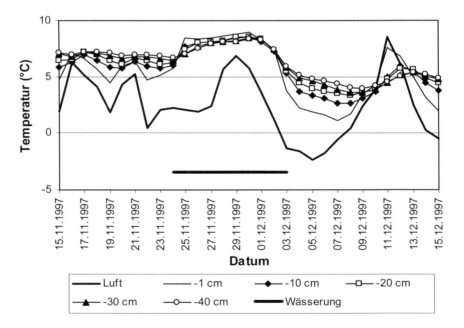

Abb. 3-17: Verlauf der Luft- und Bodentemperaturen (Tagesmittel in °C) sowie Dauer der Bewässerung (in Tagen) am Standort VW1/1 von Mitte November bis Mitte Dezember 1997.

Saisonale und räumliche Unterschiede
Während die Bodentemperaturen im Sommer etwas über 20 °C erreichten (Abb. 3-18), lagen sie im Winter um den Gefrierpunkt (Abb. 3-19). Ein Vergleich zwischen den Wässerstellen Spittelmatten und Grendelgasse

Rechts zeigte im Januar/Februar 1998 leichte Unterschiede: Während am Standort SPM2/1 die Temperatur über das ganze Bodenprofil deutlich über 0 °C blieb, lag sie an der Bodenoberfläche am Standort GGR1/1 anfangs Februar während zweier Wochen unter Null Grad und dies erst noch bei höherer Lufttemperatur als in der WS SPM (Daten nicht gezeigt).

Sehr tiefe Bodentemperaturen (<-10 °C) wurden im Untersuchungszeitraum nie erreicht. Zwar war die Wasseroberfläche einige Male mit einer bis zu 2 cm dicken Eisschicht überzogen. Die Wässerung mit dem Rheinwasser und die Vegetationsbedeckung (Bestandesklima) verhinderte jedoch ein zu starkes Absinken der Bodentemperatur. Im Sommer beeinflusste die Vegetationsbedeckung die Höhe der Wassertemperatur (s. Kap. 3.5.1.2). Tagesmittelwerte von 25 °C im Überstau und 30 °C an der Bodenoberfläche während der Trockenphase wurden nicht erreicht. Mit Extremwerten von -5 bis +25 °C lagen die Bodentemperaturen in einem für mikrobielle Reinigungsprozesse insgesamt günstigen Bereich.

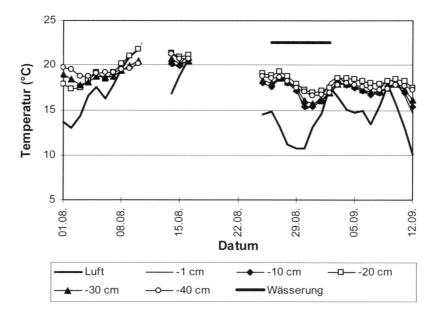

Abb. 3-18: Verlauf der Luft- und Bodentemperaturen (Tagesmittel in °C) sowie Dauer der Bewässerung (in Tagen) in der Wässerstelle Spittelmatten zwischen dem 01.08. und dem 12.09.1998 (Standort SPM2/1).

Kapitel 3: Resultate 116

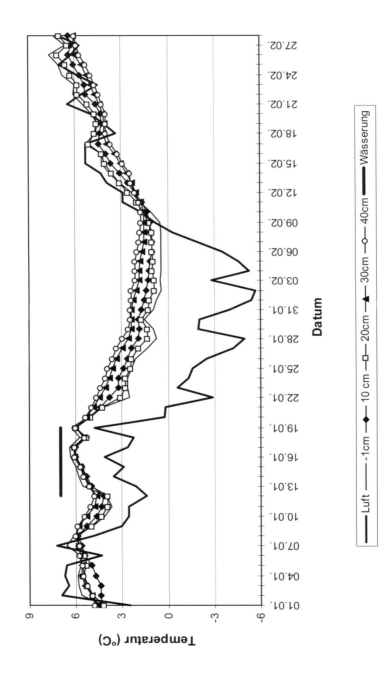

Abb. 3-19: Verlauf der Luft- und Bodentemperaturen (Tagesmittel in °C) sowie Dauer der Bewässerung (in Tagen) in der Wässerstelle Spittelmatten zwischen dem 01.01. und dem 28.02.1998 (Standort SPM2/1).

Kapitel 3: Resultate   117

Zusammenfassung:
- Das durch die Waldvegetation erzeugte Bestandesklima hielt die Bodentemperaturen im Jahresverlauf im gemässigten Bereich von -5 bis +25 °C.
- Der Boden wirkte als Temperaturpuffer: Ab 10 cm Tiefe war der Boden während der Untersuchungsperiode nie gefroren.
- Die Bewässerung beeinflusste deutlich die Bodentemperaturen: Die Bodentemperaturen glichen sich rasch und über die ganzen obersten 40 cm an die Rheinwassertemperatur an, zumindest so lange wie der Messstandort überflutet war.

3.3.2 Bodensaugspannung

Die Bodensauspannung ist ein Mass für die Abtrocknung des Bodens. Je trockener der Boden, desto höher die Saugspannung. Während der Bewässerung ist der Boden wassergesättigt, die Saugspannung beträgt dann Null. Bei einer Saugspannung von pF >2 sind bei der vorliegenden Korngrössenverteilung die Makroporen vollständig und die Mittelporen teilweise entleert. Der Boden ist somit nicht mehr wassergesättigt, sondern belüftet. Für aeroben mikrobiellen Abbau bestehen damit wieder gute Bedingungen. Im Sommer ist dies bereits einen Tag nach dem Ende der Bewässerung erreicht (Abb. 3-20), im Winter nach spätestens drei Tagen (GEISSBÜHLER 1998: 66). Bei den in der Abb. 3-20 eingetragenen fünf Tagen zwischen dem 03. und 08.12. ist zu berücksichtigen, dass dazwischen keine Messung durchgeführt wurde. Die Wiederbelüftung hätte bereits nach ein bis vier Tagen erfolgen können.

Abb. 3-20 zeigt deutliche saisonale Unterschiede während des weiteren Verlaufs der Trockenphase: Im Sommer stieg die Saugspannung stetig an. Bei einem pF-Wert von 3 sind bereits ein grosser Teil der Mittelporen entleert, der Oberboden ist von der Oberfläche bis in 40 cm Tiefe gleichmässig und deutlich abgetrocknet. Die Saugspannung war aber noch deutlich von einem pF-Wert von 4.2 entfernt (permanenter Welkepunkt), an dem die Vegetation starke und irreversible Trockenschäden erleidet. Allerdings reagierten die trockenheitsempfindlichen Weiden in der WS SPM1 auf die pF-Werte von 3 bereits mit einem Teilabwurf des Laubes. Im Winter blieb der Boden, insbesondere die Oberfläche, über die ganze Trockenphase gleichmässig feucht. In 40 cm Tiefe, dem Ort der höchsten mikrobiellen Aktivität (s. Kap. 3.4.1 und 3.4.2), war der Boden jedoch messbar trockener als an der Oberfläche. Von den untersuchten Wässerstellen war VR jeweils die feuchteste und VW die trockenste (Abb. 3-21). GGR und SPM verhielten sich beide sehr ähnlich und lagen im Mittelbereich.

Kapitel 3: Resultate

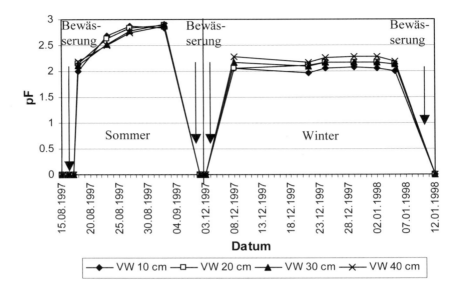

Abb. 3-20: Saisonale Unterschiede der Bodensaugspannung in 10, 20, 30 und 40 cm Bodentiefe in VW1 im Sommer und Winter 1997 (jeweils Mittelwerte dreier Standorte pro Bodentiefe).

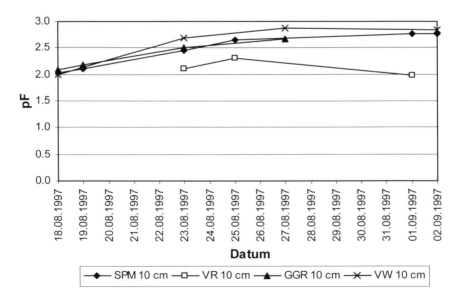

Abb. 3-21: Vergleich der Bodensaugspannung in 10 cm Bodentiefe zwischen den untersuchten Feldern während einer Trockenphase im August 1997 (jeweils Mittelwerte aller Messstandorte in 10 cm Bodentiefe innerhalb einer Wässerstelle).

Kapitel 3: Resultate

Zusammenfassung:
- Im Sommer waren bereits einen Tag nach dem Ende der Wässerung die Makroporen vollständig und die Mesoporen teilweise entleert. Damit war der Boden wieder belüftet. Im Winter war dies spätestens drei Tage nach der Wässerung der Fall.
- Von den untersuchten WS war der Boden in der VR am feuchtesten und im VW am trockensten. SPM und GGR lagen im Mittelfeld.

3.4 Die mikrobielle Besiedelung der Böden

Mikroorganismen sind in der Wasserreinigung von entscheidender Wichtigkeit, wie das Beispiel der biologischen Reinigungsstufe von Kläranlagen zeigt. Deshalb wurden die Aktivität (ausgedrückt als Bodenrespiration), Anzahl (ausgedrückt als Biomasse) und physiologische Diversität der Mikroorganismen in den Böden der Wässerstellen als indirekte Parameter für die Reinigungsleistung der Bodenpassage erhoben (s. auch Abb. 3-22).

Überstau		Wasser: - physikalisch - chemisch
Bodenoberfläche		

Ungesättigte Zone	**Boden:** - physikalisch
	      - chemisch
	      - (mikro)biologisch
		Wasser: - physikalisch
		        - chemisch
		        - mikrobiologisch

Grundwasserspiegel		

Gesättigte Zone	Boden: - physikalisch
	      - chemisch
	      - (mikro)biologisch
		Wasser: - physikalisch
		        - chemisch
		        - mikrobiologisch

Abb. 3-22: Positionierung des Kapitels 3.4 im Basler System.

3.4.1 Mikrobielle Bodenrespiration (MBR)

Die mikrobielle Bodenrespiration (MBR) betrug in allen Messungen zwischen 0 und 6 mg CO_2 pro Tag und 100 g Feinboden. Saison und Standort beeinflussten allerdings die CO_2-Emission und das jeweilige Tiefenprofil sehr stark. Die Hauptaktivität war in der Regel an der Bodenoberfläche zu finden und nahm mit zunehmender Bodentiefe ab (Abb. 3-23). Die maximale Tiefe, in welcher eine MBR noch messbar war, betrug 3.4 m (Abb. 3-24). Nur im fast durchgehend ziemlich sandigen und skelettarmen Profil des Standorts SPM2/6 wurde von der Bodenoberfläche bis in 120 cm Tiefe eine ± konstante MBR festgestellt (Abb. 3-25).

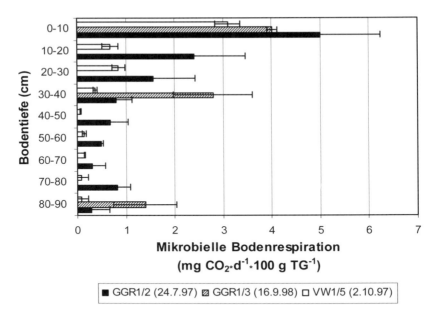

Abb. 3-23: Mikrobielle Bodenrespiration (MBR) in den Wässerstellen GGR1 und VW1 im Sommer und Herbst. Die Messtemperatur betrug bei GGR1/4 (23.07.97) 18-20 °C, bei GGR1/6 (16.09.98) 14-15 °C und bei VW1/5 (01.10.97) 15-17 °C. Fehlende Säulen sind durch fehlende Proben bedingt und stellen keine Nullwerte dar.

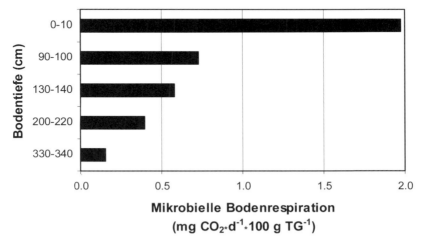

Abb. 3-24: Verlauf der MBR mit zunehmender Bodentiefe am Standort BR 3 in VW1 am 16.12.1998. Die Messtemperatur betrug 8-9 °C.

Kapitel 3: Resultate 121

3.4.1.1 Saisonale Unterschiede

Während des Sommerhalbjahres war die höchste Emissionsrate mit etwa 2-6 mg CO_2 meist auf die obersten 10 cm des Bodens konzentriert und nahm anschliessend mit der Tiefe schnell ab. In 10-20 cm Tiefe waren nur noch rund 50 % und in 80-90 cm Tiefe noch 0-40 % der Emission der obersten 10 cm messbar (s. z.B. Abb. 3-23).

Im Winterhalbjahr sank die maximale Emissionsrate auf ca. 1-2.5 mg CO_2 und war meist in grössere Tiefe (30-60 cm Tiefe) verlagert. Dies war besonders nach Kälteperioden der Fall (s. Abb. 3-25 und Tab. 3-8).

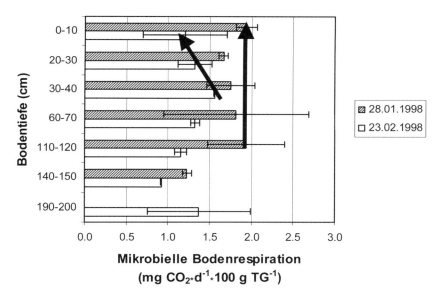

Abb. 3-25: Vergleich der MBR in den Spittelmatten vom 28.01. (SPM2/6) und vom 23.02.1998 (SPM2/7). Am 28.01. verlief die MBR zwischen 120 cm Tiefe und der Bodenoberfläche ± konstant; am 23.02. nahm sie von 40 cm Tiefe bis zur Bodenoberfläche im Mittel um 25 % ab (Pfeile). Die Messtemperatur betrug in beiden Fällen 3-5 °C. Fehlende Säulen sind durch fehlende Proben bedingt und stellen keine Nullwerte dar.

Tab. 3-8: Tiefsttemperaturen in der Kälteperiode zwischen dem 21.01. und dem 08.02.1998 am Standort SPM2/1.

Standort	Tagesminimum	Stundenminimum
Luft (1.5 m über Grund)	02.02.: -5.65 °C	02.02., 02:30-07:30 Uhr: -9.92 °C
Boden (1 cm tief)	07.02.: 0.41 °C	07.02., 07:20-09:20 Uhr: 0.16 °C
Boden (10 cm tief)	02.02.: 0.90 °C	02.-05.02., mehrmals 0.72 °C
Boden (20 cm tief)	07.02.: 1.00 °C	04.-10.02., mehrmals 1.00 °C
Boden (30 cm tief)	09.02.: 1.56 °C	05.-11.02., mehrmals 1.56 °C
Boden (40 cm tief)	09.02.: 1.74 °C	08.-10.02., mehrmals 1.56 °C

Besonders deutlich zeigte sich die Auswirkung der jahreszeitlichen Veränderung auf die MBR im Frühjahr: In den obersten 20 cm war bereits eine relativ hohe CO_2-Emission messbar, die anschliessend in 40-50 cm Bodentiefe deutlich geringer wurde, und dann mit der Tiefe wieder zunahm (Abb. 3-26).

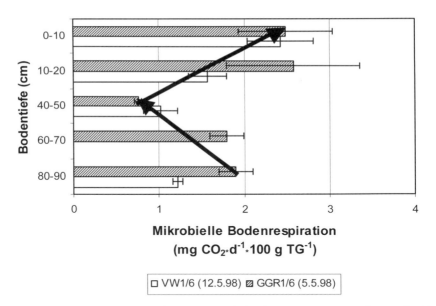

Abb. 3-26: Auswirkung der saisonalen Umkehr des Temperaturgradienten im Boden auf die MBR an den Standorten GGR1/5 (Messtemperatur: 11-12 °C) und VW1/6 (Messtemperatur: 12-14 °C) Anfang bis Mitte Mai 1998.

3.4.1.2 Räumliche Unterschiede

Bei Messungen in der gleichen Jahreszeit zeigte die MBR im Tiefenprofil sowohl innerhalb einer Wässerstelle wie auch zwischen Wässerstelle und nicht bewässerten Flächen deutliche Standortsunterschiede (Abb. 3-27).

Kapitel 3: Resultate

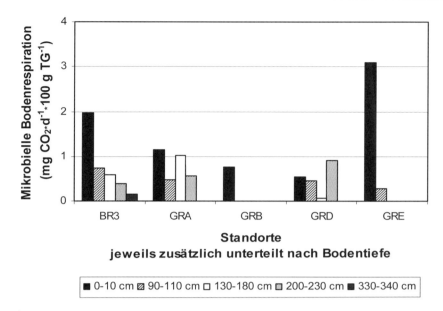

Abb. 3-27: MBR von Bohrkernmaterial aus dem Transekt Verbindungsweg-Brunnen X vom Dezember 1998, jeweils zusätzlich nach Bodentiefe unterteilt. BR3, GRA und GRB liegen in der Wässerstelle Verbindungsweg, GRD in einem Acker und GRE in einer Wiese (s. Abb. 3-57). Fehlende Säulen stellen Nullwerte dar.

Die flächenbezogene MBR (s. Kap 2.2.9.1), die an jeweils fünf Standorten im Feld 1 der Wässerstelle Grendelgasse Rechts und im benachbarten, nicht bewässerten Wald der Gemeindematten gemessen wurde, zeigte erhebliche Standortsunterschiede innerhalb der gleich behandelten Fläche und Unterschiede zwischen den Jahreszeiten. Hingegen liess sich zwischen *bewässerten und nicht bewässerten Böden keine Differenz* erkennen (Abb. 3-28).

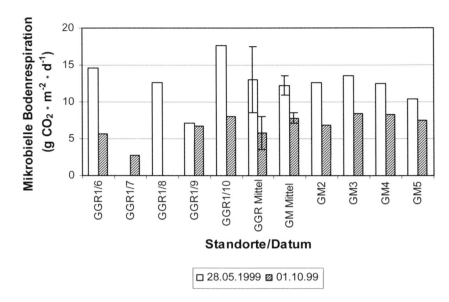

Abb. 3-28: Vergleich der flächenhaften MBR zwischen den bewässerten Standorten GGR1/7 bis GGR1/11 (Abb. 3-3) und den nicht bewässerten Standorten GM/2 bis GM/5 am 28.05. und 01.10.1999. Fehlende Säulen sind weggelassene Ausreisser. Die Messtemperatur betrug am 28.05. 18.5-21 °C und am 01.10. 14.5-16 °C.

Während die MBR deutlich auf jahreszeitliche Einflüsse reagierte, sind die standörtlichen Unterschiede wegen deren Heterogenität selbst innerhalb einer gleichbehandelten Fläche vorsichtig zu interpretieren. Innerhalb der WS schwankte die MBR mehr als ausserhalb. Ob dieser Effekt zufällig war oder auf realen Unterschieden beruhte, ist wegen der zu kleinen Stichprobenzahl nicht zu beurteilen.

3.4.1.3 Verlauf der MBR während einer Trockenphase

Im März und April 2000 wurde während einer Trockenphase in der Wässerstelle Verbindungsweg mehrmals die tiefen- und flächenbezogene MBR erhoben. Direkt nach dem Ende der Bewässerung zeigte sich an der Bodenoberfläche ein sehr uneinheitliches Bild (Abb. 3-29): Im Vergleich zu einer Messung vor der Bewässerung (08.03.) nahm die MBR an zwei Standorten zu, an den drei anderen stark ab. Vier Tage nach dem Ende der Bewässerung konvergierten die Respirationswerte und bewegten sich zwischen 1.5-2.5 mg $CO_2 \cdot d^{-1} \cdot 100$ g TG^{-1}. Damit waren die Werte tiefer als einen Monat vorher. Der Grund dafür bleibt unklar. Die CO_2-Entwicklung in 40-50 cm verlief ähnlich wie diejenige an der Bodenoberfläche. Die Werte lagen

Kapitel 3: Resultate

jedoch tiefer (meist um 0.5-1.0 mg $CO_2 \ast d^{-1} \ast 100$ g TG^{-1}; Daten nicht dargestellt).

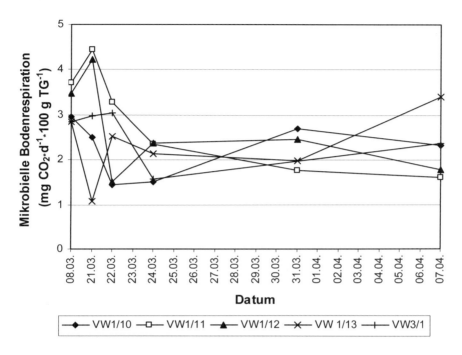

Abb. 3-29: MBR in 0-10 cm Bodentiefe in der Wässerstelle Verbindungsweg im März/April 2000. Die Messung am 08.03. erfolgte direkt vor einer Wässerung, die Messungen vom 21.03. bis 07.04. umfassten die anschliessende Trockenphase. Der Referenzstandort VW3/1 war vom 31.03. bis 04.04. überflutet. Der Messwert vom 07.04. ist daher nicht aussagekräftig. Die Messtemperatur betrug jeweils 6-8 °C.

Bei der flächenbezogenen MBR verhielten sich die Messstandorte viel homogener als bei der tiefenbezogenen (Abb. 3-30). Allerdings lag die CO_2-Emission am Referenzstandort im Feld 3 etwa viermal höher als bei den übrigen Messstandorten. Möglicher Grund könnte die zusätzliche Atmung von verletzten Wurzeln sein. In der Tendenz zeigen Abb. 3-29 und 3-30 direkt nach der Wässerphase eine im Vergleich zur Messung vor der Bewässerung geringere MBR. Im Falle der Abb. 3-30 erholte sich die MBR allerdings etwa drei Tage nach der Bewässerung wieder.

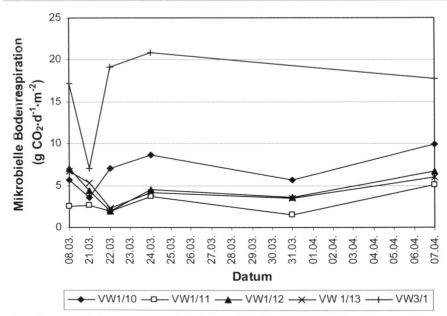

Abb. 3-30: Flächenbezogene MBR in der Wässerstelle Verbindungsweg im März/April 2000. Die Messung am 08.03 erfolgte direkt vor einer Wässerung, die Messungen vom 21.03. bis 07.04. umfassten die anschliessende Trockenphase. Der Referenzstandort VW3/1 war vom 31.03. bis 04.04. überflutet. Der Messwert vom 07.04 ist daher nicht aussagekräftig. Die Messtemperatur betrug 13-23 °C.

3.4.1.4 Zusammenfassung

- Die höchste MBR fand sich während des Sommerhalbjahres an der Bodenoberfläche.
- Die MBR war nicht nur an der Oberfläche, sondern auch bis in grössere Bodentiefen (bis 3.4 m) messbar. Dies zeigt, dass organische Stoffe, welche den Mikroorganismen als Nährstoffe dienen, auch noch in grösserer Tiefe vorhanden sind. Eine Reinigung des Wassers nur innerhalb der obersten 40 cm des Wässerstellenbodens, wie seit Jahrzehnten vermutet (s. Kap. 1.5), ist unwahrscheinlich.
- Im Winter verlagerte sich die Hauptaktivität temperaturbedingt von der Bodenoberfläche in eine Tiefe von 30-60 cm.
- Innerhalb und ausserhalb einer Wässerstelle fanden sich deutliche Standortsunterschiede. Keine Differenz fand sich jedoch zwischen bewässerten und nicht bewässerten Standorten. Hierbei ist allerdings die geringe Probenanzahl zu berücksichtigen.
- Tendenziell war die MBR direkt nach einer Wässerphase geringer als am Ende einer Trockenphase.

3.4.2 Mikrobielle Biomasse (MBIO)

Wie die mikrobielle Bodenrespiration war auch die mikrobielle Biomasse (MBIO) auf die obersten Bodenschichten konzentriert (Abb. 3-31). Zwischen der Bodenoberfläche und 90 cm Tiefe nahm die Biomasse mit 96 % stärker ab als die Bodenrespiration. Damit stieg der metabolische Quotient (CO_2-Emission pro Biomasseneinheit) mit der Tiefe markant an: Am Beispiel der Abb. 3-31 waren dies an der Bodenoberfläche 0.002 mg $CO_2 * mg^{-1}$ Biomassen-C, in 90 cm Tiefe jedoch zehn mal mehr. Die Mikroorganismen in der Tiefe waren also viel produktiver als diejenigen an der Bodenoberfläche. Wird dabei berücksichtigt, dass in den obersten 20 cm rund ein Viertel bis ein Drittel der MBR aus der Wurzelatmung stammt, wird die Zunahme des metabolischen Quotienten mit der Tiefe sogar noch grösser.

Die MBIO war im Gegensatz zur Bodenrespiration noch bis zum Molasseuntergrund in 10.6 m Tiefe messbar (Bohrkern D, Abb. 3-32). Unterhalb einer Tiefe von 0.5-1 m nahm die MBIO nur noch langsam ab. Die Werte bewegten sich dabei an allen Standorten bis 1.5 m Tiefe um 15-30 und zwischen 1.5 und 6 m Tiefe um 1-15 mg Biomassen-C$* kg^{-1}$ Boden. Zur Auswirkung des aufgrund der Arbeit von JÖRGENSEN (1996) verwendeten Faktors E_C von 0.45 auf die hier gemachten Aussagen s. Kap. 3.4.2.4.

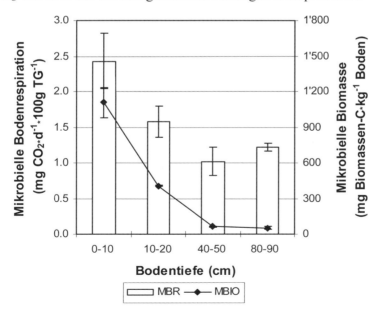

Abb. 3-31: Vergleich von mikrobieller Bodenrespiration und Biomasse im Tiefenprofil in der Wässerstelle Verbindungsweg am 12.05.1998 (VW1/6). Die Temperatur bei der Messung der Bodenrespiration betrug 13-14 °C.

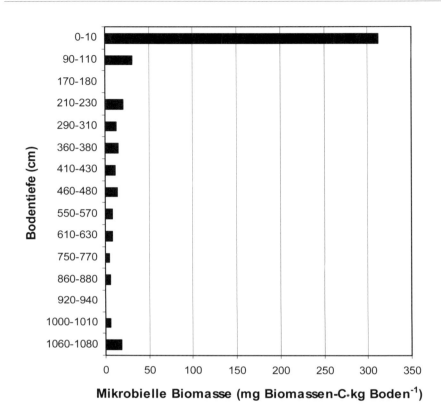

Abb. 3-32: Profil der MBIO über die gesamte Aquifertiefe am Beispiel des Bohrkerns D vom 11.12.98.

3.4.2.1 Saisonale Unterschiede

Wie die Bodenrespiration zeigte auch die MBIO im Winter ein Minimum. Jedoch war die MBIO im Winter an der Oberfläche leicht grösser als in 30-40 cm Tiefe (Abb. 3-33 und 3-34). In tieferen Zonen (30-70 cm) war die MBIO gegenüber den anderen Jahreszeiten ebenfalls deutlich reduziert. Ab einer Tiefe von 80-90 cm jedoch waren saisonale Unterschiede kaum mehr feststellbar (Abb. 3-33).

Kapitel 3: Resultate

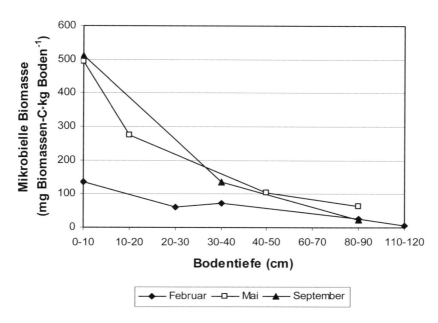

Abb. 3-33: Saisonale Unterschiede der Biomasse im Tiefenprofil (Standorte: Februar 1998: SPM2/7, Mai und September 1998: GGR1/5 und GGR1/6).

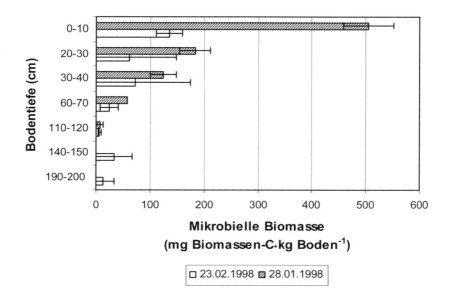

Abb. 3-34: Vergleich der MBIO in der Wässerstelle Spittelmatten vom 28.01. (SPM2/6) und vom 23.02.1998 (SPM2/7).

Kapitel 3: Resultate 130

3.4.2.2 Räumliche Unterschiede

Bei Messungen in der gleichen Jahreszeit zeigte die mikrobielle Biomasse innerhalb einer Wässerstelle geringere Standortsunterschiede als die Bodenrespiration (Abb. 3-35 und 3-36). Innerhalb einer gleichbehandelten Fläche ist aber immer noch eine deutliche Heterogenität erkennbar (Abb. 3-37). Der besseren Darstellbarkeit wegen wurden die Werte der Bodenoberfläche getrennt von den Werten tieferer Bodenschichten abgebildet.

Nahe an der Bodenoberfläche zeigten sich Unterschiede zwischen bewässerten und nicht bewässerten Flächen (Abb. 3-37). Mit der Tiefe wurde dieser Unterschied geringer. Inwieweit der Unterschied tatsächlich auf der Bewässerung beruht, bzw. einfach zufällig durch standörtliche Heterogenität bedingt ist, bleibt wegen der statistisch ungenügenden Probenanzahl unklar.

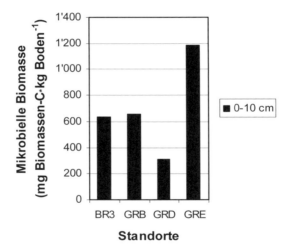

Abb. 3-35: MBIO von Bohrkernmaterial aus 0-10 cm Bodentiefe vom Transekt Verbindungsweg-Brunnen X vom Dezember 1998. Die Standorte BR3 und GRB liegen in der Wässerstelle Verbindungsweg, GRD in einem Acker und GRE in einer Wiese.

Kapitel 3: Resultate

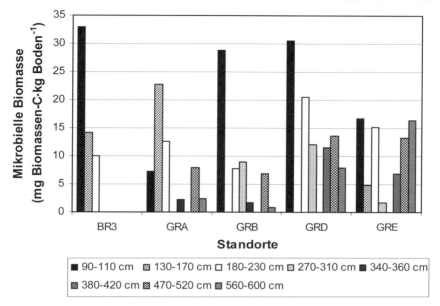

Abb. 3-36: MBIO von Bohrkernmaterial aus tieferen Bodenschichten vom Transekt Verbindungsweg-Brunnen X vom Dezember 1998, zusätzlich nach Bodentiefe unterteilt. Die Standorte BR3, GRA und GRB liegen in der WS VW, GRD in einem Acker und GRE in einer Wiese. Fehlende Säulen sind durch fehlende Proben bedingt und stellen keine Nullwerte dar.

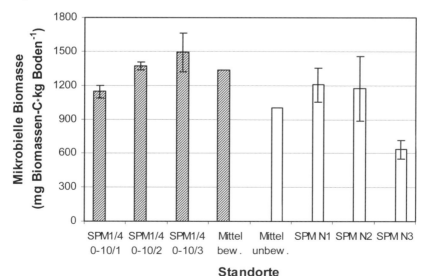

Abb. 3-37: Vergleich der MBIO an der Bodenoberfläche zwischen bewässerten und nicht bewässerten Standorten innerhalb SPM2 vom 09.04.97 (bew.: bewässert, unbew.: unbewässert). SPMN1-N3: unbewässerte Standorte im Norden von SPM2.

3.4.2.3 Entwicklung der MBIO während einer Trockenphase

Während einer Trockenphase im März und April 2000 in der Wässerstelle Verbindungsweg zeigte die MBIO kein einheitliches Bild: In einem Vergleich zweier bis 2 m Tiefe reichender und nur 5 m voneinander entfernter Bodengruben war die MBIO am 23.03. – drei Tage nach der Wässerphase – über alle Tiefen konstant höher als am 06.04. – 17 Tage nach der Bewässerung. (Abb. 3-38). Bei Probennahmen am 21.03. und 07.04. an vier im Feld 1 verteilten Standorten und einem Referenzstandort im Feld 3 wurde jedoch meist der gegenteilige Verlauf festgestellt (Abb. 3-39).

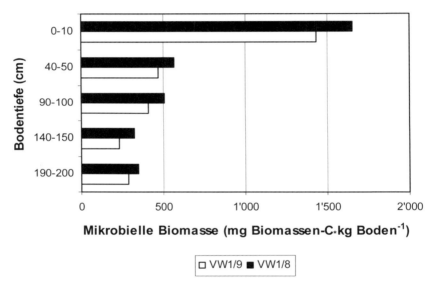

Abb. 3-38: MBIO von Proben aus zwei je 2 m tiefen Bodengruben in VW1. VW1/8 wurde am 23.03.2000 drei Tage nach dem Ende einer zehntägigen Bewässerungsphase entnommen und VW1/9 am 06.04.2000 am Ende einer 20tägigen Trockenphase.

Kapitel 3: Resultate 133

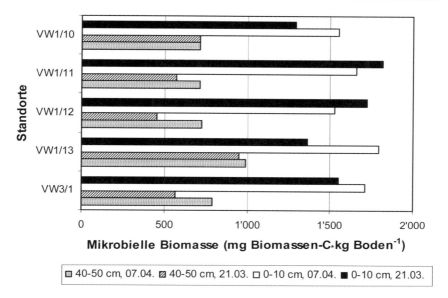

Abb. 3-39: MBIO von fünf Standorten aus der Wässerstelle Verbindungsweg aus 0-10 und 40-50 cm Tiefe, welche am 21.03.2000 einen Tag nach einer zehntägigen Bewässerungsphase, bzw. am 07.04.2000 am Ende einer 20tägigen Trockenphase entnommen wurden.

3.4.2.4 Berechnung der MBIO mit veränderlichem Konversionsfaktor k_{EC}

Bei der Bestimmung der mikrobiellen Biomasse (MBIO) von Bodenproben mit der CFE-Methode wurden die Messresultate nach folgender Formel weiterverrechnet (s. Kap. 2.2.10):

$C_{mik} = E_C * k_{EC}^{-1}$

C_{mik}: mikrobieller Biomassenkohlenstoff
$E_C = C_{org, begast} - C_{org, unbegast}$ (in mg $C*L^{-1}$)
$k_{EC} = 0.45$

Der Konversionsfaktor k_{EC} gibt den mittels K_2SO_4-Extraktion extrahierbaren Teil des in der MBIO gebundenen Kohlenstoffs an. Dabei wird der Wert 0.45 verwendet, welcher JÖRGENSEN (1996) nach einer Literaturrecherche sowie einem breiten Vergleich von 66 verschiedenen Bodenproben (35 Acker-, 21 Grasland- und 10 Waldböden aus verschiedensten Regionen: 55 Böden aus Deutschland, 9 aus England, je 1 aus Finnland und Australien) für die C-Bestimmung mittels Infrarotgasanalyse postulierte. Dabei ist zu betonen, dass es sich jeweils um Proben aus A-Horizonten handelte. Proben aus tieferen Horizonten wurden keine verwendet. DICTOR et al. (1998) untersuchten jedoch anhand von 250 cm tiefen Profilen in einer staunassen Parabraunerde den k_{EC} mit zunehmender Bodentiefe. Dazu versetzten sie die Proben mit 1, 10 und 100 mg$_*$kg^{-1} ^{14}C-markierter Glucose. Durch den Vergleich der Radioaktivität der extrahierten Proben mit derjenigen der nicht extrahierten und unter Einbezug von dem, in NaOH aufgefangenen, bereits mineralisierten $^{14}CO_2$ konnten sie den aus der MBIO extrahierbaren C-Anteil, und damit k_{EC}, bestimmen (Tab. 3-9).

Tab. 3-9: Korngrössenverhältnisse, C- und N-Gehalte, pH, KAK und k_{EC} der von DICTOR et al. (1998) untersuchten Bodenproben. k_{EC}: 1 mg Glucose-Zugabe und 24 h-Inkubation.

Bodentiefe (cm)	Sand (%)	Schluff (%)	Ton (%)	C_{org} (%)	N_{tot} (%)	pH	KAK (mÄq$_*$100g^{-1})	k_{EC}
0-20	23.6	57.8	18.6	0.83	0.09	7.4	10.0	0.412
20-40	23.8	57.6	18.6	0.70	0.079	7.3	9.1	0.381
40-60	17.9	53.6	28.5	0.25	0.033	7.1	12.3	0.238
60-80	15.2	58.9	45.9	0.18	0.032	7.0	22,5	0.218
80-100	15.1	42.4	52.4	0.16	0.03	7.0	25.4	0.156
100-140	19.7	27.0	53.3	0.17	0.03	7.1	24.7	0.177
140-180	31.6	48.7	19.6	0.10	0.016	7.5	9.5	0.139
180-220	36.4	49.1	14.7	0.09	0.017	7.6	7.2	0.129
220-250	57.8	32.7	9.4	0.09	0.014	7.7	5.1	0.027

DICTOR et al. (1998) erklären die deutliche Abnahme des k_{EC} mit der Bodentiefe wie folgt: Mikroorganismen in grösserer Bodentiefe müssen auf andere ökologische Bedingungen reagieren als diejenigen an der Bodenoberfläche. Ihre Anpassungen führen z.B. zu geringeren Zellgrössen, weshalb die Zelloberfläche im Verhältnis zum Volumen zunimmt. Dadurch sind Zellkomponenten in geringerem Masse extrahierbar. Zudem werden als Reaktion auf Nährstoffmangel Speicherpolymere wie Glycogen oder poly-β-Butyrat akkumuliert, die z.T. schlechter wasserlöslich sind.

Wird bei der Bestimmung der MBIO der in dieser Arbeit untersuchten Proben ein variabler k_{EC} nach DICTOR et al. (1998) verwendet, führt dies zu folgenden gegenüber Kap. 3.4.2.3 geänderten Resultaten

- Generell sinkt die Biomasse mit der Tiefe nicht mehr so stark ab.
- Der metabolische Quotient nimmt mit der Tiefe immer noch deutlich zu, aber nicht mehr so stark.
- Nach einer Kälteperiode befindet sich die Hauptmenge der Biomasse nicht mehr an der Bodenoberfläche, sondern in 30-40 cm Tiefe. Die MBIO reagiert damit gleich wie die MBR.
- Die jahreszeitlichen Unterschiede manifestieren sich auch noch bis in über einem Meter Bodentiefe.

Kapitel 3: Resultate

Diese Resultate bestärken die Aussagen über die Anwesenheit biodegradabler organischer Substanz und Mineralisierung (und damit Reinigungsaktivität) auch in grösserer Tiefe.

3.4.2.5 Zusammenfassung

- Die MBIO war v.a. auf die obersten Bodenschichten konzentriert. Sie nahm im Vergleich mit der MBR mit der Tiefe deutlich stärker ab.
- Deshalb stieg der metabolische Quotient (Mineralisierungseffizienz der Biomasse) mit der Tiefe an.
- Ab 1 m Tiefe war die Abnahme jedoch gering. Die MBIO war im Gegensatz zur MBR bis zum Grundwasserstauer in 10.6 m Tiefe (Standort GRD) feststellbar. Damit müssen sogar bis in diese Tiefe und bis 140 m Fliessdistanz unterhalb der Wässerstelle noch von Bakterien verwertbare Nährstoffe vorhanden sein.
- Im Winter wurde die MBIO an der Bodenoberfläche geringer. Im Gegensatz zur MBR fand sich aber die meiste MBIO immer noch nahe der Oberfläche.
- In der gleichen Jahreszeit zeigte die MBIO innerhalb einer Wässerstelle geringere Standortsunterschiede als die MBR.
- Nahe an der Bodenoberfläche war die MBIO in nicht bewässerten Flächen geringer als in bewässerten. Mit der Tiefe wurde die Differenz kleiner. Inwieweit der Unterschied tatsächlich auf der Bewässerung beruht, bzw. einfach zufällig durch standörtliche Heterogenität bedingt ist, bleibt wegen der geringen Probenanzahl unklar.
- Die Entwicklung der MBIO im Verlauf einer Trockenphase zeigte mit zu- und abnehmenden Werten widersprüchliche Ergebnisse.
- Wurden die Messergebnisse mit einem variablen Konversionsfaktor k_{EC} nach DICTOR et al. (1998), anstelle des Faktors 0.45 nach Jörgensen (1996) verrechnet, nahm die MBIO mit der Tiefe weniger stark ab, der metabolischer Quotient stieg mit der Tiefe etwas weniger stark an und die jahreszeitlichen Effekte wirkten sich bis unter 1 m Bodentiefe aus.

3.4.3 Funktionelle Zusammensetzung der Mikroorganismengemeinschaften

Für die Reinigung des in den Wässerstellen versickernden Rheinwassers ist neben der Aktivität der Mikroorganismen auch deren Fähigkeit wichtig, nicht nur einige wenige, sondern möglichst viele und verschiedenartigste organische Verbindungen abbauen zu können. Dabei ist nicht das einzelne Bakterium relevant, sondern das Spektrum, welches eine ganze *Mikroorganismengemeinschaft* eines Standorts aufweist.

Dieses Spektrum könnte sich mit dem abnehmenden Angebot organischer Substanzen entlang der Boden- und Aquiferpassage verändern und damit als Indikator für die Reinigung dienen. Die funktionelle Diversität der Mikroorganismengemeinschaften wurde anhand der Substratnutzungsmuster von 50 Einzel-Kohlenstoffquellen in Biolog-Ecoplates bestimmt (s. Kap. 2.2.11).

Vergleicht man Proben aus der selben Bodentiefe, konnte mittels der Hauptkomponentenanalyse ein klarer Unterschied der Substratnutzungsmuster von Proben aus der Wässerstelle VW und dem Standort GRE, rund 210 m stromabwärts der WS, festgestellt werden (Abb. 3-40). Die ersten beiden Hauptkomponenten erklärten dabei fast die Hälfte der Unterschiede.

Die hierarchische Clusteranalyse zeigte zudem klare Unterschiede bei Proben, die vom gleichen Standort, aber aus unterschiedlichen Bodentiefen stammten (Abb. 3-41). Die höchste Anzahl von Substraten konnte an allen Standorten tendenziell an der Bodenoberfläche und im Bereich des Grundwasserspiegels verwertet werden (Tab. 3-10). Bei dieser Auflistung ist zu betonen, dass sie den Stand nach 55 h Inkubationsdauer widerspiegelt. Nach 223 h konnten die meisten Substrate verwertet werden. Durch die Wahl der Inkubationsdauer von 55 h liessen sich jedoch die einzelnen Proben sehr viel besser von einander unterscheiden. Um anzugeben, ob die Mikroorganismen der betreffenden Bodenprobe das Substrat nutzen können, wurde ein Schwellenwert der optischen Dichte gewählt (0.4).

Zusammenfassend lässt sich sagen,
- dass sich die Mikroorganismengemeinschaften von Wässerstellenböden klar von denjenigen in nicht bewässerten Böden unterschieden.
- dass sich innerhalb eines Standorts das Substratnutzungsmuster der Mikroorganismen mit der Bodentiefe veränderte.
- dass innerhalb der Wässerstelle die maximale Anzahl von Substraten an der Bodenoberfläche und im Bereich des Grundwasserspiegels verwertet wurde. Bei den nicht bewässerten Standorten hingegen wurde die maximale Anzahl der Substrate nur im Bereich des Grundwasserspiegels verwertet.

Kapitel 3: Resultate

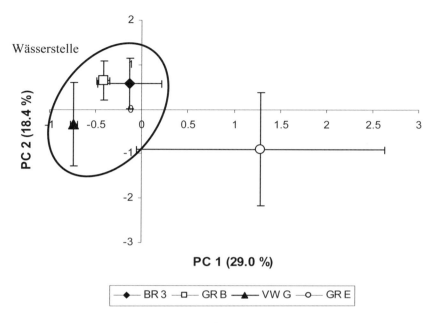

Abb. 3-40: Hauptkomponentenanalyse der Substratnutzungsmuster von Proben der Bodenoberfläche von BR3, GRB, VW1/7 und GRE.

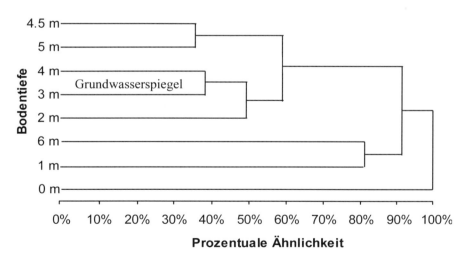

Abb. 3-41: Hierarchische Cluster-Analyse der Substratnutzungsmuster von Proben aus verschiedenen Bodentiefen des Standorts GR B.

Tab. 3-10: Substratausnützung der einzelnen Bodenproben nach 55 h. GRA1: Probe aus 1 m Tiefe von Standort GRA; *: Höhe des Grundwasserspiegels; KH: Kohlenhydrat; AS: Aminosäure; CS: Carbonsäure; P: Phosphat.

Kapitel 3: Resultate 138

Substrate/Standorte	GRA1	GRA2	GRA3*	GRA4	GRA5	GRA6	GRB0	GRB1	GRB2	GRB3*	GRB4	GRD5	CRB6	GRE0	GRE1	GRE2	GRE3	GRE4	GRE4.5*	GRE5	GRE6
β-Methyl-D-Glucosid, (KH)	X	X	X	X	X	X	X	X	X	X	X	X		X	X	X	X	X	X	X	X
D-Galactonsäure-γ-Lacton, (CS)	X	X	X		X	X	X	X	X	X	X	X			X	X	X	X	X	X	X
L-Arginin, (AS)	X	X	X	X		X		X	X	X	X	X		X	X	X	X	X	X	X	X
Pyruvinsäuremethylester																					
D-Xylose, (KH)	X						X							X							
D-Galacturonsäure, (CS)														X							
L-Asparagin (AS)																					
Tween 40 (Polymer)	X					X							X								
I-Erythritol (KH)																					
2-Hydroxy-Benzoësäure (CS)																					
L-Phenylalanin (AS)	X	X	X		X	X	X	X	X	X	X	X	X	X	X	X	X	X	X	X	X
Tween 80 (Polymer)			X				X							X							
D-Mannitol (KH)		X	X																X		
4-Hydroxy-Benzoësäure (CS)																					
L-Serin (AS)																					
α-Cyclodextrin (KH, Polymer)	X	X	X	X	X	X	X	X	X	X	X	X	X	X	X	X	X	X	X	X	X
N-Acetyl-D-Glucosamin (KH)	X	X	X	X	X	X	X	X	X	X	X	X	X	X		X	X	X	X	X	X
γ-Hydroxybuttersäure (CS)																					
L-Threonin (AS)	X	X	X	X	X	X	X	X	X	X	X	X				X	X	X	X	X	X
Glycogen (KH, Polymer)		X	X	X	X	X		X	X	X					X	X		X	X	X	X
D-Glucosaminsäure (CS)		X			X	X				X											
Itaconsäure (CS)																					
Glycyl-L-Glutaminsäure (AS)			X		X	X	X	X	X	X	X						X		X		
D-Cellobiose (KH)	X	X	X	X	X	X	X	X	X	X	X	X	X	X	X	X	X	X	X	X	X
Glucose-1-Phosphat (P)	X	X	X	X	X	X	X	X	X	X	X	X	X	X	X	X	X	X	X	X	X
α-Ketobuttersäure (CS)																					
Phenylethylamin (Amin)	X	X	X	X	X	X	X	X	X	X	X	X	X	X		X	X	X	X	X	X
α-D-Lactose (KH)																					
D,L-α-Glycerolphosphat (P)																					
D-Apfelsäure (CS)																					
Putrescin (Amin)	X	X	X	X	X	X	X	X	X	X	X	X	X	X		X	X	X	X	X	X
Substratausnützungsgrad (%)	42	35	52*	39	45	45	45	39	45*	45	45	39	19	35	19	39	35	39	45*	39	39

Kapitel 3: Resultate

3.5 Verlauf der Wasserqualität während der Boden- und Aquiferpassage

Im Weiteren wird die Änderung von physikalischen, chemischen und biologischen Parametern entlang der Fliessstrecke des in die Wässerstellen eingebrachten Filtratwassers aufgezeigt: Von der Einleitung in die Wässerstelle, der Fliessstrecke im Überstauwasser, der Versickerung im Oberboden und in der ungesättigten Zone über den horizontalen Transport im Aquifer bis hin zum Brunnen.

3.5.1 Änderung physikalischer und chemischer Parameter im Überstauwasser

Die Wässerstellen waren zwischen 0-1.2 m hoch überstaut (meist 20-60 cm). Im Verlaufe der Jahreszeiten und der Wässerphasen veränderten sich im Überstauwasser Parameter wie Überstauhöhe, Versickerungsleistung, Temperatur und Sauerstoffgehalt. Zur Positionierung dieses Kapitels im Gesamtsystem wird auf die Abb. 3-42 verwiesen.

Überstau		Wasser: - physikalisch - chemisch
Bodenoberfläche		
Ungesättigte Zone	Boden: - physikalisch - chemisch - (mikro)biologisch	Wasser: - physikalisch - chemisch - mikrobiologisch
Grundwasserspiegel		
Gesättigte Zone	Boden: - physikalisch - chemisch - (mikro)biologisch	Wasser: - physikalisch - chemisch - mikrobiologisch

Abb. 3-42: Positionierung des Kapitels 3.5.1 im Basler System.

3.5.1.1 Änderung von Einleitungsmenge, Überstauhöhe und der Versickerungsleistung im Laufe einer Wässerphase und im Jahresverlauf

Wie Tab. 3-11 und Abb. 3-43 exemplarisch zeigen, schwankte die Einleitungsmenge und Überstauhöhe im Verlaufe einer Wässerphase. Eigene Beobachtungen (nicht Messungen!) ergaben, dass die Höhe des Wasserspiegels im Laufe einer Wässerphase stets sank und dies in allen Wässerstellen, wenn auch in unterschiedlichem Ausmass und Zeitdauer.

Dies liess sich z.B. am Standort VW1/2 gut verfolgen: Etliche Messungen des Sauerstoff- oder DOC-Gehaltes im Bodenwasser liessen sich wegen des während der Wässerphase zurückweichenden Wasserspiegels nicht mehr durchführen. Da nicht anzunehmen ist, dass immer auch gleichzeitig und in gleichem Ausmass die Einleitungsmenge reduziert wurde, bedeutet die Abnahme des Wasserspiegels eine Zunahme der Infiltrationsleistung. Diese Beobachtung wurde von DILL (2000: 92ff.) und von der Schutzzonen-Equipe der IWB bestätigt (Abb. 3-43).

Ebenso wurde auch die Beobachtung bestätigt, dass während der Vegetationsperiode die Überstauhöhe bei ± gleichbleibender Einleitungsmenge deutlich niedriger war als im Winter. In der kalten Jahreszeit waren die bewässerten Felder jeweils so voll, dass die Schutzzonenequipe zu Beginn einer Wässerungsphase die Einleitmenge in jedem Feld fein regulieren und über mehrere Tage korrigieren musste. Damit wurden die via den Überlauf in die Wiese abgeleiteten Verluste so gering wie möglich gehalten.

Tab. 3-11: Ergebnisse der Einleitungsmessungen in VW1 in einer Wässerphase zwischen dem 09. und 20.03.2000.

Datum	Messzeitpunkt	Einleitungsmenge ($L*s^{-1}$)
09.03.	14:05	44.7
10.03.	12:40	45.4
11.03.	13:50	48.1
12.03.	11:40	44.8
13.03.	12:15	44.6
14.03.	11:40	47.7
15.03.	11:40	44.1
16.03.	12:30	40.9
17.03	12:15	50.7
18.03.	12:20	35.0
19.03.	11:40	37.2
20.03.	10:25	34.6
Differenz zwischen max. und min. Einleitungsmenge		**32 %**

Kapitel 3: Resultate   141

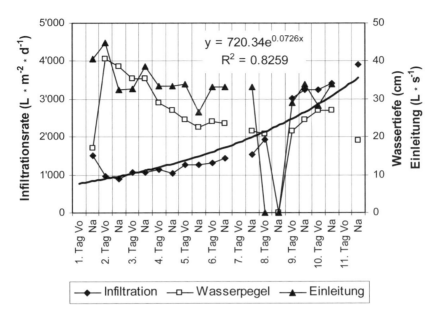

Abb. 3-43: Einleitungsmenge, Überstauhöhe und Versickerungsleistung (mit Trendlinie) im Verlauf einer Wässerphase vom 12. bis 22.04.1999 in VW1 (ca. 3 m südöstlich von VW1/4; aus DILL 2000: 92; leicht verändert), jeweils mit einer Messung am Vormittag (Vo) und am Nachmittag (Na). Im Verlaufe des achten Tages fand ein betriebsbedingter Wässerungsunterbruch statt. Die Versickerungsleistung wurde mit einem Bouwer-Infiltrometer bestimmt (DILL 2000: 48-57).

3.5.1.2 Änderungen von Temperatur- und Sauerstoffgehalt im Überstauwasser

Die Jahreszeit und die Einstrahlungsmöglichkeit der Sonne auf die Wassersäule bestimmten entscheidend Sauerstoffgehalt und Temperatur im Überstauwasser. Dies zeigte sich besonders im Vergleich zwischen der bewaldeten WS SPM und der unbeschatteten VR (Abb. 3-44 bis 3-46). Im Sommer 1998 war der Sauerstoff-Messstandort in der VR noch offen der Sonneneinstrahlung ausgesetzt, während er im Sommer 2000 von einem dichten Seggenbestand beschattet wurde (s. dazu auch Kap. 3.8). Die Versickerungsleistung in der VR war mit ca. 450 $L*m^{-2}*d^{-1}$ nur rund ein Drittel so gross wie in der WS SPM2.

Kapitel 3: Resultate

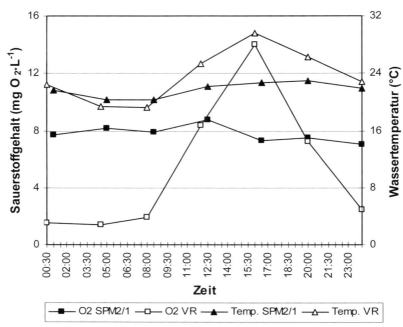

Abb. 3-44: Tagesgang von Sauerstoffgehalt und Temperatur im Überstauwasser von SPM2/1 und VR am 26.07.98, gemessen direkt über der Bodenoberfläche.

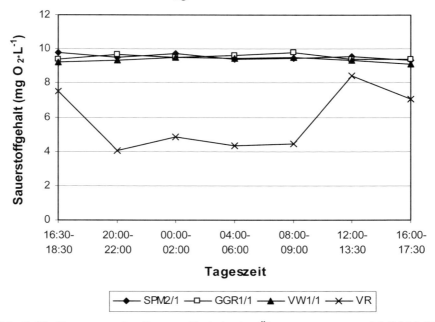

Abb. 3-45: Tagesgang des Sauerstoffgehalts im Überstauwasser am 15./16.10.98, gemessen direkt über der Bodenoberfläche.

Kapitel 3: Resultate 143

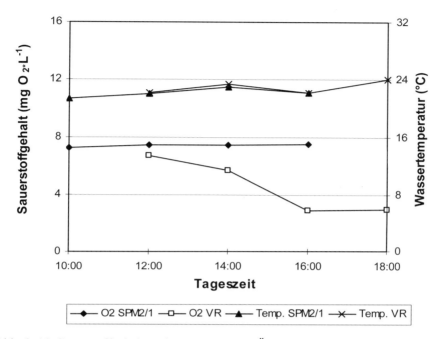

Abb. 3-46: Sauerstoffgehalt und Temperatur im Überstauwasser über acht Stunden am 19.08.00, gemessen direkt über der Bodenoberfläche.

Bei einer einmaligen Messung von Sauerstoffkonzentration, -sättigung und Temperatur an mehreren Punkten im Überstau der WS VW1 Ende August 2000 wurde festgestellt, dass sich diese Parameter je nach Lage in der WS kaum bis stark veränderten (Abb. 3-47). Zwischen dem Einlauf und dem nicht benutzten Überlauf sank die Sauerstoffkonzentration von 8.2 auf 2.9 mg $O_2 * L^{-1}$ und die Sättigung von 94 auf 35 %. Die Temperatur nahm von 21 auf 24.5 °C zu. In der Nähe des Überlaufs stand die Wassersäule 7 cm hoch und war durch den dichten Eschenahorn-Jungwuchs vollständig beschattet. Die Wasseroberfläche war bedeckt von aufschwimmendem feinem Astmaterial. An den anderen Messstandorten im Feld 1 war im Vergleich zum Einlauf nur eine geringe Sauerstoffab-, bzw. Temperaturzunahme messbar.

Kapitel 3: Resultate 144

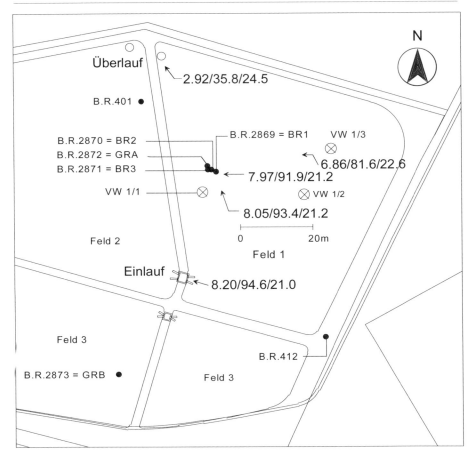

Abb. 3-47: Sauerstoff- und Temperaturwerte im Überstauwasser von VW1 am 24. August 2000 um 17:30 Uhr. Die jeweiligen Messstandorte sind durch die Pfeilspitzen gekennzeichnet. Zahlenangaben nach folgendem Schema: Sauerstoffgehalt in mg*L^{-1}/Relative Sauerstoffsättigung in %/Wassertemperatur in °C.

In einer stark beschatteten Wässerstelle veränderte sich die Wassertemperatur mit der Fliessstrecke kaum. Tab. 3-12 zeigt einen Temperatur-Transekt, der sich vom Standort SPM2/1 20 m in die überflutete Wässerstelle hinein erstreckt.

Tab. 3-12: 20 m langer Temperatur-Transekt im Überstauwasser vom Standort SPM2/1 in Richtung WNW, aufgenommen am 15.08.1997 um 15:30 Uhr.

Transekt-länge (m)	Strahlung (µmol PAR$_*$s^{-1})	Temp. an der Wasseroberfläche	Temp. in 10 cm Wassertiefe	Temp. in 20 cm Wassertiefe
0	26.5	23.0	23.0	22.9
1	26.2	23.1	23.0	22.8
2	30.8	23.1	23.0	23.0
3	31.6	23.2	23.2	23.1
4	31.5	23.2	22.9	22.8
5	362.8	23.8	22.8	22.7
6	87.8	23.3	22.8	--
7	41.9	23.4	22.7	--
8	37.8	23.0	22.9	22.6
9	40.4	23.0	22.8	22.6
10	41.0	23.1	22.9	22.4
11	44.5	22.9	22.6	22.6
12	53.0	23.5	22.7	22.7
13	100.4	23.9	22.8	22.7
14	210	23.7	22.7	22.5
15	72.3	23.7	22.7	22.5
16	127.5	23.7	22.6	22.5
17	47.8	22.9	22.7	22.6
18	63.5	23.1	22.7	22.6
19	53.5	23.5	22.5	22.5
20	77.7	23.5	22.6	22.5

Zusammenfassung:

- Die Beschattung und die Versickerungsleistung bestimmten entscheidend den Verlauf von Temperatur und Sauerstoffgehalt innerhalb des Überstaus: Bei grosser Sonneneinstrahlung stiegen in nicht beschatteten Wässerstellen Temperatur und Sauerstoffgehalt bei Tag stark über das Niveau der beschatteten an. In der Nacht fiel der Sauerstoffgehalt in unbeschatteten Flächen stark ab.
- In stehendem oder langsam fliessendem Wasser ging der Sauerstoffgehalt stark zurück.

3.5.1.3 Auswirkungen der Fliessstrecke in der Wässerstelle Verbindungsweg auf den Gehalt und die Qualität von Kohlenstoffverbindungen

Im Feld 1 der Wässerstelle Verbindungsweg liegt zwischen dem Einlaufbauwerk des Filtratwassers und der Probennahmestelle für das Überstauwasser direkt bei den Boden- und Grundwasserbeobachtungsrohren (BR1-GRA) eine Fliessstrecke von rund 30 m. Im Verlaufe dieser oberflächlichen Passage änderte sich der Gehalt an gelösten organischen Substanzen signifikant (DOC: p=0.000015, SAK254: p=0.03; 2-seitiger, gepaarter T-Test; Tab. 3-13): An insgesamt 19 Probennahmetagen nahm der DOC im Mittel

Kapitel 3: Resultate   146

von 1.62 auf 1.75 mg C∗L^{-1} um 7 % und die UV-Absorption von 4.80 auf 5.00∗m^{-1} um 4.3 % zu. Bedingt durch die unterschiedlichen Anstiege fiel die spezifische UV-Absorption um 3 % von 2.96 auf 2.87 (m^{-1}(mg C∗L^{-1})$^{-1}$). Auffällig sind hierbei die drei Probennahmen im Januar 2000, bei welchen deutlich höhere spezifische UV-Absorptionswerte gemessen wurden, mit abnehmender Tendenz im Verlauf der Wässerungsphase.

Tab. 3-13: Auflistung der absoluten und prozentualen Zu- bzw. Abnahmen (Δ) von DOC, SAK254 und SAK254/DOC entlang dem Fliessweg vom Einlaufbauwerk zur Filtratwasser-Probennahmestelle bei den Grundwasserbeobachtungsrohren BR1-GRA in VW1. Absolutangaben in mg C∗L^{-1} beim DOC, m^{-1} beim SAK254, sowie (m^{-1}(mg C∗L^{-1})$^{-1}$) beim SAK254/DOC.

Parameter Datum	Δ-DOC, absolut	Δ-SAK, absolut	Δ-SAK/DOC, absolut	Δ-DOC, (%)	Δ-SAK, (%)	Δ-SAK/DOC (%)
18.08.1999	0.02	0.12	0.04	101.76	103.28	101.50
23.09.1999	0.25	0.55	-0.08	114.09	110.96	97.26
16.11.1999	0.35	0.47	-0.17	119.28	110.89	92.96
22.11.1999	0.00	0.02	0.00	100.20	100.36	100.17
28.11.1999	0.02	0.03	-0.01	101.06	100.60	99.55
07.01.2000	0.12	1.45	0.60	107.25	128.01	119.36
12.01.2000	0.09	0.56	0.15	105.58	109.89	104.09
17.01.2000	0.03	0.16	0.05	101.71	103.55	101.81
09.03.2000	0.15	0.34	-0.05	108.94	107.02	98.24
10.03.2000	0.07	-0.22	-0.26	104.14	95.82	92.01
11.03.2000	0.15	0.05	-0.22	108.94	101.09	92.79
12.03.2000	0.22	-0.19	-0.47	113.23	96.38	85.13
13.03.2000	0.26	0.49	-0.11	115.47	110.93	96.06
14.03.2000	0.07	-0.28	-0.33	104.83	94.67	90.31
15.03.2000	0.08	0.17	-0.03	104.71	103.69	99.03
16.03.2000	0.20	0.04	-0.27	112.02	100.97	90.13
17.03.2000	0.21	0.14	-0.26	111.85	102.57	91.70
18.03.2000	0.09	0.10	-0.10	105.76	102.28	96.71
19.03.2000	0.08	-0.05	-0.16	104.77	98.81	94.31
Mittelwert	**0.13**	**0.21**	**-0.09**	**107.66**	**104.30**	**97.01**

3.5.2 Änderung der Wasserqualität während der Passage des Oberbodens

Bei der Versickerung passiert das Filtratwasser zuerst den Oberboden, d.h. die aus Humus- und Auenlehmschicht sowie teilweise aus künstlicher Aufschüttung bestehende Deckschicht oberhalb des Schotters. Dabei ändert sich die chemische und physikalische Wasserqualität. Nach der ursprünglichen Vermutung der IWB sollte – gleich wie bei den Langsamsandfiltern – ein grosser Teil der Reinigung im Verlauf der Oberbodenpassage erfolgen. Zur Positionierung des Inhalts dieses Kapitels im System der Grundwasseranreicherung s. Abb. 3-48.

Kapitel 3: Resultate   147

Überstau		Wasser: - physikalisch - chemisch
Bodenober- fläche **Ungesättigte Zone** Grundwasser-	Boden: - physikalisch - chemisch - (mikro)biologisch	**Wasser: - physikalisch** **- chemisch** - mikrobiologisch
spiegel Gesättigte Zone	Boden: - physikalisch - chemisch - (mikro)biologisch	Wasser: - physikalisch - chemisch - mikrobiologisch

Abb. 3-48: Positionierung des Kapitels 3.5.2 im Basler System.

3.5.2.1 Veränderungen des Sauerstoffgehaltes des versickernden Wassers

Abhängig von der Aufenthaltszeit und damit von der Versickerungsleistung blieb der Sauerstoffgehalt des Filtratwassers während der Oberbodenpassage konstant oder nahm leicht (VW) bis stark (VR) ab (Abb. 3-49). In Abb. 3-50 ist ein 24-Stunden-Vergleich der Sauerstoffsättigung vom 15./16.10.98 zwischen den Wässerstellen GGR1 und VW1 dargestellt: Im wegen der hohen Versickerungsleistung kaum überstauten Feld GGR1 lag die Sättigung über den ganzen Tagesverlauf und über alle gemessenen Tiefen zwischen 95 und 100 %. Im wegen der schlechten Versickerungsleistung 10-80 cm hoch überstauten Feld VW1 waren hingegen erhebliche Tagesschwankungen und eine deutliche Abnahme der Sättigung von der Bodenoberfläche bis in 10 cm Tiefe zu verzeichnen.

Kapitel 3: Resultate

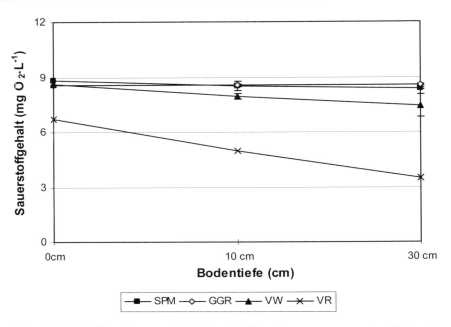

Abb. 3-49: Verlauf des Sauerstoffgehaltes des Versickerungswassers im Oberboden am 27.11.97 zwischen 15:00-17:00 Uhr (jeweils Mittelwerte, n=3).

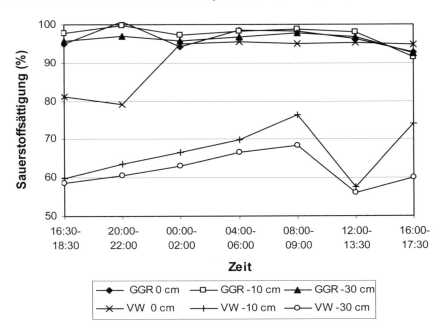

Abb. 3-50: Verlauf des Sauerstoffgehaltes des Versickerungswassers im Oberboden am 15./16.10.98 im Vergleich zwischen GGR1 und VW1 (Mittelwerte).

Kapitel 3: Resultate   149

3.5.2.2 DOC und UV-Absorption des Bodenwassers aus Saugkerzen

Um die Veränderung der organischen Belastung im Verlauf der Oberbodenpassage zu erfassen, wurde mit Hilfe von Saugkerzen Filtratwasser aus 0-40 cm Bodentiefe entnommen. Während den ersten Probennahmen am 16.07., 03.08. und 10.09.1997 schwankten die Werte an den drei Standorten pro Wässerstelle stark, so dass ein sehr uneinheitliches Bild über den Verlauf der DOC-Konzentration mit der Bodentiefe entstand. Abb. 3-51 zeigt dazu als Beispiel die Werte der Wässerstelle Spittelmatten vom 16.07.

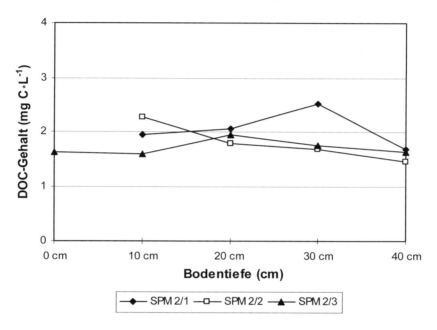

Abb. 3-51: DOC-Gehalt im aus Saugkerzen gewonnenen Bodenwasser der Wässerstelle SPM am 16.07.97.

Auch am 10. September, 4-5 Monate nach dem Setzen der Saugkerzen, waren immer noch grosse Differenzen zwischen den einzelnen Wiederholungen in der gleichen Wässerstelle zu finden. Beim Standort SPM 4, wo am 26.08.97 im 90°-Winkel zusammengeklebte Saugkerzen horizontal installiert wurden (s. Kap. 2.3.2.1) und im September erstmals gemessen wurden, waren die Werte sowohl beim DOC mit bis zu 7.5 mg $C*L^{-1}$ als auch beim SAK254 mit bis zu 8.1$*m^{-1}$ wegen der organischen Lösungsmittel aus dem Leim stark erhöht.

Trotz der starken Schwankungen wurde bereits im Herbst 1997 klar, dass die Entfernung der organischen Substanzen aus dem versickernden Filtratwasser nicht schon im Oberboden erfolgen kann. Deshalb wurden ab Oktober 1997 Saugkerzen und Piezometerrohre auch in grösseren Tiefen (d.h. in den Schotter hinein) gesetzt.

Am 22.04.1998, nach einem knappen Jahr Betriebsdauer der Saugkerzen, waren nur noch schwache Schwankungen zu verzeichnen. Im Vergleich zum Filtratwasser war innerhalb einer Bodenpassage von 40 cm keine Abnahme der DOC und SAK254-Werte festzustellen (Abb. 3-52 und 3-53).

Die im Herbst 1997 (VW1/5) und im Winter 1997/1998 (SPM2/6 und 7) gesetzten Saugkerzen und Piezometer lieferten andere Resultate: Beim DOC zeigten alle zwischen 0-15, bzw. 30 cm eine Abnahme um ca. 0.1-0.6 mg $C*L^{-1}$ (Abb. 3-54). Zwischen 30 cm und 150 cm Bodentiefe blieb die DOC-Konzentration stabil. Beim SAK254 waren die Ergebnisse uneinheitlicher. Abnahmen bis 1.6 und Zunahmen bis $2.6*m^{-1}$ waren festzustellen (Abb. 3-55). Es ist allerdings zu berücksichtigen, dass die Saugkerzen nur bis zu max. zwei Monaten in Betrieb waren und aus den Piezometern, wenn überhaupt, nur eine geringe Wassermenge (meist um 0.1 L) gewinnbar war.

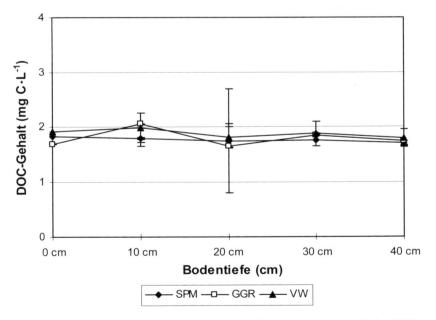

Abb. 3-52: Verlauf der DOC-Konzentration im Bodenwasser am 22.04.1998 nach einem knappen Jahr Betriebsdauer der Saugkerzen (n=3).

Kapitel 3: Resultate

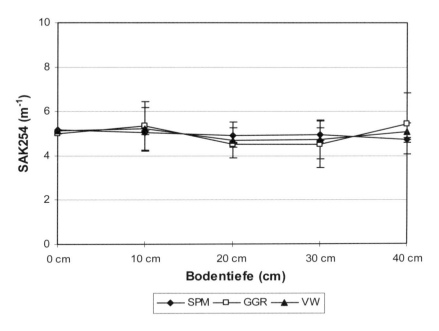

Abb. 3-53: Verlauf des SAK254 im Bodenwasser am 22.04.1998 nach einem knappen Jahr Betriebsdauer der Saugkerzen (n=3).

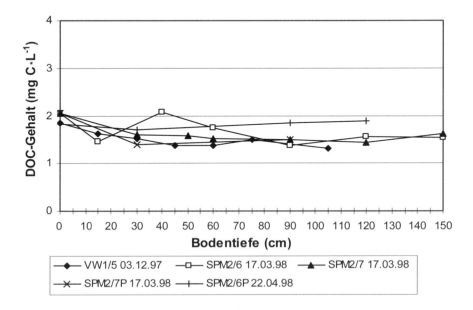

Abb. 3-54: Verlauf der DOC-Werte in Proben von tiefer gesetzten Saugkerzen und von Piezometerrohren (P).

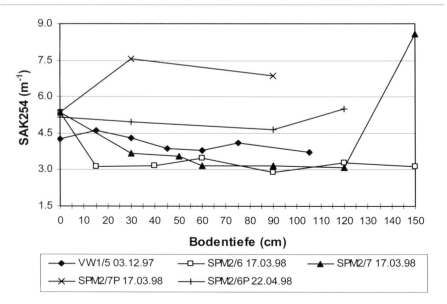

Abb. 3-55: Verlauf der SAK254-Werte in Proben von tiefer gesetzten Saugkerzen und von Piezometerrohren (P).

Die in den Abb. 3-52 und 3-53 gezeigten Resultate von Saugkerzen, die ein Jahr lang im Feld standen, waren mit denjenigen vergleichbar, die mittels Edelstahlrohren gewonnen wurden (Kap. 3.5.3.8). Die Reduktion des Gehalts organischer Substanzen in Saugkerzen, die deutlich kürzer als ein Jahr in Betrieb waren, könnte in der spezifischen Eigenschaft der Keramiksaugkerzen, diese im Keramikkopf zu adsorbieren, begründet liegen (s. z.B. WESSEL-BOTHE et al. 2000). Erst nach einer gewissen Zeitspanne der Konditionierung (hier knapp ein Jahr) ist die Sorptionsfähigkeit erschöpft und die gemessenen Werte spiegeln die Realität wieder. Eine Anreicherung im Inneren durch der Ausbildung eines Bakterienrasens konnte nicht festgestellt werden.

Zusammenfassung:

- Die Saugkerzen lieferten hinsichtlich DOC-Gehalt und UV-Absorptionswerten erst nach einem Jahr Standzeit brauchbare Ergebnisse ohne starke Schwankungen.
- Im Gegensatz zur ursprünglichen Vermutung der Wasserwerke bezüglich der starken Bedeutung des Oberbodens für die Reinigungsleistung *wurden in keinem Fall – selbst in einer Bodentiefe von 2 m – die im Brunnenwasser gemessenen Werte auch nur annähernd erreicht.*

Kapitel 3: Resultate 153

- Bei Saugkerzen, welche fast ein Jahr in Betrieb waren, waren *im Verlauf der obersten 40 cm Bodenpassage überhaupt keine Änderungen von DOC- oder SAK254-Werten erkennbar.*

3.5.3 Verlauf der Wasserqualität während der Passage der ungesättigten Zone und des Aquifers

Die nachfolgend dargestellten Ergebnisse beziehen sich in der Regel auf die Boden- und Grundwasserbeprobungen aus dem Bereich Wässerstelle Verbindungsweg-Brunnen X (s. Kap. 2.3.1.3 und Abb. 3-56 und 3-57). Am Schluss dieses Kapitels werden die darin beschriebenen Resultate zusammengefasst.

Überstau	Wasser: - physikalisch
	- chemisch
Bodenoberfläche	
Ungesättigte Zone	Boden: - physikalisch
	- chemisch
	- (mikro)biologisch
	Wasser: - physikalisch (Kap. 3.5.2, 3.5.3.1-3.5.3.5)
	- chemisch (Kap. 3.5.2, 3.5.3.6-3.5.3.9)
	- mikrobiologisch (Kap. 3.5.3.10)
Grundwasserspiegel	
Gesättigte Zone	Boden: - physikalisch
	- chemisch
	- (mikro)biologisch
	Wasser: - physikalisch (Kap. 3.5.2, 3.5.3.1-3.5.3.5)
	- chemisch (Kap. 3.5.2, 3.5.3.6-3.5.3.9)
	- mikrobiologisch (Kap. 3.5.3.10)

Abb. 3-56: Positionierung des Kapitels 3.5.3 im Basler System.

Kapitel 3: Resultate 154

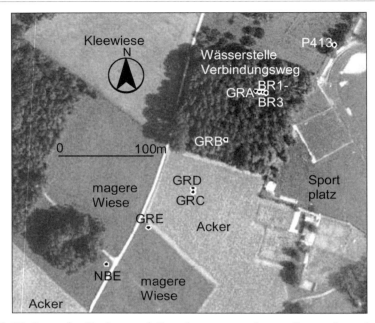

Abb. 3-57: Lage der Boden- und Grundwasserentnahmestellen entlang des Transekts zwischen der Wässerstelle Verbindungsweg und dem Nebenbrunnen E (NBE) des Sammelbrunnens X. Luftbild (Stand 1998): © Symplan AG / Endoxon AG, Luzern.

Aus den drei horizontal eingebrachten Edelstahlrohren in der Wässerstelle Verbindungsweg (VW1/6) konnte kaum je eine brauchbare Wassermenge gewonnen werden, insbesondere nicht aus dem Rohr in 2 m Tiefe. Aus den Rohren in 1 und 3 m Tiefe gelang dies nur, wenn die Rohre mit einer Saugkerzenpumpe unter Unterdruck (70 cbar) gesetzt wurden. Es konnte aber kein kontinuierlicher Fluss über 30 Minuten aufrecht erhalten werden (entsprechend der Pumpdauer bei den vertikal gesetzten Rohren, s. Kap. 2.3.1.3). Beim 2 m-Rohr brach der Unterdruck nach spätestens zehn Sekunden bereits wieder zusammen.

Bei den vertikal eingebrachten Edelstahlrohren präsentierte sich die Lage wie folgt: Durch die Schicht tonigen Sandes in 1.2-1.3 m Tiefe (s. Abb. 3-9, Kap. 3.1.1.3) wurde das versickernde Filtratwasser aufgestaut. Deshalb war das Rohr in 1 m Tiefe während der Wässerungsphase immer gefüllt. Der Wasserspiegel im Rohr entsprach der Höhe des Überstaus in der Wässerstelle. Unterhalb der Stauschicht bestand der Boden aus Grobsand und Schotter mit viel grösserer Durchlässigkeit, weshalb sich unter der Stauschicht eine perkolative Infiltration ergab. Der Boden war auch während der Wässerphase mit Luft gefüllt. Das Rohr in 3 m Tiefe blieb während den ersten drei bis vier Tagen einer Wässerphase leer und füllte sich erst mit dem ansteigenden Grundwasserspiegel. Da der Grundwasserspiegel nie auf 2 m unter Flur stieg, blieb das Rohr in 2 m Tiefe immer leer – unabhängig von Jahreszeit, Bewässerungsdauer oder Überstauhöhe.

Beim Rohr GRB konnte das Grundwasser in Trockenphasen teilweise kaum genügend nachströmen, weil die Durchlässigkeit im unteren Teil der Filterstrecke des Rohr durch lehmigen Feinsand reduziert war. In diesen Fällen wurde auf eine Probennahme verzichtet.

Tab. 3-14 gibt Auskunft über die im Rahmen vorliegender Arbeit vorgenommenen Wasseruntersuchungen.

Tab. 3-14: Daten der entlang des Transekts WS VW-Brunnen X entnommenen Filtrat-, Bodenwasser- und Grundwasserproben.

Wässerphase	Probennahme-Daten
08.-15.03.1999	15.03.1999
12.-22.04.1999	13., 16., 21.04.1999
12.-13.08., 15.-20.08.1999	12., 16., 18.08.1999
20.-25.09.1999	23.09.1999
16.-28.11.1999	16., 22., 28.11.1999
06.-17.01.2000	05., 07., 12., 17.01.2000
Trockenphase: 17.01.-08.03.2000: VW1 26.01.-08.03.2000, restl. Lange Erlen	22.01., 26.01., 30.01., 04.02., 14.02., 21.02., 28.02., 06.03.,
09.-20.03.2000	täglich
30.03.-10.04.2000	10.04.2000
10.-17.04.2000	17.04.2000
17.-27.08.2000	24.08.2000

3.5.3.1 Pegelstand

Der Grundwasserpegel bewegte sich im Untersuchungsgebiet zwischen 2.4 m (in VW1 während der Wässerung) und 5.2 m unter Flur (nahe dem Brunnen X nach langer Trockenphase; Abb. 3-58 bis 3-60).

Bei der Wiederinbetriebnahme nach einem Wässerungsunterbruch stieg der Grundwasserpegel innerhalb von sechs bis acht Tagen um 2 m (bei der Wässerstelle) bis 1.5 m an (beim Brunnen; Abb. 3-59 und 3-60). Die erste erkennbare Reaktion des Grundwasserpegels erfolgte bereits am ersten Tag der Bewässerung an allen Messstellen – und damit über eine Entfernung von bis zu 250 m von der WS (Abb. 3-60).

Durch die Bewässerung entwickelt sich im Wässerstellenboden ein Grundwasserberg. Somit steigt der hydraulische Druck im Grundwasser unterhalb der Wässerstelle. Wegen der durchgehenden Porenverbindung im Aquifer rund um die WS herum (kommunizierende Röhren!) steigt der Grundwasserspiegel zum Druckausgleich mit nur geringer Zeitverzögerung auf weite Distanzen an. Dieser Anstieg führt im Grundwasser zu einer vertikalen Aufströmung mit einer Geschwindigkeit von $2*10^{-5}$ m$*$s^{-1} im Aquifer unterhalb der Wässerstelle (entspricht ca. einem Sechstel der horizontalen Strömung am Standort GRB, s. Kap. 3.5.3.7) und von $1*10^{-5}$ m$*$s^{-1} beim Standort GRE (ca. 30 mal langsamer als die horizontale Strömung am Standort).

Wurde die Bewässerung abgestellt, sank der Pegel innerhalb von rund zehn Tagen auf das Niveau vor der Bewässerung ab. Die Beendigung der Bewässerung allein in der Wässerstelle Verbindungsweg führte nur zu einer geringen Pegelsenkung (17.01.2000; Abb. 3-60). Eine starke Absenkung des Grundwassers trat erst am 26.01.2000 ein – nach der Ausserbetriebnahme der Grundwasseranreicherung in den übrigen Wässerstellen und damit auch in den nahen, versickerungsstarken WS Grendelgasse Rechts und Links (Einleitungsmenge jeweils 150-200 L$*$s^{-1}). Auch die In- und Ausserbetriebnahme des Brunnens X war über eine grosse Distanz am Verlauf des Grundwasserstandes erkennbar (Abb. 3-60).

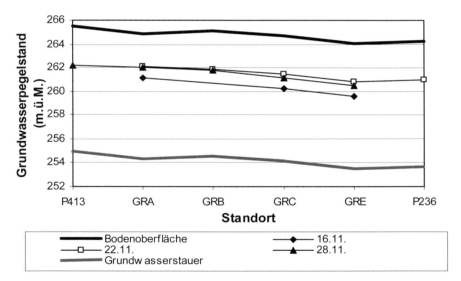

Abb. 3-58: Verlauf des Grundwasserpegels von der Wässerstelle bis zu P236 nahe beim Nebenbrunnen E des Brunnens X während der Wässerphase vom November 1999. Der Pegelstand in GRC ist identisch mit jenem von GRD. Als Meereshöhe des Grundwasserstauers wurde mangels weiterer Daten für alle Standorte jeweils der Flurabstand der Messstelle GRD verwendet.

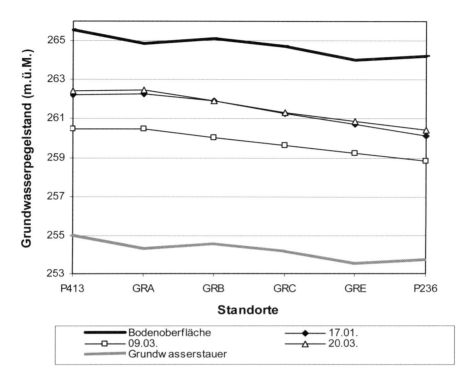

Abb. 3-59: Verlauf des Grundwasserpegels von der Wässerstelle zum Pegel 236 nahe beim Nebenbrunnen E des Brunnens X in Abhängigkeit des Bewässerungsrhythmus. 17.01.2000: Ende einer zehntägigen Wässerphase; 09.03.: Ende einer 52tägigen Trockenphase; 20.03: Ende einer zehntägigen Wässerphase.

Kapitel 3: Resultate 158

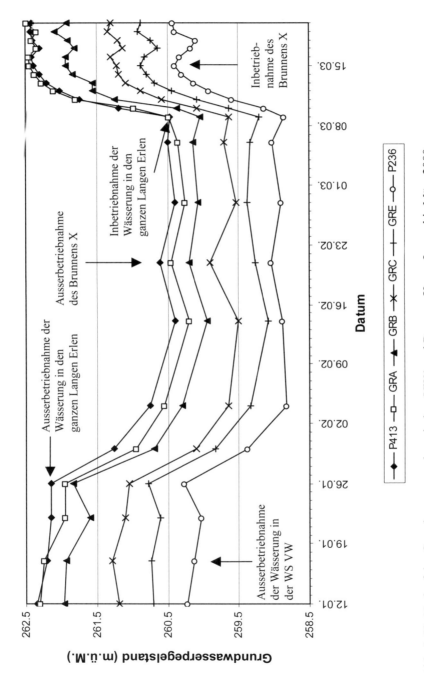

Abb. 3-60: Verlauf des Grundwasserpegels zwischen VW1 und Brunnen X von Januar bis März 2000.

Kapitel 3: Resultate

3.5.3.2 Spezifische elektrische Leitfähigkeit

Die Messungen der spezifischen elektrischen Leitfähigkeit entlang der Boden- und Aquiferpassage zeigten folgende Ergebnisse:
- Das Wiesental-Grundwasser wie auch das Rheinwasser wiesen mit 250-550 $\mu S*cm^{-1}$ eine niedrige bis mittlere Leitfähigkeit auf.
- Während der Wässerung wurden mit Ausnahme von P413 die Werte im Grundwasser von der Leitfähigkeit des Filtratwassers bestimmt.
- Die Reaktion von P413 auf die Bewässerung von VW1 war sehr uneinheitlich. In den Wässerphasen von August 1999 und Januar 2000 war nur eine mittlere bis geringe Beeinflussung ersichtlich: Dann lag die Leitfähigkeit P413 zwischen 20-100 % über denjenigen des Filtrats (Abb. 3-61 und 3-62). In den Wässerphasen von November 1999 und März 2000 wurde die Leitfähigkeit vom versickernden Filtratwasser deutlich beeinflusst: Die Werte in P413 waren nur zwischen 8 und 15 % höher als die Filtratwasserwerte.
- Beim 52tägigen Betriebsunterbruch im März 2000 zeigten sich zwischen den einzelnen Standorten grosse Differenzen in der Leitfähigkeit, wobei sich neben P413 auch GRD von den übrigen unterschied (Abb. 3-62). Hier wurde die verschiedene Herkunft des Grundwassers deutlich. Während der Wässerphase wurden die Differenzen erheblich geringer, bzw. fielen fast ganz weg.
- Jahreszeitliche Muster waren weder in eigenen Messungen noch in den IWB-Brunnendaten der letzten zehn Jahre erkennbar.

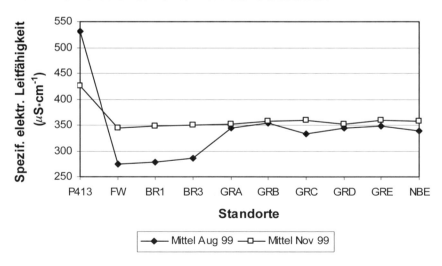

Abb. 3-61: Verlauf der spezifischen elektrischen Leitfähigkeit in Filtrat-, Boden- und Grundwasser im August und November 1999 (Mittelwerte, n jeweils =3).

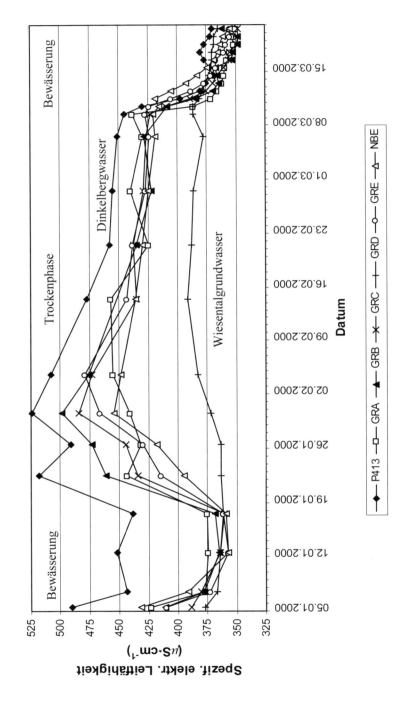

Abb. 3-62: Verlauf der spezifischen elektrischen Leitfähigkeit im Grundwasser zwischen Januar und März 2000.

3.5.3.3 pH

Der pH in Filtrat-, Boden- und Grundwasser nahm während den Wässerphasen zwischen dem Überstau in der Wässerstelle (FW) und der obersten Grundwasserschicht (GRA) um rund 0.7 Einheiten ab (Abb. 3-63). Bei der anschliessenden Aquiferpassage bis zum Nebenbrunnen E erfolgte in allen drei beobachteten Wässerungsphasen eine weitere Abnahme um 0.1 Einheiten, so dass der pH entlang der ganzen Fliessstrecke des Anreicherungswassers um 0.8 Einheiten sank. Die Werte in GRD waren fast immer die höchsten im ganzen Aquifer: Hier zeigte sich deutlich der Einfluss des kalkhaltigen Rheinsubstrats. Während der 52tägigen Trockenphase im Winter/Frühjahr 2000 stieg der pH im nun von der Wässerung nicht mehr beeinflussten Grundwasser um rund 0.2 Einheiten an (Abb. 3-64).

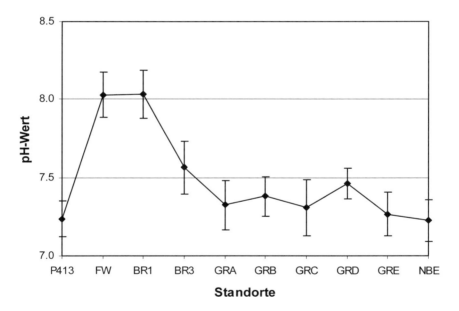

Abb. 3-63: Mittelwerte und Standardabweichungen aller während den Wässerphasen im November 1999, Januar 2000 und März 2000 gemessenen pH-Werte in Filtrat-, Boden- und Grundwasser.

Kapitel 3: Resultate

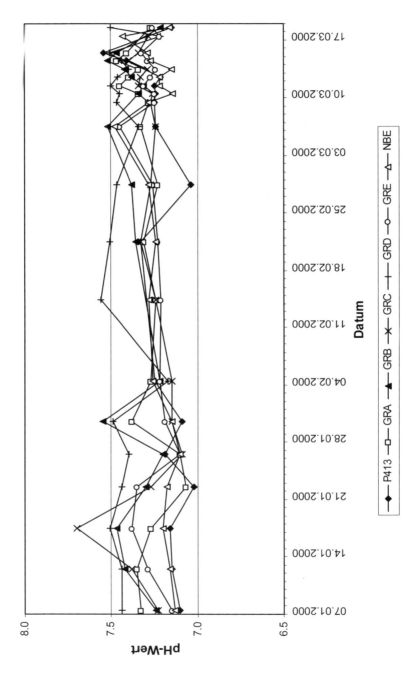

Abb. 3-64: Verlauf des pH-Wertes im Grundwasser zwischen Januar und März 2000.

3.5.3.4 Temperatur

Bei der Passage durch den Aquifer glich sich die Temperatur des versickernden Filtratwassers der Temperatur des Grundwassers an. Dabei wurde die Temperatur des Rheinwassers im Sommer von über 20 °C auf 16 °C im Brunnen abgesenkt, bzw. im Winter von 4 °C auf über 8 °C im Brunnen angehoben (Abb. 3-65). Die Jahrestemperaturamplitude des Filtratwassers wurde durch die Untergrundpassage von 16.2 auf 7.8 °C im Grundwasser reduziert.

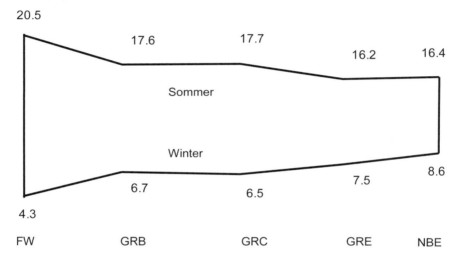

Abb. 3-65: Angleichung der Temperatur des versickernden Filtratwassers (in °C) an die Grundwassertemperatur während der Aquiferpassage zwischen VW1 und NBE (Nebenbrunnen E), dargestellt anhand der Messungen vom 12.08.99 und 17.01.00 (Darstellungsform nach SCHMIDT 1984, zitiert in BMI, 1985: 31).

Die Temperaturpufferfähigkeit zeigte sich z.B. auch im Januar und Februar 2000 (Abb. 3-66): Während der Wässerung von 07.01. bis 17.01. wurde 4 °C kaltes Rheinwasser in den noch relativ warmen Boden von VW1 eingeleitet. Während am Standort GRB die Grundwassertemperatur mit 6.1 °C am 17.01. ihren Tiefststand erreichte, lag die Grundwassertemperatur am Standort NBE mit 7.8 °C erst am 22.01. auf dem Minimum. Eine starke Wiedererwärmung fand zwischen dem 26. und 30.01. statt, nachdem die Bewässerung auch in den WS GGR und GGL abgestellt worden war. Zwei Wochen danach lagen die Wassertemperaturen an praktisch allen Standorten mit 11-13 °C wieder auf dem Niveau vor der Januarwässerung. Nach der Wiederinbetriebnahme der Wässerung im März nahm die Temperatur im Aquifer nur noch auf ca. 9 °C ab, während gleichzeitig die Filtratwassertemperatur während der Wässerphase von 9.1 auf 6.8 °C sank.

Kapitel 3: Resultate 164

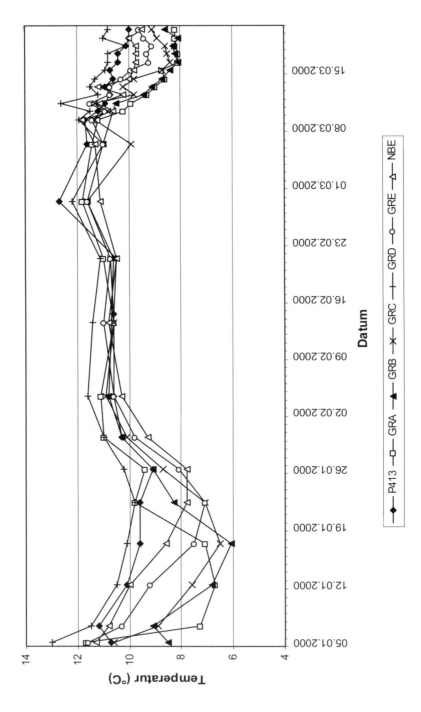

Abb. 3-66: Temperaturverlauf im Grundwasser von Januar bis März 2000.

3.5.3.5 Sauerstoffgehalt und -sättigung

Je nach Jahreszeit lag der Sauerstoffgehalt im Filtratwasser bei 7.8 bis 13 mg$_*$L^{-1}, bzw. bei 85 bis 110 % relativer Sättigung. Das Grundwasser am Standort NBE wies noch 5.4-10.2 mg O$_{2*}$L^{-1} bzw. 64-91 % Sättigung auf.

Im Vergleich zwischen den Jahreszeiten zeigte die Sauerstoffsättigung in Filtrat-, Boden- und Grundwasser während den Wässerphasen folgendes Verhalten: Im August 1999 nahm sie von ca. 91 % (8.18 mg O$_{2*}$L^{-1}) im Filtratwasser bis zum Rohr BR3 bereits auf 61 % (5.4 mg O$_{2*}$L^{-1}) ab und blieb bei der anschliessenden Aquiferpassage ± konstant (Abb. 3-67). Im darauffolgenden Januar hingegen nahm die Sättigung von 99 % (12.38 mg O$_{2*}$L^{-1}) im Filtratwasser auf nur 88 % im Rohr BR3 bzw. 85 % (10.17 mg O$_{2*}$L^{-1}) im Rohr GRA ab. Während der Aquiferpassage blieb die Sättigung etwa konstant. Das Grundwasser war am Standort GRD mit 75 % (8.24 mg O$_{2*}$L^{-1}) deutlich weniger mit Sauerstoff gesättigt als an den übrigen Messstellen. Dies wurde auch bei der Probennahme im November 1999 beobachtet.

Innerhalb der ungesättigten Zone nahm also die Sauerstoffsättigung im Sommer doppelt so stark ab wie im Winter, während im Grundwasser nur geringe bis keine Veränderungen festgestellt wurden.

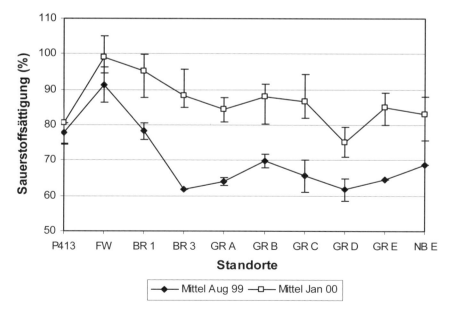

Abb. 3-67: Verlauf der Sauerstoffsättigung in Filtrat-, Boden- und Grundwasser im August 1999 und im Januar 2000.

Während der langen Trockenphase von Januar bis März 2000 fiel die Sättigung an allen Grundwassermessstellen bereits innerhalb von zehn Tagen nach dem Ende der Wässerung in der WS VW mit 75 % auf etwa das Niveau von GRD und blieb dann bis zur Wiederaufnahme der Wässerung ziemlich konstant (Abb. 3-68). Die einzige Ausnahme bildete der Nebenbrunnen X E, wo die Sauerstoffsättigung gegen Ende der Trockenphase bis auf 65 % abnahm. Der Grund könnte in der Ausserbetriebnahme des Brunnens vom 14.02. bis 14.03.2000 liegen. Doch bereits am dritten Tag nach Wiederaufnahme der Bewässerung lag die Sättigung im Brunnen wieder bei 85 %. Durch die Bewässerung wurde somit der Sauerstoffgehalt im Grundwasser um rund 10-30 % angehoben. Der Sauerstoffgehalt reagierte zudem sehr schnell und weiträumig auf sich ändernde Wässerungsverhältnisse.

Kapitel 3: Resultate 167

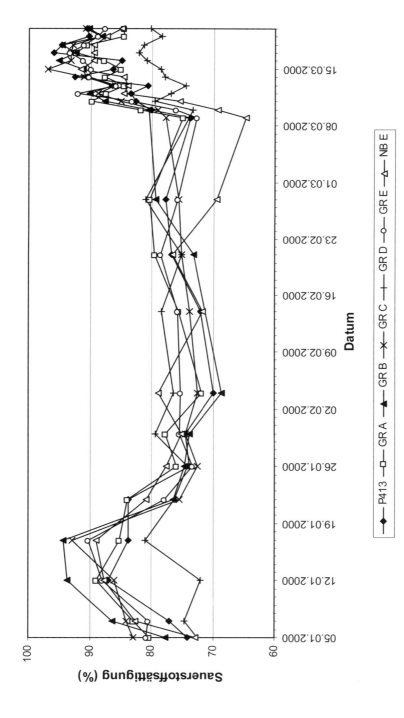

Abb. 3-68: Verlauf der Sauerstoffsättigung im Grundwasser von Januar bis März 2000.

3.5.3.6 Mineralgehalt

Bei einer ersten Untersuchung am 28.11.1999 (Ende einer Wässerungsphase) zeigte sich bei den meisten Parametern eine grosse Konstanz über die Boden- und Aquiferpassage, so v.a. bei den konservativen Ionen Br^-, Cl^- und SO_4^{2-} sowie bei NO_3^+, und etwas weniger bei F^- (Abb. 3-69 und 3-70). Besonders die Phosphatkonzentration schwankte im Verlauf des Aquifers deutlich. Mit Ausnahme von Br^- und Cl^- war bei allen Ionen ein Unterschied zwischen dem Filtratwasser und P413 erkennbar.

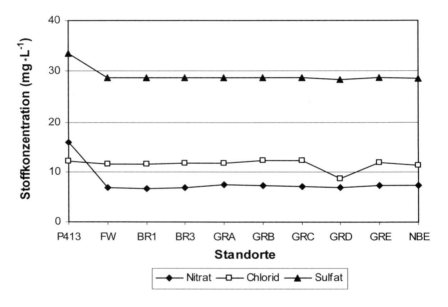

Abb. 3-69: Chlorid-, Nitrat- und Sulfatgehalte in Filtrat-, Boden- und Grundwasser vom 28.11.1999.

Kapitel 3: Resultate   169

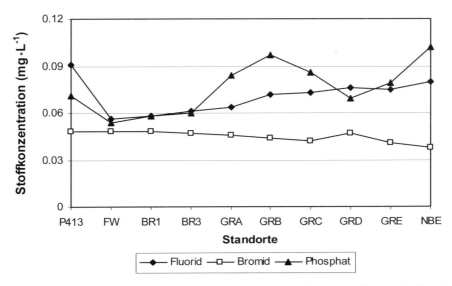

Abb. 3-70: Fluorid-, Bromid- und Phosphatgehalte in Filtrat-, Boden- und Grundwasser vom 28.11.1999.

Im März 2000 wurden sowohl am Ende der 52tägigen Trockenphase wie auch Ende der anschliessenden zehntägigen Bewässerungsphase durch das Wasserlabor der IWB folgende Parameter in Filtrat-, Boden- und Grundwasser bestimmt (Tab. 3-15):
- Anionengehalt (Cl^-, Br^-, F^-, HCO_3^-, NO_3^-, PO_4^{3-} und SO_4^{2-}),
- Kationengehalt (Ca^{2+}, K^+, Mg^{2+}, Na^+),
- Kieselsäuregehalt,
- Säureverbrauch.

Die Differenzen zwischen Rheinwasserinfiltrat und natürlichem Grundwasser im Bereich zwischen der WS VW und dem Brunnen X waren beim Mineralgehalt eher gering. Der Standort GRD unterschied sich teilweise deutlich von den umgebenden Standorten GRB und E. Im Vergleich der Nebenbrunnen, welche fast zwei Drittel der Aquiferbreite von der Niederterrasse bis zur Wiese abdecken, fällt v.a. die Zunahme des Calcium- und Hydrogencarbonatgehalts von NBC bis NBF auf. Hier zeigte sich der Einfluss des Dinkelbergwassers.

Tab. 3-15: Mineralgehalt in Filtrat-, Boden- und Grundwasser am 06.03. und 20.03.2000 in mg∗L^{-1} (Datenquelle: IWB). VB: vor Bewässerung; NB: nach Bewässerung; +: Konzentrationszunahme durch Anreicherung mit Rheinwasser; -: Konzentrationsabnahme durch Anreicherung mit Rheinwasser; =: Konzentration wurde durch Anreicherung mit Rheinwasser nicht verändert; SV: Säureverbrauch.

Kapitel 3: Resultate

Ion	Br VB	Br NB	Cl VB	Cl NB	F VB	F NB	HCO$_3$ VB	HCO$_3$ NB	NO$_3$ VB	NO$_3$ NB	PO$_4$ VB	PO$_4$ NB	SO$_4$ VB	SO$_4$ NB	Ca VB	Ca NB	K VB	K NB	Mg VB	Mg NB	Na VB	Na NB	SiO$_2$ VB	SiO$_2$ NB	SV VB	SV NB
Standort/Zeit																										
P413	0.03	0.04	15	10.2	0.12	0.12	223	175	15.2	15.8	0.011	0.041	38.1	27.3	73	56.7	1.6	1.7	10.1	7.6	10.8	8.4	6.3	6.3	3.66	2.9
FW		0.05		8.2		0.08		176		7		0.11		23.1		53.7		1.7		7.5		6.7		6.3		2.9
BR1		0.05		8.1		0.08		177		6.9		0.098		23.3		54		1.6		7.4		6.6		3.2		2.9
BR3		0.05		8.9		0.08		176		9.4		0.096		24.9		55.1		1.4		7.6		7.3		6.1		2.9
GRA	0.03	0.05	14	9.1	0.11	0.09	212	173	14.9	10.5	0.088	0.089	35.9	25.5	69	54.4	2.1	1.6	9	7.5	10.5	7.6	5.7	4.1	3.47	2.8
BRB	0.03	0.06	13	8.9	0.12	0.09	211	178	14.1	8.7	0.073	0.092	35.2	25.5	69	55.2	1.6	1.3	9.8	7.6	10	7.9	5.4	3.6	3.46	2.9
GRC	0.04	0.06	14	9.1	0.10	0.09	211	174	14.5	8.4	0.088	0.093	35.9	26	68	53.9	2.3	1.7	9.2	7.6	10.7	7.7	5.1	3.6	3.45	2.8
GRD	0.04	0.04	12	10.1	0.08	0.08	192	183	11.6	9.4	0.054	0.052	30.7	27.4	60	56.7	1.4	1.6	8.3	7.6	8.6	7.9	3.3	3.9	3.14	3
GRE	0.03	0.06	14	9.4	0.10	0.09	209	173	14.6	9.1	0.102	0.097	35.7	26.6	69	54.5	1.2	1.7	9.5	7.3	9.9	7.9	4.8	4.2	3.42	2.8
NBE	0.04	0.06	13	9.7	0.09	0.09	208	174	13.7	9.7	0.086	0.093	34.3	26.9	68	54.9	1.5	1.6	9.3	7.6	10.1	7.9	4.2	4.2	3.4	2.8
NBA	0.04	0.06	13	10.1	0.11	0.09	207	180	13.1	10	0.08	0.1	34.4	27.8	67	56.9	1.4	1.4	9	7.4	9.3	7.9	4.3	4.5	3.39	2.9
NBB	0.04	0.05	13	10.1	0.11	0.09	204	181	13	10.1	0.076	0.091	34.6	27.7	66	56.6	1.3	1.7	9.9	8	9.3	8	4.4	4.5	3.34	3
NBC	0.04	0.06	10	9.3	0.08	0.08	174	171	9.2	7.7	0.103	0.121	26.3	25.4	53	52.6	1.5	1.4	7.7	7.5	7.8	7.3	1.9	3.1	2.85	2.8
NBD	0.04	0.06	11	9.7	0.08	0.11	181	172	11.3	9.6	0.085	0.111	29.1	26.3	58	54.5	1.6	1.5	7.9	7.3	8.6	7.8	2.9	3.9	2.97	2.8
P236	0.04	0.05	12	9.7	0.09	0.08	191	173	13.2	10	0.097	0.099	31.9	26.3	64	54.2	1.7	1.5	9.1	7.5	9.3	7.9	4.6	4.1	3.12	2.8
NBF	0.04	0.05	14	10.9	0.12	0.11	224	187	15	12.9	0.074	0.073	39.3	30.5	73	60.2	1.7	1.7	10.1	8.4	10.1	8.4	5.8	6.1	3.67	3.1
Diff. zw. VB u. NB	+		-		=				-		=		-		-		=		-		-		-		-	

Kapitel 3: Resultate

Mittels der am Ende einer Trocken- und einer Wässerphase bestimmten Chloridkonzentrationen (Abb. 3-71) kann für jedes Grundwasserbeobachtungsrohr der Anteil von Filtratwasser am Grundwasser nach folgender Formel berechnet werden (nach BOURG & BERTIN 1993):

$$X_{GR} = ([Cl]_{nB} - [Cl]_{vB}) / ([Cl]_{FW} - [Cl]_{vB})$$

X_{GR} = Anteil des Filtratwassers im Grundwasserbeobachtungsrohr,
$[Cl]_{vB}$ = Chloridkonzentration in mg$*$L^{-1} im Grundwasserbeobachtungsrohr vor der Wässerphase (unbeeinflusster Zustand),
$[Cl]_{nB}$ = Chloridkonzentration in mg$*$L^{-1} im Grundwasserbeobachtungsrohr am Ende der Wässerphase (beeinflusster Zustand),
$[Cl]_{FW}$ = Chloridkonzentration in mg$*$L^{-1} im Filtratwasser.

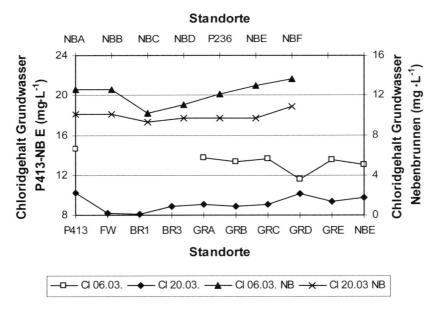

Abb. 3-71: Chloridkonzentrationen in Filtrat-, Boden- und Grundwasser in den Messstellen P413-NB E sowie in den Nebenbrunnen A-F des Brunnens X am 06. und 20.03.2000.

In Tab. 3-16 und Abb. 3-72 sind die Anteile des Filtratwassers in den einzelnen Grundwasserbeobachtungsrohren für den 20.03.2000 dargestellt. Hierbei ist allerdings zu betonen, dass diese Anteile eine Momentaufnahme darstellen und nur als Richtgrösse zu verstehen sind. Je nach Qualität und Quantität von Grund- und Filtratwasser können sie sich ändern.

Tab. 3-16: Prozentuale Anteile des Filtratwassers am Grundwasser in den untersuchten Grundwassermessstellen am 20.03.2000.

Kapitel 3: Resultate 172

Grundwasser-messstelle	Anteil Filtratwasser (%)	Grundwasser-messstelle	Anteil Filtratwasser (%)
P413	69	NBA	57
GRA	84	NBB	57
GRB	86	NBC	45
GRC	83	NBD	48
GRD	44	P236	61
GRE	77	NBE	69
NBE	69	NBF	51

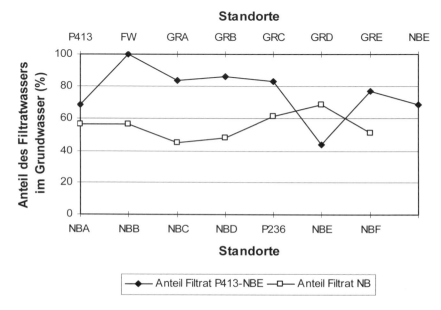

Abb. 3-72: Prozentuale Anteile des Filtratwassers am Grundwasser in den untersuchten Grundwassermessstellen am 20.03.2000.

3.5.3.7 Radongehalt

Das eingeleitete Filtratwasser war radonfrei. Auch das Bodenwasser aus dem Rohr BR1 enthielt kein Radongas. Bei allen fünf durchgeführten Radonuntersuchungen stieg der Radongehalt in der restlichen ungesättigten Zone sowie bei der anschliessenden Aquiferpassage an (Abb. 3-73 und 3-74). Während im November 1999 der Hauptanstieg im Grundwasser selbst stattfand, erfolgte dieser bei der Messung am 20.3.2000 zwischen dem Rohr BR1 und GRA (über zwei Drittel des Gesamtanstiegs). Im Nebenbrunnen X E fanden sich mit 25-30 $Bq \cdot L^{-1}$ Werte wie in den anderen Nebenbrunnen des Brunnens X (Abb. 3-75).

Kapitel 3: Resultate 173

Bei einer ersten Serie von drei Messungen in der Wässerphase im November 1999 sank die Radonkonzentration im Grundwasser besonders zwischen Beginn und Mitte der Wässerung (Abb. 3-73). Anders als bei DOC und SAK254 wurden am Standort P413 die Radonwerte durch die Bewässerung kaum beeinflusst.

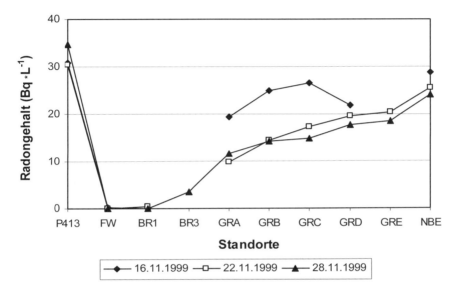

Abb. 3-73: Radongehalte in Filtrat-, Boden- und Grundwasser vom 16., 22. und 28.11.1999.

Im von der Wässerung unbeeinflussten Zustand am 06.03.2000 blieb die Radonkonzentration vom Pegel 413 zum Brunnen X E konstant bei etwa 25-28 $Bq*L^{-1}$ (Abb. 3-74). Einzig in den Rohren GRB und GRD waren die Werte mit 20 bzw. 23 $Bq*L^{-1}$ etwas tiefer. Am Ende der anschliessenden Wässerphase (Probennahme vom 20.03.) waren die Werte in GRD und im Brunnen X E im Vergleich zum 6. März ziemlich unverändert (Abb. 3-74). Dies gilt ebenso für praktisch alle Nebenbrunnen (Abb. 3-75).

Kapitel 3: Resultate 174

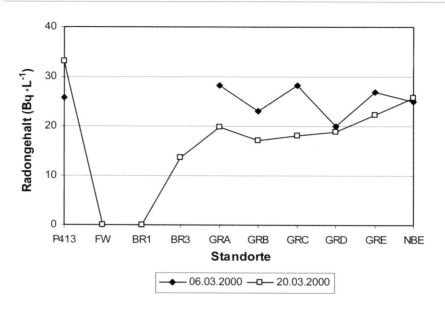

Abb. 3-74: Radongehalte in Filtrat-, Boden- und Grundwasser vom 06. und 20.03.2000.

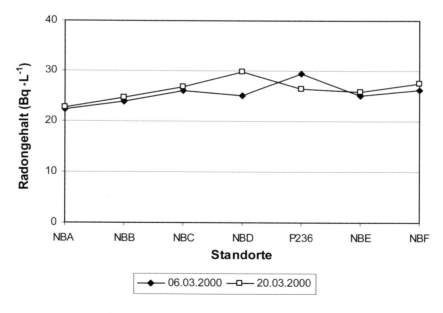

Abb. 3-75: Radongehalte in den Nebenbrunnen des Sammelbrunnens X vom 06. und 20.03.2000.

Kapitel 3: Resultate

Mittels Messung der Radonkonzentration lässt sich die Aufenthaltszeit des Grundwassers bestimmen (HOEHN & VON GUNTEN 1989, DEHNERT et al. 1999). Für die Berechnung müssen allerdings folgende Voraussetzungen erfüllt sein:
- Die durchschnittliche Konzentrationsverteilung im Aquifer von ^{226}Ra als Mutterisotop von ^{222}Rn ist makroskopisch homogen.
- Die in grösserer Entfernung vom Fliessgewässer gemessene Rn-Konzentration ist repräsentativ für den Fliessweg.
- Der Verlust von Rn an die ungesättigte Zone und die Atmosphäre ist konstant.
- Die Länge des Fliesswegs im Aquifer ändert sich auch bei wechselnden Grundwasserspiegelhöhen nicht.
- Es erfolgt keine Mischung von nativem Grundwasser mit Infiltrationswasser.
- Die Aufenthaltszeit übersteigt nicht die vierfache Halbwertszeit von ^{222}Rn (15 Tage).

Wie die Abb. 3-74 zeigt, schwankte die Radonkonzentration im Aquifer entlang des Fliesswegs auch während einer langen Trockenphase (Gleichgewichtswert). Deshalb ist die zweite Vorraussetzung nicht erfüllt. Zur weiteren Berechnung kann daher nicht *ein* Wert z.B. die Rn-Konzentration von P413, als Gleichgewichtswert für die ganze Fliessstrecke gewählt werden, sondern es muss für *jede* Grundwassermessstelle der Gleichgewichtswert an ihrem Standort in die Berechnung einbezogen werden.

Da auch die zweitletzte Voraussetzung nicht erfüllt ist, müssen die Rn-Konzentrationen mit dem aus der Chloridkonzentration errechneten Infiltrationswasseranteil nach folgender Formel korrigiert werden:

$Rn_{korr} = (Rn_{nB} - Rn_{vB}*(1-x))/x$

nB: nach Bewässerung;
vB: vor Bewässerung;
x: Anteil des Infiltrationswassers

Anschliessend kann die Aufenthaltszeit berechnet werden:

$t_{Auf} = 1/\lambda * \ln(Rn_{vB}/Rn_{vB}-Rn_{korr})$

λ: Radioaktive Zerfallskonstante von ^{222}Rn ($0.18 * d^{-1}$)

Da die dritte und vierte der obigen Voraussetzungen nur Annahmen sind, ist die errechnete Aufenthaltszeit bloss eine Schätzung (Tab. 3-17):

Kapitel 3: Resultate

Tab. 3-17: Anhand der ^{222}Rn- und Cl-Konzentrationen berechnete Aufenthaltszeit bzw. Fliessgeschwindigkeit des Grundwassers im Aquifer zwischen VW1 und Brunnen X E am 20.03.2000.

Standort	Rn$_{vB}$ 06.03.2000	Rn$_{nB}$ 20.03.2000	x	Rn$_{korr}$	Auf.zeit	Fliessgesch.
P413	25.8	33.1	0.688	36.42	> 15 d	
FW		0.0				
BR1		0.0				
BR3		13.7				
GRA	28.3	19.8	0.836	18.14	5.69	1.3∗10^{-5} m∗s^{-1}
GRB	23	17.1	0.863	16.16	6.74	1.2∗10^{-4} m∗s^{-1}
GRC	28.2	18.0	0.833	15.96	4.64	3.5∗10^{-4} m∗s^{-1}
GRD	20	18.9	0.441	17.51	11.57	1.4∗10^{-5} m∗s^{-1}
GRE	27	22.4	0.774	21.05	8.41	2.8∗10^{-4} m∗s^{-1}
NBE	25	25.8	0.688	26.16	> 15 d	

3.5.3.8 DOC-Gehalt und UV-Absorption

DOC in der ungesättigten Zone:
Bei der Passage durch die ungesättigte Zone in der Wässerstelle nahm der Gehalt an gelöstem organischem Kohlenstoff (DOC) mit zunehmender Bodentiefe ab (Standorte FW-BR3; Abb. 3-76). Bis in 1 m Bodentiefe erfolgten 2 %, bis in 3 m 32 % der gesamten DOC-Reduktion entlang der Boden- und Aquiferpassage. In der bereits gesättigten Zone zwischen 3 und 5 m Tiefe (BR3-GRA) nahm der DOC-Gehalt nochmals stark ab, so dass in 5 m Tiefe 66 % der Gesamtreduktion erreicht wurden.

SAK254 in der ungesättigten Zone:
Im Gegensatz zum DOC zeigte der SAK254 im Verlaufe des ersten Meters der Bodenpassage (FW-BR1) bei allen Messungen jeweils einen leichten Anstieg (im Mittel um 15 %). Doch bis in 5 m Bodentiefe (BR1-GRA) erfolgten bereits 67 % der Gesamtreduktion. Die spezifische UV-Absorption nahm im ersten Meter im Mittel von 2.91 auf 3.24 m^{-1}(mg C∗L^{-1})$^{-1}$ um 12 % zu, fiel aber bis in 5 m Tiefe auf 2.36, was 52 % der gesamten Abnahme bis zum Brunnen entsprach.

DOC in der gesättigten Zone:
Im Vergleich zur deutlichen Reduktion während der kurzen Bodenpassage fand auf der ca. 270 m langen Fliessstrecke von GRA bis zum Brunnen mit 34 % der Gesamtreduktion nur noch eine langsame Abnahme der DOC-Belastung statt. Der ursprüngliche DOC-Gehalt des Grundwassers konnte im Brunnen noch nicht erreicht werden. Im Vergleich zum Referenzrohr P413 stromaufwärts der Wässerstelle wurde der durch die Wässerung eingebrachte DOC entlang der Boden- und Aquiferpassage um 90 % reduziert. Allerdings ist zu beachten, dass die Werte in P413 während der Wässerung

gegenüber dem von der Wässerung unbeeinflussten Zustand leicht erhöht waren (s. unten und Abb. 3-77). Somit dürfte die effektive Reinigungswirkung zwischen 80-90 % liegen.

SAK254 in der gesättigten Zone:
Fast gleich wie der DOC nahm während der Aquiferpassage auch der SAK254 mit 33 % ab. Die durch die Wässerung eingebrachten UV-absorbierenden organischen Substanzen wurden jedoch bis zum Brunnen gesamthaft mit 97 % etwas stärker als der DOC verringert. Wegen des wässerungsbedingten Anstiegs der Messwerte in P413 dürfte die effektive Reinigungsleistung somit bei rund 90 % liegen. Die spezifische UV-Absorption sank im Aquifer mit 49 % etwas deutlicher als SAK254 und DOC und fiel im Brunnenwasser sogar noch unter den Wert des Referenzrohrs.

Ein Vergleich zwischen den Beobachtungsrohren GRC (DOC: 0.95 mg $C*L^{-1}$, SAK254: $2.00*m^{-1}$) und GRD (DOC: 0.62 mg $C*L^{-1}$, SAK254: $1.00*m^{-1}$) zeigt, dass bis mindestens 140 m unterhalb der Wässerstelle nur eine geringe vertikale Durchmischung des Grundwassers erfolgt.

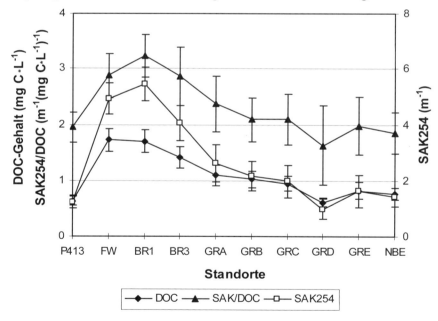

Abb. 3-76: Gesamtübersicht über die in dieser Arbeit von März 1999 bis August 2000 erhobenen Messwerte von DOC, SAK254 und bzw. errechneten Werte von SAK254/DOC (spezif. UV-Absorption); P413 ab April 1999, NB E: ab August 1999. Die in der Trockenphase im März 2000 erhobenen Werte wurden in diesem Diagramm nicht berücksichtigt.

Kapitel 3: Resultate

Das Durchbruchsdiagramm (Abb. 3-77) zeigt sehr deutlich die unterschiedliche Reduktionsdynamik von DOC und SAK254 in der ungesättigten und der gesättigten Zone. Den Bezugsnullpunkt für dieses Diagramm bildete der Referenzpegel P413.

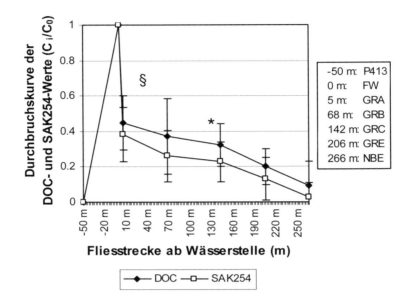

Abb. 3-77: Gemitteltes DOC- und SAK254-Durchbruchsdiagramm der meisten der im Rahmen dieser Arbeit erhobenen Filtrat- und Grundwasserproben im Bereich WS VW-Brunnen X. Bezugs-Nullpunkt (= 0.0): Referenzpegel P413, Ausgangskonzentration (= 1.0): Filtratwasser. Alle Werte ab März 1999 mit Ausnahme von P413 (ab April 1999) und dem Nebenbrunnen E (ab August 1999). Der Übersichtlichkeit und Verständlichkeit wegen wurden die Messwerte der Standorte BR1, BR3 und GRD, sowie der Trockenphase vom März 2000 weggelassen. §: Vertikaltransport in der ungesättigten Zone, *: Horizontaltransport im Aquifer.

Im Folgenden wird der Verlauf von DOC, SAK254 sowie SAK254/DOC während den beiden Wässerphasen im Januar und März 2000 und der dazwischenliegenden Trockenphase detailliert dargestellt. Die Bewässerung war seit dem 26.12.1999 nach dem Durchgang des Sturms Lothar (s. Kap. 3.6) abgestellt. Am 03.01.2000 wurde die Bewässerung überall in den Langen Erlen wieder aufgenommen. In der WS VW wurde dabei das Feld 3 überflutet. Am 06.01. wurde auf das Feld 1 umgestellt. Nach der Ausserbetriebnahme der Wässerung im Feld 1 am 17.01. lief die Bewässerung in den anderen Wässerstellen noch bis am 26.01. weiter. Bis am 09.03. blieb die Bewässerung zur Behebung der Sturmschäden (s. Kap. 3.6) ausser Betrieb.

Kapitel 3: Resultate

Danach wurde VW1 (wie auch die übrigen Wässerstellen in den Langen Erlen) bis zum 20.03. wieder bewässert.

DOC
In den Abb. 3-78 und 3-79 lässt sich folgendes Verhalten erkennen:

Wässerphase im Januar 2000:
- Nach Aufnahme der Bewässerung im Feld 1 am 06.01.2000 stieg die DOC-Konzentration am Standort GRA schnell an und erreichte im Vergleich zur Wässerphase im März höhere Werte, bei gleichzeitig tieferen Gehalten im Filtratwasser.
- Die Konzentration in GRB lag durch die vorgängige Bewässerung im Feld 3 bereits am 05.01. bei 1.1 mg C_*L^{-1}.
- Während der Untergrundpassage lässt sich eine deutliche Abnahme der DOC-Konzentration erkennen (Filtratwasser: 1.7-1.8 mg C_*L^{-1}; NBE: 0.6-0.8 mg C_*L^{-1}).
- Ingesamt waren die Werte von GRA, GRB und GRD gegenüber der Wässerphase im März zeitweise deutlich erhöht.

Trockenphase von Januar-März 2000:
- Nach dem Ende der Bewässerung am 17.01. fiel die DOC-Konzentration wieder rasch ab.
- Aber erst zehn Tage nach der Langen Erlen-weiten Ausserbetriebnahme der Wässerung am 26.01. stellte sich im Grundwasser ein Gleichgewichtszustand ein, bei welchem alle Grundwassermessstellen sehr ähnliche DOC-Konzentrationen aufwiesen.

Wässerphase im März 2000:
- Die DOC-Belastung des Filtratwassers im März 2000 schwankte von Tag zu Tag um 0.3-16.5 %.
- Nach Beginn der Bewässerung am 09.03. nahm die DOC-Konzentration im Aquifer (GRA-NBE) zu, allerdings leicht verzögert (GRA-GRC: ca. 1-2 Tage; GRE und NBE: 3 Tage). Die Verzögerungszeiten sind aber wegen der täglichen Schwankungen der DOC-Werte im Filtratwasser schwierig bestimmbar und deshalb nicht ganz zweifelsfrei.
- Die DOC-Werte im Rohr GRD hingegen blieben während der ganzen März-Wässerphase auf tiefem Niveau (min: 0.55 mg C_*L^{-1}; max.: 0.68 mg C_*L^{-1}).
- Die Bewässerung beeinflusste auch die Werte im Referenzrohr P413. Sie waren nach dem Rohr GRD die zweittiefsten, stiegen aber am vierten Tag nach Beginn der Bewässerung erkennbar an. Die Werte im Brunnen X E lagen zwischen denjenigen von P413 und GRE.

Kapitel 3: Resultate

- An allen Standorten wurde am 14.03. ein deutliches Abfallen der Werte gemessen. Dies könnte durch einen Messfehler bedingt sein.
- Am 17.03. war im Rohr BR 3 mit einer um 27 %, bzw. am 18.03. im Rohr GRB mit einer 17 % höheren Konzentration als am jeweiligen Vortag ein starker DOC-Anstieg festzustellen. An diesen Tagen war der Rhein witterungsbedingt sehr trüb. Um die Fortführung der Messreihe nicht zu gefährden, wurde die Wässerung trotzdem weiter betrieben. Dabei erfolgte ein leichter Trübungsdurchbruch durch die Schnellsandfilter.

Kapitel 3: Resultate

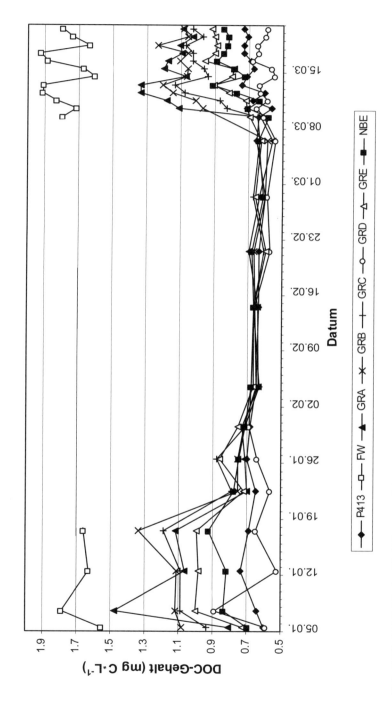

Abb. 3-78: DOC-Verlauf in Filtrat- und Grundwasser zwischen Januar und März 2000.

Kapitel 3: Resultate

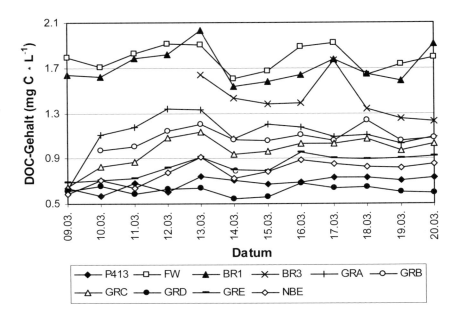

Abb. 3-79: DOC-Verlauf in Boden- und Grundwasser während der zehntägigen Wässerungsphase im März 2000.

SAK254
Beim SAK254 zeigte sich während der beiden Wässerphasen im Januar und März 2000 und der dazwischenliegenden Trockenphase folgendes Bild (Abb. 3-80 und 3-81):

Wässerphase im Januar 2000:
- In der Mitte der Januar-Wässerphase (12.01.) zeigte sich bei erhöhten Eingangswerten des Filtratwassers an allen Standorten eine grosse Zunahme, jedoch in unterschiedlichem Ausmass: Nur gering reagierte der Referenzpegel, während besonders GRA, B, C und E stark anstiegen (Abb. 3-80 und Tab. 3-19). Der Pegel 411 wies keine Erhöhung auf (Tab. 3-18). Er liegt ca. 80 m WSW von GRC und D und ist von der Bewässerung in VW1 nicht mehr tangiert, da er von Dinkelbergwasser gespeist wird.
- Die Werte in GRC, GRE und NBE waren am Ende der Januar-Wässerphase noch immer messbar höher als am Ende der Märzwässerphase. Dabei waren im März allerdings die Eingangswerte im Filtratwasser deutlich tiefer als im Januar. Eine Beprobung der Wasserqualität im Sammelbrunnen X seitens der IWB am 18.01. ergaben allerdings keine gegenüber der normalen Situation erhöhten Werte.

Trockenphase zwischen Januar und März 2000:
- Nach dem Ende der Bewässerung in der WS VW am 17.01. fielen die Werte rasch, brauchten aber nach auch dem 26.01. noch drei Wochen bis sich auf niedrigem Niveau ein Gleichgewichtszustand einstellte, der erst mit der Wiederaufnahme der Bewässerung im März beendet wurde.

Wässerphase im März 2000:
- Die Abnahme des SAK254 zwischen dem Filtratwasser und dem Grundwasserrohr GRA war deutlich grösser als bei den DOC-Werten (43-60 % anstelle von 30-43 % Reduktion).
- Die SAK254-Werte im Rohr BR 1 waren durchwegs höher als die Werte im Filtratwasser (4-21 %).
- Die Messstandorte im Aquifer wiesen viel geringere Schwankungen auf als beim DOC und die Unterschiede zwischen den Messstandorten blieben meist mehr oder weniger konstant.
- Dagegen zeigte der SAK254-Verlauf in den beiden Bodenwasserrohren BR1 und BR3 deutliche tägliche Schwankungen (1.6-12.9 %, bzw. 4.7-35.9 %). Am 17.03. wurden im Filtratwasser und in den beiden Bodenwasserrohren besonders hohe Werte gefunden. An diesen Tagen war der Rhein witterungsbedingt sehr trüb. Um die Fortführung der Messreihe nicht zu gefährden, wurde die Wässerung trotzdem weiter betrieben. Dabei erfolgte ein leichter Trübungsdurchbruch durch die Schnellsandfilter.
- Da die SAK254-Werte im Rohwasser mit Ausnahme des 17.03. über die ganze Messdauer ziemlich konstant blieben, ist hier die Verzögerung des SAK254-Anstiegs im Aquifer im Gegensatz zum DOC gut erkennbar: GRA: 3 Tage, GRB: 4 Tage, GRC: 6 Tage, GRE: 6-7 Tage, NBE: 7 Tage. Es scheint somit, dass der Anstieg des SAK254-Werts im Aquifer im Verlaufe einer Wässerphase gegenüber dem Anstieg des DOC verzögert ist.
- Gleich wie beim DOC waren die SAK254-Werte im Rohr GRD besonders tief.
- Die Werte im Nebenbrunnen X E und im Referenzpegel 413 verliefen beinahe deckungsgleich. Die Werte im Pegel 413 stiegen erkennbar am zweiten Tag nach Beginn der Bewässerung an.

Kapitel 3: Resultate 184

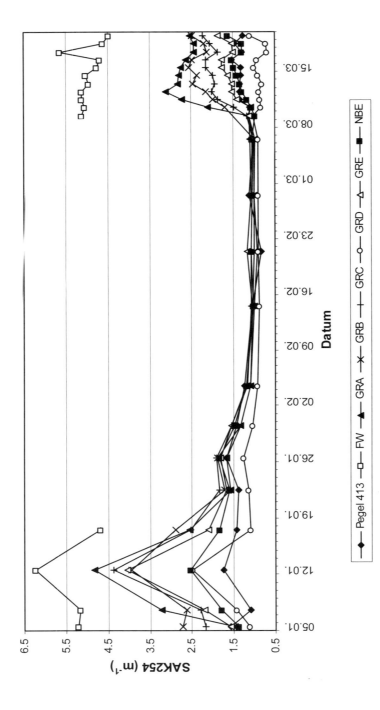

Abb. 3-80: SAK254-Verlauf in Filtrat- und Grundwasser zwischen Januar und März 2000.

Tab. 3-18: SAK254-Werte in Filtrat-, Boden- und Grundwasser im Gebiet zwischen WS VW und Brunnen X während der Wässerphase im Januar 2000.

Standorte	05.01.00	07.01.00	12.01.00	17.01.00
P413	1.575	1.104	1.752	1.423
FW	5.220	5.159	6.231	4.693
BR1	kein Wasser	5.782	7.129	6.088
BR3	kein Wasser	4.486	5.426	3.555
GRA	1.489	3.219	4.830	2.560
GRB	2.723	2.624	3.946	2.881
GRC	2.172	2.294	4.375	2.528
GRD	1.129	1.427	2.488	1.097
GRE	1.572	2.190	4.038	2.094
NBE	1.396	1.797	2.535	1.832
NBC			3.213	2.088
NBD			2.747	1.746
P236	0.728	1.755	2.254	1.687
NBF		1.399	2.082	1.290
NBG		0.978	1.548	
P402			4.496	
P43				1.754
P410	0.936	1.472	1.866	
P411		1.178	1.072	1.076

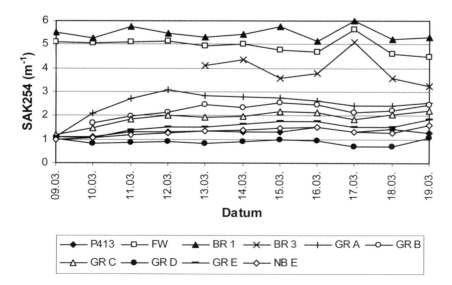

Abb. 3-81: SAK254-Verlauf in Boden-, Filtrat- und Grundwasser während der zehntägigen Wässerungsphase im März 2000.

SAK254/DOC
Bei der spezifischen UV-Absorption zeigte sich während den beiden Wässerphasen im Januar und März 2000 und der dazwischenliegenden Trockenphase folgendes Bild (Abb. 3-82 und 3-83):
- In der Mitte der Januarwässerphase (12.01.) nahm die spezifische UV-Absorption an allen Standorten stark zu.
- Nach dem Ende der Bewässerung am 17.01. in VW1 blieb das SAK254/DOC-Verhältnis bis zum 26.01. erhöht. Erst nach dem Ende der Bewässerung in den übrigen Wässerstellen fielen die Werte und erreichten Mitte Februar ein Gleichgewicht.
- Nach Wiederinbetriebnahme der Wässerung liefen die Werte sehr schnell auseinander. Am Standort GRD war der Anteil an komplexen organischen Substanzen an der gesamten gelösten organischen Substanz tiefer als im von der Wässerung unbeeinflussten Zustand.

In Tab. 3-19 sind die prozentualen Veränderungen von DOC, SAK254 und SAK254/DOC während der Wässerphasen von Januar 2000 und November 1999 dargestellt.

Kapitel 3: Resultate

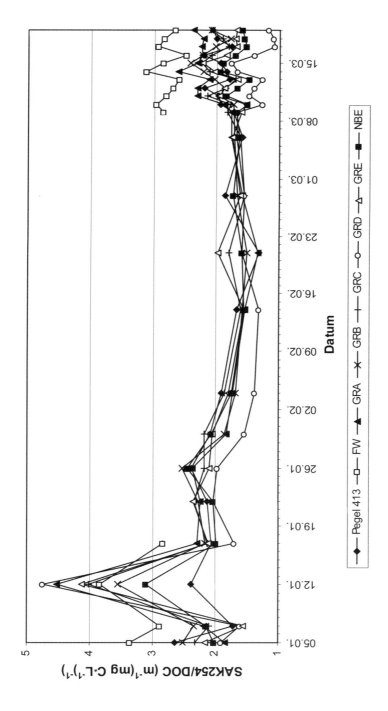

Abb. 3-82: Verlauf der spezifischen UV-Absorption in Filtrat- und Grundwasser zwischen Januar und März 2000.

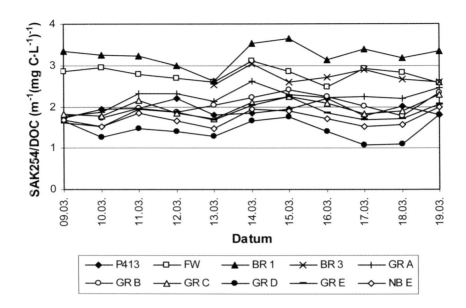

Abb. 3-83: SAK254/DOC-Verlauf in Filtrat-, Boden- und Grundwasser während der zehntägigen Wässerungsphase im März 2000.

Tab. 3-19: Vergleich der prozentualen Veränderungen von DOC, SAK254 und SAK254/DOC im Verlaufe der Wässerphasen vom 06.-17.01.2000 und vom 16.-27.11.1999.

Parameter/Datum	Standorte									
	P413	FW	BR1	BR3	GRA	GRB	GRC	GRD	GRE	NBE
DOC										
Δ-DOC (%) vom 16. auf den 22.11.1999	99	72	91		120	134	124	102	107	97
Δ-DOC (%) vom 22. auf den 28.11.1999	124	100	96	104	95	91	105	112	113	118
Δ-DOC (%) vom 05. auf den 07.01.2000	108	115			183	104	117	**150**	138	120
Δ-DOC (%) vom 07. auf den 12.01.2000	114	91	72	67	72	99	100	**59**	98	98
Δ-DOC (%) vom 12. auf den 17.01.2000	94	102	123	100	105	120	109	123	101	113
Δ-DOC (%) vom 17. auf den 22.01.2000	94				63	**57**	66	87	72	84
SAK254										
Δ-SAK (%) vom 16. auf den 22.11.1999	154	93	101		155	160	144	121	146	136
Δ-SAK (%) vom 22. auf den 28.11.1999	86	98	91	96	87	101	101	102	100	100
Δ-SAK (%) vom 05. auf den 07.01.2000	70	99			**216**	96	106	126	139	129
Δ-SAK (%) vom 07. auf den 12.01.2000	159	121	123	121	150	150	**191**	174	184	141
Δ-SAK (%) vom 12. auf den 17.01.2000	81	75	85	66	53	73	58	**44**	**52**	72
Δ-SAK (%) vom 17. auf den 22.01.2000	91				61	59	73	105	80	87
SAK254/DOC										
Δ-SAK/DOC (%) vom 16. auf den 22.11.1999	155	129	111		129	119	116	119	136	140
Δ-SAK/DOC (%) vom 22. auf den 28.11.1999	70	98	95		91	111	96	91	89	85
Δ-SAK/DOC (%) vom 05. auf den 07.01.2000	65	86			118	93	91	84	72	107
Δ-SAK/DOC (%) vom 07. auf den 12.01.2000	139	133	170	181	207	151	191	**295**	**264**	144
Δ-SAK/DOC (%) vom 12. auf den 17.01.2000	87	74	70	65	51	61	53	**36**	**51**	64
Δ-SAK/DOC (%) vom 17. auf den 22.01.2000	104				98	105	109	120	111	103

Jahreszeitliche Effekte:
Hinsichtlich saisonaler Veränderungen verhielten sich die im Rahmen dieser Arbeit gewonnenen DOC- und SAK254-Daten (Abb. 3-84 und 3-85) ähnlich wie die Werte im Brunnen X von 1991 bis 2001: Während im Sommer in der Regel Tiefstände erreicht wurden, waren die Werte im Winter und Frühjahr tendenziell am höchsten. Hierbei ist allerdings zu betonen, dass sich dieses Muster im Brunnenwasser längst nicht in jedem Jahr und auch nicht immer im gleichen Ausmass zeigte.

Kapitel 3: Resultate

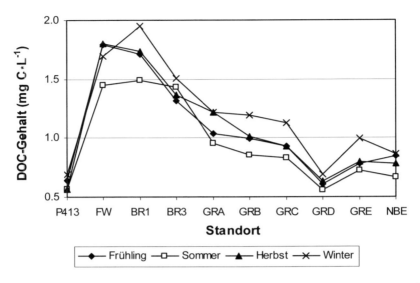

Abb. 3-84: Saisonaler Verlauf des DOC in Filtrat-, Boden- und Grundwasser. Frühling: Messungen vom 15.03.99, 13., 16., 21.04.99, 20.03.00; Sommer: Messungen vom 12., 16., 18.08.99, 24.08.00; Herbst: Messungen vom 23.09.99, 16., 22., 28.11.99; Winter: Messungen vom 07, 12., 17.01.00.

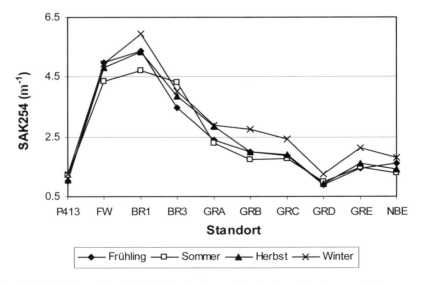

Abb. 3-85: Saisonaler Verlauf des SAK254 in Filtrat-, Boden- und Grundwasser. Frühling: Messungen vom 15.03.99, 13., 16., 21.04.99, 19.03.00; Sommer: Messungen vom 12., 16., 18.08.99, 24.08.00; Herbst: Messungen vom 23.09.99, 16., 22., 28.11.99; Winter: Messungen vom 07. und 17.01.00.

Kapitel 3: Resultate

DOC und SAK254 in den Nebenbrunnen des Sammelbrunnens X
Der Nebenbrunnen E des Sammelbrunnens X wurde jeweils als Endpunkt des Transekts von der WS Verbindungsweg bis zum Brunnen X verwendet. Die in den übrigen Nebenbrunnen erhobenen DOC-Werte zeigen, zusammen mit dem Filtratwasseranteil, dass der Hauptstrom des in VW1 versickerten Filtratwassers tatsächlich im Nebenbrunnen E erfasst wird. Dazu sind in Abb. 3-86 exemplarisch die Verhältnisse am 20.03.2000 dargestellt.

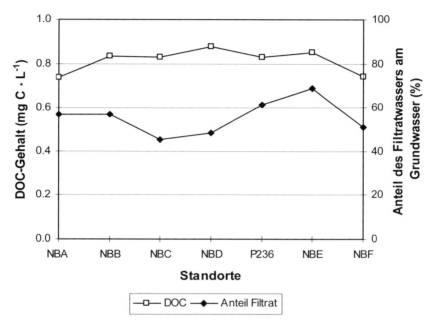

Abb. 3-86: DOC-Gehalt und prozentualer Anteil des Filtratwassers im Grundwasser der Nebenbrunnen des Sammelbrunnens X am 20.03.2000.

Vergleichsmessung mit den Wässerstellen Grendelgasse Rechts und Links.
Zum Vergleich mit dem DOC-Verlauf im Grundwasser zwischen der Wässerstelle Verbindungsweg und dem Brunnen X wurden am 10.04.2000 je eine Messreihe zwischen der Wässerstelle GGR und dem Brunnen V bzw. GGL und dem Brunnen X durchgeführt (Abb. 3-87 und 3-88). In Betrieb waren GGR3 und GGL1 (Lage der Messstandorte s. Abb. 2-5).

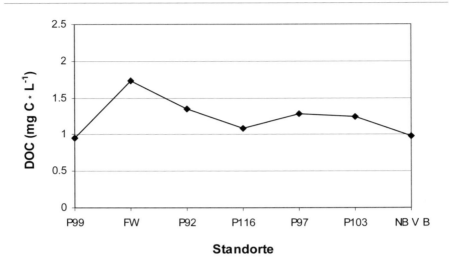

Abb. 3-87: DOC-Verlauf im Filtrat- und Grundwasser zwischen dem Feld 3 der WS GGR und dem Nebenbrunnen B des Brunnens V am 10.04.2000. Standorte der Messstellen s. Abb. 2-5. P99 diente als Referenzpegel.

In Abb. 3-87 war in der Bodenpassage (bis P92) eine Reduktion um etwa 50 % zu erkennen. Dann folgte im ersten Teil der Aquiferpassage bis P116 nochmals eine Reduktion von ca. 40 %. Bei der weiteren Aquiferpassage stieg die DOC-Konzentration jedoch wieder. Bis zum Brunnen wurde aber fast der gesamte aus der Wässerung stammende DOC-Eintrag entfernt.

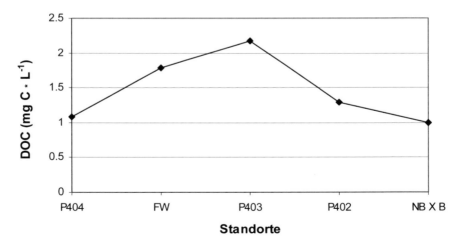

Abb. 3-88: DOC-Verlauf im Filtrat- und Grundwasser zwischen dem Feld 3 der WS GGL und dem Nebenbrunnen B des Brunnens X am 10.04.2000. Standorte der Messstellen s. Abb. 2-5. P404 diente als Referenzpegel.

Im Transekt von GGL1 bis zum Brunnen X wurde die höchste organische Belastung nicht im Filtratwasser, sondern im Grundwasser direkt stromabwärts der WS gemessen (Abb. 3-88). Die beiden räumlich benachbarten Pegel 403 und 402 ergaben sehr verschiedene Werte. Es konnte nicht eruiert werden, aus welcher Tiefe das in diesen beiden Rohren gesammelte Grundwasser stammte. Im Aquifer zwischen P402 und dem Brunnen X erfolgte nur noch eine geringe Abnahme.

Bei diesen zwei Vergleichsmessungen konnte somit der typische Konzentrationsverlauf der organischen Substanz während der Boden- und Aquiferpassage nicht nachgewiesen werden. Allerdings ist der Zustand der Pegelrohre, die meist um die 50 Jahre alt waren, und dessen Einfluss auf die Messergebnisse unklar. Das Grundwasser stand in diesem Vergleichsgebiet während der Wässerphase mit bis zu 2 m unter Flur deutlich höher als im Untersuchungsgebiet Verbindungsweg-Brunnen X E (Tab. 3-20).

Tab. 3-20: Pegelstände zwischen GGR und dem Brunnen V, sowie zwischen GGL und dem Brunnen X vom 10.04.2000.

Standort	Pegel (m unter Flur)	Standort	Pegel (m unter Flur)
P99	3.22	P404	3
P92	2.23	P403	2.05
P116	2.6	P402	2.5
P97	2.55		
P103	3.65		

3.5.3.9 Verlauf der AOC-Konzentration während der Boden- und Aquiferpassage

Die Messungen des assimilierbaren organischen Kohlenstoffs (AOC) ergaben generell sehr niedrige Werte. Der Gehalt im Filtratwasser wurde bereits während der Bodenpassage in der Wässerstelle (bis GR A) um 43% reduziert und blieb danach praktisch konstant (Abb. 3-89). Die Wachstumsrate lag bei allen Proben jederzeit unter $0.1 \ast h^{-1}$ und der Vermehrungsfaktor unter 5. Das Grundwasser ist damit als mikrobiologisch stabil zu bezeichnen.

Kapitel 3: Resultate

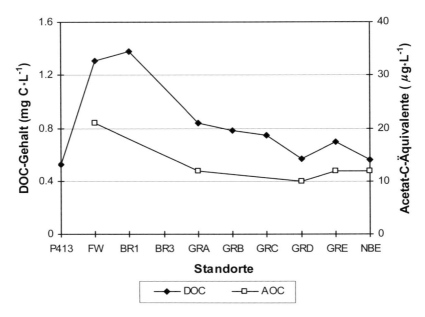

Abb. 3-89: Verlauf von DOC- und AOC-Konzentration in Filtrat- Boden- und Grundwasser zwischen der WS VW und dem Brunnen X am 19.08.1999.

3.5.3.10 Mikrobiologische Verhältnisse in Bodenwasser und Grundwasser

Im Verlauf dieser Arbeit wurde die hygienische Belastung des Grundwassers mit aeroben, mesophilen Keimen (AMK), *E. coli* und Enterokokken während der Wässerungsphase dreimal bestimmt (28.11.1999, 17.01. und 20.03.2000). Dabei erfolgte während der Untergrundpassage eine starke Reduktion der Keimbelastung des Versickerungswassers um zwei bis vier Zehnerpotenzen bzw. 97.4-99.99 % (Tab. 3-21). Die weitaus stärkste Elimination pro Meter Fliessstrecke fand sich zwischen 1-5 m Bodentiefe (Filtratwasser bis GRA). Am 28.11.1999 und am 17.01.2000 wurde die höchste Keimbelastung nicht im Filtratwasser, sondern im Bodenwasser in 1 m Tiefe (BR1) gemessen (Abb. 3-90; Schwebstoffgehalt der Probe vom 17.01.: 910 mg$_*$L^{-1}!). Bei allen drei Messungen kamen im Brunnen X E wie auch im Rohr GRD weniger als ein Keim von *E. coli* und Enterokokken pro 100 ml vor. Meist wurden bereits im Rohr GRC oder GRE nur noch ein oder zwei Fäkalkeime pro 100 mL erfasst. Nur bei der Probennahme vom 20.03. wurde im Brunnen X E bei den AMK der Zielwert von 20 KBE (Koloniebildende Einheiten) pro Milliliter unterschritten. Im Vergleich mit den am 06.03. und 20.03.2000 erfassten weiteren Nebenbrunnen des Sammelbrunnens X wies der Brunnen X E bezüglich AMK eher erhöhte Werte auf.

Kapitel 3: Resultate

Besonders hohe Werte wurden bei allen drei Parametern am 17.01.2000 festgestellt (Abb. 3-91). Auffällig ist im Weiteren die plötzliche Zunahme der mikrobiologischen Belastung im Rohr GRB am 20.03.2000 um eine halbe bis eine ganze Zehnerpotenz (Abb. 3-92). Am 16. und 17.03. war der Rhein witterungsbedingt sehr trüb. Um die Fortführung der Messreihen nicht zu gefährden, wurde die Wässerung trotzdem weiter betrieben. Dabei erfolgte ein leichter Trübungsdurchbruch durch die Schnellsandfilter. Die schlechtere Wasserqualität war, verzögert um 2-3 Tage, anhand der Mikroorganismen im Rohr GRB nachweisbar.

Tab. 3-21: Übersicht über die Keim-Eliminationsraten von Boden- und Aquiferpassage an drei Probennahmetagen (28.11.1999, 17.01. und 20.03.2000; jeweils während Wässerphasen). AMK: Aerobe, mesophile Keime.

Datum/Reduktion	AMK	E. coli	Enterokokken
28.11.1999			
Reduktion Filtratwasser - GR A (log-Einheiten)	1	1	1
Reduktion Filtratwasser - NB E (log-Einheiten)	2	3	3
Reduktion Filtratwasser - GR A (%)	93.870	98.148	91.837
Reduktion Filtratwasser - NB E (%)	97.414	99.983	99.949
17.01.2000			
Reduktion Filtratwasser - GR A (log-Einheiten)	2	3	2
Reduktion Filtratwasser - NB E (log-Einheiten)	3	4	3
Reduktion Filtratwasser - GR A (%)	99.111	99.182	97.949
Reduktion Filtratwasser - NB E (%)	99.914	99.991	99.974
20.03.2000			
Reduktion Filtratwasser - GR A (log-Einheiten)	1	2	2
Reduktion Filtratwasser - NB E (log-Einheiten)	2	3	3
Reduktion Filtratwasser - GR A (%)	97.155	99.595	99.167
Reduktion Filtratwasser - NB E (%)	99.795	99.986	99.917

Bei einer weiteren Messung am Ende der 52tägigen Trockenphase (06.03.2000) waren im Grundwasser über die ganze erhobene Fliessstrecke mehr oder weniger ausgeglichene Keimkonzentrationen messbar (AMK: <100 KBE∗mL^{-1}, E. coli und Enterokokken: 0 Keime∗100 mL^{-1}). Allerdings war im Nebenbrunnen E bei den AMK 142 KBE∗mL^{-1} zu verzeichnen, möglicherweise durch eine Kontamination bei der Probennahme.

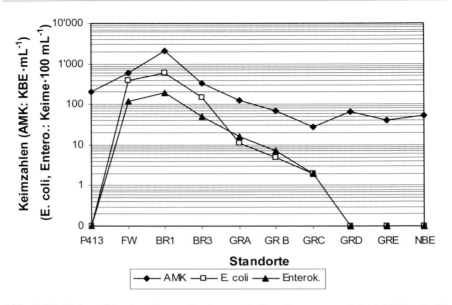

Abb. 3-90: Keimzahlen in Filtrat-, Boden- und Grundwasser am 28.11.1999. AMK: Aerobe mesophile Keime, KBE: Koloniebildende Einheiten, Entero.: Enterokokken. Logarithmische Darstellung beachten.

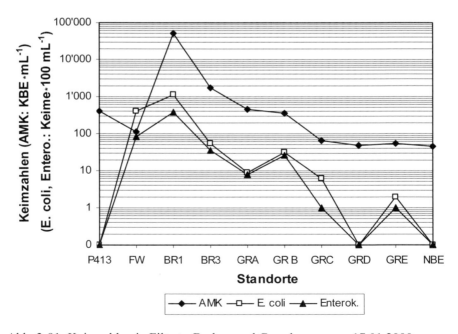

Abb. 3-91: Keimzahlen in Filtrat-, Boden- und Grundwasser am 17.01.2000.

Kapitel 3: Resultate

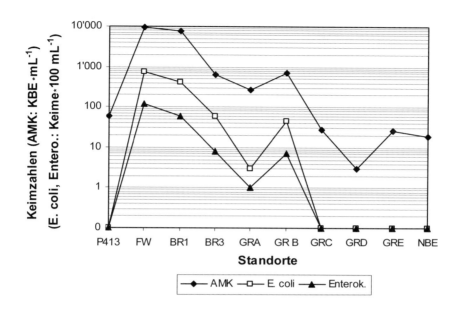

Abb. 3-92: Keimzahlen in Filtrat-, Boden- und Grundwasser am 20.03.2000.

3.5.3.11 Zusammenfassung der Untersuchungsergebnisse in der ungesättigten Zone und im Aquifer

Grundwasserspiegel:
- Der Grundwasserspiegel reagierte durch das Prinzip der kommunizierenden Röhren rasch und weiträumig auf In- oder Ausserbetriebnahme der Wässerung (etwas schneller bei der Wiederinbetriebnahme). Das selbe galt auch beim An- und Abschalten der Brunnen, jedoch in deutlich geringerem Ausmass. Die Schwankung von 1.5-2 m ist mit 20-25 % der Aquiferhöhe relativ gross.

Anteil Filtratwasser und Strömungsgeschwindigkeit im Grundwasser:
- Das Grundwasser besteht während der Wässerung mit 44-86 % zu einem grossen Teil aus dem versickerten Filtratwasser.
- Die Fliessgeschwindigkeit des Grundwassers lag zwischen 10 bis 30 m pro Tag. Dabei strömte das oberflächennahe Grundwasser rund zehn mal schneller als das tiefere (GRD: 1.2 m pro Tag).
- Im als Endpunkt des Transekts VW-Brunnen X verwendeten Nebenbrunnen E wird der grösste Anteil des Filtratwassers von VW1 erfasst. Auch die DOC-Konzentration ist höher als in den benachbarten Nebenbrunnen. Dies bestätigt die ± korrekte Lage des Transekts.

Kapitel 3: Resultate

Leitfähigkeit:
Durch die Bewässerung wurde die Leitfähigkeit im Grundwasser weiträumig beeinflusst. Das Rheinwasser wies dabei eine tiefere Leitfähigkeit auf als das Grundwasser. Aufgrund der Leitfähigkeit liessen sich Dinkelberggrundwasser (P413) und Wiesentalgrundwasser (GRD) voneinander unterscheiden.

pH:
Der pH-Wert sank innerhalb der ungesättigten Zone um 0.5 und in den zwei obersten Metern der gesättigten Zone um 0.2 Einheiten. Während der Aquiferpassage sank der pH nur noch um 0.2 Einheiten. Die Bewässerung beeinflusste den pH im Grundwasser nur gering.

Temperatur:
Der Untergrund funktionierte als Temperaturpuffer: die Temperatur des Rheinwassers wurde im Sommer von über 20 °C auf 16 °C im Brunnen abgesenkt, bzw. im Winter von 4 °C auf über 8 °C im Brunnen angehoben.

Sauerstoffgehalt:
In der ungesättigten Zone sank die Sauerstoffsättigung schnell bis auf 61-88 % ab. Im Sommer war die Abnahme doppelt so gross (30 %) wie im Winter (15 %). Im Verlauf der Aquiferpassage wurden geringe bis keine Veränderungen festgestellt.

Ionengehalt:
Durch die Bewässerung mit Rheinwasser wurden die Gehalte von Cl^-, NO_3^-, $H_2CO_3^{2-}$, SO_4^{2-} und Ca^{2+} im Grundwasser abgesenkt, was auch der Grund für die abnehmende Leitfähigkeit ist.

DOC und SAK254:
- Im ersten Meter der Bodenpassage nahm der DOC-Gehalt etwas ab, der SAK254-Wert etwas zu.
- *Zwischen 1 und 5 m Bodentiefe erfolgte die grösste Reduktion der organischen Substanz (jeweils 2/3 der gesamten Reduktion), die restliche Abnahme erfolgte im Verlauf der Aquiferpassage.*
- *Bis zum Brunnen konnten 80-90 % des Gesamteintrages des DOC und rund 90 % des Eintrags an UV-absorbierenden Stoffen reduziert werden.*
- Im Vergleich zum oberflächennahen Grundwasser wurde das tiefere Grundwasser (GRD) kaum mit organischen Substanzen aus der Wässerung belastet.
- Der Gehalt organischer Substanzen änderte sich während einer Wässerung nicht nach einem festen Muster (Zu- oder Abnahme). Schon die

Konzentration im eingeleiteten Filtratwasser schwankte täglich bis über 16 %.
- Im Sommer (August) war die Belastung mit organischen Stoffen sowohl im Filtrat- wie im Grundwasser am niedrigsten, im Winter (v.a. November) am höchsten.
- Die Grundwasserqualität wurde durch die massiv verstärkte Einsickerung nach dem Sturm Lothar (s. Kap. 3.6) zeitweise deutlich belastet. Das System konnte aber auf die neue Belastung reagieren und passte sich an; die Werte normalisierten sich wieder.

AOC:
Der assimilierbare organische Kohlenstoff wurde ausschliesslich während der Bodenpassage reduziert (um knapp die Hälfte). Das gewonnene Grundwasser ist mikrobiologisch stabil.

Mikrobiologische Belastung:
Während der Untergrundpassage wurde die Keimbelastung des Versickerungswassers um 2-4 Zehnerpotenzen bzw. 97.4-99.99 % reduziert. Ein grosser Teil der Reduktion der Keimbelastung erfolgte in der ungesättigten Zone. 140-210 m stromabwärts der Wässerstelle wurden im Grundwasser keine *E.coli* und keine Enterokokken mehr festgestellt.

3.5.3.12 Pumpversuche

Die beiden Pumpversuche am 17. April und am 24. August 2000 ergaben insbesondere beim DOC und SAK254 kein einheitliches Bild (Abb. 3-93 bis 3-102):

Beim ersten Pumpversuch fielen deutliche Schwankungen von DOC und SAK254 über die ganze Pumpdauer von 30 Minuten auf, die aber besonders beim SAK254 gegen Ende kleiner wurden (Abb. 3-93 und 3-94). Beim DOC traten zwischen der 25. und 30. Pumpminute noch Differenzen von 0 bis 38 % auf. Beim SAK254 betrugen die Differenzen zwischen der 25. und 30. Minute noch 1-17 %.

Bereits nach fünf Minuten Pumpdauer wurden konstante Temperatur- und Leitfähigkeitswerte, nach 10 Minuten konstante Sauerstoffgehalte erreicht (Schwankungen meist <1 %; Abb. 3-95 bis 3-97). Während sich bei der Leitfähigkeit die einzelnen Messstandorte in ihren Werten stark unterschieden (Tiefstwert entsprach 75 % des Höchstwertes), lagen die Temperatur-, bzw. Sauerstoffwerte der Messstandorte näher beieinander (Tiefstwert entsprach 90-93 % des Höchstwertes). Im Nebenbrunnen E wurde nur über 15 Minuten gepumpt. Dabei veränderten sich die Werte kaum.

Kapitel 3: Resultate 200

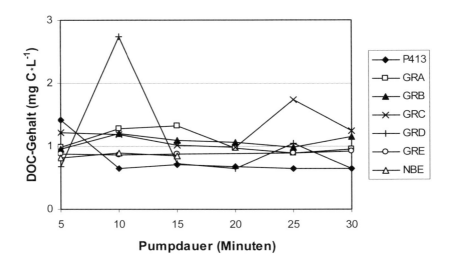

Abb. 3-93: Verlauf des DOC-Gehalts über die ersten 30 Minuten Pumpdauer in den untersuchten Grundwassermessstellen vom 17.04.2000.

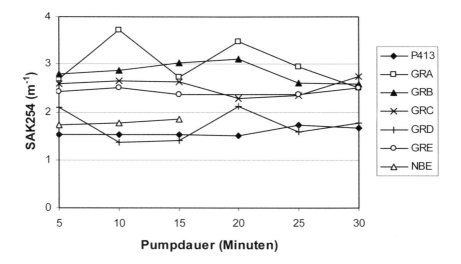

Abb. 3-94: Verlauf der UV-Absorption über die ersten 30 Minuten Pumpdauer in den untersuchten Grundwassermessstellen vom 17.04.2000.

Kapitel 3: Resultate 201

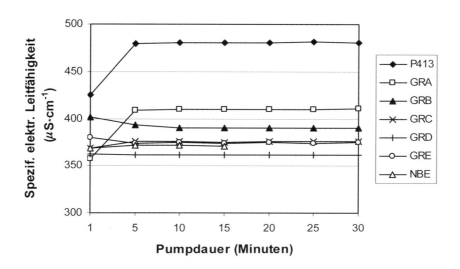

Abb. 3-95: Verlauf der spezifischen elektrischen Leitfähigkeit über die ersten 30 Minuten Pumpdauer in den untersuchten Grundwassermessstellen vom 17.04.2000.

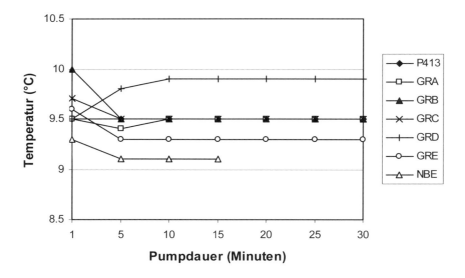

Abb. 3-96: Verlauf der Temperatur über die ersten 30 Minuten Pumpdauer in den untersuchten Grundwassermessstellen vom 17.04.2000.

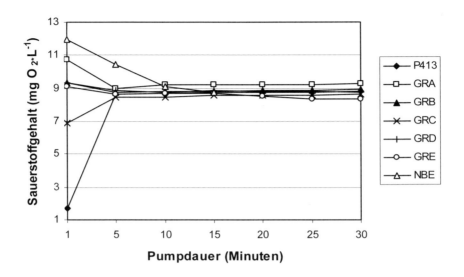

Abb. 3-97: Verlauf des Sauerstoffgehalts über die ersten 30 Minuten Pumpdauer in den untersuchten Grundwassermessstellen vom 17.04.2000.

Beim zweiten Versuch am 24. August 2000 blieben hingegen DOC und SAK254 mit wenigen Ausnahmen (P413 und BR1) über die ganze Pumpdauer stabil (Abb. 3-98 und 3-99). Aber auch in den genannten Ausnahmefällen blieben die Werte zwischen 25 und 30 Minuten Pumpdauer fast konstant (0.2-5.7 % beim DOC und 0.3-2.9 % beim SAK254). Wie beim ersten Pumpversuch waren gleichbleibende Leitfähigkeits- und Temperaturmesswerte bereits nach fünf Minuten erreicht (Abb. 3-100 und 3-101). Im Gegensatz zum Pumpversuch vom 17. April veränderten sich beim Sauerstoffgehalt an fast allen Standorten die Werte über die ganzen 30 Minuten Pumpdauer (Abb. 3-102). Aber nur bei den Standorten GRD und GRE wiesen die Werte zwischen der 25. und 30. Minute noch Differenzen >5 % auf, die allerdings mit bis zu 30 % sehr gross waren. Im Gegensatz zum ersten Versuch unterschieden sich bei den Leitparametern die Messstandorte sehr deutlich. Die prozentuale Differenz zwischen dem höchsten und tiefsten Wert betrug 58 % bei der Leitfähigkeit, 55 % bei der Temperatur und 79 bzw. 80 % bei der Sauerstoffkonzentration, bzw. -sättigung.

Kapitel 3: Resultate 203

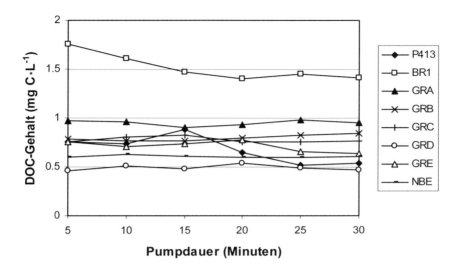

Abb. 3-98: Verlauf des DOC-Gehalts über die ersten 30 Minuten Pumpdauer in den untersuchten Boden- und Grundwassermessstellen vom 24.08.2000.

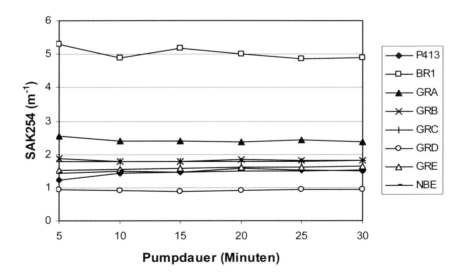

Abb. 3-99: Verlauf der UV-Absorption über die ersten 30 Minuten Pumpdauer in den untersuchten Boden- und Grundwassermessstellen vom 24.08.2000.

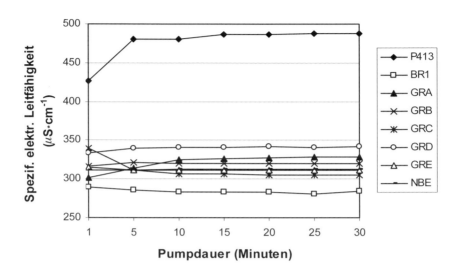

Abb. 3-100: Verlauf der spezifischen elektrischen Leitfähigkeit über die ersten 30 Minuten Pumpdauer in den untersuchten Boden- und Grundwassermessstellen vom 24.08.2000.

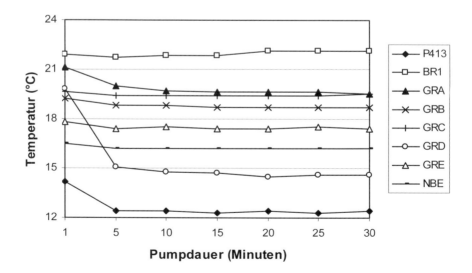

Abb. 3-101: Verlauf der Temperatur über die ersten 30 Minuten Pumpdauer in den untersuchten Boden- und Grundwassermessstellen vom 24.08.2000.

Kapitel 3: Resultate

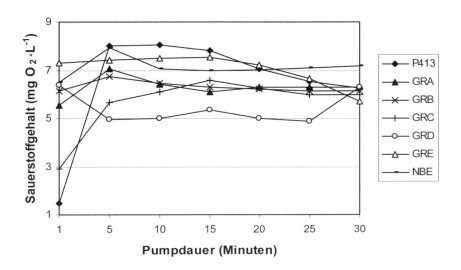

Abb. 3-102: Verlauf des Sauerstoff-Gehalts über die ersten 30 Minuten Pumpdauer in den untersuchten Grundwassermessstellen vom 24.08.2000.

Zusammenfassend lässt sich sagen, dass zwischen dem Verlauf der DOC- bzw. SAK254-Werte und dem Verlauf der Leitparameter kein gleichbleibender Zusammenhang bestand: Bei beiden Versuchen erreichten die Leitparameter nach fünf bis 20 Minuten Konstanz (mit Ausnahme des Sauerstoffs beim zweiten Versuch). DOC- und SAK254-Werte hingegen schwankten beim ersten Versuch auch nach 25-30 Minuten Pumpdauer noch deutlich, beim zweiten Versuch wurde nach 30 Minuten hingegen fast schon Konstanz erreicht.

Beprobungskriterien für Grundwassermessstellen
Üblicherweise werden bei der Beprobung von Grundwassermessstellen folgende Kriterien zur Probennahme angewandt:
- Entnahme von drei bis fünf Messstellenvolumina vor der Probennahme (DVWK 1992). Dabei sollen chemisch-physikalische Parameter im Feld (Leitfähigkeit, Temperatur, pH-Wert, Sauerstoffkonzentration und optional das Redoxpotential) bei der Entnahme der Grundwasserprobe konstant sein.
- PULS & BARCELONA (1996) geben hierzu noch genauere Angaben: Drei, im Abstand von drei bis fünf Minuten aufeinanderfolgende, Messungen sollten innerhalb folgender Bandbreiten verbleiben: ± 0.1 beim pH-Wert, ± 3 % bei der Leitfähigkeit und ± 10 % für Trübung und Sauerstoffgehalt, sowie ± 10 % beim Redoxpotential.

- Entnahme nach „Klarpumpen" (keine oder nur geringe, von blossem Auge sichtbare Trübungen).

Die zur Erreichung dieser Kriterien benötigten Pumpzeit liegt bei 15-60 Minuten (meist um 30 Minuten) und Pumpvolumina von 1-15 L∗min^{-1}.

Beprobungskriterium in der vorliegenden Arbeit
Bei der Festlegung von 30 Minuten als Pumpdauer für die Beprobung von Bodenwasser- und Grundwassermessstellen in dieser Arbeit wurde sowohl die bisher übliche Vorgehensweise der IWB wie auch die Praktikabilität, die gängige 30-Minuten-Regel und der Austausch genügender Messstellenvolumina (3-11) als Kriterium angewandt. Allerdings pumpten die IWB früher mit einer generatorgetriebenen Grundfoss-Pumpe während 30 Minuten mit dem vierfachen Durchsatz von 15 L∗min^{-1}, während sie jetzt ebenfalls die im Rahmen dieser Arbeit verwendeten Comet-Pumpen einsetzen.

Folgen der Ergebnisse der Pumpversuche auf die Interpretation der DOC-Resultate
Die Abb. 3-95 bis 3-97 und 3-100 bis 3-102 zeigen, dass die Feldmessparameter zumindest in den Langen Erlen nicht als Kriterium für die hinsichtlich DOC und SAK254 notwendige Pumpdauer verwendet werden können, da deren Veränderungen meist bereits nach 10-15 Minuten Pumpdauer zu gering geworden sind.

Deshalb ist bei allen in Kap. 3.5.3.8 präsentierten Resultaten die Pumpdauer als Artefakt mit einzubeziehen! Daher dürfen die einzelnen Werte nicht auf das Komma genau als korrekt – im Sinne von die realen Verhältnisse im Grundwasser wiedergebend – betrachtet werden. Vielmehr ist es das allgemeine Muster, auf welches Gewicht gelegt werden muss.

3.6 Die Folgen des Wirbelsturms Lothar vom 26.12.1999

Der Wirbelsturm Lothar vom 26.12.1999 hinterliess in den Wässerstellen beträchtliche Schäden an den Hybridpappeln. Auf die Gründe dieser Schäden, die Schäden selbst und deren Folgen wird in diesem Kapitel näher eingegangen.

Am 26. Dezember 1999 überquerte zwischen 10^{00} und 12^{30} Uhr das Sturmtief „Lothar" die Schweiz. Mit einem Kerndruck von 975 hPa und Windgeschwindigkeiten zwischen 75 (oberes Wallis), 149 (Basel) und 249 km/h (Jungfraujoch) wurden v.a. durch heftige Böen grosse Waldschäden verursacht: Mit 13.8 Mio. m^3 wurde rund die dreifache Jahreserntemenge an Holz geworfen. 80 % der umgestürzten Bäume waren Nadelholz. Einzelne Regionen wurden dabei ganz unterschiedlich stark betroffen. In der Region

Basel wurden im Laufental und im Forstkreis Sissach die meisten Schäden festgestellt. In Basel-Stadt wurden mit 8'000 m^3 die 1.6-fache Jahreserntemenge geworfen. Die meisten dieser Angaben stammen aus WSL/BUWAL (2001) und BUWAL & EFD (2002).

3.6.1 Windwurf der Hybridpappelbestände in den Wässerstellen

Der Wirbelsturm Lothar betraf in den Langen Erlen v.a. die Wässerstellen. Insbesondere die ganze Wässerstelle Verbindungsweg und die gesamten Hinteren Stellimatten. Geringer geschädigt wurden die Wässerstellen Hüslimatten, Wiesenwuhr Links und die Vorderen Stellimatten, sowie das Feld 1 der Grendelgasse Rechts. Von den Baumarten waren praktisch nur die angepflanzten Hybridpappeln betroffen (Abb. 3-103). Diese fielen in der Regel als ganzer Baum mit dem Wurzelteller. Dadurch wurden 2-4 m breite und bis 1.6 m tiefe Mulden aufgerissen, die meist bis zum Schotter reichten (Abb. 3-104). Standortheimische Baumarten wie Weiden und Erlen waren kaum bzw. nicht betroffen. Bei grossen Weiden wurde entweder der Stamm gebrochen oder, falls sie mit Wurzelteller umfielen, wurden nur untiefe Mulden gerissen (<35 cm), die nicht in die Schotterschicht reichten.

Im Feld 1 der Wässerstelle Verbindungsweg wurden von insgesamt 39 Hybridpappeln 23 jeweils mit dem Wurzelteller geworfen (Abb. 3-103 bis 3-105 und Tab. 3-22). Dies entsprach 59 % des Bestandes.

Durch die Mulden wurde wegen der guten Durchlässigkeit der Schotter eine direkte Kurzschlussverbindung vom Oberflächen- zum Grundwasser geschaffen (Auswirkung auf die Grundwasserqualität s. Kap. 3.5.3.8.). Die erste Wässerung der Sturmschadenfläche fand zwischen dem 3. und 17. Januar 2000 statt. Dabei wurde beobachtet, dass die Mulden soviel Wasser schluckten, dass die Wässerstellen nur auf 10 bis max. 50 % der Fläche benetzt wurden – und dies während des Winters, wo die Infiltrationsleistungen so gering sind, dass die Wässerstellen normalerweise fast voll aufgestaut werden.

Kapitel 3: Resultate 208

Abb. 3-103: Geworfene Hybridpappelstämme in VW1. Photo: D. Rüetschi.

Abb. 3-104: In die vom umgestürzten Wurzelteller Nr. 3 (s. Tab. 3-22) in VW 1 freigelegte Mulde einströmendes Versickerungswasser bei Beginn der Wässerung am 07.01.2000. Photo: D. Rüetschi.

Kapitel 3: Resultate 209

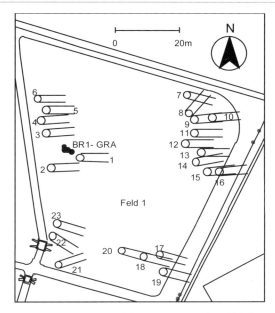

Abb. 3-105: Darstellung der ungefähren Lage und Fallrichtung der umgeworfenen Hybridpappeln in VW1. CAD-Grundlagenkarte: IWB.

Tab. 3-22: Beschreibung der Wurzelteller Nr. 1-16, bzw. des ausgehobenen Bodenmaterials der umgeworfenen Hybridpappeln in VW1. Damit lässt sich ein Eindruck über die Heterogenität des Bodens der Wässerstelle gewinnen. Abkürzungen s. Legende zu den Bohrkernprofilen im Kap. A1.1.1.

Wurzel-teller Nr.	Länge * Breite (cm)	Horizontierung
1	320 * 300	0-5 cm Ah
		5-40 cm Aufschüttung (Subpolyeder-Gefüge)
		40-110 cm Auenlehm (sL, Sandanteil nach unten zunehmend)
		110-115 cm Schotter (lfS mit etwas gK und Steinen)
2	350 * 300	0-10 cm Ah
		10-30 cm Aufschüttung
		30-90 cm Auenlehm (sL, Sandanteil nach unten zunehmend)
		90-130 cm Sand (lmS; Skelettgehalt < 5 %)
		130-160 cm Sand (bei 160 cm: Schwarzfärbung; Skelgeh.: < 5 %)
3	390 * 270	0-10 cm Ah
		10-35 cm Aufschüttung
		35-105 cm Auenlehm (lS; v.a. in der Tiefe stark marmoriert)
		105-123 cm Sand (tfS, grau)
		123-130 cm Schotter (m-gS mit fK; Skelettgehalt 35 %; bei 122-130 cm dichte Feinwurzeln)
4	220 * 220	0-10 cm Ah
		10-35 cm Aufschüttung
		30-100 cm Auenlehm (sL, Sandanteil nach unten zunehmend)

Kapitel 3: Resultate 210

		100-105 Schotter (ugS mit fK, Skel.geh.: 50 %)
5	280 * 280	0-5 cm Ah
		5-35 cm Aufschüttung
		35-75 cm Auenlehm
		70-90 cm Übergang
		90-130 cm Schotter (ugS mit viel fK)
6	300 * 220	0-10 cm Ah
		10-35 cm Aufschüttung
		35-75 cm Auenlehm
		75-90 cm Übergang zum Schotter (sL mit viel fK, Sk.g.: 40 %)
		90-100 cm Schotter (ugS mit viel gK & Feinwurzeln, Sk.g.: 60 %)
7	330 * 200	0-5 cm Ah mit viel Feinwurzeln
		5-35 cm Aufschüttung
		35-60 cm Auenlehm, Sandanteil nach unten zunehmend, keine Feinwurzeln
		60-80 cm Schotter (um-gS mit viel fK & etwas mK und viel Feinwurzeln; Sk.g.: 40 %)
8	160 * 180	0-10 cm Ah
		10-35 cm Aufschüttung
		35-100 cm Auenlehm, Sandanteil nach unten zunehmend
		100-130 cm zusätzlich noch etwas fK & gK, Sk.g. 20 %
9	200 * 230	0-20 cm Ah
		20-35 cm Aufschüttung
		35-110 cm Auenlehm (mit fS, gegen unten zunehmend)
		110-130 cm Sand (tfS mit Marmorier. leicht gräul. & rostfarben, Sk.g.: 5%)
10	400 * 240	0-5 cm Ah
		5-25 cm Aufschüttung
		25-65 cm Auenlehm, Sandanteil nach unten zunehmend
		65-70 cm Auenlehm mit etwas Feinwurzeln & gK, Sk.g.: 20 %)
11	200 * 160	0-10 cm Ah
		10-35 cm Aufschüttung
		35-80 cm Auenlehm (mit einigen Mittel- und Feinwurzeln)
		80-100 cm Auenlehm (mit viel gK und viel Feinwurzeln)
12	260 * 195	0-15 cm Ah
		15-40 cm Aufschüttung
		40-90 cm Auenlehm (sL)
		90-120 cm Schotter (lfS mit fK; Skelettgehalt: 20 %)
		120-140 cm Schotter(uf-mS mit K und Feinwurzeln; Sk.g. 60 %)
13	320 * 260	0-10 cm Ah (mit viel Feinwurzeln)
		10-35 cm Aufschüttung (mit viel Feinwurzeln)
		40-75 cm Auenlehm (mit wenig Feinwurzlen)
		70-100 cm Schotter (mgS, mit viel gK und mK & etw. St.; Sk.g.: 60 %; viel Feinwurzeln)
		100-130 cm Schotter mit vorstehenden Grobwurzeln (3 cm), die oft um die Kiese herumgewachsen, stark verdreht & vernarbt sind
14	200 * 180	0-10 cm Ah
		10-35 cm Aufschüttung
		35-65 cm Auenlehm
		65-75 cm Schotter (tugS mit gK und Feinwurzeln; Sk.g. 50 %)
15	220 * 200	0-20 cm Ah

		20-40 cm Aufschüttung
		40-70 cm Auenlehm
		70-90 cm Lehm (sL mit etw. fK & gK und viel Feinwurzeln)
16	300 * 300	0-15 cm Ah
		15-35 cm Aufschüttung
		35-150 cm langsamer Übergang von msL zu ufS
		150-160 cm Sand (umS mit viel fK & mK und Feinwurzeln, Sk.g: 50 %)

3.6.2 Bewurzelungsstrategie der Hybridpappeln

Eine Detailuntersuchung des Wurzeltellers Nr. 1 im Feld 1 der Wässerstelle Verbindungsweg zeigte folgende Bewurzelungsstrategie (Abb. 3-106 bis 3-109):
Kräftige Wurzeln mit einem Durchmesser von mehr als 3 cm waren nur in den obersten 10-15 cm des Bodens zu finden. Diesen entsprangen Senkerwurzeln, die entlang von Klüften (v.a. in der anthropogenen Aufschüttung) und Poren ± senkrecht in die Tiefe wuchsen. Davon zweigten Seitenwurzeln vorhangartig *in einer Ebene* ab. Eine allseitige Verankerung mit kräftigen, tiefreichenden Wurzeln war nicht zu beobachten. Die Wurzeln reichten i.A. bis in die obersten 5-10 cm der Schotterschicht. Feinwurzeln umfassten dort einzelne Steine in einem dichten Geflecht. Soweit sichtbar, fand sich dieses Muster bei allen anderen Wurzeltellern.

Das genügend grosse Wasserangebot macht eine kräftige, tiefreichende Bewurzelung für den Baum unnötig. Gleichzeitig bilden sich durch die guten Wachstumsbedingungen ein grosser Stamm und eine voluminöse, lückige Krone, mit der Folge, dass die Bäume bei Sturm durch die enormen Hebelkräfte leicht umgeworfen werden können.

Kapitel 3: Resultate 212

Abb. 3-106: Urs Geissbühler beim Freispülen des Wurzeltellers Nr. 1 in VW1. Photo: D. Rüetschi.

Abb. 3-107: Wurzelteller Nr. 1 in der Seitenansicht. Die Pfeile kennzeichnen die Wachstumsrichtungen der Senkerwurzeln. Photo: D. Rüetschi.

Kapitel 3: Resultate 213

Abb. 3-108. Ansicht des etwa zu zwei Dritteln freigearbeiteten Wurzeltellers Nr. 1. Photo: D. Rüetschi.

Abb. 3-109: Detailansicht der vorhangartig in einer Ebene in die Tiefe wachsenden Wurzeln. Die Pfeile kennzeichnen die Wachstumsrichtungen der Senkerwurzeln. Photo: D. Rüetschi.

Kapitel 3: Resultate   214

3.6.3 Aufräumarbeiten und Wiederetablierung der Vegetationsdecke

Die Wässerung in VW1 wurde am 17. Januar abgestellt, diejenige in den restlichen Wässerstellen am 26. Januar. Der Unterbruch der Wässerung dauerte bis zum 9. März 2000. In dieser Zeit wurden durch die Forst-Equipe der Stadtgärtnerei in allen betroffenen Wässerstellen die umgestürzten Pappeln entfernt und die Wurzelteller zurückgekippt. Die noch vorhandenen Schlucklöcher wurden durch die Schutzzonen-Equipe der IWB von Hand mit Erdmaterial aus den Wässerstellen verfüllt (Abb. 3-110 und 3-111). So konnten die lokal teilweise sehr hohen Infiltrationsleistungen wieder etwas normalisiert werden.

Abb. 3-110: VW1 im Januar 2000 mit Blick Richtung Sportplatz Grendelmatten. Photo: D. Rüetschi.

Kapitel 3: Resultate 215

Abb. 3-111: VW1 bei der ersten Wiederbewässerung nach der Räumung der umgeworfenen Hybridpappeln Mitte März 2000. Die hellen Bereiche werden durch aufschwimmende Pappelholz-Häcksel gebildet. Photo: D. Rüetschi.

In den geräumten WS nahm das Lichtangebot massiv zu. Dies führte im Sommer 2000 und v.a. im Sommer 2001 zu einem sehr starken Wachstum des Unterwuchses, der in der Wässerstelle Verbindungsweg die ganze Wasseroberfläche fast vollständig bedeckte (Wassergreiskraut [*Senecio aquatica*], Milder Knöterich [*Polygonum mite*], Blutweiderich [*Lythrum salicaria*]; Abb. 3-112), ebenso wie im Feld 2 der Wässerstelle Hintere Stellimatten (dort v.a. Schilf [*Phragmites australis*]; zur Entwicklung der Vegetation in den Hinteren Stellimatten nach Lothar s. WARKEN 2000). Im Frühjahr 2000 wurden in der ganzen Wässerstelle Verbindungsweg und im Feld 2 der Wässerstelle Hintere Stellimatten durch die Schutzzonen-Equipe der IWB neue Sträucher und Bäume gesetzt (Heckenkirsche, Traubenkirsche, Wolliger Schneeball, Pfaffenhütchen und Erlen). Hybridpappeln wurden *keine* gesetzt. Hingegen schlugen die umgeworfenen Pappeln aus den zurückgekippten Wurzeltellern vorerst kräftig aus.

Kapitel 3: Resultate

Abb. 3-112: Etwa 1 m hoher *Polygonum mite*- und *Senecio aquatica*-Bestand in VW1 im Sommer 2001 in einer vor dem Sturm Lothar fast vollständig beschatteten und vegetationsfreien Fläche. Photo: D. Rüetschi.

3.6.4 Zusammenfassung der Auswirkungen des Sturms Lothar auf die Wässerstellen

- Der Sturm Lothar schädigte in den Langen Erlen fast nur die Hybridpappelbäume in den Wässerstellen.
- Diese wurden mit dem Wurzelteller geworfen, da sie sich mit ihrer speziellen Wurzelgeometrie (Wachstum in einer Ebene anstatt in einem dreidimensionalem Geflecht verzahnt) und der im Vergleich zum hochreichenden Stamm und zur grossen Krone unterdurchschnittlich geringen Wurzelmasse (s. Kap. 3.7.1.2) nicht gegen den Sturm halten konnten.
- Beim Umwerfen mit dem Wurzelteller wurde die Deckschicht mitgerissen und grosse Versickerungsmulden freigelegt, durch welche ein direkter Kurzschluss zwischen Oberflächenwasser und Grundwasser geschaffen wurde.
- Dadurch wurde zeitweise die Grundwasserqualität beeinträchtigt (s. Kap. 3.5.3.8).
- Die Aufräumarbeiten waren zeit- und kostenintensiv.
- In den freigelegten Flächen konnte sich innerhalb von ein bis zwei Jahren ein dichter Unterwuchs etablieren, durch welchen die Wasseroberfläche bereits wieder beschattet wurde.

Kapitel 3: Resultate

3.7 Kohlenstoffbilanz der künstlichen Grundwasseranreicherung

Im Folgenden wird eine Kohlenstoff (C)-Bilanz des Untersuchungsgebiets Wässerstelle Verbindungsweg – Brunnen X E abgeschätzt. Dabei werden zuerst die einzelnen Speicher und Flüsse detailliert beschrieben und anschliessend gesamthaft dargestellt. Da viele der verwendeten Daten auf wenigen Messungen, Abschätzungen oder Literaturangaben basieren, ist eine exakte Bilanzierung nicht möglich. Vielmehr ist der Sinn dieses Kapitels, die *Grössenordnungen* der C-Speicher und -Flüsse aufzuzeigen. Im Vergleich mit anderen Einträgen wird auch die Bedeutung des Filtratwassers als C-Quelle für das Gesamtsystem klarer. Für die Bilanzierung nicht betrachtet werden C-Flüsse wie z.B. die Stammatmung der Bäume, bei welchen kein Kohlenstoff in den *Boden* oder auf die *Bodenoberfläche* eingebracht wird. Da für die Felder 2 und 3 der Wässerstelle Verbindungsweg keine Daten z.B. bezüglich Anzahl Bäume vorhanden sind, muss sich diese Bilanz auf das Feld 1 beschränken. Das selbe gilt sinngemäss auch für den Oberboden zwischen Wässerstelle und Brunnen. Dies ist insbesondere bei der Betrachtung der C-Flüsse im Aquifer zu berücksichtigen.

3.7.1 Kohlenstoff-Speicher Vegetation

3.7.1.1 Oberirdisches Pflanzenmaterial

Kohlenstoff in den Pappelstämmen
- Die Ausmessung des umgeworfenen Baumstammes Nr. 1 im Feld 1 der Wässerstelle Verbindungsweg (s. Tab 3-22 und Abb. 3-103 bis 3-105) ergab folgende Daten:
    - Alter: 25 Jahre
    - Totallänge: 36.6 m (Stamm ab Bodenoberfläche bis längster Kronenast)
    - Holzvolumen frisch: 4.33 m^3 (dabei wurden alle Äste bis zu einem Durchmesser von 5 cm einbezogen und zur Berechnung ein exakt kreisförmiger Durchmesser angenommen, was aufgrund der ausgesprochen geraden Wuchsform der Realität ziemlich nahe kommt). Der Stamm umfasste 4.12 m^3.
    - Das Trockengewicht entsprach 63 % des Frischgewichts.
    - Die Verglühung einer Holzprobe ergab einen C-Gehalt von 96 % des Trockengewichts.
    - Der totale oberirdische C-Gehalt des Baumes Nr. 1 betrug somit 2.62 t C.
- Der bewässerte Teil des Feldes 1 der WS VW weist eine Gesamtfläche von rund 3'600 m^2 auf.

- Auf dieser Fläche wuchsen vor dem Lothar-Sturm 39 grosse Pappeln mit im Mittel geschätzten 2 t C. Dies ergibt für die Gesamtfläche 78 t C, bzw. 21.7 kg*m^{-2}.
- Der mittlere oberirdische Jahreszuwachs der Pappeln (Trockensubstanz-Nettoproduktion) betrug: 2 t*1.04 (Konversionsfaktor für C-Gehalt in Biomasse) auf 25 Jahre Lebensdauer der Pappeln = 83.6 kg C*Baum^{-1}*a^{-1}, bzw. 0.9 kg*m^{-2}*a^{-1}.

Kohlenstoff in der übrigen Vegetation
- Der C-Gehalt des Nebenbestandes in der WS (meist Eschenahorn) wurde auf ca. 2 kg*m^{-2}, bzw. 7.2 t C geschätzt, derjenige der krautigen Vegetation auf ca. 0.3 kg*m^{-2}, bzw. 1.08 t C. Bei der krautigen Vegetation wird diese Biomasse ± jährlich neu aufgebaut. Bei den Bäumen liegt der jährliche *Netto*-Zuwachs bei 288 kg (7.2 t*25 Jahre^{-1}).

Dies ergibt eine Gesamtmasse (standing crop) von 24 kg*m^{-2} für den zum Zeitpunkt des Sturms Lothar 25 Jahre alten Pappel-Eschenahorn-Wald. Als Vergleich dazu seien die von DUVIGNEAUD (1971) erwähnten 40.7 kg eines 222jährigen Eichenwaldes bei Woronesch (Russland) genannt. Dabei ist aber anzufügen, dass v.a. im südlichen Teil von VW1 bereits im Jahre 1990 durch den Sturm Vivian viele Pappeln geworfen wurden. Würden diese noch stehen, läge die gesamte Biomasse bei etwa 30-35 kg*m^{-2}.

3.7.1.2 Unterirdisches Pflanzenmaterial

Wurzeln der Hybridpappeln
Zur Bestimmung, bzw. Abschätzung des unterirdischen Materials wurde der Wurzelteller des Baumes Nr. 1 zur Hälfte freigelegt. Da die Wurzeln erst nach drei Jahren gewonnen wurden, waren bei der Berechnung auch die Mineralisierungsverluste zu berücksichtigen. Vergleichsmessungen und -schätzungen ergaben einen Verlust von ca. 30-50 %.
- Die im März 2003 geerntete Wurzelmasse der über der Bodenoberfläche gelegenen Hälfte des Wurzeltellers Nr. 1 betrug ca. 21 kg.
- Dabei verblieben die Wurzelansätze teilweise im Boden, so dass noch zusätzlich geschätzte 9 kg addiert wurden. Für die Wurzeln, die nicht mit dem Wurzelteller aus dem Boden gerissen wurden, wurde die gemessene Wurzelmasse mit einem geschätzten Faktor 2 multipliziert.
- Diese Menge wurde wegen der im Boden verbliebenen unteren Hälfte des Wurzeltellers wiederum verdoppelt und anschliessend zum Ausgleich der Mineralisation mit einem Faktor von 2 multipliziert.
- Dies führte zu folgender Abschätzung der Wurzelmasse:
(21+9)*2*2*2*0.96 (Konversionsfaktor für Umrechnung TG in C-Gehalt) = 230.4 kg C. Für alle 39 Bäume (davon sind die nach dem

Kapitel 3: Resultate   219

Sturm Lothar stehen gebliebenen 16 rund 20 % kleiner als der Baum Nr. 1) wurden somit 8.248 t C, bzw. 2.3 kg C$*$m^{-2} veranschlagt.
Damit sind pro Baum etwa 11 % der Gesamtbiomasse in den Wurzeln angelegt. Dies ist, verglichen mit den für laubabwerfende Bäume der gemässigten Zone typischen 20 % (LARCHER 1994) ein tiefer Wert.

Wurzeln der krautigen Pflanzen und der Bäume im Nebenbestand:
Die unterirdische Biomasse wurde auf rund 0.69 kg C$*$m^{-2}, bzw. 2.484 t C abgeschätzt (entspricht 30 % der oberirdischen Biomasse).

Gesamthaft wurde somit die unterirdische Pflanzenmasse auf ca. 3.0 kg C$*$m^{-2}, bzw. 10.732 t C geschätzt.

3.7.2 Kohlenstoff-Speicher Bodenfauna und -mikroorganismen

Bodenmikroorganismen
- oberste 10 Zentimeter der ungesättigten Zone: 0.1 m$*$3'600 m^2 $*$0.35$*$0.001 (0.1 % Cmik-Gehalt) $*$1.2 = 151.2 kg C;
- 10-50 cm: 0.4 m$*$3'600 m^2$*$0.7$*$0.0005 (0.05 % Cmik) $*$1.2 = 604.8 kg C;
- 50-300 cm: 2.5 m$*$3'600 m^2$*$0.05$*$0.00001 (0.001 % C) $*$1.2 = 5.4 kg C.

Gesamthaft waren somit in der ungesättigten Zone rund 761.4 kg mikrobieller Biomassen-Kohlenstoff, bzw. rund 1'500 kg mikrobielle Biomasse gespeichert.

Bodenfauna
Aufgrund der Angaben in GISI et al. (1997) und der Befunde von DILL et al. (*in Vorb.*) über Regenwürmer im Feld 1 der Wässerstelle Verbindungsweg mit einer Regenwurm-Frischmasse von 90 g$*$m^{-2} wird ein Kohlenstoffgehalt der gesamten Bodenfauna von rund 184 kg C (50 % C-Gehalt von 102 g Biomassen-TG$*$m^{-2}) veranschlagt.

3.7.3 Kohlenstoff-Speicher Boden

Der Kohlenstoffgehalt im Boden der Wässerstelle (hier als ungesättigte Zone verstanden) wurde abgestuft nach unterschiedlichen Tiefen aufgrund der gemessenen C-Gehalte berechnet.
- In den obersten 10 cm fand sich im Feinboden ein C-Gehalt von 5 %. Für die Berechnung des gesamten C-Gehalts dieser Bodenschicht wurde im Mittel ein Skelettanteil von 5 % und ein Porenvolumen von 60 % angenommen. Dies führt zu folgendem Kohlenstoffgehalt der Humusschicht: 0.1 m$*$3'600 m^2$*$0.35 (Abzug von 5 % Skelett und 60 %

Porenvolumen, nach DILL 2000) *0.05 (5 % C-Anteil im Feinboden) *1.2 (ungefähre Dichte der organischen Substanz nach HARTGE 1991) = 7.56 t C. Um innerhalb der 30 jährigen Betriebsdauer 10 cm Humus zu bilden, müssen somit pro Jahr 252 kg C in der Humusschicht akkumuliert werden.
- Für das Bodenmaterial zwischen 10-50 cm Tiefe wurde folgender C-Gehalt abgeschätzt: 0.4 m*3'600 m^2*0.7 (10 % Skelett und 20 % Porenvolumen) *0.015 (1.5 % C-Gehalt) *1.2 = 18.144 t C.
- Zwischen 50 cm und 3 m Tiefe wurde folgender C-Gehalt angenommen: 2.5 m*3'600 m^2*0.05 (70 % Skelett und 25 % Porenvolumen)*0.005 (0.5 % C)*1.2 = 2.7 t C.

Somit sind gesamthaft in der ungesättigten Zone ungefähr 28.404 t C akkumuliert.

3.7.4 Kohlenstoff-Speicher Aquifer

Der Kohlenstoffgehalt im Aquifer zwischen der Wässerstelle Verbindungsweg und dem Brunnen X E wird wie folgt abgeschätzt:
- Versickerungswirksame Breite im Mittel über die ganze Fliessstrecke: 100 m;
- Streckenlänge zwischen Wässerstelle und Brunnen: 250 m;
- Mächtigkeit der gesättigten Zone: im Mittel 6.5 m (die ungesättigte Zone des Aquifers ausserhalb der Wässerstelle spielt in diesem Zusammenhang keine relevante Rolle);
- Bei 70 % Skelettanteil, 25 % Porenvolumen und einem C-Gehalt des Feinbodens von rund 0.18 % werden im Aquifer ca. 14.625 t C gespeichert.

3.7.5 Kohlenstoff-Eintrag über die Vegetation

<u>3.7.5.1 Laub und Fallholz</u>

Zur Bestimmung des C-Eintrags durch Laub und Fallholz in die Bodenoberfläche der WS VW1 wurde im Herbst 1999 an fünf Standorten à je 1 m^2 Fläche das Laub sowie feine Äste gesammelt und bei 105 °C über 24 h getrocknet. Das Trockengewicht des Laubes wurde mit einem Kohlenstoffgehalt von 50 % multipliziert, dasjenige von verholztem Material mit 90 %. Der C-Eintrag über das Laub und Fallholz betrug 980 kg, bzw. 272 g*m^{-2}.

Kapitel 3: Resultate

3.7.5.2 C-Eintrag über Streue der krautigen Pflanzen

Von den rund 0.3 kg$_*$m^{-2}, bzw. 1.08 t C oberirdischer Biomasse der krautigen Pflanzen werden geschätzt max. ein Drittel in den Boden, bzw. die Bodenoberfläche eingetragen, da von der Biomasse der grösste Teil noch über der Bodenoberfläche mineralisiert wird (besonders Rohrglanzgras und Brennnesseln bleiben über den Winter stehen) und als CO_2 direkt in die Atmosphäre geht. Somit werden grössenordnungsmässig total 360 kg bzw. 100 g$_*$m^{-2} in das System durch die Streu krautiger Pflanzen eingebracht.

3.7.5.3 C-Eintrag über Ernteabfälle beim Schlag der Hybridpappeln

Durch die Ernte der Hybridpappeln, welche ca. normalerweise alle 35 Jahre vorgenommen wird, fällt pro Baum innerhalb eines sehr kurzen Zeitraums eine Astholzmenge von max. ca. 250 kg C an (Datenbasis: Baum Nr. 1). Dieses Material wird auf Mieten am Rande der Wässerstelle geschichtet oder es wird gehäckselt und verbleibt dann nur ca. zur Hälfte im Feld. Es verrottet innerhalb von rund fünf bis zehn Jahren. Beim Sturm Lothar fiel im Feld 1 mit etwa 3 t C viel Astholz an. Davon verblieb ca. 1 t als Häckselgut im Feld selbst und am Rand verteilt. Um den C-Eintrag über Astholz für die C-Bilanz des Gesamtsystems zu quantifizieren, wird die anfallende Materialmenge (im Mittel ca. 180 kg pro Baum) auf 35 Jahre verteilt, auch wenn dies den tatsächlichen Ereignissen widerspricht. Somit ergibt sich bei 39 Bäumen eine Menge von rund 200 kg C$_*$a^{-1}.

3.7.5.4 C-Eintrag über Wurzelexsudate

Aktive Wurzeln geben v.a. zur Ernährung der mit ihnen vergesellschafteten Mykorrhiza-Pilze und Bakterien grosse Mengen an organischen Substanzen ab (meist Zucker und Aminosäuren). Über die Grössenordnungen der C-Flüsse können nur Angaben aus der Literatur verwendet werden: GISI et al. (1997) erwähnten eine Menge von rund 10-30 % der Wurzelbiomasse. WHIPPS & LYNCH (1983) nannten 5-20 % des photosynthetisch fixierten Kohlenstoffs, welche Pflanzen in die Wurzelexsudate investieren. Nach der Angabe von GISI et al. (1997) würden im Feld 1 der WS VW 1.1-3.22 t C pro Jahr (0.3-0.9 kg$_*$m^{-2}) durch die Wurzeln in den Boden eingebracht. Geht man von einer Assimilat-Allokation von 35 % für Sprosswachstum, 30 % für Blatt- und Stammatmung und 20 % für Wurzelatmung aus, so bleiben in etwa 15 % für die Exsudate, was den Zahlen von WHIPPS & LYNCH (1983) entspricht: Rückgerechnet über den Biomasse-Zuwachs ergibt dies einen Eintrag von 1.988 t C pro Jahr (78 t [Pappeln oberird.] + 0.3 t [Nebenbestand oberird.] + 10.7 t [Gesamtbiomasse unterird.] / 25a + 1.08 t [jährl. Produktion krautige Pfl. oberird.] / 35 $*$ 15]). Die stimmt recht gut mit den

Angaben von GISI et al. (1997) überein. Für die Berechnung der Bilanz wird eine mittlere Wurzelexsudat-Menge von 2.146 t C pro Jahr bzw. 0.6 kg $C*m^{-2}*a^{-1}$ verwendet.

Zwar geben auch die Pflanzen auf der Fläche zwischen der Wässerstelle und dem Brunnen viele Wurzelexsudate ab. Doch hier fehlen sämtliche Daten über diese Fläche wie Gehalt an C_{org}, Bodenrespiration, Biomassegehalt (mikrobiell und pflanzlich), Ernteaustrag etc.. Es ist auch nicht klar, wie viel C_{org} via das in das Grundwasser einsickernde Niederschlagswasser aus dieser Fläche eingetragen wird. Deshalb muss dieser Anteil unberücksichtigt bleiben.

3.7.6 Kohlenstoff-Eintrag über die Bewässerung

- Der Durchschnitt der Jahresmittelwerte des Rheinwassers bei der Rohwasserfassung von 1979-1986 und 1990-2001 betrug rund 2.17 mg $C*L^{-1}$ (Daten: IWB-Jahresberichte).
- Die mittlere Einleitungsmenge in das Feld 1 der Wässerstelle Verbindungsweg wird von DILL (2000) und aufgrund von im Rahmen dieser Arbeit erhobenen Messungen auf rund 45 $L*s^{-1}$ beziffert. Werden eine Betriebsdauer von 90 Tagen pro Jahr (9 Wässerphasen) angenommen, ergibt sich eine Einleitungsmenge von: 45 L*60 s*60 min*24 h*10 d*9 Mte. = 350'000 m^3*a^{-1}.
- Pro Jahr werden demnach in das Feld 1 der Wässerstelle Verbindungsweg 759.3 kg C eingeleitet.
- In den Aquifer gelangen rund 1 mg $C*L^{-1}$, bzw. 38.9 kg C pro Wässerungsphase des Feldes 1 (349.9 $kg*a^{-1}$). Im ungesättigten Boden der Wässerstelle verbleiben somit 409 kg C, bzw. 114 g $C*m^{-2}$.

3.7.7 Ein- und Austrag über das native Grundwasser

Zur Abschätzung des Kohlenstoffeintrags in das Bilanzierungsgebiet über das natürliche Grundwasser werden die DOC-Gehalte im Referenzpegel 413 beigezogen (Tab. 3-23). Dabei ist allerdings die leichte Erhöhung des DOC-Gehaltes durch die Bewässerung auch im Referenzpegel zu berücksichtigen (s. Kap. 3.5.3.8). Zudem sind in der folgenden Aufstellung besonders die in der Regel tiefen Sommerwerte untervertreten. Es ist deshalb davon auszugehen, dass der Endwert mit 0.639 mg $C*L^{-1}$ etwas zu hoch ist. Für die Abschätzung der C-Bilanz wird daher ein Gehalt von 0.55 mg $C*L^{-1}$ verwendet.

Tab. 3-23: Zusammenstellung aller DOC-Messergebnisse des Referenzpegels 413.

Datum	DOC P413	Datum	DOC P413	Datum	DOC P413
16.04.99	0.550	22.01.00	0.648	13.03.00	0.743
12.08.99	0.629	26.01.00	0.698	14.03.00	0.709
16.08.99	0.548	30.01.00	0.682	15.03.00	0.671
18.08.99	0.528	04.02.00	0.646	16.03.00	0.688
23.09.99	0.589	14.02.00	0.634	17.03.00	0.732
16.11.99	0.516	21.02.00	0.634	18.03.00	0.727
22.11.99	0.512	28.02.00	0.600	19.03.00	0.706
28.11.99	0.633	06.03.00	0.653	20.03.00	0.728
05.01.00	0.598	09.03.00	0.641	24.08.00	0.543
07.01.00	0.644	10.03.00	0.565	**Mittel**	**0.639**
12.01.00	0.736	11.03.00	0.676	**Stdv.**	**0.068**
17.01.00	0.690	12.03.00	0.603		

Wird bei einer Aquiferbreite von 100 m, einer Länge von 250 m, einer Tiefe von 5.5 m (Pegelstand während Betriebsunterbruch) und einer Porosität von 25 % eine natürliche DOC-Konzentration von 0.55 mg C_*L^{-1} angenommen, so befinden sich zu einem gegebenen Zeitpunkt 18.9 kg DOC innerhalb des Aquifers zwischen der WS VW und dem Brunnen X. Ist die Bewässerung ausser Betrieb, so ist aus hydraulischen Gründen von einer geringeren Fliessgeschwindigkeit auszugehen. Es wird eine mittlere Abstandsgeschwindigkeit von 20 Tagen angenommen (bei der Wässerung sind es ca. 10 bis 15 Tage). Dies ergibt einen Volumenstrom von ca. 19.9 L_*s^{-1}. Da das natürliche Grundwasser ganzjährig das Bilanzierungsgebiet durchströmt, wird 345 kg C in das System eingetragen. Wie die Abb. 3-78 in Kap. 3.5.3.8 andeutet, verändert sich der DOC-Gehalt auf dem Fliessweg durch das Bilanzierungsgebiet im von der Bewässerung unbeeinflussten Zustand nicht. Somit wird auch die gleiche Menge wieder ausgetragen. Für den Vergleich von Ein- und Austrägen ist das native Grundwasser somit nicht relevant, wohl aber wenn es um den jährlichen C-Umsatz des Gesamtsystems geht.

3.7.8 Kohlenstoffaustrag über Bodenrespiration

3.7.8.1 Bodenrespiration in der Wässerstelle

Aufgrund der erhoben Daten wird für das Jahresmittel eine Bodenrespiration (inkl. Wurzelatmung und Mineralisation der Streu) von ungefähr 3.5 g $CO_{2*}m^{-2}{*}275$ d (365 d-90 d Bewässerung) = 0.96 kg_*m^{-2} bzw. 3.465 t C angenommen.

3.7.8.2 Bodenrespiration im Aquifer

Im Aquifer war die Bodenrespiration nicht mehr messbar. Somit kann der *maximale* Austrag über mikrobielle Biomasse nur aufgrund der Subtraktion des DOC-Austrags über das angereicherte Grundwasser (s. Kap. 3.7.9) vom DOC-Eintrag über das versickernde Filtratwasser errechnet werden. Dies sind rund 290.9 kg C für den gesamten Aquifer (349.9-59.0 kg; s. Kap. 3.7.9). Welcher Anteil davon sorbiert oder ausgefällt wird, ist unbekannt. Der Kohlenstoffgehalt im Aquifer ist mit geschätzten 14.5 t C eine grosse Menge und die jährlich ca. 291 kg C, die nicht mit dem Grundwasser aus dem Aquifer ausgetragen werden, eine so geringe Menge, dass mit den in dieser Arbeit verwendeten Methoden die Frage der Bedeutung von Sorption, Fällung und mikrobieller Respiration für den Kohlenstoffverbleib im Aquifer nicht genauer beantwortet werden kann.

3.7.9 Kohlenstoff-Austrag über das versickerte Filtratwasser

Der DOC-Gehalt des Grundwassers beim Nebenbrunnen E des Brunnens X lag bei rund 0.7 mg C_*L^{-1}. Dies sind 0.15 mg C_*L^{-1} mehr als im nativen Grundwasser. Bei den Aquifermassen von 100 m Breite, 250 m Länge, 7.0 m Mächtigkeit der gesättigten Zone und 25 % Porosität befinden sich zu einem gegebenen Zeitpunkt *während der Wässerung* rund 43'750 m^3 Grundwasser zwischen Wässerstelle und Brunnen. Bei einer mittleren Abstandsgeschwindigkeit von 10 Tagen passieren somit rund 50.6 L_*s^{-1} den Brunnen. Damit werden pro Wässerphase 6.5 kg und pro Jahr 59.0 kg DOC, der von aus der Wässerung in den Aquifer eingebracht wurde, wieder aus dem Aquifer ausgetragen.

3.7.10 Gesamtbilanz

Nachfolgend wird in Tab. 3-24 eine Gesamtaufstellung der C-Bilanz im Untersuchungsgebiet vorgenommen.

Tab. 3-24: Zusammenstellung der *grössenordnungsmässigen* (!) Gehalte der C-Flüsse und -Speicher im Untersuchungsgebiet VW1-Brunnen X. *: C-Eintrag in Aquifer über Wässerung minus C-Austrag über Grundwasser, davon unbekannter Anteil via Respiration entfernt oder via Fällung/Adsorption festgelegt.

	Objekt	kg C	Anteil (%)
Speicher	Oberirdische Stammbiomasse der Pappeln	78'000	55.3
	Oberird. Biom. kleiner Bäume & kraut. Pflanzen	8'280	5.9
	Unterirdische Biomasse der Pappeln	8'248	5.9
	Unterird. Biom. kleiner Bäume & kraut. Pflanzen	2'484	1.8
	Biomasse der Bodenmikroorganismen	761	0.5
	Biomasse der Bodenfauna	184	0.1
	C_{org}-Gehalt der ungesättigten Zone des Wässerstellenbodens	28'404	20.1
	C_{org}-Gehalt des Aquifers	14'625	10.4
	Gesamter C-Gehalt in den Speichern	**140'986**	**100.0**
Flüsse	**C-Einträge**		
	Jährlicher C-Eintrag über Laubstreu	980	20.5
	Jährlicher C-Eintrag über Streu kraut. Pflanzen	360	7.5
	Jährlicher C-Eintrag über Abfälle der Pappelernte	200	4.2
	Jährlicher C-Eintrag über Wurzelexsudate	2'146	44.8
	Jährlicher Netto-C-Eintrag über Wässerung in den Wässerstellenboden	409	8.5
	Jährlicher Netto-C-Eintrag über Wässerung in den Aquifer	350	7.3
	Jährlicher C-Eintrag über nat. Grundwasser	345	7.2
	Gesamte jährliche C-Einträge	**4'790**	**100.0**
	C-Austräge		
	Jährliche C-Festlegung im Humusboden der Wässerstelle	252	5.7
	Jährlicher C-Austrag über Bodenrespiration in der Wässerstelle	3'465	78.6
	Jährlicher C-Austrag über Bodenrespiration im Aquifer bzw. Festlegung durch Fällung/Adsorp.	291*	6.6
	Jährlicher C-Austrag über aus der Wässerung stammendes Grundwasser (Brunnen X E)	59	1.3
	Jährlicher C-Austrag über nat. Grundwasser	345	7.8
	Gesamte jährliche C-Austräge	**4'411**	**100.0**
	Einträge minus Austräge	**+ 379**	

Kapitel 3: Resultate

Das Ungleichgewicht zwischen Ein- und Austrägen ist mit 8 % klein und deutet nicht auf eine fehlende C-Senke, sondern bildet die Unschärfe der Bilanzierung ab.

Als zentrale Aussagen der C-Bilanz lassen sich nennen:

- Im Untersuchungsgebiet sind rund 140 t C gespeichert.
- Davon ist die Hälfte in den Pappelstämmen und ein Fünftel im Wässerstellenboden gespeichert.
- Der jährliche Stoffumsatz beträgt rund 4.5 t C (3 % der Gesamtmasse).
- Fast die Hälfte des eingetragenen C stammt aus Wurzelexsudaten.
- Nur 16 % des eingetragenen C stammt aus der Wässerung.
- Über drei Viertel des ausgetragenen C verlässt das System durch die mikrobielle Bodenrespiration in den Wässerstellen.
- Der DOC-Austrag über das Grundwasser macht nur 9 % des Gesamtaustrags aus.

3.8 Entwicklung der Versuchswässerstelle (s. Kap. 2.1.5)

3.8.1 Versickerungsleistung

Die Versickerungsleistung unterschied sich mit etwa 450 $L*m^{-2}*d^{-1}$ am Ende des Versuchs nicht von derjenigen zu Beginn im März 1996.

3.8.2 Bodenbiologische, -chemische und -physikalische Parameter

Am 25.10.2000 wurde am Standort VRP (Abb. 3-114) ein 40 cm tiefes Bodenprofil erstellt. Daraus wurden Proben zur mikrobiologischen und chemischen Analyse entnommen. Nachfolgend werden die daraus gewonnenen Ergebnisse dargestellt und, soweit möglich, mit den Resultaten von SCHMID (1997) und GEISSBÜHLER (1998) verglichen.

<u>3.8.2.1 Bodenbiologie</u>

Abb. 3-113 zeigt die MBR und MBIO vom Standort VRP und von den obersten 10 cm dreier nicht bewässerte Standorte im Abstand von 3-5 m rund um die Versuchwässerstelle (BRVN) am 25.10.2000. An den nicht bewässerten Standorten waren sowohl MBR wie MBIO deutlich höher als in der Riedwiese. Sowohl SCHMID (1997) wie GEISSBÜHLER (1998) machten keinen Vergleich zwischen MBR bzw. MBIO innerhalb und ausserhalb der Wässerstelle.
Möglicherweise ist dieser Rückgang mit der schlechteren Sauerstoffversorgung durch die Wässerung im Allgemeinen zu erklären. Der Grund könnte

Kapitel 3: Resultate   227

aber auch im Datum der Probennahme liegen: Obwohl zwischen der Erstellung des Profils und der vorgängigen Wässerphase eine Woche lag, war der Boden ab ca. 5-10 cm Tiefe immer noch wassergesättigt. Dies zeigt deutlich die schlechte Versickerungsleistung wegen der durch den Bau der Schnellfilteranlage erzeugten Bodenveränderung. Auch fanden sich an den Steinen im Profil deutliche Rostflecken und Schwarzverfärbungen, wie sie vor dem Versuch 1996 noch nicht vorhanden waren und wie sie sonst aber in allen anderen untersuchten Wässerstellen zu finden sind.

Innerhalb der Wässerstelle sind die Werte an der Bodenoberfläche vom Herbst 2000 mit knapp 4 mg sehr ähnlich zu den Werten von GEISSBÜHLER (1998) vom Frühling 1997 mit 4-6 mg $CO_2*d^{-1}*100$ g^{-1} Feinboden. GEISSBÜHLER (1998) fand mit um 1'600 mg $C*kg^{-1}$ Boden einen nur unwesentlich höheren Gehalt der mikrobiellen Biomasse.

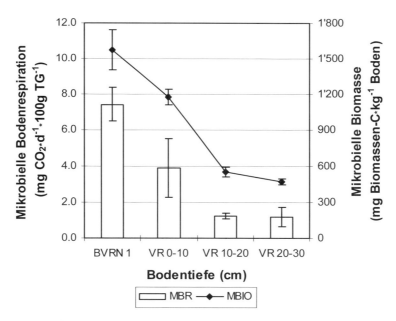

Abb. 3-113: Mikrobielle Bodenrespiration (MBR) und Biomasse (MBIO) in und um die Versuchswässerstelle Riedwiese am 25.10 2000. BRVN: Drei nicht bewässerte Standorte im Abstand von 3-5 m um VR herum.

Kapitel 3: Resultate

3.8.2.2 Bodenchemische und -physikalische Parameter

In Tab. 3-25 werden die CO_2-extrahierten Nährstoffgehalte, der Gehalt an Kohlenstoff und Stickstoff sowie die KAK von 1996 (VRN und VR 0-10 cm: 02.09, VR 10-30: 13.03.) und 2000 (alle vom 25.10.) miteinander verglichen. Berücksichtigt man die geringe Anzahl der Probennahmen und die unterschiedliche Jahreszeit, so scheint die Bewässerung keine deutliche Veränderung verursacht zu haben.

Tab. 3-25: Vergleich der Gehalte an CO_2-extrahierten Nährstoffen (in mg∗kg^{-1}), C, N (in %) und KAK(mmolc∗100g^{-1}) in der VR und der nicht bewässerten Umgebung zwischen 1996 (aus SCHMID 1997) und 2000.

Standort/Tiefe	Ca	Mg	K	P_2O_5	Ctot	Ntot	KAK
VRN 2000	581.60	47.35	16.66	3.89	3.05	0.31	21.10
VR 0-10 2000	527.87	26.05	11.88	1.53	2.62	0.26	19.26
VR 10-20 2000	456.20	24.77	11.24	1.28	1.35	0.14	16.41
VR 20-30 2000	550.93	22.24	9.41	1.23	1.20	0.13	16.47
VRN 1996	320.67	31.33	11.50	5.87	2.64	0.23	17.67
VR 0-10 1996	519.00	40.00	12.00	4.50	2.76	0.26	16.90
VR 10-30 1996	591.00	25.00	7.00	1.60	1.51	0.14	

In Tab. 3-26 und 3-27 werden die Unterschiede der Korngrössenverteilung sowie des Porenvolumens und der Lagerungsdichte zwischen Standorten in der Riedwiese und unbewässerten Standorten in deren unmittelbarer Nähe anhand der Probennahme vom 25.10.2000 dargestellt. Bei der Korngrössenverteilung liessen sich keine grösseren Unterschiede feststellen. In der Tendenz zeigen Porenvolumen und Lagerungsdichte innerhalb von VR eine Abhängigkeit von der Vegetationsbedeckung, was im sichtbar unterschiedlichen Besiedelungsgrad mit Mäusen, Regenwürmern und anderer Bodenfauna begründet sein könnte.

Tab. 3-26: Vergleich der Korngrössenverteilung zwischen Standorten innerhalb (VR, n=3) und nahe ausserhalb (VRN, n=2) von VR am 25.10.2000.

Standorte	Sand (%)	Schluff (%)	Ton (%)
VRN	33.55	47.28	19.17
VR	38.10	42.24	19.66

Tab. 3-27: Vergleich des Gesamtporenvolumens und der Lagerungsdichte zwischen Standorten innerhalb (VR, n=3) und nahe ausserhalb (VRN, n=2) von VR am 25.10.2000.

Standort/Vegetation	Gesamtporenvolumen (%)	Lagerungsdichte ($g \cdot cm^{-3}$)
VRN/Wiese	63.06	0.98
VRN/Wiese	63.10	0.98
VR/Schilf	69.77	0.80
VR/offen	62.13	1.00
VR/Seggen	65.95	0.90

3.8.2.3 Fazit:

- Während der fünfjährigen Versuchsdauer fand entgegen der Vermutung des Verfassers keine messbare Anreicherung von Kohlenstoff, Stickstoff oder Kationen im Oberboden der VR statt.
- Möglicherweise durch die schlechte Sauerstoffversorgung lagen am Schluss des Versuchs MBR und MBIO in der VR deutlich tiefer als an nicht bewässerten Standorten in der unmittelbaren Umgebung von VR. Zwar könnte auch die standörtliche Heterogenität der Hauptgrund für die Unterschiede sein. Dazu scheinen diese allerdings relativ gross und innerhalb der Stichprobenmenge zu homogen zu sein.
- Besonders unter Schilf zeigte sich, bei gleichzeitig mehr sichtbarem Regenwurmkot und mehr Mäusegängen, gegenüber anderer Vegetationsbedeckung in der VR und ausserhalb eine geringe Lagerungsdichte und ein grosses Porenvolumen.

3.8.3 Entwicklung der Vegetation

Nach fünf Betriebsjahren war die Fläche vollständig überwachsen. Den grössten Teil der Pflanzendecke machte mit ca. 70 % die angepflanzte Riedvegetation aus. Die restliche Fläche war von Pflanzenarten bedeckt, die sich spontan eingestellt hatten (Abb. 3-114 bis 3-116).

Die einzelnen Pflanzenarten haben sich wie folgt entwickelt:
- Nach fünf Betriebsjahren war die Wasseroberfläche durch den Pflanzenbewuchs praktisch vollständig beschattet – mit Ausnahme der zu Beginn nicht bepflanzten Flächen entlang des Westrands, da das dort spontan wachsende Kriechende Fingerkraut zu kleinwüchsig war.
- Am besten wurden die Seggen mit den herrschenden Bedingungen fertig, sie entwickelten einen dicht geschlossenen, bis 80 cm hohen Bestand und konnten gegen Westen deutlich Fläche hinzugewinnen.
- Die Binsen dehnten sich viel langsamer aus. Meist wurden nur die Horste breiter. Erst im letzten Versuchsjahr stellte sich an einigen Stellen Jungwuchs ein.

- Die Schwertlilien nahmen zwar an Grösse sehr deutlich zu, konnten sich aber nur in geringem Umfang und dies nur während der letzten zwei Jahre, vermehren.
- Die Teichbinse begann ebenfalls in den beiden letzten zwei Betriebsjahren, sich langsam dem nördlichen Rand nach Westen hin auszubreiten.
- Vom Mädesüss waren im letzten Versuchsjahr viele Jungpflanzen vorhanden.
- Der Rohrkolben ertrug das angewandte Wässerungsregime nur mässig und konnte kaum einen Zuwachs erlangen.
- Zwischen den Rohrkolbensprossen stellte sich spontan das Weidenröschen ein und entwickelte einen Massenbestand.
- Der Schilf hatte zu Anfang Mühe, legte aber in den letzten zwei Bewässerungsjahren klar zu und begann, sich auch auf die Umfassungsdämme und die umgebende Wiesenfläche auszudehnen.
- Das vermutlich in Form zweier kleiner Einzelsprosse unbeabsichtigt miteingebrachte Rohrglanzgras bildete in den letzten zwei Betriebsjahren innerhalb der Schilffläche einen dichten Bestand.

Nachfolgend wird eine Prognose über den hypothetischen weiteren Verlauf gestellt:
- Mittelfristig (innerhalb von weiteren 5 Jahren) würden auskonkurrenziert: Schwertlilien, Teichbinsen, Rohrkolben, Kriechendes Fingerkraut.
- Das Rohrglanzgras würde vermutlich längerfristig den Schilf auf Randbereiche drängen (Landschilf). Wahrscheinlich aber würden die Seggen langfristig alle anderen Arten mit Ausnahme der bestehenden Binsenhorste verdrängen. Sie wachsen hoch, bilden sehr dichte Bestände, decken durch die sehr langsam abbaubare Streu den Boden komplett ab und sind bereits in einem grossen Flächenanteil beherrschend.

Da die Versuchsfläche aber Anfang 2001 vertragsgemäss aufgelöst wurde, muss diese Prognose Spekulation bleiben. Die Pflanzen wurden grossmehrheitlich ausgegraben und im Rahmen des MGU-Projekts F2.00 (s. Kap. 1.4.3) wiederum als Initialpflanzen zur Schaffung einer ökologischen Vernetzung zwischen den Hinteren und Vorderen Stellimatten angepflanzt. Diese Fläche (ca. 400 m^2) wird auch nach dem Ende des MGU-Projektes durch die IWB (mit filtriertem Rheinwasser) bewässert. Zwischen den beiden Stellimatten sind die Bodenverhältnisse deutlich anders als am Standort VR. Es wird interessant sein, die Entwicklung am neuen Standort weiterzuverfolgen.

Kapitel 3: Resultate

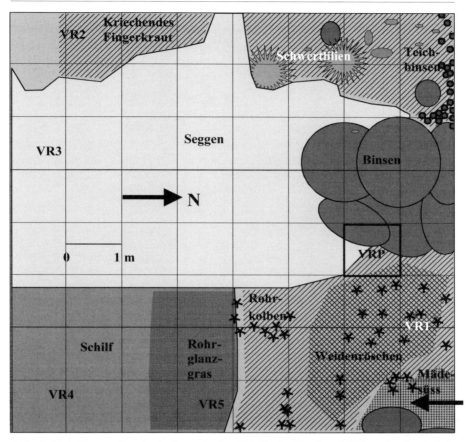

Abb. 3-114: Vegetationsbedeckung in der VR Ende Oktober 2000 nach viereinhalb Jahren Betriebsdauer. Filtratwassereinlauf durch den Pfeil im rechten unteren Eck markiert. VR1-5: Messpunkte für die Bestimmung der Wasserqualität im Überstau (s. Tab. 32). VRP: Bodengrube am 25.10.2000. Karte: E. WARKEN.

Kapitel 3: Resultate

Abb. 3-115: Ansicht der Vegetation in der VR im Oktober 2000 aus der nordöstlichen Ecke.

Abb. 3-116: Ansicht der Vegetation in der VR im Oktober 2000 aus der südwestlichen Ecke.

3.8.4 Beeinflussung der Wasserqualität

Wie bereits in Kap. 3.5.1.2 gezeigt, wurde die Sauerstoffversorgung durch die zunehmende Beschattung der Wasseroberfläche durch die Vegetation

Kapitel 3: Resultate

normalisiert. Im dichten Boden wurde eine Stauwassersituation erzeugt, wodurch der Sauerstoffgehalt in 10-30 cm Bodentiefe schnell abnahm. Im Übrigen zeigte sich eine sehr deutliche Anreicherung des SAK254 im Laufe der Fliessstrecke im Überstauwasser, insbesondere am Standort VR3 (Tab. 3-28). Hier dominierten die Seggen, welche eine sehr schlecht abbaubare, und damit viel Huminstoffe enthaltende Streu liefern. Auf die Wasserqualität des Brunnens IV a hatte die Versuchswässerstelle am Ende des Versuchs keine negative Auswirkung (Tab. 3-28 und 3-29).

Tab. 3-28: Qualität des Überstauwassers in der VR und des Wassers im Nebenbrunnen A des Brunnens IV am 25.08.2000.

Standorte	DOC	SAK254	SAK254/DOC	LF	T	O_2 (mg$_*$L^{-1})	O_2 (%)
Einlauf	1.27	3.597	2.83	279	23	8.6	96.3
VR1	1.79	5.725	3.21	280	25	7.58	95
VR2	2.02	6.889	3.42	275	26	4.38	54.7
VR3	2.37	8.124	3.43	282	24	6.2	75.4
VR4	1.91	6.217	3.25	280	26	6.18	77.3
VR5	1.62	5.186	3.21	284	23	6.67	80
NB IV A	0.6	0.833	1.40	373	15	7.89	80

Tab. 3-29: Wasserqualität im Brunnen IV A am 17.10.2000. Datenquelle: IWB.

Parameter	Einheit	Wert
Temperatur	°C	16.2
Spezifische elektrische Leitfähigkeit	$\mu S \cdot cm^{-1}$	379
pH-Wert		7.01
Gesamthärte	°fH	19.8
Karbonathärte	°fH	17.3
Nichtkarbonathärte	°fH	2.5
Trübung	FNU	0.08
Sauerstoffgehalt	$mg\ O_2 \cdot L^{-1}$	6.7
Rel. Sauerstoffsättigung	%	71
Aerobe, mesophile Keime	$KBE \cdot mL^{-1}$ (30 °C)	8
Escherichia coli	$KBE \cdot 100\ mL^{-1}$ (37/44 °C)	0
Enterokokken	$KBE \cdot 100\ mL^{-1}$ (37 °C)	0
DOC	$mg\ C \cdot L^{-1}$	0.41
SAK254	$1 \cdot m^{-1}$	0.8
Ammonium	$mg \cdot L^{-1}$	< 0.009
Calzium	$mg \cdot L^{-1}$	65.5
Kalium	$mg \cdot L^{-1}$	2
Magnesium	$mg \cdot L^{-1}$	8.3
Natrium	$mg \cdot L^{-1}$	7.7
Summe der Kationen	$meq \cdot L^{-1}$	4.34
Bromid	$mg \cdot L^{-1}$	0.037
Chlorid	$mg \cdot L^{-1}$	8.3
Fluorid	$mg \cdot L^{-1}$	0.1
Hydrogencarbonat	$mg \cdot L^{-1}$	211
Nitrat	$mg \cdot L^{-1}$	6.9
Nitrit	$mg \cdot L^{-1}$	0
Orthophosphat	$mg \cdot L^{-1}$	0.034
Sulfat	$mg \cdot L^{-1}$	28.5
Summe der Anionen	$meq \cdot L^{-1}$	4.4

4. Diskussion

4.1 Der Boden und das Bios als zentrale Elemente der Reinigungsprozesse im Basler System

Im Folgenden werden aufgrund der in Kap. 3 dargestellten Resultate die Prozesse im Überstau und der ungesättigten Zone, sowie die Rolle von Vegetation, Boden und Bodenfauna in der Wässerstelle diskutiert.

4.1.1 Umsetzungsprozesse im Überstau

4.1.1.1 Wirkung der Beschattung auf die Wasserqualität

Vermeidung eines Temperaturanstiegs
Unbeschattete Wässerstellen sind aus Sicht der Wasserversorgung aus verschiedenen Gründen unerwünscht. Wie die Messungen in der Versuchswässerstelle zeigten (s. Kap. 3.5.1.2), *wirkt sich die volle Sonnenexposition besonders negativ auf Temperatur und Sauerstoffgehalt im Überstauwasser aus*. Die *Wassertemperatur steigt im Sommer tagsüber bis auf 30 °C* an (Abb. 3-44). Dadurch wird die Vermehrung von mesophilen Keimen stark beschleunigt (Q_{10}-Regel von VAN'T HOFF). Warmes Trinkwasser ist wegen des schalen Geschmacks und der geringen Erfrischungswirkung auch aus Konsumentensicht unerwünscht. Zudem nimmt die Löslichkeit für Sauerstoff ab, so dass den Bodenmikroorganismen weniger Sauerstoff für den aeroben Abbau zur Verfügung steht: Bei 1013 mbar entspricht 100 % relative Sauerstoffsättigung bei 20 °C 9.06 mg $O_{2*}L^{-1}$, bei 30 °C jedoch nur 7.55 mg $O_{2*}L^{-1}$.

Vermeidung von Algenwachstum und Sauerstoffschwankungen
Verstärkt wird das Sauerstoffdefizit in warmem Wasser durch *die Photosyntheseaktivität von Algen*. Diese *führt zwar am Tag mit bis zu 200 % zu einer massiven Sauerstoffübersättigung*. In der *Nacht* hingegen wird durch die Atmung der Algen der Sauerstoff verbraucht, so dass *die Sättigung kaum 20 % erreicht* (s. dazu z.B. BMI 1985: 221f.). *Im Boden* können dabei auf begrenztem Raum auch *anaerobe Zonen* entstehen. Besonders problematisch sind Massensterben von Algenbeständen, welche nicht nur weiträumig zu anaeroben Zustanden führen. Da Algen gute Schwermetallakkumulatoren sind, werden zusätzlich noch grössere Schwermetallmengen in einem Stoss freigelassen. *Anaerobe Zustände* sind von den Wasserversorgern *unerwünscht*, da sie zu Geruchsbelästigung für den Verbraucher und zur *Lösung* von Eisen und Mangan (sowie weiteren *toxischen Schwermetal-*

len) führen, welche im Grundwasser, bzw. v.a. im Brunnen wieder ausgefällt werden können und die Brunnen verschlammen. Die *Algen selbst* können für den Verbraucher unangenehme oder sogar *toxische Substanzen* abgeben (z.B. Microcystine), die durch eine Untergrundpassage z.T. sehr einfach, z.T. jedoch kaum entfernbar sind (CHORUS 2001).

Beschattung: Mit Wald oder Riedvegetation oder beidem?
Die Ergebnisse der Versuchswässerstelle (VR) zeigten, dass eine *Beschattung der Wasseroberfläche* für die Erzielung einer guten Wasserqualität (tiefe Temperaturen, hoher Sauerstoffgehalt und geringe Algenbelastung) notwendig ist. In der VR entwickelte sich aus einer landwirtschaftlich genutzten Dauerwiese durch wenige Initialpflanzen (und unter Vernachlässigung aller Pflege!) bereits nach vier Jahren eine fast überall geschlossene Vegetationsdecke, die deutlich höher war als der Wasserspiegel. Dadurch normalisierten sich die Temperatur- und Sauerstoffwerte, wie der Vergleich mit der bewaldeten Kontrollwässerstelle Spittelmatten zeigte. Im Wachstum besonders erfolgreich waren – bei vermutlich nur zwei unbeabsichtigt eingebrachten Rohrglanzgrassprossen – primär die Seggen und nachfolgend auch der Schilf und das Rohrglanzgras (s. Kap. 3.8.3).

Als im Januar 1994 die Hybridpappeln im Feld 3 in der Wässerstelle Wiesengrüner geerntet wurden, entwickelte sich aus dem bereits vorhandenen, aber nur wenig dichten Unterwuchs aus Rohrglanzgras innerhalb zweier Jahre ein geschlossener, die Wasseroberfläche vollständig beschattender Bestand. Die nach der Ernte frisch gesetzten Hybridpappelstecklinge vermochten hingegen auch bis Ende 2002 noch kein geschlossenes Kronendach zu bilden. Wie SCHMID (1997) beschrieb, wurde durch die im ersten Jahr nach der Ernte noch vorhandenen Algenmatten eine Sauerstoffdepression im Wasser des unterliegenden Brunnen VI erzeugt, welche sich aber bereits im darauffolgenden Jahr nicht mehr feststellen liess.

Wenn eine *ausreichende Beschattung bereits mit einer Riedvegetation* erreicht werden kann, müssen die Wässerstellen nicht mehr mit einem geschlossenen Baumbestand bewachsen sein, wie dies bisher immer als notwendig erachtet wurde. Auch ein Mosaik aus standortheimischem Auwald-Baumbestand und Riedvegetation erfüllt die Beschattungsfunktion und schafft ein für die Reinigungsprozesse im Boden günstiges Bestandesklima. Als mögliche Arten kommen in Frage: Weiden (s. SPM2), Erlen (s. SPM2), Eschen (s. GGR1), Eichen (s. z.B. VW1 und VW3) sowie Traubenkirschen in der Baumschicht, und Rohrglanzgras, Schilf, Seggen, Binsen, Schwertlilien, Brennnesseln, Weidenröschen, Milder Knöterich, Wasser-Greiskraut u.a. in der Krautschicht (s. SIEGRIST 1998). Dieses Mosaik ist auch aus Sicht von Naturschutz und Erholung deutlich besser als die bisherige Form

Kapitel 4: Diskussion

der Reihenbepflanzung mit Hybridpappeln. Wie die Erfahrungen in der VR und in den Wässerstellen Wiesengriener (Feld 3: Seggen-Bestand, Feld 1 und 2: Rohrglanzgrasbestand) und Hintere Stellimatten (vermutlich seit Anfang 80er Jahre bestehender, nie gemähter Schilfbewuchs) zeigten, ist eine Mahd der Riedvegetation absolut nicht notwendig. Gelegentlich (alle zehn bis 20 Jahre) müssten evtl. ein paar Einzelbäume zur Schaffung neuer lichter Flächen gefällt werden (Kap. 4.1.2.1).

Zusammenfassung:
- Die Wasseroberfläche des Überstaus in den Wässerstellen muss beschattet sein, um eine negative Beeinträchtigung der Wasserqualität und der Reinigungsprozesse im Boden zu vermeiden.
- Ein Hybridpappelwald ist dazu nicht notwendig. Aus Naturschutzgründen wird ein Mosaik aus Auwald-Bäumen und Riedgräsern vorgeschlagen.

<u>4.1.1.2 Anstieg von DOC und SAK254 entlang des Fliesswegs im Überstau</u>

Anreicherung organischer Substanz durch Auswaschung
Der Anstieg des DOC-Gehalts und meist auch des SAK254-Wertes entlang des Fliesswegs im Überstau der Wässerstelle Verbindungsweg lässt sich durch eine Auswaschung organischer Substanzen aus der Streu und, in geringerem Masse, aus der lebenden Vegetation erklären. Das leicht abnehmende SAK254/DOC-Verhältnis deutet auf eine bevorzugte Auswaschung nicht UV-absorbierender, d.h. einfacher, gesättigter Organika. Speziell im Herbst und Winter fand die Auswaschung v.a. zu Beginn der Wässerung statt. Im Januar wurde aber im Unterschied zu allen anderen Messterminen eine Zunahme der spezifischen UV-Absorption festgestellt. Vermutlich sind die leicht auswaschbaren Substanzen, wie Zucker und Aminosäuren bereits im Herbst entfernt worden. Im Hochwinter werden entlang der Fliessstrecke bevorzugt aus dem Falllaub stammende komplexere, ungesättigte Verbindungen angereichert. Dieser Effekt wurde auch bei Messungen in der Wässerstelle Hintere Stellimatten im Rahmen des MGU-Projektes gefunden (WÜTHRICH et al. 2003, STUCKI 2002).

Funktion der ausgewaschenen Substanzen bei der Reinigung unbekannt
Inwieweit das ausgewaschene organische Material im Boden wieder abgebaut wird, evtl. sogar den Abbau von schwer mineralisierbaren Substanzen aus dem Filtratwasser durch Cometabolimus erleichtert, oder aber als nicht biodegradabler Kohlenstoff das System unverändert verlässt, ist mangels genauer Charakterisierung nicht bestimmbar (s. Kap. 4.1.2.2 und 2.3.2).

Literaturangaben über DOC-Anreicherung
Auch in der internationalen Literatur findet sich das Phänomen der DOC-Anreicherung bestätigt: PINNEY et al. (2000) untersuchten z.B. die Veränderung von DOC-Gehalt und spezifischer UV-Absorption (SAK254/DOC) von Abwasser beim Durchgang durch drei seriell geschaltete, 50 m breite und 700 m lange Becken, die mit einem gut etablierten, vierjährigen Binsen- und Rohrkolbenbestand bepflanzt waren. Während der DOC-Gehalt in den beiden ersten Becken reduziert wurde, stieg er während der Passage des dritten Beckens wieder fast auf das Niveau vor der Passage des zweiten Beckens an. Die spezifische UV-Absorption nahm in allen Becken zu, am meisten im ersten Becken und insbesondere während des Sommers. Somit gelangte v.a. komplexes organisches Material aus den Pflanzen und ihrer Streu ins Wasser und reicherte sich dort an. Bis etwa zur Hälfte der Fliessstrecke wurde mehr DOC aus dem Wasser durch mikrobiellen Abbau entfernt als durch Auswaschung aus Pflanzen und Streu frisch eingetragen.

Veränderung anderer Parameter entlang dem Fliessweg im Überstau
In den Wässerstellen der Langen Erlen findet parallel zu einer DOC-Anreicherung und einer SAK254-Zunahme auch ein Sauerstoffverbrauch statt. Dieser ist speziell in Bereichen mit stehendem Wasser zu beobachten, wo mikrobieller Aufwuchs an Pflanzen oder Streu organisches Material unter Sauerstoffverbrauch abbaut (s. Abb. 3-47, Kap. 3.5.1.2). Die Sauerstoffzehrung entlang der Fliessstrecke konnte auch im MGU-Projekt festgestellt werden (WÜTHRICH et al. 2003): Entlang der Fliessstrecke in den Hinteren Stellimatten fiel gleichzeitig mit der Sauerstoffkonzentration auch der pH-Wert sowie die Ammonium- und Nitratbelastung. Die entlang der Fliessstrecke angereicherten organischen Substanzen werden teilweise bereits wieder mineralisiert. Als Folge dieses Abbaus wird unter Sauerstoffverbrauch CO_2 gebildet, das sich im Wasser als Kohlensäure löst und den pH absenkt. Die krautigen Pflanzen in der Wässerstelle nehmen aus dem vorbeiströmenden Wasser die Nährstoffe Ammonium und Nitrat auf, was deren Gehalt im Wasser absinken lässt. Möglicherweise findet auch Denitrifizierung statt.

Zusammenfassung:
- DOC-Konzentration und UV-Absorption nehmen während der Fliessstrecke im Überstau durch Auswaschung von organischen Substanzen aus lebenden Pflanzen, Streuschicht und Boden zu.
- Ob dies auf die Reinigungsleistung im Boden negative (Belastung) oder positive (Abbau persistenter Stoffe im Cometabolismus) Auswirkungen hat, ist unklar.

Kapitel 4: Diskussion

4.1.2 Prozesse in der ungesättigten Zone

4.1.2.1 Infiltrationsleistung und die Bedeutung von Bewässerungsrhythmus, biogenen Makroporen und weiteren Faktoren

Das Basler System zeichnet sich u.a. durch eine – mit Ausnahme des besonderen Bewässerungsrhythmus – regenerationsfreie, über Jahrzehnte konstante Versickerungsleistung aus. Im Folgenden werden die dafür verantwortlichen Mechanismen beschrieben.

Infiltrationsleistung
DILL (2000) fand in seiner Arbeit durchschnittliche Versickerungsleistungen in den Wässerstellenböden von ca. 1-2 $m^3*m^{-2}*d^{-1}$. Diese Ergebnisse entsprechen durchaus den Leistungen konventioneller Langsamsandfilter (Tab. 4-1).

Tab. 4-1: Vergleich der mittleren Infiltrationsleistungen unterschiedlicher Infiltrationsmethoden im längeren Betrieb (Daten aus SCHÖTTLER 1995: 69).

Infiltrationsmethode	Filtergeschwindigkeit
Beregnung (Mutterboden mit Gras bewachsen; Infiltration von Oberflächenwasser)	ca. 0.01-0.5 $m*d^{-1}$
Überstauwiesen (Mutterboden mit Gras bewachsen, Infiltration von Oberflächenwasser)	ca. 0.2-1 $m*d^{-1}$
Sickergräben (Mutterboden entkrautet, Infiltration von Oberflächenwasser)	0.1-0.5 $m*d^{-1}$
Langsamsandfilter (0.5-1 m tief, Filterkorn 0.2-1 mm, Infiltration von Oberflächenwasser)	ca. 1-5 $m*d^{-1}$
Sickerschlitzgraben (5 m tief, 1 m breit, Filterkorn 0.6-1.5 mm, Infiltration von Trinkwasser)	ca. 50 $m*d^{-1}$
Gefräster Sickerschlitz (7 m tief, Filterkorn 4-8 mm, Infiltration von Trinkwasser)	Spitzenbetrieb: 100-150 $m*d^{-1}$ Dauerbetrieb: ca. 30 $m*d^{-1}$

Zunahme der Versickerung im Verlauf der Wässerphase
Die im Verlaufe einer Wässerphase ansteigende Versickerungsleistung (s. Abb. 3-43, Kap. 3.5.1.1) lässt sich plausibel mit der zunehmenden Lösung und Verdrängung von Bodenluft durch das versickernde Wasser erklären. Die wichtige Rolle der zunehmenden Entgasung in den ersten ein bis zwei Wochen der Bewässerung ist in Abb. 1-1 (Kap. 1.1.2.1) erkennbar, welche den Verlauf der Versickerungsleistung in einem 50 cm mächtigen Langsamsandfilter darstellt (DETAY & HAEFFNER 1997). Erst nach zwei Wochen Überflutung sinkt die Versickerungsleistung wegen der Bildung eines Biofilms ab.

Jahreszeitliche Schwankungen der Versickerungsleistung
Die jahreszeitlichen Schwankungen der Versickerungsleistung in den Wässerstellen der Langen Erlen lassen sich wie folgt erklären: Wasser ist bei niedrigen Temperaturen viskoser (zähflüssiger) als bei hohen. Zudem gast im Winter das Wasser beim Versickern in den wärmeren Boden wegen der geringeren Löslichkeit aus. Im Boden sammelt sich dadurch zusätzlich versickerungshemmende Luft an. Im Sommer hingegen löst sich die Bodenluft im Wasser, das kühler als der umgebende Boden ist.

Kolmatierung in den Wässerstellenböden?
In den baumbestandenen Wässerstellen der Langen Erlen werden in der Wässerphase auch nach jahrzehntelanger Betriebsdauer und ohne Regenerationsmassnahmen mit 1-2 $m^3 * m^{-2} * d^{-1}$ Versickerungsleistungen erbracht, wie sie für Langsamsandfilteranlagen im Normalbetrieb typisch sind (s. Tab. 4-1). Von Seiten der IWB bestand deshalb ein grosser Klärungsbedarf betreffend der Gefahr einer Kolmatierung der Böden der Wässerstellen. Da die Wässerstellen bewaldet sind, wäre eine künstliche Regeneration der Versickerungsleistung nur mit sehr grossem maschinellem und finanziellem Aufwand oder gar nicht möglich.

Derzeitige Dauer von Wässer- und Trockenphase ist ± optimal.
SCHMID (1997), SIEGRIST (1998) und ursprünglich auch der Autor vorliegender Arbeit vertraten die Auffassung, dass aus Naturschutzgründen – zur Förderung von Riedvegetation, Amphibien und amphibisch lebender Bodenfauna – die Wässerphasen verlängert und die Trockenphasen verkürzt werden sollten. Damit die beabsichtigten positiven Effekte überhaupt zum Tragen kämen, müsste das Verhältnis zwischen Wässer- und Trockenphasendauer vermutlich in etwa umgekehrt sein. Es war deshalb ursprünglich geplant, im Laufe der vorliegenden Arbeit den Wässerungszyklus zu verändern und die Folgen auf die Wasserqualität zu untersuchen. Einerseits war dies aber aus Zeit- und Kapazitätsgründen nicht möglich, andererseits kam der Verfasser zum Schluss, dass ein veränderter Rhythmus für das Gesamtsystem eine unnötige Belastung darstellt und zur ökologischen Verbesserung in den Wässerstellen nicht notwendig ist.

Positive Auswirkungen des heutigen Rhythmus sind:
- Geringe Biofilmentwicklung:
    - Wegen den kurzen Bewässerungsperioden von zehn Tagen und den relativ langen Abtrocknungsphasen von 20 Tagen, den bis zu sechs bis acht Wochen dauernden Betriebsunterbrüchen, und in geringem Ausmass auch wegen der Abweidung durch Schnecken kann sich in den Wässerstellen der Langen Erlen während den Wässerungsphasen an der Bodenoberfläche nur ein sehr dünn-

Kapitel 4: Diskussion

mächtiger Biofilm ausbilden. Dieser beeinträchtigt die Versickerung in keiner Weise und verschwindet in der Trockenphase wieder. Eine Regeneration der Versickerungsleistung durch Abschürfen der obersten Bodenschicht erübrigt sich.
- Gute Belüftung:
  - Wie die Messungen der Bodensaugspannung zeigten, kann der Boden während der 20tägigen Trockenphase gut abtrocknen.
  - Dies ermöglicht eine effiziente Biodegradation von mit dem Versickerungswasser eingebrachten Schadstoffen durch hohe mikrobielle Aktivität (s. unten).
  - Im Weiteren erlaubt dies eine Besiedelung der Wässerstellenböden durch Mega- und Mesofauna wie Waldmäuse, Regenwürmer, Ameisen etc., welche für die Bildung von biogenen Makroporen und für eine gute Zerkleinerung von Detritusmaterial verantwortlich sind (s. unten).
  - Auch wird ein Bewuchs mit Bäumen und krautigen Pflanzen möglich, welche die Wassersäule gut beschatten und dichtes Wurzelwerk mit einer grossen Rhizosphäre ausbilden. Je grösser die Rhizosphäre, desto mehr Mikroorganismen werden darin beherbergt, was wiederum die potentielle Reinigungsleistung erhöht.
  - Die wichtige Rolle längerer Betriebsunterbrüche für die Durchlüftung grosser Bodenbereiche und des Aquifers wird weiter unten diskutiert.
- Die Vermehrung der Stechmücken bleibt unter Kontrolle:
  - Einer der Gründe für die Entwicklung des Basler Bewässerungsrhythmus liegt in der Vermehrung der Stechmücken während zu langen Wässerphasen, was SCHMID (1997) und SIEGRIST (1998) nicht bekannt war (s. Angaben zum „Bericht 1972" in Kap. A2.5). Mit einer kurzen Bewässerungszeit von zehn Tagen lässt sich die im siedlungsnahen Erholungsgebiet unerwünschte Vermehrung der Stechmücken unter Kontrolle halten.
- Die Belastung des Systems während einer Wässerphase bleibt tolerabel:
  - Die Wahrscheinlichkeit, dass das Gesamtsystem an seine Grenzen stösst und die Qualität des Grundwassers verschlechtert wird, ist bei einer Verlängerung der Wässerphase grösser: Einerseits werden mehr Schadstoffe eingetragen, andererseits wird die Dauer der Belüftung des Bodens verkürzt und damit auch diejenige Phase, in welcher mikrobieller Abbau am effizientesten stattfinden kann. Zudem wird die Bodenfauna, welche für die Konstanz der Versickerungsleistungen unabdingbar ist (s. unten), geschädigt und vertrieben. Die Sauerstoffversorgung des Bodens sowohl

während der Wässer- als auch der Trockenphase, sowie die Sicker- und Reinigungsleistung würde langfristig abnehmen.

Die Förderung der Riedvegetation ist mit einfachen Massnahmen und ohne Veränderung des Bewässerungsrhythmus möglich:
- Besonders in der Versuchsfläche Riedwiese und in den Hinteren Stellimatten (MGU-Projekt) konnte gezeigt werden, dass Riedpflanzen bei ausreichendem Lichteinfall mit den bestehenden Wässerungsverhältnissen bestens zurecht kommen.
- Werden die Hybridpappelbestände in den WS durch ein Auwald-Riedflächen-Mosaik ersetzt, benötigt die Riedvegetation ausser genügend Licht keine weitere Förderung oder Pflege. Wird die Beschattung durch aufwachsende Weiden, Erlen und Eschen nach 10-20 Jahren zu stark, sollten gelegentlich die am stärksten schattenwerfenden Bäume gefällt werden. Diese können liegen gelassen werden. In ihrer geringen Anzahl belasten sie die Reinigungskapazität des Systems nicht und stellen keine Gefährdung der Grundwasserqualität dar.
- Wie die schnelle Wiederbedeckung des bisher durch Pappeln beschatteten und vegetationsfreien Bodens in VW1 und den Hinteren Stellimatten nach dem Sturm Lothar zeigte, ist nicht einmal das Einsetzen von Initialpflanzen notwendig. Die Samenbank im Boden war gross genug, dass sich bereits nach zwei Jahren ein dichter, die Wasseroberfläche meist beschattender Bestand etablierte.

Die Erstellung von Teichen bringt Rückzugmöglichkeiten für aquatische Lebewesen während den Trockenphasen:
- In den Hinteren Stellimatten wurden im Rahmen des MGU-Projekts anfangs 2002 kleine Teiche angelegt (1.5*3*0.6 m) und mit Lehm abgedichtet. Bereits im ersten Jahr konnten darin aquatische Insekten die Trockenphasen zwischen den Bewässerungen überstehen. Es wurde nicht untersucht, ob die Teiche auch von Amphibien genutzt werden. Durch die Teiche wurde die Grundwasserqualität nicht messbar beeinträchtigt.
- Gemäss Aussagen der IWB ist es inzwischen möglich, dass bei der Räumung der Hybridpappelbestände in einer WS jeweils auch noch ein bis zwei Teiche pro Feld angelegt werden könnten. Somit wären mit der Zeit in jeder WS Rückzugsgebiete für Amphibien und amphibische Insekten vorhanden. Die Teiche werden, je nach Tiefe, innerhalb eines Zeitraums von etwa zehn Jahren verlanden, so dass sie wieder neu ausgehoben werden müssten. Ausführende Institution und Finanzierung sind noch unklar.

Kapitel 4: Diskussion 243

Das Anpflanzen ökologisch wertvoller Baumarten bringt viel Lebensraum:
- Das vermehrte Anpflanzen von Weiden würde aufgrund der Bedeutung dieser Baumart als Lebensraum für Hunderte von Insektenarten die standortheimische Artenvielfalt der Insektenfauna mehr erhöhen, als dies durch einen veränderten Wässerungsrhythmus je möglich wäre.
- SCHMID (1997) und der Verfasser beobachteten allerdings, dass bei Betriebsunterbrüchen im Sommer, die länger als die üblichen Trockenphase dauerten, die Weiden in SPM1 einen relativ grossen Teil ihres Laubes frühzeitig abwarfen. Werden anstelle von Hybridpappeln vermehrt Weiden angepflanzt, wird der frühe Laubfall von einer lokal begrenzten zu einer verbreiteten Erscheinung. Um dies zu verhindern, sollten planbare Betriebsunterbrüche, falls möglich, auf andere Jahreszeiten verschoben werden.

Der jetzige Bewässerungszyklus hat sich als geeignet erwiesen. Es drängt sich bei Umsetzung obengenannter Fördermassnahmen keine Veränderung aus Naturschutzgründen auf.

Deckschicht als Versickerungsregler
Die Versickerungsleistung der Oberbodenmatrix (ohne erkennbare Makroporen) war nach den Messungen von DILL (2000) sehr gering (≤ 300 $L*m^{-2}*d^{-1}$). Zwar ist die Deckschicht auch von unzähligen Mesoporen durchzogen (Abb. 4-1). Diese erreichen allerdings nie die Wasserleitfähigkeit der biogenen Makroporen (s. unten).

Nachfolgend wird anhand von vier Beispielen die wichtige Rolle der Deckschicht als entscheidender Regler der Versickerungsleistung und auch der Wasserqualität illustriert:
1. Anfangs der 1980er Jahre floss nach der Inbetriebnahme der Stellimatten das eingeleitete Filtratwasser durch die geringmächtige Deckschicht viel zu schnell den Brunnen zu (mittlere Versickerungsleistung ca. 11 $m^3*m^{-2}*d^{-1}$; pers. Mitt. P. HÄNSLI und H. RITZLER). Es wies wegen mangelnder Reinigungsleistung einen schlechten Geschmack und Verkeimungen auf. Deshalb wurde nachträglich lehmiges Material aufgeschüttet und planiert. Entlang der zur Abgrenzung der einzelnen Felder eingebauten Betonwände, welche die Deckschicht durchbrachen und bis in den Schotter reichten, konnte aber weiterhin Filtratwasser in grossen Mengen direkt in den Schotter einsickern (Kurzschlussbildung zwischen Oberflächen- und Grundwasser). Dies wurde durch ein Kiesfundament der Mauern noch begünstigt (RITZLER, pers. Mitt.) Deshalb wurde ein weiteres Mal lehmhaltiges Material eingebracht und die

Flächen erneut planiert. Dies jedoch so gut, dass die Versickerungsleistungen stark gesenkt wurden und nun mit 500-700 $L*m^{-2}*d^{-1}$ zu den geringsten aller Wässerstellen zählen (s. Kap. A2.5).

2. Während des Wirbelsturms Lothar rissen die umstürzenden Hybridpappeln mit ihren Wurzeltellern auch die ganze Deckschicht bis zum Schotter weg. In den so entstandenen, grossen Mulden versickerte das eingeleitete Filtratwasser so schnell, dass in den betroffenen Wässerstellen weniger als 20-25 % der Fläche überstaut waren (s. Kap. 3.6.1). Wegen der dadurch stark verkürzten Aufenthaltszeit in der ungesättigten Zone war auch die Reinigungsleistung solange gering, bis sich das System wieder an die neue Situation anpassen konnte (s. Kap. 3.5.3.8).

3. Am Standort VW1/7 wird das versickernde Filtratwasser in über einem Meter Bodentiefe durch eine 10 bis 15 cm mächtige Schicht tonigen Sandes gestaut. Dabei wurde im wassergesättigten Boden oberhalb des Stauers durch die mikrobielle Abbautätigkeit der Sauerstoffgehalt im Vergleich zu gut versickernden Wässerstellen wie z.B. der GGR1 deutlich abgesenkt. Der unter der Stauschicht liegende Grobsand leitet das Wasser dann so gut ab, dass er sogar während der Wässerung luftgesättigt ist, wie das ständig leere Bodenwasserbeobachtungsrohr in 2 m Tiefe zeigt. Es ist anzunehmen, dass das Wasser in dieser Zone bis zum Grundwasserspiegel durch den Sand- und Kiesboden wie in einem Tropfkörper perkoliert.

4. In Böden ohne Stauschicht wird die Versickerungsleistung durch die Mächtigkeit und Korngrössenzusammensetzung der künstlich eingebrachten Aufschüttung oder des Auenlehms determiniert. Dies zeigen die drei untersuchten Wässerstellen sehr deutlich: in GGR1 mit der geringmächtigsten Deckschicht und einer fehlenden künstlichen Aufschüttung ist die Versickerungsleistung hoch, in VW1 mit der mächtigsten Deckschicht und einer künstlichen Aufschüttung ist die Versickerungsleistung gering. Der unter der Deckschicht liegende Schotter weist unabhängig von ihrer Mächtigkeit in jedem Fall eine grössere Leitfähigkeit auf. Es ist deshalb davon auszugehen, dass in allen Wässerstellen in der ungesättigten Zone unterhalb der Deckschicht eine perkolative Infiltration stattfindet.

Kapitel 4: Diskussion

Abb. 4-1: Vergrösserte Ansicht der Mesoporen (Pfeile) einer Bodenprobe aus ca. 35 cm Bodentiefe, etwa 5 m südwestlich von VW1/11. Porendurchmesser zwischen 50 und 300 µm. Photo: D. Rüetschi.

> Die Mächtigkeit und Korngrössenzusammensetzung der Deckschicht sind somit der bestimmendste Faktor der Versickerungsleistung und – durch die Steuerung der Aufenthaltszeit sowie der Luftführung der darunter liegenden Schotterschichten – auch einer der bestimmenden Faktoren der Reinigungsleistung.

Biogene Makroporen erhalten und erhöhen die Versickerungsleistung
DILL (2000) untersuchte in seiner vom Autor der vorliegenden Dissertation und von Dr. C. WÜTHRICH betreuten Diplomarbeit die Infiltrationsleistungen in den Wässerstellen GGR1, VW1, SPM2 sowie in den WS Wiesengriener, Hintere und Vordere Stellimatten während der Bewässerungsphase. Hohe Infiltrationsraten wurden nur an Stellen mit Mausgängen angetroffen, niedrige Infiltrationsraten hingen an Stellen, wo Maus- oder Regenwurmgänge fehlten. Die offenen Enden von Mausgängen waren oftmals von Geschwemmsel verstopft (Abb. 4-2). Dies deutet daraufhin, dass hier Wasser mit grosser Geschwindigkeit einströmt, was auch direkt beobachtet werden konnte. Die Auswurfhügel der Mausgänge bestanden zudem öfters aus Material, das klar erkennbar aus grösserer Bodentiefe stammte (bis max. ca. 70 cm; Abb. 4-3). Somit reichten die Mäusegänge bis oder bis fast zur Schotterschicht. Der Autor vorliegender Arbeit konnte im Januar 1999

Kapitel 4: Diskussion 246

fünf Waldmäuse (*Apodemus sylvaticus*) in den mit Bohrkernen gefüllten Holzkisten im Feld 1 der Wässerstelle Verbindungsweg beobachten.

Abb. 4-2: Mit Geschwemmsel gefüllter Mausgang in der Wässerstelle Vordere Stellimatten. Das helle Einfranken-Stück dient dem Grössenvergleich (aus DILL 2000: 126).

Bei der Versuchswässerstelle wurde beobachtet, dass die Dichte der Mäusegänge in der Riedvegetation im Vergleich zur umgebenden, nicht bewässerten Wiese erhöht war (Messdaten wurden hierzu aber keine erhoben) – möglicherweise aber auch nur wegen der im feuchteren Boden besseren Wühlbedingungen. Bei vergleichbaren Bodenfeuchtebedingungen (z.B. am Ende einer Trockenphase) erschien der Boden innerhalb der bewässerten Fläche weniger dicht. Dies wurde auch durch die Messungen der Lagerungsdichte und des Porenvolumens angedeutet (Kap. 3.8.2).

Neben den Waldmäusen sind auch Regenwürmer sehr wichtig: Die bei der Erstellung der Bodengruben angetroffenen Regenwurmgänge wiesen oftmals versickerungsrelevante Durchmesser auf (Abb. 4-3 sowie Abb. A3-6) und reichten zudem bis zum Beginn der Schotterschicht. Neuste Untersuchungen nach GLASSTETTER (1991), die von DILL et al. (in Vorb.) durchgeführt wurden, zeigten eine grosse Vielfalt der in den Wässerstellen vorkommenden Regenwurmarten.

Kapitel 4: Diskussion

Abb. 4-3: Zerfallender Auswurfhügel am Ende eines Mausganges. Das helle Erdmaterial stammt aus ca. 40-70 cm Bodentiefe. Die Pfeile kennzeichnen relativ frische Regenwurm-Losung aus ca. 10 cm Bodentiefe. Als Grössenvergleich dient wiederum ein Einfranken-Stück direkt links vom unteren Pfeil. Photo: A. Dill.

Bei der Erstellung von Bodengruben konnten im Auenlehm entlang von sich gerade nach unten erstreckenden Pflanzenwurzeln ca. 1 mm um die Wurzel herum oftmals dunkle Bereiche, ähnlich den dunklen Manganablagerungen auf dem Schotter, beobachtet werden. Insbesondere die Wurzeln der Hybridpappeln verzweigten sich in der obersten Schotterschicht und bildeten dort ein dichtes Feinwurzelgeflecht. Die Wurzeln könnten also eine Fliessverbindung vom Oberboden bis zum Schotter darstellen. Hingegen sind die in Frage kommenden Durchmesser deutlich kleiner als bei Waldmaus- oder Regenwurmgängen, so dass Pflanzenwurzeln vermutlich nur von geringer Bedeutung für die Versickerung in den Wässerstellen sind. Allerdings sind die Wurzeln (v.a. von krautigen Pflanzen [Rohrglanzgras] und Sträuchern) sicher wichtig, um eine allmähliche Verdichtung des Oberbodens zu verhindern. Wahrscheinlich kann mehr Wasser in den von *abgestorbenen Baumwurzeln* hinterlassenen Poren in den Schotter versickern als entlang lebender Wurzeln.

Kapitel 4: Diskussion

> Die biogenen Makroporen sind für die Versickerungsleistung als solche eher sekundär von Bedeutung, da sie diese nur innerhalb einer von der Deckschicht begrenzten Bandbreite beeinflussen können.
>
> Die Versickerungsleistung ist – bei gleicher Deckschicht – in einem Bodenausschnitt mit Makroporen jedoch massiv höher als in einem Bodenausschnitt ohne. Die biogenen Makroporen sind zudem von zentraler Bedeutung, wenn es um den *langfristigen* Erhalt einer gegebenen Versickerungsleistung geht – ohne Unterhaltsmassnahmen wie Abschürfen etc..
>
> Da Makroporen auch für die rasche Wiederbelüftung des Bodens nach dem Ende der Wässerphase sorgen, sind sie für die mikrobielle Abbauaktivität in der Trockenphase, sowie für die Existenz der Vegetation und derjenigen Organismen, welche diese Poren selber geschaffen haben, von grosser Wichtigkeit.

Angaben zu biogenen Makroporen in der wissenschaftlichen Literatur
Bereits seit Mitte der 1970er Jahre haben sich einige Studien mit der Bedeutung von bevorzugten Fliesswegen im Boden beschäftigt. Durch grosse Bodenporen (Makroporen mit Durchmessern >1.5 mm, definiert nach GERMANN & BEVEN 1981), wie sie Regenwurm- oder Maulwurfsgänge, Schrumpfungsrisse, Gesteinsklüfte und Kieslinsen darstellen, können Wasser und darin gelöste Stoffe wie z.B. Nitrate oder Pestizide die Bodenmatrix und damit Biodegradations- und Sorptionsprozesse zu einem Teil umgehen und das Grundwasser verschmutzen (EHLERS 1975, THOMAS & PHILLIPS 1979, WITHE 1985, MCCARTY & ZACHARA 1989, EDWARDS et al. 1992, JURY & FLÜHLER 1992, FLURY 1996). Besonders bedeutend sind Makroporen in Böden mit hohem Tonanteil (z.B. Lössböden), während in sandigen Böden auch die Bodenmatrix selbst viel Wasser aufnehmen und transportieren kann.

Makroporen sind unentbehrlich für eine ausreichende Belüftung des Bodens. Wurzeln wachsen entlang der Makroporen in die Tiefe (BENNIE 1991) und ermöglichen den Pflanzen eine gute Verankerung sowie die Nutzung der nährstoff- und wasserreichen Makroporenflüsse. Die Infiltration von Niederschlagswasser wird verbessert und damit das Grundwasser angereichert. Die Oberflächenflächenabflüsse und somit die Bodenerosion werden reduziert (ELA et al. 1992).
BOUCHÉ & AL-ADDAN (1997) berichteten, dass in den Gängen unterschiedlicher anecischer (d.h. vertikalbohrender) Regenwurmarten in mediterranen Böden pro 100 g Frischgewicht Regenwurmbiomasse•m^{-2} rund 282 mm Niederschlag pro Stunde versickern können. ELA et al. (1992) verwiesen auf die Wichtigkeit von *durchgehenden* Makroporen für präfe-

Kapitel 4: Diskussion

renzielle Flüsse: Beispielsweise kann in Böden mit wenig Makroporen u.U. mehr Wasser infiltrieren als in Böden mit vielen Maulwurfsgängen, die aber gleichzeitig eine verschlämmte Bodenoberfläche aufweisen (zur Bedeutung von z.B. Rohrglanzgrasbeständen bei der Verhinderung der Verschlämmung s. unten).

TIUNOV & SCHEU (1999) zeigten, dass in der Drilosphäre (2 mm breite Zone rund um den Regenwurmgang) der anecischen Art *Lumbricus terrestris* in Buchen-, Linden- und Eichenwäldern im Vergleich zum umgebenden Boden folgende Parameter erhöht waren:
- C_{org} und N_{tot} um einen Faktor 1.8-3.5 bzw. 1.3-2.2 (z.B. bis 13 % C-Gehalt),
- der Wassergehalt und der pH um 140-190 % bzw. um bis 1.2 Einheiten,
- Basalatmung, mikrobielle Biomasse und Bakterienvolumen um die Faktoren 3.7-9.1, 2.3-4.7 und 2.1-5.4,
- der metabolische Quotient bis um den Faktor 2.5.

Die Gründe für die stärkere Besiedlung und Aktivität der Bakterien liegen im hohen Gehalt organischer Substanz durch den Eintrag von verdautem Streumaterial durch den Wurm, in der guten Belüftung und der guten Wasserverfügbarkeit. Im Gegensatz zu den Regenwurmkothaufen an der Erdoberfläche sind die Gänge von *Lumbricus terrestris* sehr stabil: TIUNOV & SCHEU (1999) berichteten von einer Lebensdauer von über 6 Jahren.

Weitere Arbeiten wie die von VINTHER et al. (1999) oder von BUNDT et al. (2001) bestätigten die signifikante Zunahme der mikrobiellen Biomasse in Makroporen im Vergleich zur Bodenmatrix. Makroporen können deshalb nicht nur über eine beschleunigte Versickerung mit Schadstoffen belasteten Wassers die Grundwasserqualität gefährden (z.B. durch Nitrat, EDWARDS et al. 1992), sondern können auch im Gegenteil dazu beitragen, dass die Wasserqualität verbessert wird, wie z.B. bei Pestiziden (EDWARDS et al. 1992 und PIVETZ & STEENHUIS 1995.).

Rolle der Unterwuchsvegetation
Eine Verbesserung der Versickerungs- (und Reinigungs-)leistung lässt sich vermutlich durch die Förderung insbesondere von Rohrglanzgras- und Schilfbeständen im Unterwuchs erreichen (s. auch WÜTHRICH et al. 2003), wobei eine Erhöhung der Sickerleistung aus Sicht der IWB wegen einer möglichen Qualitätsverminderung nicht erwünscht ist:
- Die dichten Blätter sieben Partikel aus dem Wasserstrom und machen diese beim biologischen Abbau der Blätter den Bodenlebewesen zugänglich, welche die Partikel in Ton-Humuskomplexe einbauen. Die Partikel können deshalb keine Bodenporen verstopfen.

Kapitel 4: Diskussion

- Aus dem vorbeiströmenden Wasser werden sowohl durch die Blätter wie auch durch den feinen, auf den Blättern sitzenden Biofilm Schadstoffe aufgenommen und abgebaut.
- Die Blätter liefern ein leicht abbaubares Substrat, wodurch eine hohe Regenwurmaktivität und mikrobielle Reinigungsaktivität ermöglicht wird. Zudem könnte auch der Abbau von schwer degradierbaren Substanzen im Cometabolismus erleichtert werden.
- Die Bodenoberfläche und oberflächennahe Bodenbereiche sind durch die Blätter wirksam vor Verdunstung und starker Auskühlung geschützt, was die epigäische Bodenfauna und eine ganzjährig hohe Aktivität der Bodenmikroorganismen zusätzlich fördert.
- Der dichte Blätterbestand über dem Boden verhindert eine Verschlämmung der Bodenoberfläche und damit eine Abnahme der Versickerungsleistung.
- Der Boden unter einem Rohrglanzgrasbestand schien deutlich weicher zu sein als unter einem Pappelbestand ohne Unterwuchs. Durch die hohe Feinwurzeldichte und die tiefe Durchwurzelung wird der Boden aufgelockert und damit besser durchlüftet. Auch wird eine reiche Rhizosphäre geschaffen. Dadurch wird die mikrobielle Aktivität und die Kapazität, Schadstoffe aus dem Filtratwasser abzubauen, weiter gefördert (s. auch PEARCE et al. 1995).
- In den Wässerstellen werden alle obengenannten Punkte durch das Rohrglanzgras (*Phalaris arundinacea*) erfüllt (s. als Beispiel für die Feinwurzeldichte Abb. 4-4). Für weitere Literatur zu dieser Pflanzenart s. z.B. KÄTTERER & ANDRÉN (1999) sowie WETZEL & VAN DER WALK (1998).

Kapitel 4: Diskussion   251

Abb. 4-4: Ausschnitt einer Bodengrube vom 01.06.1996 im feinwurzelreichen Rohrglanzgrasbestand des Feldes 1 der WS Wiesengriener (SCHMID 1997: 39).

Literaturangaben zum Einfluss der Vegetation auf die Versickerungsleistung

Zu Versickerungsleistungen von bepflanzten Grundwasseranreicherungsflächen seien hier die Publikationen von LÖFFLER et al. (1973) und BOUWER et al. (1974) zitiert. Erstere untersuchten das Sickervermögen verschiedenster Grasarten und erzielten mit dem Rohrglanzgras einerseits die höchsten Versickerungswerte und andererseits auch die besten Reinigungsleistungen (s. Tab 4-2 und 4-3). BOUWER et al. (1974) erwähnen eine mittlere Versickerungsleistung von 1.1 $m*d^{-1}$ in 0.5 m hohen Hundszahngrasbeständen (*Cynodon dactylon*; „Bermuda grass") über einem lehmigen Sand. Bei einer Bedeckung der Sandoberfläche mit Kies konnten nur 65 % dieser Leistung erreicht werden konnten, weil der Kies eine Abtrocknung des darunterliegenden Materials während Trockenphasen verhinderte und sich Feinpartikel aus Sandstürmen im Kies absetzen konnten. Dadurch kolmatierte das Anreicherungsbecken.

Tab. 4-2: Vergleich der Versickerungsleistungen verschiedenster Ried- und Feuchtwiesengräser (Daten aus LÖFFLER et al. 1973).

Grasart	Überstau-höhe (cm)	Schwebstoffgehalt (mg$\cdot$L^{-1})	Sickerleistung (m$\cdot$d^{-1})	Wurzelhorizontmächtigkeit (cm)
Rohrglanzgras (Phalaris arundinacea)	bis 110	80-120	3.5-4.5	15-30
Weisses Straussgras (Agrostis stolonifera)	40-60	15-20	2.5-4.5	10-20
Flutschwaden (Glyceria fluitans)	30-50	30-60	3.0-4.0	10-20
Grosser Schwaden (Glyceria maxima)	40-80	80-100	2.5-4.0	15-30
Sumpfreitgras (Calamagrostis canescens)	50-80	30-40	2.5-4.5	15-30
Gemeine Quecke (Agropyron repens)	20-40	40-60	2.0-4.0	15-20
Knäuelgras (Dactylis glomerata)	50-70	60-70	2.0-3.5	10-25
Wiesen-Fuchsschwanz (Alopecurus pratensis)	15-30	50-80	2.5-3.5	15-30
Glatthafer (Arrhenaterum elatius)	15-30	30-50	2.5-3.5	10-20
Wiesenrispengras (Poa pratensis)	20-40	50-80	2.0-3.0	10-20
Wiesenschwingel (Festuca pratensis)	30-50	30-50	2.0-3.0	10-25

Tab. 4-3: Vergleich der relativen Eliminierungsraten von Nährstoffen und der organischen Substanz bei der Passage verschiedenster Pflanzenbecken (Daten aus LÖFFLER et al. 1973). PV: (Kalium-)Permanganatverbrauch (altes Mass für die organische Belastung eines Gewässers). Der Faktor 1 entspricht in günstigen Fällen einer Eliminierung von rund 80 % bei NO_3^- und NH_4^+, 90 % beim PO_4^{3-} und 65 % beim PV. Die Konzentrationsbereiche sind leider nicht angegeben.

Grasart	Relative Eliminierungsraten im Vergleich zum Rohrglanzgras			
	NO_3^-	NH_4^+	PO_4^{3-}	PV
Rohrglanzgras	1.00	1.00	1.00	1.00
Weisses Straussgras	1.00	0.75	0.88	0.66
Flutschwaden	0.87	0.5	0.88	0.66
Grosser Schwaden	1.00	0.63	0.88	0.83
Sumpfreitgras	0.75	0.87	0.77	0.83
Gemeine Quecke	1.00	0.87	0.88	1.00
Knäuelgras	0.87	0.75	0.88	0.66
Wiesen-Fuchsschwanz	1.00	0.63	0.88	0.5
Glatthafer	1.00	0.75	0.88	0.66
Wiesenrispengras	0.75	0.5	0.88	0.5
Wiesenschwingel	0.75	0.5	0.88	0.5

Kapitel 4: Diskussion

Die Partikelbelastung des eingeleiteten Filtratwassers ist gering
Aufgrund von IWB-Angaben (T. STÄHELI 08.11.1990; angepasst an heutige Betriebsverhältnisse) wird durch die Schnellsandfiltrierung folgende Schwebstoffmenge von den Wässerstellen ferngehalten:
- (18.5 mg Schwebstoffe$*$L^{-1})$*$(60'000'000 L$*$d^{-1})$*$270 Betriebstage = ca. 300 t$*$a^{-1}, davon sind 90-95 % mineralische Bestandteile (277 t; Stand 1990: 360 t, weil durch höheren Trinkwasserbedarf grössere Anreicherungsmenge und mehr Betriebstage).

Bezogen auf VW1 mit einer Einleitung von 45 L$*$s^{-1} ergäbe dies auf die Betriebsdauer von 30 Jahren grössenordnungsmässig einen Eintrag von:
- (18.5 mg Schwebstoffe$*$L^{-1})$*$(3'880'000 L$*$d^{-1})$*$90 Betriebstage$*$30 Betriebsjahre$*$0.925 = ca. 180 t$*$3600 m^{-2} = 50 kg$*$m^{-2}. Bei einer angenommenen Lagerungsdichte von 1.6 kg$*$L^{-1} resultierte ein Bodenzuwachs von etwa 3.2 cm im Verlauf der 30 Betriebsjahre.

Der die Schnellsandfilter tatsächlich passierende Schwebstoffanteil liegt bei rund 1.5 mg$*$L^{-1}. Somit wurde VW1 nur mit 4 kg$*$m^{-2}, bzw. 2.5 mm Zuwachs belastet. Unter der Berücksichtigung, dass früher deutlich mehr gewässert wurde, ist von einem Zuwachs in 30 Jahren von max. 5 mm auszugehen. Gleichzeitig hat sich aber durch die Waldvegetation eine Humusschicht von 10-15 cm Mächtigkeit entwickelt. *Der Schwebstoffeintrag über das Filtratwasser ist somit marginal.*

Als Vergleich soll die Jahrhunderte lang betriebene Wässermattenwirtschaft erwähnt werden, wo zur Düngung bewusst schwebstoffreiches Wasser auf die Matten ausgebracht wurde. DILL (2000) fand in solchen ehemaligen Wässermatten in den Langen Erlen Versickerungsleistungen von 1 bis lokal über 12 m^3$*$m^{-2}$*$d^{-1} – und dies bei Bodenprofilen, die (wie die Böden in den Wässerstellen) mit Auenlehm-Horizonten von 10-30 cm einen langandauernden Schwebstoffeintrag direkt aus der Wiese oder aus der künstlichen Bewässerung mit Wiesewasser zeigten. Gerade die älteste, noch in Betrieb stehende Wässerstelle, Grendelgasse Rechts (s. Kap. A2.3), welche damit auch am längsten mit Teichwasser bewässert wurde, wies mit 2 m^3$*$m^{-2}$*$d^{-1} eine der höchsten Versickerungsraten aller Wässerstellen auf. Die höchste Versickerungsrate fand DILL (2000: 76) mit lokal gegen 11 m^3$*$m^{-2}$*$d^{-1} in der Wässerstelle Wiesengrießer, welche bereits seit 1929 in Betrieb ist. Diese Zahlen zeigen, dass durch den jetzigen Schwebstoffeintrag über die Bewässerung mit vorfiltriertem Rheinwasser keine Gefahr einer Kolmatierung verursacht wird. Vermutlich werden die eingebrachten Schwebstoffe sedimentiert, ausgesiebt und anschliessend durch Prozesse wie Bioturbation, Verschlämmung und Frostverwitterung in die Bodenmatrix eingebaut und vermischt. Auch dieser über die Jahre neu gebildete Boden wird immer wieder von biogenen Makroporen durchzogen, so dass die Versickerungsleistung langfristig konstant bleibt.

Organische Belastung des eingeleiteten Filtratwassers ist niedrig
Der DOC-Gehalt des Filtratwassers ist heute mit im Mittel rund 1.7 mg$_*$L^{-1} für ein Oberflächengewässer der Dimension des Rheins bereits ziemlich tief, ebenso wie auch der AOC-Gehalt von 20 µg$_*$L^{-1}. Dies hat zur Folge, dass sich keine enorme Menge an mikrobieller Biomasse entwickeln kann, welche sowohl an der Bodenoberfläche wie auch in den Bodenporen versickerungshemmend wirken würde („microbial clogging" oder „fouling"; z.B. HIJNEN & VAN DER KOOIJ 1992).

Aufgrund der Ergebnisse dieser Arbeit sowie der Arbeit von DILL (2000) lässt sich sagen, dass *unter den gegebenen Betriebsbedingungen* mit einer Schnellfiltration des Versickerungswassers und dem 10-Tage/20-Tage-Bewässerungsrhythmus die *Versickerungsleistung in den Wässerstellen auch mittel- bis langfristig* (Zeitrahmen: 10-50 Jahre, wahrscheinlich aber noch viel länger) *konstant bleibt.*

<u>4.1.2.2 Mikrobieller Abbau</u>

Mikrobielle Bodenrespiration und Biomasse sind auch in tieferen Bodenschichten vorhanden
MBR und MBIO waren nicht nur an der Bodenoberfläche konzentriert, sondern liessen sich auch noch in Tiefen von über 3 m bzw. 10 m (bis zum Grundwasserstauer) detektieren. Somit ist der mikrobielle Abbau von organischen Substanzen nicht nur auf die Oberfläche beschränkt (wie ursprünglich von Seiten der IWB vermutet), sondern findet auch in tieferen Bodenschichten statt. Dies ist auch die Ursache für ein gutes Funktionieren der Reinigungsprozesse im Winterhalbjahr: Mikroorganismen in tieferen Bodenschichten können die temperaturbedingte Abnahme der Abbauaktivität an der Bodenoberfläche kompensieren.
Während in LSF der Gehalt an Mikroorganismen üblicherweise innerhalb der obersten 10 cm exponentiell abnimmt und anschliessend gering bleibt, fanden JUHNA & SPRINGE (1998) in einem LSF der Wasserwerke Riga eine lineare Abnahme mit der Tiefe und bestimmten in 170 cm mit $8*10^7$ Zellen$_*$g^{-1} immer noch ein Drittel der Menge an der Oberfläche des Sandfilters. Die Befunde in den Langen Erlen liegen zwischen den für LSF-Anlagen üblichen und jenen von JUHNA & SPRINGE (1998).

Saisonale Veränderung der MBR und MBIO
Die winterliche Abnahme der MBR und MBIO auch in tieferen Schichten (30-70 cm) könnte wie folgt erklärt werden: Bei tiefen Bodentemperaturen

Kapitel 4: Diskussion

werden wärmeliebendere Bakterien inaktiviert, so dass nur noch Generalisten oder kryophile Bakterien aktiv sind. Diese Hypothese wird gestützt durch die Tatsache, dass in einer Tiefe von 60-70 cm im Februar 1998 23 % der im Mai 1998 vorhandenen Biomassemenge etwa 87 % der im Mai vorhandenen Aktivität erzeugten. Dies deutet auf eine hohe Effizienz unter Winterbedingungen, was mit dem Wegfall der bei tieferen Bodentemperaturen ineffizienteren thermophilen Bakterien zu erklären wäre.

Verschiedene Substrate werden in unterschiedlicher Tiefe abgebaut
Die höchste mikrobielle Aktivität war an und direkt unterhalb der Bodenoberfläche zu finden. Mikroorganismen könnten hier v.a. für den Abbau der beiden wichtigsten C-Einträge, der leicht mineralisierbaren Wurzelexsudate und der Laubstreu, verantwortlich sein. Auch die im Versickerungswasser mit der Tiefe zuerst zunehmende spezifische UV-Absorption deutet darauf, dass in oberen Bodenschichten v.a. leicht biodegradable Kohlenstoffverbindungen abgebaut werden (s. unten). Zudem werden vermutlich aus dem Boden selbst komplexe Verbindungen (Humine) frei, welche vermehrt UV absorbieren. Mit der Zunahme des metabolischen Quotienten und damit der Abbaueffizienz mit der Tiefe könnten auch diese schwerer abzubauenden organischen Stoffe mineralisiert werden.

Tropfkörper: gute Bedingungen für MBR unterhalb der Deckschicht
Für effiziente Biodegradation finden sich besonders günstige Bedingungen in der auch während der Wässerung luftführenden Zone oberhalb des Grundwasserspiegels. Dabei sickert das Wasser wie in einem Tropfkörper in einem dünnen Film (<1 mm) über die einzelnen Bodenpartikel. Die Kontaktfläche zwischen dem Wasser und den Mikroorganismen, welche die Bodenpartikel besiedeln, ist daher viel grösser als in Makroporen. Dort ist wegen des grösseren Wasservolumens und der kurzen Aufenthaltszeit die Wahrscheinlichkeit viel geringer, dass ein organisches Molekül mit einem Bakterium in Kontakt kommt. Das gute Sauerstoff-, Nährstoff- und Wasserangebot schafft optimale Bedingungen für eine hohe mikrobielle Abbauleistung.

DOC und SAK254
Die mikrobielle Bodenrespiration ist der mit Abstand wichtigste Mechanismus zur Entfernung von Kohlenstoff aus dem System (s. C-Bilanz, Kap. 3.7.8). Gerade die starke Abnahme der DOC-Konzentration während der Passage der ungesättigten Zone und der beiden obersten Meter der gesättigten Zone deutet auf hohe mikrobielle Abbautätigkeit hin. Die Veränderung von DOC, SAK254 und des Verhältnisses SAK254/DOC im Verlauf der Bodenpassage in der Wässerstelle Verbindungsweg lässt sich im Detail vermutlich wie folgt erklären:

- Im Boden ist die mikrobielle Aktivität viel grösser als im Aquifer. Die Mikroorganismen können effizient und schnell (innerhalb von Minuten bis Stunden) leicht abbaubare organische Substanzen (z.B. einfache Zucker) für Ihren Stoffwechsel nutzen. Diese Substanzen stammen aus der frischen Pflanzenstreu, den Wurzelexsudaten und dem Filtratwasser. Der DOC-Gehalt nimmt leicht ab.
- Da spezifisch die leicht abbaubaren Substanzen mikrobiell entfernt und aus der Streu UV-absorbierende Substanzen ausgewaschen werden, nimmt sowohl absolut wie auch prozentual der Anteil an komplexen organischen Substanzen zu: Der SAK254 steigt an, ebenso das Verhältnis von SAK254 zu DOC. Dieser Anstieg wird noch verstärkt, indem komplexe Stoffe auch aus der Huminsubstanz des Oberbodens ausgewaschen werden.
- Nach der Passage des Oberbodens herrschen im Schotter der *un*gesättigten Zone für Mikroorganismen gute Abbaubedingungen (Tropfkörpersituation, s. oben), weshalb hier eine rasche Abnahme der organischen Belastung im Sickerwasser festgestellt wird.
- Bei der Abnahme der organischen Belastung in den obersten zwei Metern der gesättigten Zone könnte bereits die Verdünnung durch natürliches Grundwasser (Dispersion) eine Rolle spielen. Der Anteil bleibt jedoch unklar.
- Neben der Abnahme des AOC-Gehalts auf tiefe und stabil bleibende Werte sind der deutliche Sauerstoff- und pH-Rückgang innerhalb der ungesättigten Zone von rund 2.5 mg $O_2 * L^{-1}$ bzw. um eine halbe pH-Einheit weitere Anzeichen für den mikrobiellen Abbau organischer Substanzen im Wässerstellenboden.

Eine DOC-Abnahme bei gleichzeitiger Zunahme der spezifischen UV-Absorption konnte auch in einer Laborstudie von WESTERHOFF & PINNEY (2000) nachgewiesen werden. Sie beschickten eine 82 cm lange Säule mit sandigem Lehm in einem Bewässerungsrhythmus von sieben Tagen Bewässerung und sieben Tagen Trockenphase über 64 Wochen mit Abwasser (DOC-Gehalt: 17 mg $C*L^{-1}$). Im Laufe der Passage wurde der DOC um 40-70 % reduziert, die spezifische UV-Absorption verdoppelte sich jedoch von 1.3 auf ca. 2.6 $m^{-1}(mg\ C*L^{-1})^{-1}$.
FUJITA et al. (1996) vermuteten, dass DOC mit einem geringen Molekulargewicht und geringer Molekülgrösse einfacher entfernt wird als schwere und grosse DOC-Moleküle.
KALBITZ et al. (2000) erwähnten mehrere Studien, die zeigten, dass ein grosser Teil des DOC bei genügender Stickstoffversorgung innerhalb von Stunden bis Monaten mikrobiell abbaubar ist. Der angegebene degradierbare Anteil variiert mit 12-68 % sehr stark. Dazu wurden bisher jedoch nur sehr wenige Studien – und diese nur im Labor – durchgeführt.

Kapitel 4: Diskussion 257

Gerade in der Rhizosphäre im Oberboden werden sehr viele organische Stoffe in einer komplexen Nahrungskette umgesetzt. Die Stoffe werden von den Pflanzenwurzeln aufgenommen und gelangen als Streu oder Wurzelexsudate wieder in den Boden. DOC aus dem Wasser, der Streu und den Wurzelexsudaten wird wiederum von Mikroorganismen aufgenommen und spätestens bei deren Lyse bzw. Predation und Verdauung durch Protozoen wieder in den Boden abgegeben. Dort beginnt der Kreislauf entweder wieder von vorne („nutrient spiraling" oder „microbial loop", Abb. 5-3; CLARHOLM 1994) oder die organische Substanz wird durch den Transport mit dem Versickerungswasser aus dem System entfernt. Daher ist ohne weitere Untersuchungen mittels ^{13}C-Isotopen *nicht nachvollziehbar, welcher Anteil des im Bodenwasser gemessenen DOC noch direkt aus dem Filtratwasser stammt.*

Saisonale Veränderung des DOC-Gehalts im Rheinwasser
Der im September und November 1999 gemessene relativ hohe DOC-Gehalt im Rheinwasser (>2 mg C∗L^{-1}) ist gemäss den über Jahrzehnten betriebenen Routinemessungen der IWB typisch für die Herbstjahreszeit – der höchste Wert wird meist im November gemessen (Abb. 4-5).

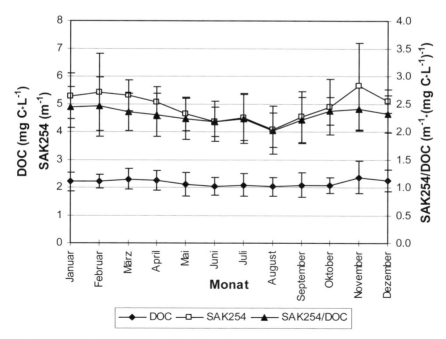

Abb. 4-5: DOC-, SAK254- und SAK254/DOC-Monatswerte des Rheinwassers bei der Rohwasserentnahmestelle (nach IWB). Mittelwerte und Standardabweichungen der Jahre 1976-1986 und 1990-2001. Die DOC-Jahresmittelwerte sinken seit 1991 (von 2.54 auf 1.72 mg C∗L^{-1} im Jahre 2001).

QUALLS & HAINES (1991) fanden in einem Eichen-Hickory-Wald in den Appalachen den höchsten Anstieg des DOC-Gehalts im Bodenwasser im November, gerade nach dem maximalen Laubfall. Der DOC bestand dabei zu einem ungewöhnlich grossen Teil aus einfachen Zuckern und nicht-humingebundenen Polysacchariden, also Substanzen, welche aus dem frischen Laub einfach ausgewaschen werden können und durch Bodenmikroorganismen leicht abbaubar sind. Im Falle der Langen Erlen kann dies anhand der wenigen in Tab. 3-13 (Kap. 3.5.1.3) dargestellten Werten der spezifischen UV-Absorption im November ebenfalls angenommen werden: Am 16. November 1999, dem ersten Tag einer Wässerphase, nahm der *DOC* im Verlauf der Fliessstrecke im Überstau *stark zu*, der *SAK254* jedoch *deutlich weniger*. Bereits 6 Tage später war weder eine DOC- noch eine SAK-254-Anreicherung mit der Fliessstrecke mehr feststellbar, alle zu dieser Zeit löslichen organischen Anteile waren ausgewaschen.

Bedeutung des Laubfalls in den Wässerstellen
Der Laubfall ist von grosser Wichtigkeit für das nachhaltige Funktionieren des gesamten Waldökosystems und ist nach den Wurzelexsudaten noch vor der Bewässerung der zweitwichtigste Eintragsweg von organischer Substanz in den Boden (s. Kap. 3.7.5.1). Es sei hier nochmals daran erinnert, dass in der Wässerstelle Verbindungsweg *über das gesamte Jahr* betrachtet *der Kohlenstoffeintrag durch die Bewässerung nur 9 % des Gesamteintrages bzw. 42 % des Laubeintrages* ausmacht. Die mengenmässig grosse Bedeutung des Laubpfades im C-Haushalt zeigte sich auch in verschiedenen Untersuchungen in „normalen" Wäldern (KALBITZ et al. 2000).

Die aus dem Laubfall stammende organische Substanz ist zwar an der DOC-Belastung des Grundwassers mitbeteiligt (insbesondere im Herbst und Winter). Die Streu ist aber auch die Nahrungsgrundlage für Destruenten wie z.B. Regenwürmer, deren bedeutende Rolle in der Konstanthaltung der Versickerungsleistung im Kap. 4.1.2.1 schon besprochen wurde. Die Streu ist im weiteren die Grundlage für eine hohe mikrobielle Aktivität, die auch für die Reinigung des Versickerungswassers unabdingbar ist. Sie ist, in wechselnder Zusammensetzung, zudem ganzjährig vorhanden und bietet damit ein ständig verfügbares Nährstoffdepot. Die eingebrachte organische Substanz ist zudem von zentraler Bedeutung für den strukturellen Aufbau des Bodens (Ton-Humus-Komplexe).

Mögliche Folgen der Entfernung der Laubstreu
Würde die Laubstreu entfernt, wie dies früher auch in den Wässerstellen in gutem Glauben zur vermeintlichen Verbesserung der hygienischen Bedingungen gemacht wurde, ist folgendes, für die Wasserversorgung relevantes Szenarium zu erwarten:

Innert weniger Jahre würde – insbesondere bei fehlender Kraut- und Strauchschicht unter einem geschlossenen Hybridpappelwald – die Regenwurm- und Waldmauspopulation zurückgehen, ebenso die Leistungsfähigkeit der Bodenmikroorganismen. Durch die fehlende Tätigkeit der Wühltiere würde eine Kolmatierung des Waldbodens einsetzen – die Versickerungsleistung ginge zurück – und durch die geringere mikrobielle Aktivität würde auch die Reinigungskapazität mit der Zeit deutlich zurückgehen. Allein aber schon durch die fehlende Bodenbedeckung würde der Boden verschlämmen und sich so bereits kurzfristig eine Verschlechterung der Versickerungsleistung einstellen. Die Wachstumsleistung der Bäume würde allerdings nur langsam nachlassen, da das System im Normalbetrieb durch die Bewässerung nicht nährstofflimitiert ist und im Falle fehlenden Streueintrags die Nährstoffmangelsituation mit der Bewässerung zumindest teilweise kompensiert würde. Die Kolmatierung wäre aber begleitet von einer Bodenverdichtung und einer zunehmend schlechteren Versorgung des Bodens mit Sauerstoff, was sich auch auf das Baumwachstum negativ auswirken würde. Negative Folgen für das Gesamtsystem wären somit nach einem Zeitraum von schätzungsweise 5-20 Jahren zu erwarten.

> *Zusammenfassung*:
> Ein fehlender Biofilm an der Bodenoberfläche, biogene Makroporen, die das Wasser relativ schnell in grössere Tiefen ableiten, sowie Einträge organischer Substanzen aus Wurzelexsudaten und Huminstoffen auch in 20-70 cm Tiefe und die Bewurzelung bis in diese Tiefe sind die Gründe, weshalb organische Stoffe im Versickerungswasser nicht wie in Langsamsandfiltern bereits nahe der Filteroberfläche, sondern erst in grösserer Tiefe entfernt werden. Die Abnahme der organischen Belastung während der Bodenpassage erfolgt v.a. durch mikrobiellen Abbau im – auch während der Wässerung luftgefüllten - Schotter unterhalb der Deckschicht und im Bereich um den Gundwasserspiegel.

4.1.2.3 Sorptionsprozesse

Einführung
Organische Substanzen können nicht nur durch mikrobielle Degradation aus dem Versickerungswasser entfernt werden, auch die Sorption an Bodenpartikel und Fällungen sind wichtige und schnell wirksame Entfernungsmechanismus (QUALLS & HAINES 1992). Hierbei spielen v.a. hydrophobe Wechselwirkungen (JARDINE et al. 1989) oder der Austausch von Liganden (GU et al. 1994) eine zentrale Rolle. GU et al. (1994) fanden, dass 72-94 % des DOC irreversibel an Eisen- und Aluminiumoxide und -hydroxide gebunden wurde. Falls dennoch eine Verdrängung stattfindet, so sind daran primär Anionen (besonders Phosphat und, in etwas geringe-

rem Ausmass, Sulfat) beteiligt. Generell ist die verfügbare Oberfläche der Fe- und Al-Minerale entscheidend für die sorbierbare DOC-Menge. Neben den genannten Mineralen stellen auch Tonpartikel eine wichtige Adsorptionsoberfläche für DOC dar (JARDINE et al. 1989). Hier sind folgende Wechselwirkungsmechanismen entscheidend: Kationen-Austausch, Protonierungsreaktionen, Ionen-Dipol-Wechselwirkung und Wasserstoffbrückenbildung sowie van der Waals-Kräfte (MORTLAND 1985).

MICHALZIK et al. (2001) verneinen in einer breiten Literaturstudie über DOC und DON in Böden gemässigter Wälder einen Effekt des pH auf DOC-Sorption im Boden. Ein hoher Gehalt an C_{org} im Boden ist hingegen mit der Adsorptionskapazität negativ korreliert. Bevorzugt adsorbiert werden hydrophobe Substanzen, während hydrophile Stoffe bevorzugt in die Bodenlösung abgegeben werden (JARDINE et al. 1989). Ebenso werden Fraktionen mit hohem Molekulargewicht gegenüber solchen mit niedrigem Gewicht bevorzugt adsorbiert. Auch hier beeinflussen jedoch Makroporen über die Aufenthaltszeit entscheidend die tatsächliche Aufnahme während der Versickerung. Sind die Sorptionsplätze belegt, kann keine weitere Aufnahme stattfinden und der DOC passiert den Boden unverändert.

Sorption von DOC und SAK254 bei der Bodenpassage in der Wässerstelle
Nach der mikrobiellen DOC-Reduktion und der Erhöhung des SAK254 im ersten Meter der Bodenpassage deutet die daran anschliessende deutliche Abnahme des SAK254 und des SAK/DOC-Verhältnisses zwischen 1 und 3 m Bodentiefe entweder auf eine effiziente Adsorption von hydrophoben (also ungesättigten und damit UV-absorbierenden) organischen Substanzen an Bodenpartikel und/oder auf einen effizienten, mikrobiellen Abbau. Dieser wäre möglich wegen des mit der Tiefe zunehmenden metabolischen Quotienten und der guten Sauerstoffversorgung in der luftgesättigten Zone unterhalb der Deckschicht (s. oben).
Die Sorption würde jedoch begünstigt durch den mit der Tiefe abnehmenden C_{org}-Gehalt und die sich um den Grundwasserspiegel findenden Depots von Eisen- und Manganoxiden, wie sie z.B. in der 3 m tiefen Bodengrube in der Wässerstelle Verbindungsweg deutlich sichtbar waren (s. Kap. 3.1.1.3). In Abb. A3-7 und A3-8 sind mikroskopisch vergrösserte Ausschnitte dieser Oxid-Überzüge dargestellt. Die knöllchen- oder bäumchenartigen Strukturen, zu welchen sich die Oxide anlagern, führen zu einer enormen Oberflächenvergrösserung (schätzungsweise zwischen einem Faktor 10^2-10^6) und damit auch zu einer Vergrösserung der Adsorptionsfläche.

Gemäss GERLACH & GIMBEL (1999), die Uferfiltrationsvorgänge an der Elbe untersuchten, wird eine Akkumulation von organischem Material im

Kapitel 4: Diskussion   261

Untergrund durch mikrobiellen Abbau von sorbierten Substanzen verhindert. Dieser Mechanismus wirkt auch entlang langer Fliesswege im Untergrund, während die Sorption von hochmolekularen DOC-Fraktionen und die mikrobielle Degradation von leicht abbaubaren Substanzen sehr nahe bei der Infiltrationszone vonstatten geht.

In den Langen Erlen könnte dieser Effekt durch die relativ lange Trockenphase mit einer wegen dem sinkenden Grundwasserspiegel tiefreichenden Durchlüftung noch deutlich verstärkt sein. Aufgrund der Durchsatzmengen und der in den Trockenphasen gemessenen Bodenrespirationswerte wird bezüglich dem Schicksal von organischen Substanzen in der ungesättigten Zone folgende Hypothese aufgestellt:
- Während der Bewässerungsphase werden mit dem Versickerungswasser eingebrachte organische Stoffe mikrobiell abgebaut – insbesondere die leicht und schnell verwertbare Substanzen. Der biologische Abbau ist aber wegen der kurzen Aufenthaltszeit und der beschränkten Sauerstoffnachlieferung im Vergleich zur Adsorption eher gering.
- Aufgrund der C-Bilanz (s. Kap. 3.7) lässt sich sagen, dass bei den geschätzten Netto-Einträgen in die ungesättigte Zone von rund 4.1 t $C*a^{-1}$ die geschätzte Speichermenge in der ungesättigten Zone von 28.4 t bereits nach 7 Jahren gedeckt wäre. Die Adsorption kann also keinen grossen und schon gar nicht den alleinigen Mechanismus der Kohlenstoff-Entfernung in der ungesättigten Zone darstellen. Auch die geschätzten Bodenrespirationswerte von 3.5 t $C*a^{-1}$ zeigen, dass ein grosser Teil des eingebrachten Kohlenstoff mikrobiell mineralisiert werden muss.
- Dies geschieht vermutlich mehrheitlich während der an die Wässerung anschliessenden Trockenphase. Dabei wird unter für aerobe Degradationsprozesse optimalen Bedingungen mit genügend Sauerstoff und Feuchtigkeit das adsorbierte Material von Mikroorganismen abgebaut. Dies gilt im Besonderen auch für das aus der Wässerstelle selbst stammende organische Material, der Pflanzenstreu. Durch die effizienten Entfernungsmechanismen wird eine Akkumulation von organischem Material verhindert, was durch die niedrigen Gehalte von 1-2 % bereits in 1 m Bodentiefe auch bestätigt wird.
- Allerdings besteht hier noch folgende Unklarheit: Die allermeisten Sorptionseffekte verlaufen zeitlich nicht gleichmässig. Über 50 % der Sorption laufen innerhalb der ersten Minuten und Stunden ab (BRUSSEAU 1995). Dies würde bedeuten, dass die DOC-Konzentration im Grundwasser während einer Wässerphase zunehmen müsste, da dann alle Sorptionsplätze belegt sind bzw. die Sorptionskinetik zu langsam geworden ist. Diese Zunahme findet sich aber in den Messergebnissen nicht. Entweder sind noch viele Sorptionsplätze unbelegt oder die Ad-

sorption spielt in der Reduktion der organischen Substanz im Verlaufe von Boden- und Aquiferpassage tatsächlich keine grosse Rolle.

Nach Untersuchungen, die von KALBITZ et al. (2000) zitiert werden, scheint hingegen adsorbiertes organisches Material den Mikroorganismen schlechter zugänglich zu sein als nicht sorbiertes. Der Wissensstand hierzu ist aber immer noch gering. LUDWIG et al. (1999) schlugen in einer Studie, in welcher sie die Veränderung des DOC während der Bodenpassage mit ^{13}C-Isotopen untersuchten, aber ebenfalls die Möglichkeit einer zwischenzeitlichen Adsorption mit nachfolgendem Abbau vor, jedoch beschränkt auf einfach abbaubare Substanzen. Auch MILLER (1995: 108) meinte: „Recent work has shown that weakly bond or labile residues are available for biodegradation, while strongly bond residues are not". Nach einer Adsorption von DOC sehen auch QUALLS & HAINES (1992) einen langsamen Abbau durch Bakterien und Pilze. Diese gaben nahe den adsorbierten Stoffe Exoenzyme ab, welche die Stoffe hydrolysierten, desorbierten und der Mineralisierung zugänglich machten.

Sorption und Ausfällung von Schwermetallen
Die Depots von Eisen und Manganoxiden im Schotterbereich (s. Kap. 3.1.1.3 sowie Abb. A3-7 und A3-8), welche durch die wechselnden Redoxverhältnisse bei schwankendem Grundwasserspiegel bedingt sind, könnten auch die bevorzugten Orte für die Sorption und Ausfällung von Schwermetallen sein, wie z.B. das Ergebnis von HOHL (1992) zeigt, der in einem solchen Depot sehr hohe Cd-Gehalte fand. Der relativ geringe Tongehalt im Schotter von 1-5 % begünstigt hingegen die Adsorption nicht. Die Gefahr einer Remobilisierung von Schwermetallen scheint bei den heute gegebenen Sauerstoffkonzentrationen im Filtrat- und Grundwasser, sowie pH-, KAK- und Basensättigungswerten der Wässerstellenböden eher klein. Allerdings sollten wegen der Toxizität der Schwermetalle die bodenchemischen und -physikalischen Verhältnisse in Zukunft sorgfältig beobachtet werden.

Entfernung von Mikroorganismen
Bei der Entfernung von mesophilen und pathogenen Mikroorganismen in der ungesättigten Zone (s. Kap. 3.5.3.10) spielt die Sorption, bzw. Filtration vermutlich eine deutlich grössere Rolle als bei den gelösten organischen Substanzen.
Sowohl Bodenpartikel als auch Bakterien sind bei neutralen pH-Werten meist negativ geladen und stossen sich deshalb ab. Bodenpartikel sind von einer Kationen-Schicht umgeben, die umso dünner ist, je grösser die Ionenstärke und damit salzhaltiger das Wasser ist. Je dünner der Kationenbelag, desto grösser ist nach der DLVO-Theorie die Wahrscheinlichkeit, dass

Kapitel 4: Diskussion 263

Bakterien der Partikeloberfläche so nahe kommen, dass Van der Waals-Kräfte wirken können bzw. polymere Strukturen der Zelloberfläche mit der Partikeloberfläche irreversible Verbindungen eingehen (BOSMA & ZEHNDER 1994). Dabei konkurrieren Bakterien mit organischen Stoffen aus dem Bodenwasser um die Adsorptionsplätze. Die biogenen Makroporen verhindern eine effiziente Adsorption bereits an den Bodenoberfläche (s. dazu z.B. auch SMITH et al. 1985 und ABU-ASHOUR et al. 1998). Bakterien aus dem Filtratwasser werden in grössere Tiefen verfrachtet und erst bei der perkolativen Infiltration (Tropfkörper!) unterhalb des Auenlehms aus dem versickernden Filtratwasser entfernt, dort aber sehr effizient. Dabei könnten wiederum die Eisen- und Manganoxid-Depots eine wichtige Rolle spielen. Durch natürliches Absterben, Inaktivierung und Predation durch Protozoen werden die festgehaltenen Bakterien und Viren aus dem System entfernt (weitere Bemerkungen zur Entfernung von Mikroorganismen s. Kap. 4.2.5).

4.1.2.4 Fazit über die Prozesse in der ungesättigten Zone

Generell gelten die folgenden Punkte für den Bereich der ganzen Langen Erlen.
- Bei den derzeitigen Betriebsbedingungen besteht keine Gefahr, dass die Wässerstellenböden kolmatieren. Dies aus folgenden Gründen:
    - keine Biofilmentwicklung wegen des Wässerungsrhythmus;
    - geringe Schwebstoffbelastung des eingeleiteten Rheinwassers durch Schnellsandfiltration;
    - Mächtigkeit und Korngrössenzusammensetzung der Deckschicht determinieren zusammen mit den biogenen Makroporen die mögliche Versickerungsleistung;
    - die immer wieder neu geschaffenen Makroporen erhalten die Versickerungsleistung auf einem konstanten Niveau;
    - gute Bedingungen für die wühlende Bodenfauna sind:
    - der bestehende Wässerungsrhythmus mit genügend kurzen Wässerphasen und genügend langen Trockenphasen;
    - eine Bestockung mit standortheimischer Vegetation, dadurch Deckung sowie Lieferung von Nahrung für Waldmäuse und Regenwürmer;
    - grabbarer Boden.
- Durch die bevorzugte Ableitung des Wassers über Makroporen unter Umgehung der Bodenmatrix wird die Aufenthaltszeit des Wassers im Oberboden verkürzt. Zudem fehlt ein Biofilm an der Bodenoberfläche. Deshalb werden organische Substanzen im Unterschied zu den Prozessen in LSF erst in grösserer Tiefe mikrobiell mineralisiert. Dies zeigt sich sowohl in den Werten von MBR und MBIO, die im Bereich der

Kapitel 4: Diskussion

WS VW bis in 3.4 m Tiefe bzw. bis zum Grundwasserstauer nachweisbar waren, wie auch von DOC und SAK254, die im ersten Meter der Bodenpassage kaum ab- bzw. durch C-Auswaschung aus dem Boden sogar zunahmen. Diese Verlagerung der Reinigung von der Oberfläche in die Tiefe ermöglicht auch im Winter eine genügende Reinigungsleistung.

- Der Abbau von organischer Substanz findet am effizientesten im luftgesättigten Tropfkörper zwischen Auenlehmhorizont und Grundwasserspiegel sowie den beiden obersten Metern der gesättigten Zone statt. Dabei ist der wichtigste Austragspfad die mikrobielle Mineralisierung. Die Sorption ist netto nur von geringer Bedeutung. Sie könnte aber eine wichtige Rolle bei der Bindung organischer Substanz während der Wässerphase spielen. In der Trockenphase würde diese mikrobiell abgebaut. Der Anteil der Verdünnung mit zuströmendem natürlichem Grundwasser an der Abnahme der organischen Belastung in den obersten beiden Metern der gesättigten Zone bleibt unklar.
- Mesophile Mikroorganismen werden am effizientesten in der ungesättigten Zone aus dem Filtratwasser entfernt. Hier sind primär Adsorptionsprozesse von Bedeutung.
- Zur Bindung von Schwermetallen stehen mit den Depots von Eisen- und Manganoxiden vermutlich gute und in genügender Menge vorhandene Sorptionsplätze zur Verfügung.
- Dem „Gewinn" an konstanter Versickerungsleistung durch die Makroporen steht somit als „Verlust" die Verzögerung der Reinigung bis in grössere Tiefen gegenüber.

Die Wässerstellenböden entsprechen einem sich selbst regenerierenden Raumfilter, während Langsamsandfilter als wartungsbedürftiger Flächenfilter wirken.

4.2 Reinigungsprozesse im Aquifer

4.2.1 Kolmatierung im Aquifer

Eine „innere" Kolmatierung des Aquifers in den gesamten Langen Erlen durch mineralische Partikel ist wahrscheinlich nur äusserst gering: Geht man von einem mittleren Eintrag von 360 $t*a^{-1}$ (s. Kap. 4.1.2.1) über 40 Betriebsjahre (seit Inbetriebnahme der Schnellsandfilteranlage) und einem Eintragsanteil von (willkürlich gewählten) 20 % über die Bodenmakroporen in den Aquifer aus, so ergäbe dies bei einer Lagerungsdichte von 1.6 $t*m^{-3}$ ein Volumen von ca. 1'800 m^3. Bei einer angenommenen Breite des Aquifers von 750 m, einer Länge von 4 km und einer geschätzten Grundwassermächtigkeit von 6 m, sowie einem Porenvolumen von 20 % entspräche diese Menge 0.05 % des zur Verfügung stehenden Aquifer-Porenvolumens.

Ein wichtiger Mechanismus im Freihalten der Aquiferporen ist das Schwanken des Grundwasserspiegels bei Betriebsunterbrüchen – dies gilt für die Wässerung und, in geringerem Masse, auch für den Brunnenbetrieb. Dabei ist wahrscheinlich v.a. die Phase der Wiederinbetriebnahme entscheidend. Dann nehmen sowohl die horizontalen wie die vertikalen Fliesskomponenten relativ rasch und deutlich zu, wodurch die in den Poren abgelagerten Partikel losgelöst und weitertransportiert werden – vergleichbar dem Geschiebetransport in einem Fluss bei Hochwasser.

4.2.2. Mikrobieller Abbau

Es ist schon lange bekannt, dass die Aktivität von Mikroorganismen im Untergrund von entscheidender Bedeutung für Reinigungsprozesse bei der künstlichen Grundwasseranreicherung ist (s. z.B. BETTAQUE 1958 und Kap. 1.1.2.1). Doch darüber hinaus blieb der mikrobiologische Lebensraum Grundwasser relativ lange unbekannt.

Der Aquifer als Lebensraum für Mikroorganismen
Der Aquifer zeichnet sich u.a. durch folgende Eigenschaften aus:
- Durch den Lichtausschluss ist keine photoautotrophe Primärproduktion möglich und die in diesem Raum vorkommenden Lebewesen sind deshalb auf allochthone C-Quellen angewiesen.
- Deren Konzentration ist in der Regel sehr niedrig, oftmals auch diejenige an Elektronenakzeptoren (wenn anoxisch) und an mineralischen Nährstoffen (mit Ausnahme von Mineralwässern).
- Die Temperaturen sind zwar ganzjährig ziemlich konstant, aber in oberflächennahen Grundwässern der gemässigten Zonen mit ca. 10 °C relativ tief.
- Räumliche Enge.
- Bei offenporigen Grundwasserleitern finden sich innerhalb kürzester Distanz eine Vielzahl an ökologischen Nischen, z.B. bedingt durch unterschiedliches geologisches Substrat (Kalk neben Feldspat) oder unterschiedliche Korngrössen und Porenweiten.

Für die Langen Erlen gelten zusätzlich Rahmenbedingungen:
- Innerhalb kurzer Zeit treten relativ häufig stochastische Grundwasserspiegelschwankungen auf, die mit um 20 % am gesamten Grundwasservolumen auch relativ gross sind.

Kapitel 4: Diskussion

- Durch die starke episodische Infiltration von Oberflächenwasser anderer Qualität findet ein häufiger Wechsel der Wasserqualität im Grundwasser statt.

Aufgrund der Einschränkungen des Lebensraums Aquifer finden sich in der Regel weniger Mikroorganismen im Grundwasser und im Aquifer als im Oberboden (MADSEN & GHIORSE 1993). Die in vielen früheren Untersuchungen genannten sehr tiefen Individuenzahlen waren aber auch eine Folge der damals nur in beschränktem Umfang vorhandenen Untersuchungsmethoden. Bis in die 1970er Jahre herrschte deshalb das Bild vom sterilen Grundwasserlebensraum vor. Wie jedoch neuere Methoden zeigten, findet sich im Grundwasser insbesondere wegen der Vielzahl räumlich eng benachbarter, ökologisch aber ganz unterschiedlicher Nischen eine Mikroorganismengemeinschaft, deren Individuenzahl zwar reduziert ist, die aber eine hohe Vielfalt an Arten aufweist (DOBBINS et al. 1992, CHAPELLE 1993: 158ff.). Aus MILLER (1995) sei hierzu zitiert: "In saturated systems which have high flow rates, numbers and activities of microorganisms can be similar to that found in surface soils." Gerade die Vielfalt der Mikroorganismen macht es möglich, dass auch im Grundwasser Selbstreinigungsprozesse stattfinden können und mithin eine künstliche Anreicherung des Grundwassers in den Langen Erlen funktionieren kann.

Der Bereich des Grundwasserspiegels als Ökoton
Dies zeigte sich z.B. in den Untersuchungen der physiologischen Diversität der Mikroorganismengemeinschaften in den Böden der Wässerstelle Verbindungsweg und deren Umgebung mit den Biolog-Ecoplates: Nahe der Bodenoberfläche war die funktionelle oder physiologische Diversität – also das Vermögen eine Vielzahl unterschiedlicher organischer Verbindungen zu mineralisieren – relativ hoch, weil dort auch die Lebensbedingungen insgesamt am günstigsten sind. Im anschliessenden Untergrund war die funktionelle Diversität reduziert, nahm aber im Bereich des Grundwasserspiegels wieder zu und übertraf teilweise diejenige des Oberbodens. Gerade beim Grundwasserspiegel – im Übergangsbereich zwischen gesättigten und ungesättigten Verhältnissen – kommt, bedingt durch die häufigen, und bis 2 m starken Schwankungen, eine Vielzahl an ökologischen Nischen vor (Ökoton-Effekt). Diese fördert eine grosse physiologische Diversität der Mikroorganismengemeinschaften und damit auch die Fähigkeit eine Vielzahl an chemischen Schadstoffen abzubauen. Mit zunehmender Entfernung von der Wässerstelle werden die Schwankungen der Wasserqualität und das Nährstoffangebot geringer. Dies zeigt sich auch in der signifikanten Differenz zwischen den Proben aus der Wässerstellen und denjenigen des Standortes GRE, sowie den geringen Diversitätsunterschieden innerhalb der Bodenproben vom Standort GRE (Abb. 3-40 und Tab. 3-10, Kap. 3.4.3).

Abbau organischer Substanzen
DOC-Konzentration und UV-Absorption sanken im Verlaufe der Aquiferpassage weiter. Obwohl mittels der Bestimmung der MBIO die klare Anwesenheit von Mikroorganismen gezeigt wurde, konnte keine mikrobiellen Bodenrespiration gemessen werden. Die Kohlenstoffmengen, die auch bei vollständiger mikrobieller Mineralisierung der eingetragenen organischen Substanz frei würden, sind jedoch so gering, dass sie weit unter der Bestimmungsgrenze der eingesetzten Messtechnik liegt. Der Anteil mikrobiellen Abbaus an dieser Reduktion bleibt deshalb unklar.
Die AOC-Konzentrationen blieben während der Aquiferpassage konstant. Der verbleibende DOC scheint somit unter den gegebenen Bedingungen kaum weiter abbaubar zu sein. Deshalb und aufgrund der allgemein niedrigen AOC-Werte ist das Wiederverkeimungspotential des geförderten Grundwassers als gering zu betrachten. Auch die konstant bleibende Sauerstoffkonzentration lässt vermuten, dass mikrobielle Mineralisierung der gelösten organischen Substanz im Aquifer von geringer Bedeutung ist. Jedoch gilt auch hier das Problem der nicht mehr messbaren, da zu kleinen Umsatzmengen. Für einen mikrobiellen Abbau besonders förderlich sind die Schwankungen des Grundwasserspiegels bei Betriebsunterbrüchen, wodurch grosse Teile des Aquifers belüftet werden.
Als weitere Reduktionsmechanismen kommen Adsorption und Dispersion (Verdünnung) in Frage. Bei einem Verbleib von 291 kg C_*a^{-1} im Aquifer (C-Bilanz, Kap. 3.7.8.2) wird eine Aufschlüsselung aber fast unmöglich.

4.2.3 Sorptionsprozesse

Für die Adsorption von organischer Substanz am Bodenmaterial sind Ton- und Eisengehalt sehr wichtig (s. Kap. 4.1.2.3). Im Mittel bestehen rund ca. 2 % des Feinmaterials im Aquifer aus Tonpartikeln. Hochgerechnet auf den Aquiferabschnitt von 250 m Länge, 100 m Breite und 6.5 m Mächtigkeit zwischen der WS VW1 und dem Brunnen X ergibt dies bei 75 % Skelettgehalt, 20 % Porosität sowie einer Dichte von 1.6 eine Menge von 260 t Ton. Dazu kommen noch unbekannte Mengen an Eisen- und Manganoxid. Die im Aquifer verbleibenden 291 kg C_*a^{-1} aus der WS VW1, bzw. hochgerechneten 873 kg C_*a^{-1} aus der gesamten WS VW, könnten somit teilweise adsorbiert werden, zumal der Gehalt an organischem Kohlenstoff bereits geschätzte 14 t beträgt. Allerdings ist zu berücksichtigen, dass wegen fehlender Laboruntersuchungen die aktuelle Sorptionskapazität unbekannt ist. Es wird auch klar, dass die Sorption unmöglich der einzige Entfernungsmechanismus für die organische Substanz sein kann.

4.2.4 Verdünnung durch natives Grundwasser (Dispersion)

Vergleicht man den mit der Fliessstrecke abnehmenden Anteil Filtratwasser mit der Abnahme des DOC und des SAK254 an jedem Standort, so sinkt der Anteil Filtratwasser im Grundwasser ab dem Standort GRB stärker als der Anteil organischer Substanz (Abb. 4-6). Somit würde allein die Dispersion ausreichen, um die Reduktion von DOC bzw. SAK254 zu erklären. Es ist jedoch zu berücksichtigen, dass der Filtratwasseranteil anhand einer einzigen Messung bestimmt wurde. Zudem weisen die für die Berechnung des Filtratwasseranteils verwendeten unterschiedlichen Chloridkonzentrationen zwischen von der Wässerung unbeeinflusstem und beeinflusstem Grundwasser nur geringe Differenzen von um 4 mg$_*$L^{-1} auf, wodurch Fehler wahrscheinlicher werden. Klare Aussagen sind hier nur durch wiederholte Messungen bei unterschiedlichen Bewässerungssituationen in Verknüpfung mit einem Transportmodell möglich. Da die Verhältnisse im Aquifer lokal unterschiedlich sind, ist jedoch bei der Übertragung dieser Ergebnisse auf andere Standorte in den Langen Erlen Vorsicht geboten.

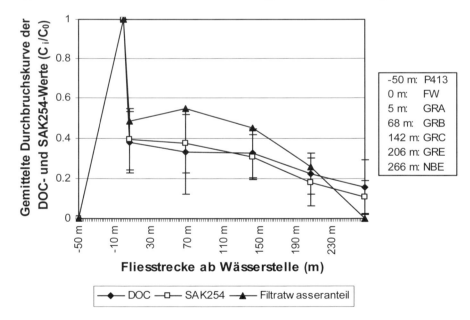

Abb. 4-6: Vergleich der Durchbruchsdiagramme von DOC, SAK254 (19.03.2000) und des Filtratwasseranteils über die Fliessstrecke im Aquifer am 20.03.2000. Der Nullpunkt wurde bezogen auf den Referenzstandort P413, der Ausgangswert auf das Filtratwasser.

4.2.5 Transport von Mikroorganismen im Grundwasser

Im Untersuchungsgebiet Verbindungsweg-Brunnen X wurden mindestens 140-210 m Fliessdistanz (bzw. 4-11 Tage Aufenthaltszeit) benötigt, damit im Grundwasser keine *E. coli*-Bakterien und Enterokokken mehr nachweisbar waren. Im Folgenden werden die möglichen Entfernungsmechanismen genannt. Diese sind abhängig von der Grösse und Oberflächenladung der Bakterien, der Bodenporen und -partikel sowie dem pH-Wert, der Temperatur und der Fliessgeschwindigkeit des Versickerungswassers (ABU-ASHOUR et al. 1994; s. auch Kap. 4.2.3):

- Generell ungünstige Lebensbedingungen für humanpathogene Keime, v.a. tiefe Gehalte an organischer Substanz,
- Predation durch Einzeller und Bakteriophagen,
- Dispersion,
- Sedimentation (hierbei muss das Grössenverhältnis Bakterium zu Bodenpartikel etwa 1 zu ≤10 betragen),
- Aussiebung, indem Bakterien in den Poren stecken bleiben (Grössenverhältnis 1 zu 10-20),
- physikalisch-chemische Filtration (Grössenverhältnis 1 zu ≥20) inkl. reversible und irreversible Adsorption. Die Adsorption von Mikroorganismen wird begünstigt durch das Vorhandensein von Tonpartikeln, genügendem Kationen-Gehalt (v.a. Ca^{2+} und Mg^{2+}) im Porenwasser und damit hoher Leitfähigkeit, sowie tiefem pH. Ein hoher Gehalt an Eisenoxiden begünstigt v.a. die Adsorption von Viren an Bodenpartikel.

Mikroorganismen werden generell in der gesättigten Zone deutlich schlechter zurückgehalten als in der ungesättigten. Im Wasserstrom ist es möglich, dass Bakterien und Viren nicht mit Bodenpartikeln in Berührung geraten. In der ungesättigten Zone sind die Wasserfilme um die Bodenpartikel so dünn, dass Mikroorganismen eher in Kontakt mit den Bodenpartikeln geraten und dort adsorbiert werden. Dies erklärt die unterschiedliche Reduktionsdynamik im Verlauf der Boden- und Aquiferpassage zwischen der WS VW und dem Brunnen X (s. Abb. 3-90 bis 3-92). Aus diesem Grund sollte ein zu geringer Flurabstand des Grundwasserspiegels vermieden werden. Wichtig ist auch ein genügender horizontaler Abstand zwischen Wässerstelle und Brunnen, da an kolloidal gelöste Stoffe sorbierte Mikroorganismen in Porengrundwasserleitern grosse Substanzen zurücklegen können (MCCARTHY & ZACHARA 1989). GERBA et al. (1975) zeigten, dass Coliforme in Sand/Kies-Böden bis zu 830 m weit transportiert wurden und *E. coli*-Bakterien über fünf Monate im Grundwasser überlebten.

4.2.6 Fazit über die Prozesse im Aquifer

- Die Gefahr einer Kolmatierung des Aquifers durch die künstliche Grundwasseranreicherung in den Lange Erlen besteht nicht.
- Dispersion ist – zumindest im Bereich der Wässerstelle Verbindungsweg – vermutlich der bedeutendste Faktor der Reduktion von organischer Substanz und Mikroorganismen.
- Nach der Dispersion könnte aufgrund der Mengen an Ton bzw. Eisen- und Manganoxiden im Aquifer die Adsorption der zweitwichtigste Faktor für die Reduktion organischer Substanz sein.
- Mikrobieller Abbau von organischer Substanz im Aquifer muss stattfinden, da sich entlang des gesamten Profils von der Wässerstelle bis zum Brunnen messbare Mengen an mikrobieller Biomasse fanden. Die umgesetzten Mengen sind jedoch so klein, dass sie mit der eingesetzten Messtechnik nicht erfasst werden konnten.

4.2.7 Dimensionsproblematik der Untersuchungsgebiete und Übertragbarkeit der Schlussfolgerungen auf andere Wässerstellen

Die vorliegende Arbeit wurde in drei Wässerstellen-Feldern von insgesamt 25 Feldern durchgeführt. Innerhalb der drei untersuchten Felder wurden die Standorte aus verschiedensten Gründen (z.B. Vegetationsbedeckung, Platz, bewässerte Fläche, etc.) nicht gleichmässig über das Feld verteilt, sondern konzentriert gelegt. Auf diese Weise wurde eine Fläche von ca. 1'000 m^2 erfasst – wir bewegen uns damit in der topischen Dimension (LESER 1997). In Tab. 3-22 (Kap. 3.6.1) wird die Heterogenität des Bodens allein eines Feldes deutlich. Doch deswegen muss nicht jeder Quadratmeter Wässerstellenboden für sich untersucht werden: Zwischen den untersuchten drei Feldern bestanden klare und reproduzierbare Unterschiede in Bezug auf Mächtigkeit, Horizontierung und Korngrössenzusammensetzung. Es zeigte sich, dass innerhalb eines Feldes die Deckschicht charakteristische Merkmale aufwies, weshalb diese schon mit wenigen Gruben erfasst werden konnten (s. Kap. 3.1).

Zwar sind gewisse Parameter wie z.B. die MBR innerhalb eines Feldes sehr heterogen. Da sich die Reaktion der MBR und der MBIO auf die jahreszeitlichen Veränderungen und die Abnahme mit der Tiefe gut reproduzieren liessen, ist die Übertragung der obengenannten Schlüsse betreffend MBR und MBIO auf alle Wässerstellen in den Langen Erlen zulässig.

Dies gilt auch für die übrigen Aussagen über die *Prozesse* in der ungesättigten Zone. Die gemessenen *Einzelwerte* dürfen jedoch nicht tel quel auf Standorte in anderen Wässerstellen übertragen werden. Das gleiche gilt

Kapitel 4: Diskussion

auch für *zukünftige* Messungen an den Untersuchungsstandorten dieser Studie, wenn sich inzwischen massgebende Veränderungen wie z.B. die Räumung der Pappelbestände in einer WS ergeben haben (s. dazu auch Abb. 4-14 in Kap. 4.3.3.1)

Ein Transekt – also eine Linie von Messpunkten – wurde einzig zwischen einer Wässerstelle (VW1) und dem unterliegenden Brunnen (X E) installiert. Das Wasser des Feldes 1 der Wässerstelle Verbindungsweg strömt auf einer geschätzten Breite von rund 100 m dem Sammelbrunnen X zu. Mit Hilfe der Resultate aus den Nebenbrunnen konnte gezeigt werden, dass der Hauptstrom des Feldes tatsächlich im Nebenbrunnen E ankommt. Was aber zwischen dem Brunnen E und dem Feld 1 über eine Distanz von 250 m im Untergrund passiert, wird an nur vier Punkten festgehalten. Mit der Grösse des Untersuchungsgebietes von 2.5 ha befindet man sich im Übergangsbereich zwischen der Dimension eines Tops zu einer Mikrochore. Es kann wegen den begrenzten technischen, finanziellen und personellen Möglichkeiten kein so engmaschiges Untersuchungsraster angelegt werden wie in den Wässerstellen selbst. Die festgelegten Messpunkte sind ein Kompromiss zwischen dem Möglichen und dem Streben nach Genauigkeit der Untersuchungen. Bei der Übertragung der im Aquifer oberhalb des Brunnens X erhobenen Ergebnisse auf andere Bereiche der Langen Erlen ist auch zu berücksichtigen, dass an anderen Standorten z.B. der Anteil der Dispersion an der DOC-Abnahme unterschiedlich ist. Die Aussagen in Kapitel 4.1 und 4.2 über die Reinigungsmechanismen (und nicht ihre genauen Werte!) sind jedoch wahrscheinlich generell auf die gesamten Langen Erlen übertragbar.

4.3 Vergleich der künstlichen Grundwasseranreicherung in den Langen Erlen mit der konventionellen Langsamsandfiltration am Beispiel des Dortmunder Verfahrens

Das Dortmunder Verfahren der Langsamsandfiltration ist eine, wenn nicht *die* Standardmethode der kGwa. Im folgenden Kapitel wird das Basler System mit der LSF am Beispiel der Grundwasseranreicherungsanlage „Insel Hengsen" der Dortmunder Energie und Wasser verglichen.

4.3.1 Grundwasseranreicherungsanlage „Insel Hengsen" der Dortmunder Energie und Wasser

Das Ruhrgebiet ist eine der wirtschaftlich bedeutendsten und dichtestbesiedelten Gegenden Deutschlands. Insgesamt werden heute über 5 Mio. Einwohner mit Trinkwasser aus der Ruhr versorgt, meist über eine künstliche Anreicherung des Grundwassers mittels Langsamsandfiltration.

Die Dortmunder Energie und Wasser beliefert heute ca. 700'000 Verbraucher der Stadt Dortmund und der umliegenden Gemeinden Herdecke, Holzwickede, Schwerte und Iserlohn mit täglich 195'000 m³ Trinkwasser. Dazu verfügt sie in einer insgesamt 124 km² umfassenden Grundwasserschutzzone über ein 17 km langes und 12 km² grosses Wassergewinnungsgelände im Ruhrtal zwischen Langschede und Westhofen, südöstlich von Dortmund (Abb. 4-7). Seit 1918 wird dort das Grundwasser künstlich mit Ruhrwasser angereichert, zuerst nur über Anreicherungsgräben, später (seit Ende der 20er Jahre) auch über LSF (DEW 1997, MITTENDORF 1971).

Das Grundwassergewinnungsgebiet „Insel Hengsen" liegt östlich von Schwerte und ist im Osten, Süden und Westen von der Ruhr umgeben (Abb. 4-8). 1908 wurde in diesem Gebiet der erste Grundwasserbrunnen in Betrieb genommen. Am östlichen Rand wird ein Teil der Ruhr durch ein Wehr in den 1936 gebauten Stausee Hengsen umgeleitet, der die Insel im Norden begrenzt (Abb. 4-9). Der Stausee dient als Absetzbecken und Wasserreservoir bei kurzzeitigen Verschmutzungen des Ruhrwassers.

Über ein Entnahmebauwerk gelangt das Wasser aus dem Stausee nach Passage einer Belüftungskaskade in mehrere 70 m $*$ 70 m grosse Vorfilter (Abb. 4-10). Diese sind bis in 1.4 m Tiefe mit Grobkies (16-32 mm Durchmesser) verfüllt und gegen den Grundwasserleiter mit einer 30 cm starken Tonschicht abgedichtet. Bei der horizontalen Durchströmung des Vorfilters werden Sink- und Schwebstoffe zurückgehalten und das Rohwasser bereits in einer ersten Stufe durch Fällung, Abbau und Sorption gereinigt.

Das Wasser wird anschliessend in einer Sickerleitung gefasst und im natürlichen Gefälle zu den drei Hauptfiltern geleitet, ca. 20 m $*$ 250 m grosse Langsamsandfilter (Abb. A3-9 und A3-10 in Anhang 3). Nach einer Belüftung über Kaskaden passiert das Wasser mit ca. 2 m$*$d^{-1} den Filterkörper, welcher aus einer ca. 0.7 m mächtigen Mittel-/Grobsandschicht (0.2-2 mm Durchmesser) besteht. Hier erfährt das Ruhrwasser die grösste qualitative Verbesserung. Durch die nach unten nicht abgedichteten Filter gelangt das Wasser in den Aquifer, welcher aus 5-7 m mächtigen Kiesen und Sanden der Ruhrniederterrasse aufgebaut ist. Die Durchlässigkeitsbeiwerte schwanken zwischen $2*10^{-4}$ und $1*10^{-5}$ m$*$s^{-1}. Der Grundwasserstauer wird aus Tonschiefern gebildet und der Flurabstand beträgt ca. 2 m. Überlagert wird der Aquifer von 0.5-1.2 m mächtigem, feinsandigem Auenlehm. Das Grundwasser fliesst vom Stausee in südlicher Richtung zur tiefergelegenen Ruhr ab. Nach einer Aquiferpassage von etwa 50 m mit einer mittleren Fliessgeschwindigkeit von 20 m$*$d^{-1} wird das angereicherte Grundwasser in einer Tiefe von 5-7 m in einer Sickerleitung gefasst und zum Pumpwerk geleitet. Im Bereich westlich der Langsamsandfilter gelangt auch ein ge-

Kapitel 4: Diskussion 273

wisser Anteil an Uferfiltrat in die Sickerleitung, das über die Sohle des Stausees infiltriert ist. Dieser Anteil schwankt je nach Betriebsbedingungen. Am Westende des Stausees befindet sich eine Wasserkraftanlage (2.2 MW, 8.5 Mio. kWh$*$a^{-1}), über welche das nicht zur Grundwasseranreicherung benötigte Wasser wieder in die Ruhr fliesst.

Nördlich des Wasserwerks Hengsen liegen Furchenstauwiesen, die schon über 80 Jahre in Betrieb sind. Dabei werden einerseits durch die Wiesen gezogenen Gräben andererseits bei Bedarf auch die Wiesen selbst überflutet (Abb. 4-11). Aufgrund der geringen Sickerleistungen sind sie jedoch in ihrer Bedeutung von den Langsamsandfiltern verdrängt worden.
Vor der Einspeisung ins Leitungsnetz wird dem geförderten Grundwasser Chlordioxid zugesetzt und der pH-Wert mit NaOH auf 7.8 eingestellt.

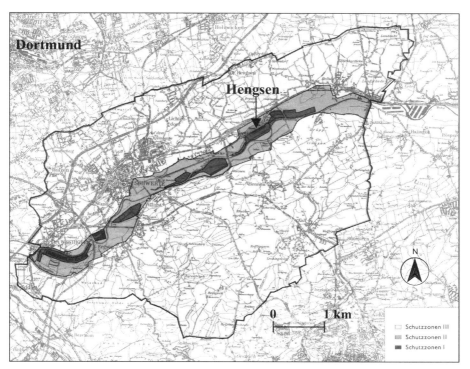

Abb. 4-7: Grundwasserschutzzonen der Dortmunder Wasserversorgung entlang der Ruhr (aus: DORTMUNDER STADTWERKE ca. 1977-1990: Prospekt „Wasserschutzzonen", leicht bearbeitet).

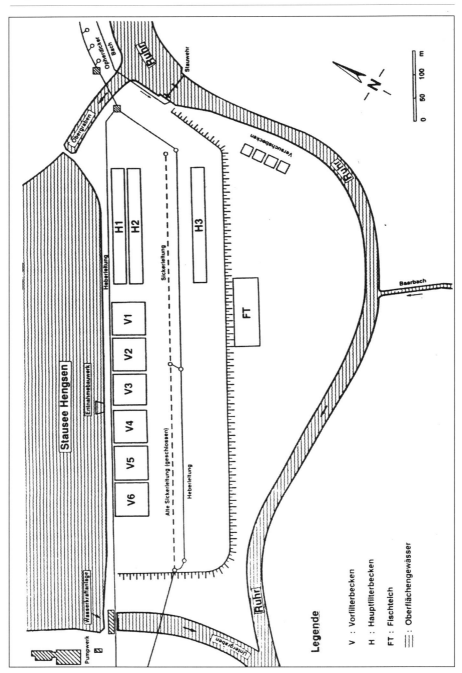

Abb. 4-8: Karte der Grundwasseranreicherungsanlage Insel Hengsen. H1-H3: Langsamsandfilterbecken (aus: SCHÖTTLER & SCHULTE-EBBERT 1995).

Kapitel 4: Diskussion

Abb. 4-9: Teilansicht des Stausees Hengsen (Seemitte) gegen WNW. Photo: D. Rüetschi.

Abb. 4-10: Ansicht eines Kiesvorfilters von SW aus mit Einlaufbauwerk und Kaskaden zur Sauerstoffanreicherung. Photo: D. Rüetschi.

Kapitel 4: Diskussion   276

Abb. 4-11: Ansicht der Furchenstauwiesen nordöstlich der Insel Hengsen. Photo: D. Rüetschi.

4.3.2 Vergleich der Anlage „Insel Hengsen" mit den Langen Erlen

<u>4.3.2.1 Anreicherungsmenge</u>

Pro Betriebstag versickern ca. 12'000-14'000 m^3 Wasser in den drei Sandfiltern mit einer Fläche von jeweils 5'000 m^2. Je nach Betrieb werden die Sandfilter nur teilweise oder ganz überstaut gefahren. Im Mittel werden rund 1.5 m^3*m^{-2}*d^{-1} versickert. Die Entnahmemenge aus dem Aquifer beträgt etwa 10'000 m^3*d^{-1}.

Während des Betriebs werden in den Langen Erlen pro Tag und pro Quadratmeter *bewässerter* Wässerstellenfläche im Mittel um 1.5 m^3*m^{-2}*d^{-1} Wasser versickert. Da die Wässerstellen in drei Felder eingeteilt sind, beträgt die Versickerungsleistung der *gesamten* Wässerstellenfläche jedoch nur um 0.5 m^3*m^{-2}*d^{-1}. Betriebsunterbrüche sind in der Regel nicht durch Vorgänge in den WS verursacht, sondern durch Trübungen und Schadstoffwellen im Rheinwasser, hohe Grundwasserstände oder technische Probleme andernorts. Da auch die Dortmunder Anlage nicht stets und nicht immer vollständig in Betrieb ist, werden die Leistungen beider Anlagen nur im Normalbetrieb verglichen. Bei beiden Anlagen ist zu betonen, dass die maximale Leistungsfähigkeit bei etwa der eineinhalb bis zweifachen Menge liegt. Die Flächen, welche für die Aquiferpassage benötigt werden, wer-

Kapitel 4: Diskussion

den nicht berücksichtigt, da dies sehr stark von lokalen geologischen, topographischen und historischen Gegebenheiten beeinflusst wird, welche nicht direkt vom gewählten System – Langsamsandfilter oder bewaldete Wässerstellen – abhängig sind.

> Hinsichtlich der Anreicherungsmenge pro Quadratmeter überflutete Fläche besteht somit zwischen diesen beiden Systemen kaum ein Unterschied. In den Langen Erlen wird jedoch wegen des „Dreifelder-Bewässerungs-Systems" insgesamt die dreimal grössere Versickerungsfläche benötigt.

4.3.2.2 Wasserqualität

In Tab. 4-4 werden die Qualität des jeweils verwendeten Rohwassers und des gewonnenen Grundwassers miteinander verglichen. Auffällig sind einzig der etwas tiefere Sauerstoffgehalt und die höheren DOC-und SAK254-Werte (bei höheren Rohwasserwerten) im Ruhrgrundwasser. Im Grundwasser der Langen Erlen sind die Nitratgehalte mit 10 mg$_*$L^{-1} nur halb so hoch wie im Ruhrgrundwasser. Die Konzentrationen der Schwermetalle bewegen sich jedoch um oder etwas oberhalb der Nachweisgrenze, während sie im Ruhrgrundwasser stets darunter liegen. Sonst finden sich kaum relevante Unterschiede zwischen den beiden Grundwasseranreicherungsanlagen. Die Reduktion von DOC und SAK entlang der Sandfilter- und Aquiferpassage ist in Tab. 4-5 dargestellt (Lage der Probennahmestellen s. Abb. 4-12).

Tab. 4-4: Vergleich der Wasserqualität von Rheinwasserfiltrat, Grundwasser aus den Langen Erlen (vor dem Einlauf ins Pumpwerk), Ruhrwasser aus dem Stausee Hengsen und Grundwasser aus dem Pumpwerk Hengsen im Jahre 1999.
FIV: Schweiz. Fremd- und Inhaltsstoffverordnung;
*: Trinkwasserverordnung der Bundesrepublik Deutschland;
^{1}: mit Ausnahme von Phenanthren (2.6 ng$_*$L^{-1}) bei einer Messung vom 25.5.99;
n.n.: nicht nachgewiesen;
< 0.05: Stoff war in einigen Untersuchungen nachweisbar, meistens jedoch nicht. Durch Mittelwertbildung ergeben sich dadurch rechnerisch kleinere Werte als die Nachweisgrenze, welche durch den Zahlenwert nach dem <-Zeichen angegeben ist.
Metalle Erlen-Einlauf: Resultate von vier Untersuchungen zwischen 1998 und 2000.

Parameter	Einheit	Filtrat-wasser Rhein	Erlen-Einlauf	Ruhr-wasser Hengsen	Pump-werk Hengsen	*Toleranz-werte FIV*
Temperatur	°C	12.1	12.2	10.8	9.5	25
Spez. Elektr. Leitfähigkeit	µS$*$cm^{-1}	304	358	394	434	2000*
Sauerstoffgehalt	mg O_2*L^{-1}	10.2	8.52	10.6	5.7	
pH-Wert	mg$*$L^{-1}	8.19	7.38	7.85	7.8	9.2
Gesamthärte	°dH	9.4	9.7	7.6	8.1	
Carbonathärte	°dH	7.7	8.0	5.1	6.5	
Trübung	FNU		0.08	8.1	0.08	1
SAK254	1$*$m^{-1}	4.7	0.8	5.06	1.5	
DOC	mg C$*$L^{-1}	1.7	0.46	2.6	1.0	
Koloniezahl	KBE$*$mL^{-1}		2 (30°C)	6247 (20°C)	0 - 20	20
Coliforme	KBE$*$100 mL^{-1}		0	36731	0	0
Calcium	mg$*$L^{-1}	51	56.5	45.27	48.4	400*
Magnesium	mg$*$L^{-1}	7.1	7.8	5.4	5.8	50
Natrium	mg$*$L^{-1}	7.4	10.7	19.7	31.1	150
Kalium	mg$*$L^{-1}	1.5	1.6	2.9	3.1	12*
Eisen	mg$*$L^{-1}	0.025	n.n	0.02	n.n	0.3
Mangan	mg$*$L^{-1}	0.0023	n.n	0.02	n.n.	0.05
Ammonium	mg$*$L^{-1}	0.08	n.n	0.46	n.n.	0.5
Nitrat	mg$*$L^{-1}	6.0	10.6	16.6	20.5	40
Nitrit	mg$*$L^{-1}	0.05	n.n	0.22	n.n.	0.1
Chlorid	mg$*$L^{-1}	10	13.1	32	31.6	200
Bromid	mg$*$L^{-1}	0.04	0.037	0.04	0.03	
Fluorid	mg$*$L^{-1}	0.06	0.12	0.08	0.09	1.5
Sulfat	mg$*$L^{-1}	28	23.6	38	40.8	200
Silikat	mg$*$L^{-1}	3.4	6.5	4.6	5.5	10
Gesamtphosphat	mg$*$L^{-1}	0.12	0.068 (ortho)	0.08	0.07	
Aluminium	µg$*$L^{-1}	16.7	2.4	13	n.n.	200
Arsen	µg$*$L^{-1}	1.0	1.2	n.n.	n.n.	50
Blei	µg$*$L^{-1}	0.2	<0.1	3.2	n.n.	50
Cadmium	µg$*$L^{-1}	<0.02	<0.02	0.1	n.n.	5
Chrom	µg$*$L^{-1}	0.3	1.9	1.8	n.n.	20
Kupfer	µg$*$L^{-1}	2.2	0.7	3.7	n.n.	1500
Nickel	µg$*$L^{-1}	1.4	<0.5	4.5	n.n.	50*
Quecksilber	µg$*$L^{-1}	n.n.	<0.01	<0.05	n.n.	1
Selen	µg$*$L^{-1}	n.n.	<1	<1	n.n.	10
Zink	µg$*$L^{-1}	5.5	1.7	31.7	n.n.	5000
AOX	µg$*$L^{-1}	5.9	< 4	7.2	5	
Trihalogen-methane	µg$*$L^{-1}	0.06	< 0.3	n.n	n.n	50*
PAK	ng$*$L^{-1}	n.n¹.	2.4	n.n.	n.n	200
PBSM-Summe	µg$*$L^{-1}	0.05	<0.04	17	n.n.	0.5

Kapitel 4: Diskussion

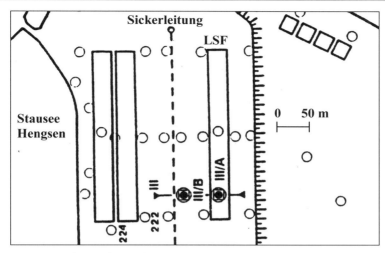

Abb. 4-12: Lage der Probennahmestellen zwischen dem Langsamsandfilter 3 und der Sickerleitung, deren Beprobungsergebnisse in Tab 4-5 teilweise dargestellt sind (aus SCHÖTTLER & SCHULTE-EBBERT 1995: 22).

Tab. 4-5: Reduktion von DOC und SAK entlang der Sandfilter- und Aquiferpassage (Daten von Mitte 1986 bis Ende 1988; aus SCHÖTTLER & SCHULTE-EBBERT 1995: 54f.). Die beiden Messstellen A und B sind 48 m voneinander entfernt.

Standorte	DOC-Gehalt (mg C$_*$L^{-1})	SAK254 (m^{-1})
Einlauf in LSF-Becken	3.00	5.80
Messstelle IIIA 1.9 m unter Flur im LSF-Becken	1.89	3.66
Messstelle IIIA 4.1 m unter Flur im LSF-Becken	1.70	3.30
Messstelle IIIB 6.2 m unter Flur 2 m vor der Sickerleitung	1.40	2.20

Während beim DOC im Verlauf der LSF-Passage bereits eine Reduktion von 70 % erfolgte – davon der grösste Teil in den obersten Zentimetern des Sandfilters –, waren es bei der UV-Absorption nur 60 %. Im Grundwasser unterhalb des LSF waren der DOC-Gehalt sowie die UV-Absorption bereits um weitere 10 % verringert. Auf der kurzen Fliessstrecke von 50 m im Aquifer wurden mit den übrigen 20 % bzw. 30 % der Gesamtreduktion geringere Abnahmen verzeichnet.

Mikroorganismen werden in der Dortmunder Anlage v.a. im Kiesvorfilter reduziert (Tab. 4-6), während dies in den Langen Erlen mehrheitlich in der ungesättigten Zone und der obersten Grundwasserschicht direkt unterhalb der Anreicherungsfläche geschieht.

Tab. 4-6: Verlauf der Keimzahl während der Grundwasseranreicherung im Gebiet „Insel Hengsen" (Anfärbung mit Acridin Orange; Daten aus HENDEL et al. 2001).

Standort	Anzahl Keime
Stausee Hengsen	$3.3*10^6*ml^{-1}$
nach Kiesfiltern	$0.5*10^6*ml^{-1}$
nach Sandfiltern	$0.4*10^6*ml^{-1}$
nach Aquiferpassage	$0.5*10^6*ml^{-1}$

Die Abnahme der organischen Belastung im versickernden Wasser zeigt einen für die Langsamsandfiltration typischen Verlauf, wie er in dieser Arbeit bereits mehrfach erwähnt wurde. Am Ende der Untergrundpassage unterscheiden sich die beiden Anlagen in der gewonnenen Trinkwasserqualität kaum.

4.3.3 Landschaftsökologische Gegenüberstellung der beiden Systeme

In diesem Kapitel werden die spezifischen Systemeigenschaften erörtert und die Mechanismen und Prozesse der beiden Systeme anhand eines Prozesskorrelationssystems beschrieben. Danach folgt eine Gegenüberstellung der beiden Systeme bezüglich ihrer Funktion im lokalen und regionalen Naturhaushalt sowie weiterer Funktionen, z.B. Erholungsmöglichkeiten oder landwirtschaftliche Nutzung.

4.3.3.1 Allgemeine Systembetrachtungen

Das Basler wie das Dortmunder System beinhalten jeweils technische, sowie natürliche abiotische und biotische Prozesse und Elemente. Sie sind damit im Sinne von LESER (1997) als wirkliche Landschaftsökosysteme zur verstehen, die Biosystem, Geosystem und Anthroposystem in sich vereinen (Abb. 4-13).

Kapitel 4: Diskussion

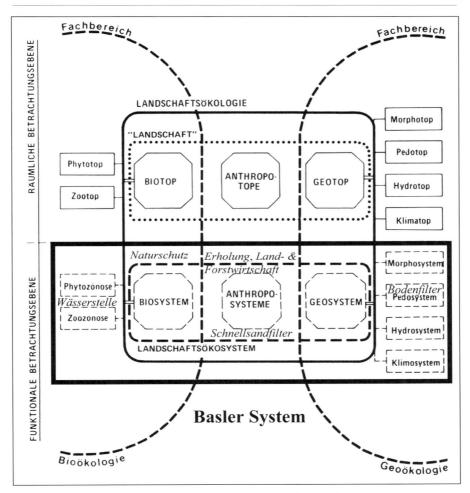

Abb. 4-13: Landschaftsökologische Positionierung des Basler Systems und seiner entscheidenden Systemelemente (kursiv gesetzt; nach LESER 1997: 182, verändert).

Zur Zeit ermöglicht nur dieses *Miteinander* die Erhaltung der gewünschten Trinkwasserqualität. Das MGU-Projekt (WÜTHRICH et al. 2003) lieferte jedoch Ansätze, wie der technische Anteil im Basler System auf ein Minimum reduziert werden könnte. Das Zusammenspiel zwischen Technik und Natur grenzt beide Systeme von volltechnischen Trinkwassergewinnungsverfahren ab (s. Abb. 1-2, Kap. 1.1.4). Gerade für Ingenieure und Verfahrenstechniker ist es nicht immer leicht, sich auf die schwierig zu kontrollierende Natur einzulassen. Natürliche Verfahren bieten aber entscheidende Vorteile: Sie sind durch verschiedenste Aspekte, wie z.B. hochredundante Systemelemente u.a.m. (s. unten) sehr viel robuster gegenüber sich verändernden Bedingungen und damit auch „fehlerfreundlicher", was in so einem vitalen Bereich wie der Trinkwasserversorgung sehr wichtig ist. In einem nachhaltig betriebenen, natürlichen System verläuft vieles „von selbst" und muss nicht dauernd kontrolliert werden.

Das Basler System hat sich im Laufe seiner insgesamt über 90jährigen Betriebsdauer als sehr robust erwiesen. Die Gründe dafür sind:
- Das System ist in einem sehr dynamischen Gleichgewicht. Die dynamischen Prozesse bewegen sich in unterschiedlichen Zeitskalen (s. Abb. 4-14):
    - die Qualität und Quantität des Filtratwasser schwanken täglich (Prozess 1);
    - der Wässerungsrhythmus verändert über Wochenfrist grundlegende chemische und physikalische Bedingungen in der ungesättigten Zone des Wässerstellenbodens (Prozess 2);
    - stochastisch treten Betriebsunterbrüche unterschiedlicher Dauer (Wochen bis wenige Monate) auf, mit daraus folgenden unterschiedlichen Belüftungssituationen (Prozess 3);
    - die Anzahl, Tiefe und Leitfähigkeit der biogenen Makroporen verändert sich ständig (Abhängigkeit von Wässerungsrhythmus und Saison; Prozess 4);
    - jahreszeitliche Unterschiede in den Wässerstellen (z.B. Temperatur, Streueangebot; Prozess 5);
    - langfristige Veränderung der Vegetationsbedeckung (Beschattungsverhältnisse, Streueangebot und -zusammensetzung; Prozess 6);
    - stochastische „Katastrophenereignisse" wie Lothar oder Räumung der Hybridpappeln (Prozess 7);
- Das System ist hochredundant, stark vernetzt und sowohl auf der mikroskopischen wie makroskopischen Ebene sehr heterogen. Damit können unzählbare „seriell und parallel geschaltete" Bodenporen und Bakterien etc., etc. auch grosse Störungen abfangen.

Kapitel 4: Diskussion

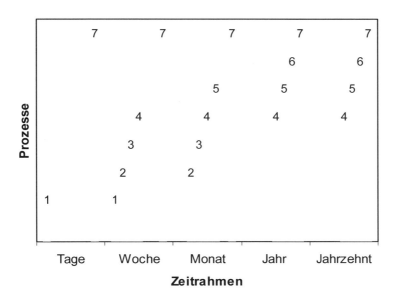

Abb. 4-14: Zeitskalen der dynamischen Prozesse (s. Text) im Basler System.

Eine Versuch der Regulierung oder Verminderung der „normalen" Störungen wäre vermutlich kontraproduktiv: Zur Zeit ist das System an Störungen angepasst. Fallen diese aus, bzw. werden vermieden, beginnt sich das System auf einen „Normalzustand" einzustellen. Folgt dann eine Störung, die im Vergleich zum heutigen Zeitpunkt nicht aussergewöhnlich ist, ist das Systems nicht mehr daran angepasst. Die Schäden, welche die Störung an einem solchen System hinterlässt, sind dann grösser. Als anschauliches Beispiel sei der menschliche Einfluss auf Waldbrände genannt: Wird jedes kleinste Feuer sofort gelöscht, sammelt sich mit der Zeit viel brennbares Material an. Folgt dann doch einmal ein Feuer „normaler" Grössenordnung, wird dieses aufgrund der grossen Mengen Brennmaterials zum Katastrophenfeuer.

Fazit:
Der grosse Unterschied zwischen dem Basler System und dem Dortmunder Verfahren liegt weder in der Versickerungs- noch der Reinigungsleistung, sondern in der Nutzung eines natürlichen Auwald-Ökosystems. Dieses ist mit einer Vielzahl von Akteuren hochkomplex aufgebaut und in ständigem Umbau und Bewegung begriffen.

4.3.3.2 Beschreibung beider Systeme anhand eines Standortregelkreises

"Du kannst nicht an eine Blume rühren, ohne einen Stern erbeben zu machen."

FRANCIS THOMPSON, Mistress of Vision (1897),
zitiert in YOUNG (1991: 140)

In diesem Kapitel wird versucht, die beiden Landschaftsökosysteme Insel Hengsen und Lange Erlen (bzw. der Abschnitt Wässerstelle-Brunnen) in ihrer Zusammensetzung und Funktionalität zu beschreiben und einander gegenüberzustellen. Aus Komplexitätsgründen beschränkt sich diese Beschreibung auf die für die künstliche Grundwasseranreicherung relevanten Prozesse und Systemelemente und wird im Sinne jeweils eines Prozesskorrelationssystems (Abb. 4-15 und 4-17) nach MOSIMANN (in LESER 1997: 262ff.) dargestellt. Damit soll ein grundlegendes Verständnis für die einzelnen Systemelemente, wie z.B. biogene Makroporen, und die Zusammenhänge zwischen ihnen ermöglicht werden. Dies könnte im Falle der Langen Erlen Basis für eine spätere Modellierung des Gesamtsystems oder eines seiner Teile dienen (s. unten).

Prozesskorrelationssystem der Langen Erlen (Abb. 4-15 und Tab. 4-7)

1. Überstau
Das Rheinwasser dominiert als Eingangsgrösse die Filtratwasserqualität im Überstau, wenn auch mittels der Schnellsandfiltration (SSF) von den meisten Schwebstoffen befreit. Im Überstau wird die Wasserqualität auch von andere Faktoren beeinflusst, wie z.B. der Vegetation. Sie steuert über den Blattflächenindex die Intensität der Globalstrahlung, die auf die Wasseroberfläche tritt und nimmt damit Einfluss auf Wassertemperatur, Sauerstoffgehalt und das Wachstum pathogener Keime. Die Vegetation, als mit Abstand grösster Kohlenstoffspeicher im System (s. Kap. 3.7), liefert via Auswaschung, Streu, Holzernteabfälle und v.a. Wurzelexsudate viel mehr organische Substanz in das System als die Wässerung. Gleichzeitig nehmen die Pflanzen selbst und die auf ihnen siedelnden Bakterien aus dem Wasser Substanzen auf. Die Vegetation strukturiert die Bodenoberfläche und wirkt als Sedimentfänger.

2. Ungesättigte Zone
Im Boden bestimmen Mächtigkeit und Korngrössenzusammensetzung der Deckschicht zusammen mit den biogenen Makroporen die Infiltrationsleistung und damit die Aufenthaltszeit im Boden. Die Bodenfauna garantiert mit den Makroporen nicht nur eine kontinuierliche Sickerleistung, sondern baut durch Bioturbation anorganische Partikel aus der Wässerung in den

Kapitel 4: Diskussion

Boden ein, was ebenfalls ein Verstopfen verhindert. Bodenmikroorganismen sorgen für einen effizienten Abbau der gelösten organischen Stoffe, besonders unterhalb der Deckschicht. Auch physikalisch-chemische Prozesse wie Adsorption, Ionenaustausch, Fällung, Akkumulation oder Filtration bestimmen v.a. den Verlauf der gelösten anorganischen Substanzen, dies besonders um den schwankenden Grundwasserspiegel.

3. Gesättigte Zone
In der gesättigten Zone bestimmen v.a. die Verdünnung durch das native Grundwasser, welche durch den Wässerungs- und den Brunnenbetrieb gesteuert wird, sowie Sorptionsprozesse und mikrobieller Abbau die Reinigung. Bei der Sorption besonders wichtig sind ausgefällte Eisen- und Mangan-Oxide. Durch ihre Struktur ermöglichen sie eine enorme Oberflächenvergrösserung. Viele andere Metalle oder Viren und organische Substanzen können dort adsorbiert werden.

In Tab. 4-7 sind die in Abb. 4-15 und 4-17 verwendeten Abkürzungen verzeichnet.

Tab. 4-7: Abkürzungsverzeichnis zu den Abb. 4-15 und 4-17.

Ad/Desorp.	Adsorption/Desorption
Akkumul.	Akkumulation
Aq.mater.	Aquifermaterial
Auswa.	Auswaschung
Biodegrad.	Biodegradation
Evapotransp.	Evapotranspiration
Interzep.	Interzeption
Intra-/Interspez. Konkur.	Intra-/Interspezifische Konkurrenz
Ionenaus.	Ionenaustausch
Niederschlag im W./R.-EZG	Niederschlag im Wiese-/Ruhr-Einzugsgebiet
Sedim.	Sedimentation
SSF	Schnellsandfiltration
Viskosit.	Viskosität
Volatilisat.	Volatilisation (Verflüchtigung)
Tonmin.	Tonminerale

Kapitel 4: Diskussion

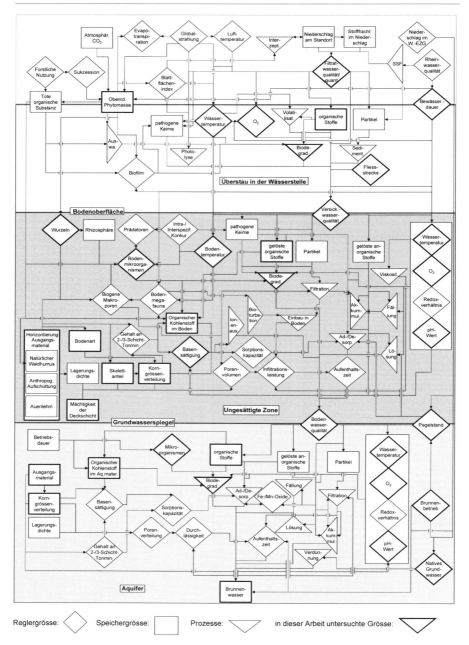

Abb. 4-15: Prozesskorrelations-System der künstlichen Grundwasseranreicherung in den Langen Erlen, nach MOSIMANN, in LESER 1997: 262 ff., stark verändert. Verzeichnis der Abkürzungen Tab. 4-7.

Kapitel 4: Diskussion

Im obigen Prozesskorrelationssystem sind diejenigen Systemelemente fett umrandet, welche im Rahmen dieser Arbeit zumindest teilweise näher untersucht wurden. In Abb. 4-16 ist der derzeitige Stand der Erkenntnisse der künstlichen Grundwasseranreicherung im Landschaftsökosystem Lange Erlen graphisch in einer anderen Form dargestellt (nach LESER 1997: 80).

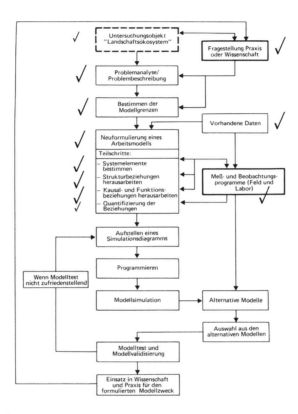

Abb. 4-16: Vorgehen bei der Analyse eines Landschaftsökosystems (nach LESER 1997: 80, verändert). √: wurde bei der Untersuchung des Basler Systems bereits erreicht; √: wurde nur zu einem kleinen Teil erreicht.

Kapitel 4: Diskussion

Prozesskorrelationssystem der Langsamsandfilteranlage in Dortmund
In Abb. 4-17 ist das Prozesskorrelationssystem nach MOSIMANN (in LESER 1997: 262ff.) der künstlichen Grundwasseranreicherung auf der Insel Hengsen dargestellt.

Stausee Hengsen
Der wichtigste Reinigungsprozess im Stausee Hengsen ist, neben weiteren Prozessen wie in jedem See (z.B. jahreszeitliche Schichtungen, biologische Nahrungskette, etc.), die Sedimentation von Schwebstoffen.

Kiesfilter
Im Kiesvorfilter finden neben ersten biochemischen Abbauprozessen auch Fällungs- und Adsorptionsprozesse statt.

Überstau im Langsamsandfilter
Bei offenen LSF können sich im sonnenexponierten Überstau Algen massiv vermehren. Dies schafft Probleme (Sauerstoffschwankungen, plötzlichen Massensterben und Abgabe von Algentoxinen). In Dortmund wird dem mit geringen Überstauhöhen und kurzen Überstauperioden entgegengewirkt. Algen sind wichtiger Bestandteil des Biofilms, der sich an der Oberfläche des Filters entwickelt.

Sandfilter
Die beiden zentralen Reinigungsprozesse im LSF sind v.a. der mikrobielle Abbau im Biofilm und den obersten Zentimetern des Sandfilters sowie, in geringerem Ausmass, Adsorption verteilt über das gesamte Filtervolumen. Wichtig für den Betrieb ist die mit der Zeit kolmatierende Eigenschaft des Biofilms. Zur Regeneration der Schluckleistung müssen der Biofilm und die obersten Zentimeter des Sandfilters in regelmässigen Abständen maschinell entfernt werden. Einer Kolmatierung innerhalb des Sandfilters wird durch die Wühltätigkeit der Sandlückenfauna entgegengewirkt.

Aquifer
Im Aquifer sind bei allen Grundwasseranreicherungsverfahren in oberflächennahen Porengrundwasserleitern in etwa die selben Reinigungsrozesse von Bedeutung: Dispersion, Adsorption und mikrobielle Biodegradation.

Kapitel 4: Diskussion

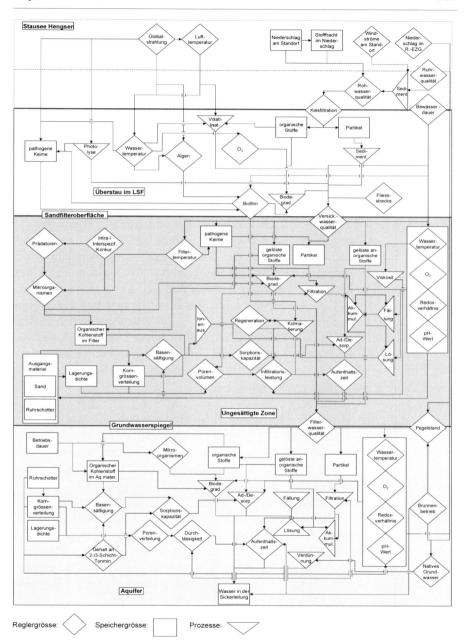

Abb. 4-17: Prozesskorrelations-System der künstlichen Grundwasseranreicherung auf der Insel Hengsen, nach MOSIMANN in LESER 1997: 262, stark verändert. Abkürzungen s. Tab. 4-7.

4.3.3.3 Bedeutung der beiden Anlagen für den lokalen und regionalen Naturhaushalt sowie weitere Funktionen der Anlagen

Beide Areale liegen in ehemaligen Auenlandschaften. Die Dortmunder Anlage ist gemäss den deutschen Richtlinien über die Wasserschutzzonen nicht öffentlich zugänglich. Damit werden Konflikte zwischen Erholung und Grundwasserschutz auf dem Wasserwerksgelände ausgeschlossen. Rund um den Stausee und die Anreicherungsanlagen finden sich Wiesen, die extensiv landwirtschaftlich genutzt werden. Waldflächen sind nur wenige vorhanden. Der Stausee Hengsen bietet Rastplatz und Lebensraum für Wasservögel, darunter auch Arten der Roten Liste.

Abstrahiert von diesen spezifisch lokalen Gegebenheiten um Hengsen lässt sich klar festhalten, dass die Langsamsandfilter (LSF) ein technisches Bauwerk in der Landschaft darstellen. Sie erfüllen – mit Ausnahme der Regelung des Grundwasserstandes – keine wichtige ökologische Funktion. Falls vorhanden, bietet die Nutzung von Sanddünen, wie z.B. in den Niederlanden (s. Kap. 1.3), viele Möglichkeiten einer naturnahen Gestaltung und einer ökologischen Inwertsetzung der Anreicherungsflächen selbst. LUCKNER (1993) schlug am Beispiel des Wasserwerks Dresden-Hosterwitz eine naturnahe Umgebungsgestaltung für Grundwasseranreicherungsanlage vor. Eine Nachfrage seitens des Autors vorliegender Arbeit ergab, dass dieses Projekt nicht weiter verfolgt wurde.

Die gesetzlichen Möglichkeiten in der Schweiz erlauben es, dass die Langen Erlen – im Gegensatz zu Hengsen – als Naherholungsgebiet sehr rege benutzt werden und dies schon vor dem grossen Ausbau der Wassergewinnung anfangs des 20. Jahrhunderts. Aber die intensiven Erholungsnutzungen bergen Risiken für die Grundwasserqualität (dazu s. Kap. A2.6 und 5.3.5). Bei der Langsamsandfiltration ist nur eine naturnahe Gestaltung der Umgebung möglich. Im Gegensatz dazu sind es in den Langen Erlen jedoch die Anreicherungsflächen selbst und nicht deren Umgebung, die eine hohe ökologische Wertigkeit als Auen-Ersatzstandorte für viele Pflanzen- und Tierarten besitzen. Durch die im Rahmen vorliegender Arbeit gemachten Empfehlungen (s. Kap. 4.1.2.1 und 5.3.4) lässt sich die ökologische Bedeutung der Wässerstellen nochmals deutlich steigern.

Um die Insel Hengsen und den weiteren benachbarten Grundwasseranreicherungsanlagen ist eher extensive Gründlandnutzung verbreitet, während in den Langen Erlen flächenmässig die forstwirtschaftliche Nutzung dominiert. Auch hier wird in Zukunft, nicht zuletzt aus finanziellen Gründen, vermehrt auf eine naturnahe Bewirtschaftung Gewicht gelegt. Seit Mitte der 1990er Jahre werden die ökologisch sehr wertvollen Eichen stark ge-

Kapitel 4: Diskussion

fördert. Bezüglich landwirtschaftlicher Nutzung ist auf das neue Landwirtschaftskonzept (HARTNAGEL & DIERAUER 2002) zu verweisen, mit dem eine weitere Extensivierung durch biologische Gründlandbewirtschaftung auf der gesamten landwirtschaftlichen Nutzfläche in den Langen Erlen ansteht.

Beide Anlagen erbringen aus Sicht des Wasserversorgers fast die gleichen Leistungen. Weshalb ist die künstliche Grundwasseranreicherung in den Langen Erlen aus ökologischer Sicht positiver als das Dortmunder Verfahren zu beurteilen? Weshalb sollen die Wässerstellen als Ersatzlebensräume für Organismen der Auen sogar noch besonders aufgewertet werden? Weshalb der Aufwand und die Kosten? Es gibt dafür viele Gründe:
- Auen wurden in ganz Mitteleuropa im Verlaufe der letzten beiden Jahrhunderte durch die Aktivität des Menschen enorm zurückgedrängt, daher ist die in ihnen vorkommende grosse Vielfalt an Arten stark bedroht.
- Auenlebensräume bieten eine extrem hohe Anzahl von ökologischen Nischen (u.a. durch die Hochwasserdynamik, s. unten). Diese können von einer grossen Anzahl verschiedenster Tier- und Pflanzenarten genutzt werden: Auen machen in der Schweiz nur noch 0.3 % der Landesfläche aus. Darin kommen aber 40 % aller in der Schweiz lebenden Pflanzenarten vor.
- Früher war die Wieseebene durch die Dynamik der Wiesehochwässer eine wilde Auenlandschaft mit Kies- und Sandbänken, Alt- und Totarmen, Weich- und Hartholzwäldern. Durch die Kanalisierung der Wiese, die landwirtschaftliche Nutzung und die Grundwassergewinnung wurden diese Auen zerstört.
- Flächige Hochwasserdynamik ist heute in der Wieseebene nicht mehr möglich. Die Artenvielfalt einer natürlichen Aue kann nicht mehr wiederhergestellt werden.
- Heute kommen, aufgrund der künstlichen Wasserversorgung, einzig die Wässerstellen als Ersatzstandorte für diesen bis vor 150 Jahren hier dominierenden Lebensraumtyp in Frage.
- Die Ausgangslage in Dortmund ist in etwa die gleiche. Dort finden sich jedoch nur extensiv bewirtschaftete Wiesen und, ausser dem Stausee Hengsen, keine ökologisch wertvollen Feuchtflächen.
- Die Gemeinde Riehen hält in ihrem Naturschutzkonzept fest, dass auf Riehener Boden keine Art mehr aussterben darf. Mit geringem Aufwand (ein paar Teichen, dem Setzen von Weiden etc. an Stelle von Hybridpappeln und einem etwas lichterem Baumbestand) kann dafür im potentiell artenreichsten Lebensraum der Gemeinde schon enorm viel gewonnen werden. Mit wenigen Massnahmen kann die Landschaft in den Langen Erlen ihrem Leitbild, der Auenlandschaft, ange-

nähert werden und *gleichzeitig* Artenschutz-, Trinkwasserschutz- und sozio-kulturelle Funktionen erfüllen (im Sinne von NAGEL 2000), indem abwechslungsreiche und vielfältige Wässerstellen als attraktive Landschaft für Erholungssuchende dienen.

4.3.4 Fazit zum Vergleich des Basler Systems mit dem Dortmunder Verfahren

- Die Langsamsandfiltration nach dem Dortmunder Verfahren ist eine (wenn nicht *die*) seit langem etablierte Standardmethode der künstlichen Grundwasseranreicherung. Die künstliche Grundwasseranreicherung über periodisch eingestaute (Au-)Waldböden im Basler System ist hingegen einzigartig.
- Beide Anlagen sind (im Mittel über alle versickerungsrelevanten Anlagenteile) mit mehreren Jahrzehnten etwa gleich lange in Betrieb.
- Beide Anlagen bringen vergleichbare Reinigungsleistungen bei der Untergrundpassage.
- Pro Quadratmeter überflutete Filter-, bzw. Wässerstellenfläche sind auch die Versickerungsleistungen mit 1-2 $m^3 * m^{-3} * d^{-1}$ gleich.
- Das Basler System benötigt wegen des „Dreifelder-Betriebs" jedoch rund die dreifache Versickerungsfläche wie das Dortmunder Verfahren. Dies ist allerdings die einzige Unterhaltsmassnahme.
- Das Dortmunder Verfahren verlangt deutlich intensiveren Unterhalt.
- Die Wässerstellen im Basler System sind als selbstregenerierender Raumfilter gegenüber Störungen robuster als der Flächenfilter in Dortmund.
- Das Basler System ist deutlich naturnäher und fungiert bereits heute als Ersatzstandort für gefährdete Pflanzen- und Tierarten der Aue (SIEGRIST 1998, LUKA 2002). Während beim Dortmunder Verfahren nur die Umgebung naturnah gestaltet werden könnte, sind in den Langen Erlen die Wässerstellen selbst die ökologisch wertvollste Fläche. In den Kap. 5.3.4 und 4.1.2.1 finden sich weitere Hinweise, wie sich der ökologische Wert der Wässerstellen noch vergrössern liesse.

5. Schlussfolgerungen

„Auf der ganzen Welt gibt es nichts Weicheres und Schwächeres als das Wasser. Und doch in der Art, wie es dem Harten zusetzt, kommt nichts ihm gleich. Es kann durch nichts verändert werden. Dass Schwaches das Starke besiegt und Weiches das Harte besiegt, weiss jedermann auf Erden, aber niemand vermag danach zu handeln."

Laotse, Tao te King, 78

In diesem Kapitel werden zuerst die in Kap. 1.5 genannten Fragestellungen und Hypothesen beantwortet. Anschliessend werden die Bedeutung der Ergebnisse für die Trinkwassergewinnung in den Langen Erlen erörtert und Empfehlungen abgegeben, wie die Sicherung der Grundwasserqualität auch bei steigendem Nutzungsdruck gewährleistet werden könnte.

5.1 Antworten auf die Fragestellungen und Hypothesen von Kapitel 1.5

Aufgrund der Ergebnisse vorliegender Arbeit sowie der Arbeiten von DILL (2000), GEISSBÜHLER (1998), SCHMID (1997), SIEGRIST (1998), STUCKI (2002) und WARKEN (2001) lassen sich auf die in Kap. 1.5 aufgeführten Hypothesen folgende Antworten (*kursiv gedruckt*) geben:

1. Für die vollständige Reinigung des Versickerungswassers ist die Passage durch die Humusschicht in der Wässerstelle alleine nicht ausreichend.

Bereits die Messungen von MBR und MBIO liessen darauf schliessen, dass auch unterhalb der Humusschicht noch verwertbares organisches Material vorhanden sein musste. In den obersten 10 bis 40 cm des Bodens zeigte sich keine Reduktion von gelösten organischen Stoffen im aus Saugkerzen gewonnenen Bodenwasser. Bei aus Edelstahlrohren gewonnenem Bodenwasser liess sich gar eine leichte DOC-Anreicherung im Oberboden feststellen, die vermutlich durch Auswaschungen aus dem Boden selbst bedingt ist. Erst in der Zone unterhalb der Deckschicht, wo eine perkolative Infiltration stattfindet, nehmen die DOC-Gehalte stark ab (Abb. 5-1). Entscheidende Gründe dafür sind:
- *ein fehlender Biofilm an der Bodenoberfläche,*
- *zusätzlicher Eintrag von organischer Substanz aus dem Boden selbst,*

- *eine bevorzugte Versickerung über Makroporen mit hohen Infiltrationsgeschwindigkeiten und kurzer Aufenthaltszeit im Oberboden. Erst im luftgesättigten Schotter (Tropfkörper) unter der Deckschicht ist die Aufenthaltszeit für eine Reinigung genügend lang.*

Auch in den beiden obersten Metern des Grundwasserkörpers in der Wässerstelle ist die Reinigung noch sehr effektiv. Hier spielen die grosse Vielfalt an ökologischen Nischen, welche durch die ständig wechselnden Belüftungssituationen bedingt ist, sowie bereits auch die Dispersion (Verdünnung) mit zuströmendem natürlichem Grundwasser eine wichtige Rolle. Im Verlaufe der Aquiferpassage wird der Gehalt an organischer Substanz im angereicherten Grundwasser weiter reduziert. Dies ist jedoch v.a. durch Dispersion bedingt. Adsorption und Biodegradation sind vermutlich eher weniger von Bedeutung (Abb. 5-2).

Kapitel 5: Schlussfolgerungen 295

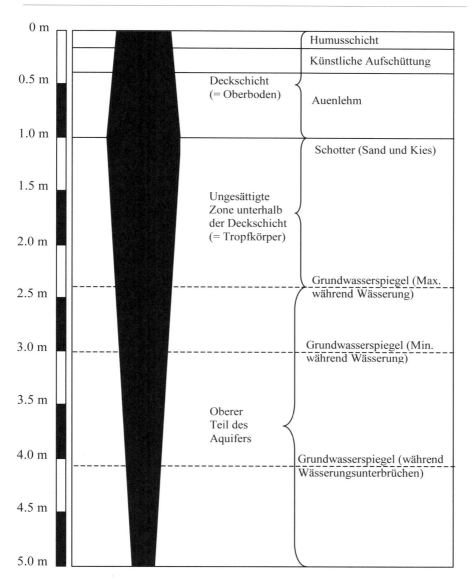

Abb. 5-1: Schematischer Verlauf der DOC-Konzentration in der ungesättigten Zone sowie den obersten zwei Metern der gesättigten Zone der Wässerstelle.

Kapitel 5: Schlussfolgerungen

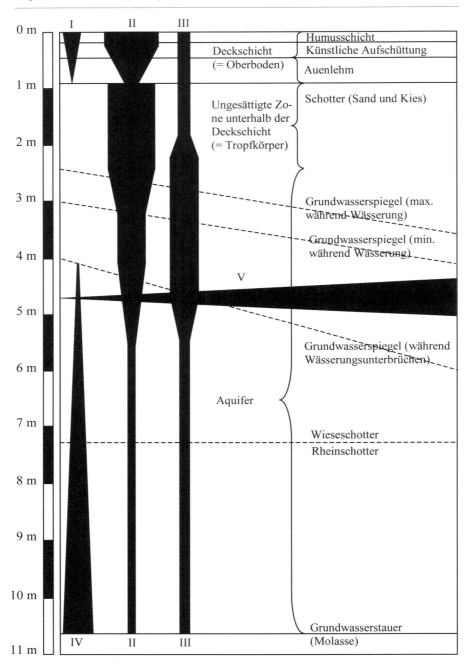

Abb. 5-2: Bedeutung und Lokalisierung der verschiedenen, für die Abnahme des DOC im versickernden Filtratwasser relevanten Prozesse im Bereich zwischen der Wässerstelle Verbindungsweg und dem Brunnen X. (I: Anreicherung; II: Biodegradation; III: Adsorption; IV: vertikale Dispersion, V: laterale Dispersion).

2. Der mikrobielle Abbau (Biodegradation) ist von grosser Bedeutung für die Reinigung des Wassers.

Die mikrobielle Biomasse und Bodenrespiration (MBR) sind v.a. an der Bodenoberfläche und direkt unterhalb davon messbar, nehmen aber nach unten rasch ab. In der Zone unterhalb der Deckschicht war die MBR nur noch gering bis nicht mehr messbar. Somit sollte gemäss diesem indirekten Parameter der Reinigungsleistung ein grosser Teil der Reinigung bereits nahe der Bodenoberfläche erfolgen. Scheinbar im Widerspruch dazu stehen die Durchbruchskurven von DOC und SAK254 als direkte Parameter für die Reinigungsleistung, welche die grösste Reinigungsleistung im unteren Teil der ungesättigten Zone zeigen.

Hier muss auf die Bedeutung des C-Eintrages durch die Bewässerung hingewiesen werden: Nur rund 9 % des jährlichen Netto-Eintrages in den Wässerstellenboden stammt aus der Bewässerung! Geschätzt etwa die Hälfte stammt aus dem Wurzelexsudaten. Diese werden primär im Oberboden gebildet und auch wieder mineralisiert („microbial loop"; s. Abb. 5-3). Der restliche Teil stammt zumeist aus der Pflanzenstreu an der Bodenoberfläche. Für den dazu relativ gesehen, geringen Kohlenstoff-Betrag, der in der ungesättigten Zone aus dem Filtratwasser entfernt wird, reicht auch eine MBR, die mit der angewandten Methode kaum mehr messbar ist: Bei einer vollständigen Mineralisierung der während einer Wässerphase netto eingetragenen Kohlenstoffmenge werden während der Trockenphase verteilt auf die 3 m ungesättigte Zone 0.2 mg CO_2 pro Tag und 100 g Feinboden emittiert (Beispiel aus VW1). Dies liegt an der Messbarkeitsgrenze. Aufgrund der eingetragenen Kohlenstofffracht ist eine Entfernung des eingetragenen Kohlenstoff über Adsorption an Bodenpartikel (v.a. Eisenoxide und Tonpartikel) nur in beschränktem Masse möglich. In der ungesättigten Zone ist deshalb die mikrobielle Degradation der dominierende Faktor bei der Entfernung der organischen Substanz.

Es wird jedoch folgender Mechanismus postuliert: Während der Wässerung dominiert die Adsorption, in der anschliessenden Trockenphase wird das adsorbierte Material mikrobiell abgebaut.

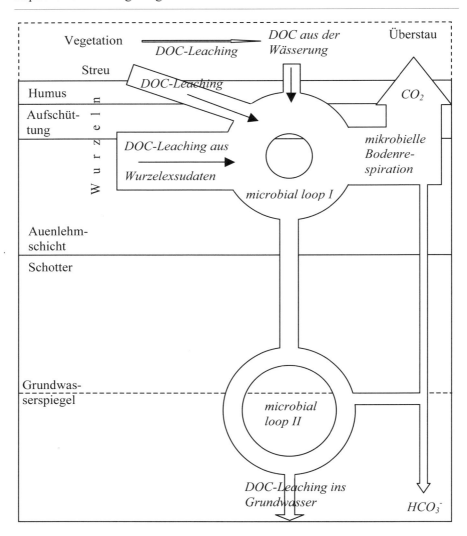

Abb. 5-3: Schema der biologischen Prozessierung organischer Substanzen in der ungesättigten Zone. Die Breite der Pfeile stellt in etwa die relative Menge an Kohlenstoff eines Eintrags- bzw. Austragspfades dar.

3. Die Qualität von Boden- und Grundwasser wird während eines Bewässerungszyklus besser. Im Verlaufe eines Jahres ist die Wasserqualität im Frühjahr am höchsten und nimmt im Sommer, Herbst und Winter leicht ab.

Ein klares Muster der Veränderung der Wasserqualität im Verlaufe einer Wässerphase konnte weder im positiven noch im negativen Sinne festgestellt werden. Der Gehalt an organischer Substanz schwankt bereits im Filtratwasser täglich in der Grössenordnung von um 5-15 %. Dazu kommen eine abnehmende Infiltrationsfläche (s. unten), eine Verzögerung durch den Horizontaltransport im Grundwasser, der Einfluss von Brunnenbetrieb, benachbarten Wässerstellen und natürlichem Grundwasser sowie andere unbekannte Mechanismen.

Die Wasserqualität (bezogen auf den Gehalt an gelösten organischen Substanzen) ist trotz des geringeren Sauerstoffgehaltes im Sommer am höchsten. Dann sind durch die warmen Temperaturen die Mikroorganismen am aktivsten. Im Herbst bis Frühjahr ist die Wasserqualität schlechter. Dies liegt einerseits in dem wegen der tiefen Temperaturen geringeren mikrobiellen Abbau begründet, andererseits im aus dem Laubfall stammenden höheren C-Eintrag.

4. Innerhalb einer Wässerphase von zehn Tagen nimmt die Infiltrationsleistung nicht ab.

Wie die Messergebnisse von DILL (2000) und die Erfahrung des Autors zeigten, nimmt die Infiltrationsleistung über eine Wässerungsphase von zehn Tagen in allen Jahreszeiten und in allen untersuchten Wässerstellen nicht nur nicht ab, sondern steigt sogar markant an. Da die Einleitungsmenge in etwa gleich bleibt (± 20 %), sinkt in den Wässerstellen die Überstauhöhe. Weil die Wässerstellen nicht exakt eben sind, nimmt dabei auch die überstaute Fläche ab. DETAY & HAEFFNER (1997) erklären die zunehmende Infiltrationsleistung mit der langsamen Verdrängung und Lösung von Bodenluft im versickernden Wasser. Dadurch werden immer mehr leitende Bodenporen gesättigt und stehen so für den Wassertransport zur Verfügung.

5. Beim derzeitigen Wässerungsregime und den zur Zeit eingesetzten Vorreinigungsmassnahmen (trübungsbegrenzter Betrieb mit Schnellsandfiltration) besteht für die Böden der Wässerstellen auch bei grossen Infiltrationsmengen und über längere Zeiträume (> 50 Jahre) kaum eine Kolmatierungsgefahr.

Die Betriebsdauer in Anzahl Jahren kann nicht für die Versickerungsleistung einer Wässerstelle verantwortlich sein. Vielmehr ist der jeweilige Untergrund und dabei v.a. die Mächtigkeit und Korngrössenzusammensetzung der künstlich aufgebrachten Deckschicht entscheidend.

Dies zeigen einerseits die hohen Versickerungsleistungen von um 2'000 $L*m^{-2}*d^{-1}$ in den Wässerstellen Grendelgasse Rechts (in Betrieb seit 1912), Hüslimatten (seit 1932) und Wiesengriener (seit 1929), welche bis 1964 zudem alle mit dem nicht filtrierten Teichwasser bewässert wurden. In diesen WS ist die Deckschicht weniger als 60 cm mächtig und enthält keine künstliche Aufschüttung.

Andererseits finden sich in den jüngsten Wässerstellen die geringsten Sickerleistungen (Verbindungsweg: ca. 900 $L*m^{-2}*d^{-1}$, seit 1970; Stellimatten: ca. 700 $L*m^{-2}*d^{-1}$, seit 1980). In diesen WS ist die Deckschicht mehr als 1m mächtig und enthält eine künstliche Aufschüttung. Bei der Erhaltung der Versickerungsfähigkeit der Deckschicht sind biogene Makroporen sehr wichtig (s. unten). Es findet sich deshalb zur Zeit kein Hinweis darauf, dass die Versickerungsleistung abnimmt.

6. Das Ökosystem Auwald spielt für die optimale und nachhaltige Funktion des gesamten Anreicherungssystems eine zentrale Rolle.

In den Auwald-ähnlichen Vegetationsbeständen und den ehemaligen Auenböden der Wässerstellen in den Langen Erlen finden sich zwei Elemente, welche für die optimale und nachhaltige Funktion des gesamten Anreicherungssystems eine zentrale Rolle spielen:
- *Die Vegetation,*
  - *welche das Wasser beschattet und so negative Einflüsse wie hohe Wassertemperaturen, Algenwachstum und stark schwankenden Sauerstoffgehalt verhindert,*
  - *welche mit einer leicht abbaubaren Streu, einem dichten, bis zum Schotterkörper reichenden Feinwurzelwerk und dessen Rhizosphäre die Aktivität von Bodenmikroorganismen im gesamten Oberboden fördert.*
- *Die sehr aktive Bodenfauna (Waldmäuse, Regenwürmer etc.), sowie auch die Pflanzenwurzeln, welche durch ihre Wühlaktivitäten, bzw. durch ihr Wachstum immer wieder von neuem Makroporen (Gänge mit 0.1 bis zu 5 cm Durchmesser) durch die Deckschicht bis zum Schotterkörper schaffen. Dadurch werden die Versickerungsleistungen in den Wässerstellen konstant gehalten und eine Kolmatierung verhindert.*

Durch die von Pflanzenwurzeln und der Bodenmegafauna ständig neu geschaffenen Makroporen wird der Boden strukturiert und kann daher als sich selbst erhaltender und regenerierender, dreidimensionaler Raumfilter wirken. Dies im Gegensatz zu den Langsamsandfiltern, welche als wartungsbedürftige, zweidimensionale Flächenfilter wirken.

5.2 Bedeutung der Ergebnisse für die Trinkwassergewinnung in den Langen Erlen

In diesem Kapitel wird zuerst die generelle Bedeutung der Ergebnisse dieser Arbeit für die Trinkwassergewinnung in den Langen Erlen beschrieben. Anschliessend werden konkrete Empfehlungen zur Verbesserung der Reinigungsleistungen und der Grundwasserüberwachung abgegeben.

5.2.1 Generelle Bemerkungen

Die Ergebnisse dieser Arbeit zeigten u.a. folgendes:
- *Eine Kolmatierung der Wässerstellenböden und des Aquifers ist langfristig nicht zu erwarten. Die Reinigungsmechanismen und -leistungen in der ungesättigten Zone sind grundlegend bekannt.* Einzig die exakte Quantifizierung der Anteile der verschiedenen Teilmechanismen (Biodegradation, Adsorption etc.) konnte nicht vorgenommen werden. Aufgrund des jetzigen Kenntnisstandes ist *künftig keine Verschlechterung der Reinigungsleistungen* zu erwarten.
- Die Rolle der Humusschicht in den Böden der Wässerstellen für die Reinigung des versickernden Filtratwassers ist weniger zentral als angenommen. *Das System ist gegenüber Störungen relativ robust*, da es auf ungünstige Bedingungen an der Bodenoberfläche ausgleichend reagieren kann.

Es kann auf Basis der Ergebnisse vorliegender Arbeit generell gesagt werden, dass die künstliche Grundwasseranreicherung in den Langen Erlen in der jetzigen Form auch künftig über Jahrzehnte, wenn nicht noch deutlich länger, funktionieren dürfte, ohne dass grosse Veränderungen vorgenommen werden müssten.

Allerdings sind dabei folgende Ausnahmen zu berücksichtigen:
- *Angesichts ihrer Schädlichkeit ist über den Verbleib der Schwermetalle bei der Untergrundpassage und das Risiko ihrer Mobilisierung noch zu wenig bekannt.*
- *Im Verlaufe der 1990er Jahre tauchten in Oberflächengewässern immer mehr neuartige Schadstoffe auf – und dies nicht nur wegen der ste-*

tig verbesserten Analysemethoden. Diese Stoffe sind z.B. Pharmazeutika oder endokrinoide Substanzen, die auch in sehr tiefen Konzentrationen physiologisch wirksam sein können. Über deren Verhalten im Verlauf der Untergrundpassage (Abbau, Persistenz, Akkumulation, Durchbruch) ist noch viel zu wenig bekannt.
- *In den Langen Erlen gilt mit Ausnahme der Grundwasserschutzzone 1 kein Betretungsverbot. Dieser Raum wird im Gegenteil von verschiedensten Gruppen zunehmend intensiver genutzt. Deshalb werden künftig auch immer mehr Zielkonflikte mit der Wassergewinnung entstehen. Darauf wird in Kap. 5.3 näher eingegangen.*

5.2.2 Konkrete Empfehlungen

Unter Einhaltung folgender Massnahmen besteht auch langfristig keine Kolmatierungsgefahr:
- Trübungsbegrenzte Rohwasserfassung,
- keine massive Verschlechterung der Rohwasserqualität,
- Einsatz der Schnellfiltration,
- keine Vornahme von weiteren Aufschüttungen mit standortfremden (insbesondere tonhaltigem) Material,
- keine nachteilige Beeinflussung und Veränderung von Flora und Fauna in den Wässerstellen (darunter fällt z.B. auch das früher praktizierte Entfernen des Laubes),
- Belassung des bisherigen Bewässerungszyklus von 10 Tagen/20 Tagen und Beibehalten von stochastisch auftretenden ein- bis zweimonatigen Betriebsunterbrüchen.

Um die Reinigungsprozesse weiter zu verbessern:
- Soll eine flächige Beschattung der Wasser- und Bodenoberfläche durch einen dichten Vegetationsbestand, z.B. Schilf, im Unterwuchs lückig stehender Bäume angestrebt werden;
- soll die mikrobielle Aktivität durch die Förderung von Pflanzen mit einem dichten Wurzelwerk und leicht abbaubarer Streu, wie z.B. Rohrglanzgras, günstig beeinflusst werden.

Qualitätssicherungsmassnahmen bei der Trinkwassergewinnung:
- Zu einer weiteren Steigerung der Sicherheit wird empfohlen, das Rohwasser neben einer reinen Trübungsdetektion auch mit weiteren Messverfahren online und kontinuierlich zu überwachen. Einzelstoff-Analytik ist dazu zu zeit- und kostenaufwändig. Deshalb seien als Beispiele Methoden wie die Biophotonen-Aquaskopie oder multifunktionale Spektrometersonden genannt, welche kostengünstig ein breites Spektrum an Schadstoffen abdecken können. Letztere Methode ermöglicht

eine grenzwertgetriggerte Sofortabschaltung und kann auch direkt in Brunnen oder Grundwasserbeobachtungsrohren eingesetzt werden.
- Bei einem Neubau von Brunnen ist v.a. auch im Hinblick auf relativ schwer abbaubare, neuartige Belastungen des Rhein- und Wiesewassers, wie z.B. Pharmazeutika, auf genügend lange Aufenthaltsdauer des Grundwassers im Aquifer zu achten (vgl. 10-Tage-Regel).
- Die Kontrollgänge in der Schutzzone durch IWB-Personal sollten auch im Rahmen künftiger Sparmassnahmen nicht reduziert, sondern in der jetzigen Intensität beibehalten werden.
- Werden wegen einer ökonomischen Optimierung des Grundwasseranreicherungsbetriebs einzelne Wässerstellen nur mehr seltener oder kaum mehr überflutet, ist zu Beginn einer Wiederinbetriebnahme wegen Desorptionsprozessen und mangelnder Anpassung der Bodenmikroorganismen mit einer möglicherweise deutlich verschlechterten Wasserqualität zu rechnen.

5.3 Empfehlungen für die Trinkwassergewinnung im Hinblick auf die zunehmenden Nutzungskonflikte in den Langen Erlen

5.3.1 Einführung

Die Langen Erlen sind eine ehemalige Auenlandschaft, die heute vielfältigen Nutzungen unterliegt. Unterschiedliche Akteursgruppen beanspruchen in stetig zunehmendem Masse den eng begrenzten Raum für ihre Interessen und Aktivitäten, was zwangsläufig zu Konflikten – auch mit der Trinkwassergewinnung – führt (s. dazu auch Kap. A2.6). Mit der Erstellung des behördenverbindlichen Richtplanes „Landschaftspark Wiese" wurde unter Einbezug der Nutzer versucht, die unterschiedlichen Interessen unter einem Hut zu vereinen, indem die Aktivitäten räumlich getrennt und auf bestimmte Teilräume konzentriert werden (s. Kap. 2.1.1). Dennoch blieben die Konflikte zum Teil bestehen. Dies zeigt das Beispiel der im Jahr 2003 geplanten, 56 ha grossen 18-Loch-Golfanlage in der Grundwasserschutzzone II im Weiler Mattfeld, welche mittlerweile jedoch – zumindest vorläufig – wieder zurückgezogen wurde.

In diesem Kapitel wird auf Basis der Ergebnisse dieser Arbeit und der bald 15jährigen Erfahrung des Autors im Umgang mit den Nutzergruppen in den Langen Erlen versucht, Empfehlungen abzugeben, wie mit diesen Konflikten im Hinblick auf eine Sicherung der Trinkwasserqualität verfahren werden kann. In Abb. 5-4 sind die nachfolgenden Unterkapitel graphisch in einem Schema dargestellt.

Kapitel 5: Schlussfolgerungen 304

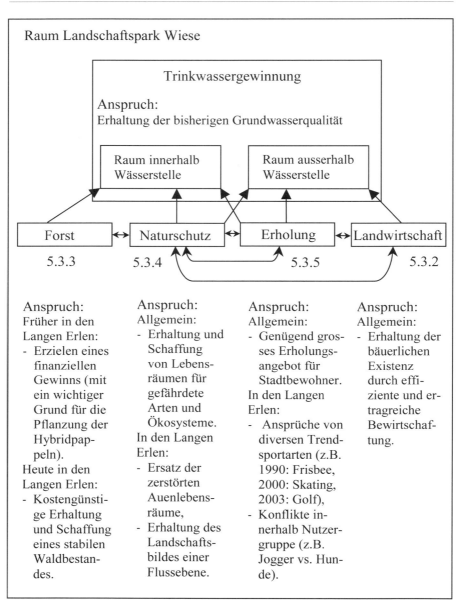

Abb. 5-4: Schematische Darstellung der verschiedenen Nutzergruppen in den Langen Erlen, bzw. im Perimeter der Landschaftsparks Wiese, und ihrer Ansprüche und Konflikte. Die Einfachpfeile markieren die Erhebung räumlicher Ansprüche von Nutzergruppen auf Anlagen der Trinkwassergewinnung, die Doppelpfeile zwischen den Nutzergruppen markieren die Konflikte. Unterhalb der Nutzergruppen sind die entsprechenden Unterkapitel angegeben.

Kapitel 5: Schlussfolgerungen 305

5.3.2 Empfehlungen für die landwirtschaftliche Nutzung

Im Zuge der „Anbauschlacht" in den 1940er Jahren wurde die in den Langen Erlen früher übliche Streuenutzung zugunsten des Ackerbaus und der intensiven Gründlandnutzung aufgegeben. Dies, obwohl die flachgründigen Böden auf dem durchlässigen Untergrund nicht optimal für Ackerbau sind. Im Gebiet der Langen Erlen betrieben bis Ende der 1990er Jahre sechs Pächter Landwirtschaft. Nur ein Betrieb wirtschaftet biologisch. Wegen der Aufgabe eines Pächters steht nun eine Neuordnung an. Für die Landwirtschaftsbetriebe im Kanton Basel-Stadt wurde zudem vor kurzem ein neues Bewirtschaftungskonzept entwickelt (HARTNAGEL & DIERAUER 2001), das auch für die Wieseebene eine Extensivierung bringt.

Hinsichtlich der landwirtschaftlichen Nutzung werden folgende Empfehlungen gegeben:
- Völliger und rascher Verzicht auf den Ackerbau im schweizerischen Teil der Wieseebene zur Minderung der Pestizid- und Nitrateinträge.
- Rasche Umsetzung der neuen kantonalen landwirtschaftlichen Bewirtschaftungsrichtlinien.
- Förderung der Extensivierung der Landwirtschaft auch im deutschen Teil der Wieseebene.

5.3.3 Empfehlungen für die forstwirtschaftliche Nutzung

Die forstwirtschaftliche Nutzung in den Wässerstellen beschränkt sich im Allgemeinen auf die Pflanzung, Pflege und Räumung der exotischen Hybridpappelbestände. Diese Baumart wurde ursprünglich aus folgenden Gründen ausgewählt:
- Sie kommt gut mit den Wässerungsverhältnissen zu Recht (keine Krankheiten oder frühzeitiges Absterben).
- Sie bringt innerhalb der kurzen Umtriebszeit von 35 Jahren einen hohen Holzertrag. Sie liess sich früher als einzige Baumart in den Langen Erlen mit Gewinn und heute zumindest ohne Verluste verkaufen.
- Sie beschattet durch ihr schnelles Wachstum die Wasseroberfläche viel rascher als andere Baumarten.

Insbesondere durch den Sturm Lothar wurden aber auch die negativen Effekte der Pappelbestände aufgezeigt (s. Kap. 3.6). Wegen folgender Gründe sollte daher von der weiteren Pflanzung von Hybridpappeln in den Wässerstellen abgesehen werden und die bestehenden Hybridpappelbestände zügig, aber unter grösstmöglicher Schonung des Bodens geräumt werden:
1. Grosse Windwurfanfälligkeit: Dabei entstehen durch die herausgewuchteten Wurzelteller Mulden, welche sehr hohe Infiltrationsleis-

tungen aufweisen. Durch die verkürzte Aufenthaltszeit des versickernden Wassers im Boden ist die Reinigung mangelhaft und dadurch die Grundwasserqualität lokal beeinträchtigt.
2. Die Entfernung der bei Sturm umgeworfenen Bäume, die Rückversetzung der Wurzelteller und die Abdichtung der Mulden ist aufwändig, kosten- und zeitintensiv.
3. Bei der Holzernte oder der Entfernung vom Sturm geworfener Bäume wird der Boden durch die eingesetzten Maschinen grossflächig verdichtet.

Als Ersatz der Hybridpappeln kommen v.a. Weiden in Frage. Es hat sich in den Wässerstellen Spittelmatten und Hintere Stellimatten gezeigt, dass diese ökologisch sehr wertvolle Baumart bei den herrschenden Wässerungsbedingungen problemlos wächst. Auch die Eschen zeigten sich als geeignete Baumart, wie in der Wässerstelle Grendelgasse sichtbar ist. Erlen können in den Wässerstellen ebenfalls vorkommen. Dabei ist allerdings zu beachten, dass diese Art Stickstoff fixiert. Um übermässigen Nitrateintrag ins Grundwasser zu vermeiden, ist die Erle aber eher als Nebenbaumart einzusetzen. In der Wässerstelle Verbindungsweg wachsen auch Eichen, allerdings eher kümmerlich. Für die Strauchvegetation eignen sich v.a. Traubenkirsche, Holunder, Pfaffenhütchen sowie Wolliger und Gemeiner Schneeball.

5.3.4 Empfehlungen für Naturschutzprojekte

5.3.4.1 Ausgangslage

Naturschutz und Trinkwassergewinnung im selben Raum schliessen sich nicht aus, sondern können parallel neben einander bestehen und sich sogar gegenseitig fördern! Die Schutzzone S1 schafft Rückzugsgebiete für viele Tiere und ein naturnaher Auenwald ist nicht nur Lebensraum für Pflanzen- und Tierarten der Roten Liste, sondern bei Sturm auch viel stabiler als ein gleichförmiger Pappelhain.

Priorität hat jedoch der Schutz des Grundwassers. Die Verantwortung liegt deshalb auch bei den IWB und dem AUE.

5.3.4.2 Empfehlungen

- Naturnahe Gestaltung der Wässerstellen durch ein Mosaik von standortheimischen Baumarten und Sträuchern sowie Riedvegetation (Rohrglanzgras, Schilf, Binsen, Seggen etc.), welche die Wasser- und Bodenoberfläche beschatten.

- In den Wässerstellen sollten nach der Räumung der Hybridpappelbestände zur Förderung von Amphibien und aquatischen Insekten pro Feld ein bis zwei ca. 4 m^2 grosse Teiche angelegt werden, die auch während längerer Betriebsunterbrüche nicht austrocknen.
- Bis in die 1990er Jahre galt die Meinung der Eidg. Agrikulturchemischen Anstalt Liebefeld u.a. von um 1950 (s. Kap. A2.6), die ein striktes Verbot der Verletzung der obersten Bodenschicht vorsah. Dieses wurde aber beim jahrzehntelangen Ackerbau in den Langen Erlen grosszügig übersehen. Im Gegensatz zu dieser Meinung kam der Verfasser aufgrund der Ergebnisse vorliegender Arbeit und der positiven Erfahrungen des MGU-Projekts zum Schluss, dass kleinflächige und wenige Verletzungen der obersten Bodenschicht (z.B. zum Bau eines Tümpels oder Wässergrabens) von System absolut problemlos verkraft- und kompensierbar sind. Sie führen zu keiner Beeinträchtigung der Wasserqualität.
- In Brunnenarealen ist jedoch eine Verletzung der obersten Bodenschicht vermeiden.
- Eine kontrollierte Versickerung von Wiesewasser destabilisiert das System nicht, wie z.B. das MGU-Projekt in den Stellimatten zeigte. Eine unkontrollierte, starke und flächige Versickerung ist hingegen zu vermeiden.
- Damit eine durchgehende Revitalisierung der Wiese von Seiten der IWB akzeptiert werden kann, sollten möglichst bald die Kläranlagen im Wiesental saniert werden (evtl. inkl. hygienischer Reinigungsstufe). Auch sollte eine Revitalisierung der Wiese entlang der deutschen Strecke geprüft werden, um die Selbstreinigungskapazität zu erhöhen. Erfahrungen an der Pilotstrecke beim Brunnen XIII zeigten sehr positive Effekte auf den Fischbesatz und das Makrozoobenthos sowie eine erhebliche Nutzung der revitalisierten Bereiche durch Erholungssuchende.

5.3.5 Empfehlungen im Hinblick auf Erholungsprojekte

<u>5.3.5.1 Ausgangslage</u>

Rein aus Sicht des Grundwasserschutzes sind Erholungsaktivitäten auf das Minimum zu begrenzen. Dies wegen der Abfälle oder dem Eindringen von Hunden und Menschen in Wässerstellen – wie der Autor dieser Arbeit in der WS Verbindungsweg immer wieder erlebte – und der dadurch resultierenden möglichen Gefährdung für das Grundwasser. Da die Langen Erlen jedoch seit langem ein wichtiges Naherholungsgebiet für Basel, Riehen, Lörrach und Weil darstellen, müssen Kompromisse eingegangen werden.

Genau hier jedoch sieht der Verfasser langfristig das grösste Konfliktpotential:
- Einerseits erhöht sich laufend der Druck auf diese Landschaft (Stichwort „Freizeitgesellschaft"). Dies äussert sich z.B. in:
    - Einer steigenden Zahl von wilden Feuerstellen und von spazieren geführten Hunden,
    - der laufend zunehmenden Abfallmenge,
    - der Anzahl Personen, welche anstatt auf den Wegen wild entlang der Feldränder und der Ränder der Wässerstellen spazieren. Trotz seit 1999 laufenden Plakataktionen seitens der IWB und der Gemeinde Riehen ist das Jahr 2004 diesbezüglich ein Rekordjahr.
- Andererseits ist der politische Einfluss – auch wegen der Breite der Nutzergruppe – erheblich grösser als z.B. derjenige der Naturschutz- oder Landwirtschaftsvertreter.
- Die Umsetzung einer langfristig einhaltbaren Nutzungsstrategie für diesen Raum ist schwierig, wenn sich die Erholungsansprüche durch gesellschaftliche Entwicklungen und immer wieder neu aufkommende Trendsportarten laufend ändern. Nicht zuletzt bestehen auch innerhalb des Erholungssegmentes Konflikte (z.B. Jogger vs. „Hündeler").
- Im Laufe der Trinkwassernutzung in den Langen Erlen mussten die IWB immer wieder gegen diverse Nutzungsbegehren Widerstand leisten (s. dazu auch Kap. A2.6). Gerade im einem künftig möglicherweise (teil-)liberalisierten Wasser- und Strommarkt sind die IWB als Polyversorger auf den Goodwill der Bevölkerung angewiesen. Zuviel Widerstand gegen Projekte im sensiblen Bereich der Erholung könnte hier langfristig sogar kontraproduktiv sein.

5.3.5.2 Empfehlungen

Bei Erholungsaktivitäten und -projekten ist daher folgendes zu berücksichtigen:
- Es gilt, die schleichende Zunahme des Erholungsdruckes aufmerksam und kritisch zu verfolgen.
- Eine langfristig, offensiv und „bürgernah" geführte Kommunikation könnte bei der Bevölkerung ein Verständnis die Trinkwassergewinnung in den Langen Erlen schaffen und die Ablehnung von Erholungsprojekten erleichtern, welche die Trinkwassergewinnung beeinträchtigen würden.
- Sollte die Anzahl der durch die Langen Erlen spazieren geführten Hunde weiterhin so zunehmen wie im Verlaufe der letzten zehn Jahre, so wird die Prüfung eines Leinenzwanges wohl unvermeidbar sein (dies wegen des Feldhasenbestandes auch aus Naturschutzgründen). Hier ist

eine gute Kommunikation sehr entscheidend, wie das Beispiel der Reinacher Heide zeigt.
- Intensiverholungsanlagen (wie die Sportplätze Grendelmatte und Schorenmatte oder Golfplätze) dürfen nicht auf Kosten der Schutzzone ausgebaut werden.
- Entlang aller Wässerstellen sollten zur Abhaltung von Hunden und zur Verminderung von hineingeworfenem Abfall dichte, breite und dornstrauchreiche Waldränder gepflanzt und gefördert werden.

5.3.6 Fazit

Zwischen der forstlichen Nutzung und der Trinkwassergewinnung bestehen die geringsten Probleme. Hier wurden auch bereits erste Massnahmen umgesetzt. Mit den neuen Bewirtschaftungsrichtlinien sind auch die Konflikte mit der Landwirtschaft lösbar. Etwas schwieriger wird es beim Naturschutz. Kleinere Revitalisierungen sind – unter Berücksichtigung der Grundwasserqualität – erfolgreich umsetzbar, wie das Beispiel des MGU-Projekts in den Stellimatten zeigte (WÜTHRICH 2003). Einschneidende Umgestaltungen, wie die Wieserevitalisierung bergen jedoch ein erhebliches Konfliktpotential. Schwierig ist die Situation umso mehr, als dazu auch die Meinungen der involvierten Fachleute weit auseinander gehen. Hier bringt wohl nur eine langfristige Verbesserung der Wiesewasserqualität eine entscheidende Entschärfung. Langfristig das grösste Konfliktpotential birgt aber wohl die Erholungsnutzung. Hier gilt es, v.a. die schleichende Zunahme kritisch zu verfolgen und bei der Bevölkerung langfristig Verständnis und Goodwill für die Trinkwassergewinnung in den Langen Erlen zu schaffen.

6. Ausblick

„Aus Wasser ist alles, und ins Wasser kehrt alles wieder zurück."
Thales von Milet

Das Basler System ist nach bisheriger Kenntnis des Autors einzigartig. Angesichts der grossen globalen Bedeutung der Trinkwassergewinnung ist es eigentlich erstaunlich, dass dieses Verfahren nicht öfters eingesetzt wird, zeichnet es sich doch durch bedeutende Vorteile und nur wenige Nachteile aus. Nachfolgend werden diese Vor- und Nachteile sowie Möglichkeiten der Weiterverbreitung des Basler Systems erörtert.

6.1 Die Vorteile des Basler Systems

Die Vorteile des Basler System sind:
- Nutzung eines quasi-natürlichen, sich selbst erhaltenden Auenökosystems zur Trinkwassergewinnung („natürliches Wasser", anstatt chemisch aufbereitetes, deshalb
    - ist das Basler System nachhaltig;
    - weist das System eine hohe Speicherfähigkeit auf (damit kann die Anreicherung während des Durchgangs von Trübungs- oder Schadstoffwellen ohne Probleme ausser Betrieb genommen werden);
    - besteht nur geringer Investitionsbedarf in Bauten (besonders, wenn das Anreicherungswasser direkt benachbart und Transport im freien Gefälle möglich ist);
    - wird das Landschaftsbild wegen fehlender Bauten, wenn überhaupt, nur gering beeinträchtigt;
    - werden Chemikalien nur in kleinen Mengen verbraucht, je nach Situation (Leitungsnetz!) ist nur wenig bis keine Nachbehandlung notwendig;
    - ist der Wartungsaufwand gering (nur Brunnen, evtl. Sand- oder Kiesvorfilter, Stellfallen, Zäune und allg. Kontrolle;
    - ist die Steuerung des Gesamtsystems unkompliziert, weshalb es auch in Ländern mit geringem Bildungsniveau einsetzbar ist.
- Erzielung einer über Jahrzehnte konstanten, sehr guten Trinkwasserqualität und -quantität;
- Neben der Trinkwassergewinnung sind weitere Parallelnutzungen der Wässerstellen möglich:
    - hochwertiger Naturschutz (wichtige Ersatzlebensräume für gefährdete Tier- und Pflanzenarten);
    - extensive Forstwirtschaft;

- Als weitere Parallelnutzungen ausserhalb der Wässerstellen sind möglich:
  - Naturschutz;
  - extensive Land- und Forstwirtschaft;
  - extensive, hochwertige Erholung.

6.2 Die Nachteile des Basler Systems

Die Nachteile des Basler System sind:
- Die künstliche Grundwasseranreicherung erfordert eine grosse Landfläche: Versickerung, Aquiferpassage, und Gewinnung benötigen rund 10 m^2 pro Einwohner. Die Grenzgrösse der Anlage liegt deshalb bei ca. 0.5-1 Mio. Einwohnern, bzw. 5-10 km^2.
- Das System ist empfindlich gegenüber mittlerer bis hoher Schwebstoffbelastung im zur Anreicherung benutzten Vorfluter, dies macht evtl. eine Vorbehandlung notwendig.
- Die Reinigungsprozesse im Untergrund sind gegenüber volltechnischen Anlagen schwieriger zu kontrollieren, dadurch ist der Kontrollaufwand höher.
- Technische Trinkwasserproduktionsmethoden wie z.B. Ultrafiltration sind bezüglich der Entfernung von Schadstoffen prinzipiell sicherer als die natürliche Untergrundpassage.
- Die Parallelnutzungen erhöhen den Nutzungsdruck und können so zu Konflikten führen.

6.3 Lösungen zur Behebung der Nachteile

Das neben dem Flächenverbrauch zweite Handicap des Basler Systems ist die Empfindlichkeit auf mit dem Versickerungswasser eingebrachte Schwebstoffe. In Basel selbst stellt dies aufgrund der mehrheitlich geringen Rheintrübung und der Schnellsandfiltration kein Problem dar.
Im Rahmen des MGU-Projektes wurde die Wässerstelle Hintere Stellimatten mit unfiltriertem Wiesewasser aus dem Mühle-Teich direkt angespiesen (meist um 40 L∗s^{-1}; WÜTHRICH et al. 2003). Überstieg die Trübung 6 FNU, wurde die Einleitung automatisch abgestellt. In einem einmaligen Experiment wurden während einer Trübungswelle im Mühle-Teich über 24 Stunden bis zu 100 L∗s^{-1} mit bis zu 90 FNU in die Wässerstelle eingeleitet. Im nur 150 m stromabwärts gelegenen Brunnen IX wurde jedoch keine nachteilige Veränderung der Grundwasserqualität festgestellt. Das System scheint also zumindest kurzzeitig solche Störungen zu tolerieren. Da jedoch an den Trübstoffen auch Schadstoffe wie Viren, Schwermetalle, Pestizide und PAK adsorbiert sind, ist eine längerfristige Belastung mit Trübstoffen zu vermeiden.

Allerdings müssen bei allen Wasseraufbereitungsverfahren (s. Kap. 1.1.4) die Trübstoffe entfernt werden. Insofern sollte dieser Nachteil nicht überschätzt werden.

Je nach der konkreten Situation vor Ort bieten sich mehrere Wege der Trübungselimination vor der Versickerung an:
- Als eine naturnahe Variante kann bei niedriger bis mittlerer Belastung ein vorgeschaltetes Feuchtgebiet eingesetzt werden. Durch die Aufsedimentierung wird allerdings in gewissen Abständen ein Baggereinsatz zum Materialabtrag notwendig sein.
- Bei hoher Belastung, wie sie an den Unterläufen grosser Flüsse üblich ist, können die anfallenden Schwebstoff-Kubaturen nicht mehr durch natürliche Systeme wie Feuchtgebiete, sondern nur noch mittels technischer Aufbereitung bewältigt werden, wie dies bei allen anderen Verfahren auch der Fall ist:
    - Als erste Stufe können leicht reinigbare, effiziente (d.h. richtig dimensionierte und evtl. mit Lamellenseparation ausgerüstete) Absetzbecken eingesetzt werden – evtl. kombiniert mit Aquakultur zur Nahrungsproduktion (Fische, Krebse, Muscheln) oder zur Wasserreinigung (emerse Wasserpflanzen).
    - Als weitere Stufen sind je nach konkreter Situation eine Belüftung (evtl. mit leichter Desinfektion, z.B. mittels UV) sowie eine Lamellenseparation/Flockung oder Kiesvorfiltration und/oder Schnellsandfiltration denkbar (s. auch CLEASBY 1991).
    - Wie Untersuchungen an der EAWAG zeigten, sind gerade Kiesfilter sehr effektiv in der Erniedrigung der Trübstoffkonzentration (WEGELIN 1988; GWA 1993).
    - Falls eine hohe Konzentration an BDOC im Rohwasser vorhanden ist, muss es nach Entfernung der Schwebstoffe belüftet werden (mittels Kaskaden, Verdüsung, Einblasung oder z.B. mittels Oxoid-Propeller, Oxoid, Basel, CH).
    - Bei hohem Gehalt an refraktärer organischer Masse (z.B. Humine aber v.a. auch persistente organische Schadstoffe) ist eine Voroxidation notwendig (mit Ozon oder UV; s. z.B. AMY et al. 1996 oder CIPPARONE et al. 1997). Eine Begasung mit Chlor sollte wegen der möglichen Bildung karzinogener Trihalomethane und der Dämpfung nachfolgender mikrobieller Abbauprozesse vermieden werden.

6.4 Fazit

Aufgrund der Untersuchungen im Rahmen dieser Arbeit und der Arbeiten von SCHMID (1997) bis STUCKI (2001; s. Kap. 1.4) konnten die grundlegenden Funktionsmechanismen des Basler Systems beschrieben werden. Es spricht nichts dagegen, dass sich die Erkenntnisse (v.a. bezüglich der Prozesse in der ungesättigten Zone) auch *auf andere geeignete Standorte in der gemässigten Klimazone und Höhenstufe übertragen* lassen. Entscheidend sind hier primär, wie bei allen Anlagen zur künstlichen Grundwasseranreicherung, die Mächtigkeit und Durchlässigkeit der Deckschicht und der ungesättigten Zone sowie die Ausmasse und Durchlässigkeit des Aquifers. Eine entsprechende Anpassung des Systems an die lokalen Verhältnisse (z.B. Topographie, Bodenaufbau, Vegetation) ist möglich: Die Wässerstellen müssen nicht 1 ha Grösse aufweisen und mit Hybridpappeln bestockt sein. Hier sind viele andere Formen denkbar.

Das Basler System bildet eine ideale Verbindung der Produktion hochqualitativen Trinkwassers mit dem Schutz wichtiger Ökosysteme und hochwertigen Erholungsraumes. Der Preis für das eher extensive System ist ein relativ hoher Flächenbedarf. Dieses System bietet sich deshalb v.a. dort an, wo die Landpreise tief und/oder grössere Waldflächen in öffentlichem Besitz sind. Es verlangt relativ geringen technischen Aufwand und ist deshalb auch ideal an Orten, wo intensiver Unterhalt und aufwendiger Betrieb wegen fehlender, bzw. zu teurer Ersatzteile, Chemikalien- und Strommangels oder zu tiefem Ausbildungsniveau schwierig zu gewährleisten ist, d.h. in Transitions-, Schwellen- oder Entwicklungsländern. Gerade für kleine bis mittelgrosse Siedlungen im ländlichen Raum ärmerer Staaten in der gemässigten Klimazone bietet das Basler System eine valable Alternative zu teuren, unterhaltsreichen grosstechnischen Anlagen und damit einen sinnvollen Lösungsbeitrag für die im jetzigen Jahrhundert anstehenden, enormen Probleme rund um die Wasserversorgung der immer grösser werdenden Menschheit. Aber auch in Industriestaaten mit grossem Erholungsbedürfnis der Bevölkerung oder fehlenden Auengebieten kann ein entsprechend adaptierter Einsatz des Basler Systems zur Trinkwassergewinnung äusserst sinnvoll sein.

7. Zusammenfassung

7.1 Beschreibung des Systems

Rund die Hälfte des Basler Trinkwassers stammt aus den Langen Erlen – einer ehemaligen Auenlandschaft im Flussdelta der seit 150 Jahren korrigierten Wiese. Dazu wird durch die Industriellen Werke Basel (IWB) das aus dem Wiesental stammende natürliche Grundwasser künstlich mit Rheinwasser angereichert. Dieses wird durch eine Schnellsandfiltration von 95 % der Schwebstoffe befreit. Anschliessend werden pro Betriebstag im Mittel 60'000 m^3 filtriertes Rheinwasser (nachfolgend als „Filtratwasser" bezeichnet) in elf bewaldeten Wässerstellen mit total 13 ha Fläche versickert. Die Wässerstellen sind hauptsächlich mit Hybridpappeln, Eschen, Erlen und Weiden bestockt und meist in drei Felder unterteilt. Ein Feld wird in der Regel während zehn Tagen bewässert, worauf eine Abtrocknungsperiode von 20 Tagen folgt. Während der Trockenphase sind die beiden anderen Felder der Wässerstelle jeweils zehn Tage bewässert. Die Überstauhöhe beträgt zwischen 10-60 cm, maximal bis 1.2 m.

Bevor es den Grundwasserspiegel erreicht, sickert das Wasser mit einer Geschwindigkeit von etwa 1-2 m$*$d^{-1} durch einen autochthonen Waldhumushorizont (10-15 cm mächtig), eine – meist, aber nicht immer vorhandene – künstlich eingebrachte lehmige Aufschüttung (10 cm), einen Auenlehmhorizont (10-70 cm) sowie eine 2-2.5 m mächtige Kies- und Sandschicht. Der Grundwasserleiter (Aquifer) ist 8-16 m mächtig und besteht in den oberen zwei Dritteln aus silikatischem Wieseschotter und im unteren Drittel aus kalkhaltigem Rheinschotter. Tertiäre Elsässer Molasse bildet den Grundwasserstauer. Nach einer Fliessstrecke von jeweils ca. 200-800 m im Aquifer werden pro Tag um die 40'000 m^3 angereichertes Grundwasser als einwandfreies Trinkwasser (Tab. 1-3, Kap. 1.2) in elf Brunnen gefasst. Vor der Einspeisung ins Leitungsnetz wird der pH-Wert mittels Belüftung korrigiert und Chlordioxid als Verkeimungsschutz beigefügt.

Die Anreicherung ist während rund neun Monaten pro Jahr in Betrieb. Über das ganze Jahr liegt das Verhältnis zwischen Anreicherung und Gewinnung etwa bei 1:1. Dieses System (nachfolgend als „Basler System" bezeichnet) ist in der beschriebenen Weise seit 1964 in Betrieb. Zwischen 1912 und 1964 wurde die Anreicherung in den sukzessive ausgebauten Wässerstellen mit unfiltriertem Wiesewasser vorgenommen.

Kapitel 7: Zusammenfassung

Im Folgenden sind in einer Übersicht die wichtigsten technischen Daten zusammengefasst (Tab. 7-1).

Tab. 7-1: Zusammenfassung der wichtigsten Daten zur künstlichen Grundwasseranreicherung in den Langen Erlen.

Gesamtwasserabgabe der IWB	27.07 Mio. m^3 Trinkwasser (2003)
Aus den Langen Erlen gewonnenes Grundwasser	15.42 Mio. m^3 Grundwasser (2003)
Vorreinigung des Rheinwassers	Schnellsandfiltration mit 5 m*h^{-1} durch 80 cm mächtige Quarzsandschicht (seit 1964)
Fläche der Wässerstellen	13 ha
Anzahl der Wässerstellen	11 (eingeteilt in 25 Felder, [jeweils 2'000-8'000 m^2 gross; während der Wässerung sind 60-90 % der Fläche eines Feldes überflutet)
Mittlerer Bewässerungsrhythmus	10 Tage Bewässerungsphase pro Feld, danach 20 Tage Trockenphase pro Feld
Bodentyp in den Wässerstellen	Braune Auenböden über silikatischem Wiesenschotter
Vegetation in den Wässerstellen	Baumschicht: Hybridpappel, Erle, Weide, Esche, Strauchschicht: Traubenkirsche, Pfaffenhütchen, Wolliger Schneeball, Holunder, Krautschicht: Brennnessel, Rohrglanzgras, Schilf, Seggen, Binsen
Betriebsdauer pro Jahr	Ca. 9 Monate
Betriebsdauer der Grundwasseranreicherung in den Langen Erlen insgesamt	Die älteste Wässerstelle datiert von 1912, die jüngste von 1981.
Jährliche Versickerungsleistung (inkl. Trockenphasen und Betriebsunterbrüche)	0.1-0.5 m^3*d^{-1} pro m^2 Wässerstellenfläche
Versickerungsleistung während der Wässerung	1-2 m^3*d^{-1} pro m^2 überflutete Wässerstellenfläche
Flurabstand des Grundwasserspiegels	2-4 m während der Wässerung, 3-6 m während Betriebsunterbrüchen
Mächtigkeit des Aquifers	8-16 m
Mächtigkeit des Grundwassers	5-13 m
Fliessgeschwindigkeit im Aquifer	1*10^{-5} m*s^{-1} bis 1*10^{-4} m*s^{-1}
Aufenthaltsdauer im Aquifer	10-100 Tage; meist jedoch 10-30 Tage
Anzahl Brunnen in Betrieb	11
Minimale Zeitdauer ab heute, bis bei jetzigem Betrieb Abnahme der Versickerungsleistung erfolgt	50 Jahre, wahrscheinlich aber viel länger (≫100 Jahre)
Minimale Zeitdauer ab heute, bis Abnahme der Versickerungsleistung erfolgt, wenn Wässerungsphase auf einen Monat oder mehr verlängert wird	Ca. < 5 Jahre
Minimale Zeitdauer ab heute, bis Abnahme der Versickerungsleistung erfolgt, wenn Laub- und Krautvegetation oder Mäuse aus den Wässerstellen entfernt werden	Ca. 5-20 Jahre

Kapitel 7: Zusammenfassung   316

> Das Basler System weist im Vergleich mit anderen Grundwasseranreicherungsverfahren folgende besondere Merkmale auf:
> - Benutzung von ± natürlichen *Wald*standorten auf ehemaligen Auenböden zur Grundwasseranreicherung zu Trinkwassergewinnungszwecken.
> - Enger Bewässerungszyklus von zehn Tagen Überflutung und 20 Tagen Trockenphase.
> - Auch bei jahrzehntelanger Laufzeit ist – mit Ausnahme der Trockenphase – zur Aufrechterhaltung hoher Versickerungsleistungen und einer gleichbleibenden Qualität keine weitere Regeneration, bzw. Wartung der Versickerungsflächen notwendig.
>
> Intensive Literaturrecherchen und Befragungen von Fachleuten lassen den Schluss zu, dass das Basler System wahrscheinlich einzigartig ist.

7.2 Ausgangslage der vorliegenden Arbeit

Das Verständnis über die Reinigungsprozesse während der Boden- und Untergrundpassage in den Langen Erlen basierte bisher nur auf Vergleichen mit der Langsamsandfiltration, einem gängigen Verfahren in der künstlichen Grundwasseranreicherung: Die 70-100 cm mächtigen Sandfilter werden im Unterschied zu den Wässerstellen in den Langen Erlen meist monatelang überstaut. Dabei bildet sich an der Oberfläche des Sandfilters ein Biofilm – eine gallertartige, biologisch hochaktive Schicht, die aus Algen, Bakterien, Pilzen und Einzellern sowie aus organischen und anorganischen Partikeln besteht. Die Reinigung des Wassers findet v.a. im Biofilm und den obersten 10-40 Zentimetern des Sandfilters statt. Der wachsende Biofilm vermindert mit der Zeit die Versickerungsleistung so stark, dass in Abständen von etwa einem bis sechs Monaten die obersten 2-3 cm des Sandkörpers inkl. Biofilm maschinell abgetragen werden müssen.

In den bewaldeten Wässerstellen der Langen Erlen ist eine derartige Regeneration nicht möglich und auch nicht nötig: Die Versickerungs- und Reinigungsleistungen sind auch nach jahrzehntelangem Betrieb gleich wie diejenigen von Langsamsandfiltern. Der Grund dafür blieb unklar. Deshalb wurden im Rahmen vorliegender Dissertation die generellen Funktionsmechanismen der künstlichen Grundwasseranreicherung in den Langen Erlen untersucht.

Das Ziel dieser Arbeit bestand darin, einen Überblick über das Gesamtsystem zu erhalten, mit einer besonderen Gewichtung der Prozesse in der ungesättigten Zone der Wässerstellenböden. Dazu wurden einerseits die mikrobielle Bodenrespiration und Biomasse sowie die funktionelle Diversität

Kapitel 7: Zusammenfassung

der Mikroorganismengemeinschaften untersucht. Sie stellen *indirekte* Indikatoren der Reinigungsleistung, -mechanismen und -orte dar.

Andererseits wurden entlang des Fliesswegs des versickernden Filtratwassers, neben verschiedenen wasserchemischen Parametern, v.a. die organische Belastung – gemessen als gelöster organischer Kohlenstoff (DOC) und als UV-Absorption bei 254 nm (SAK254) – erhoben. Deren Verlauf diente als *direkter* Indikator der Reinigungsleistung. Die Konzentrationen organischer Einzelsubstanzen, wie z.B. halogenorganische Verbindungen, oder anorganischer Stoffe, wie Schwermetalle, wurden in dieser Studie nicht untersucht. Auch wurden keine Laborexperimente durchgeführt. Die Reinigungsleistungen wurden direkt am System selbst bestimmt.

Nachfolgend werden die wichtigsten Ergebnisse dieser Arbeit zusammengefasst.

7.3 Prozesse im Überstau der Wässerstellen

- Bei der Grundwasseranreicherung über offene Langsamsandfilterbecken treten durch die ungehinderte Sonneneinstrahlung und das dadurch verstärkte Algenwachstum negative Effekte wie Erwärmung sowie Sauerstoff- und pH-Schwankungen auf. Diese werden in den Wässerstellen der Langen Erlen durch eine Beschattung der Wasseroberfläche mit Bäumen und/oder Riedpflanzen vermieden.
- Die DOC-Konzentration und der SAK254 nahmen während der Fliessstrecke im Überstau leicht zu. Grund dafür ist die Auswaschung von organischen Stoffen aus den Pflanzen, der Streuschicht und dem Boden.

7.4 Infiltrationsprozesse

Infiltrationsleistung:
- Die Infiltrationsleistung ist mit 1-2 $m*d^{-1}$ vergleichbar mit konventionellen Langsamsandfiltern. Sie nahm im Verlauf einer Wässerphase zu. Wahrscheinlich ist dies durch Verdrängung und Lösung der Bodenluft im versickernden Filtratwasser bedingt.
- Im Winter war die Versickerungsleistung geringer als im Sommer. Grund dafür ist die höhere Viskosität des Wassers sowie die Ausgasung des kalten Wassers im wärmeren Boden.

Bedeutung der Vegetation:
- Riedvegetation (v.a. das Rohrglanzgras *Phalaris arundinacea*) bedeckt ganzjährig den Boden und schützt ihn vor zu starker Austrocknung,

Auskühlung und Verschlämmung. Dies begünstigt die Infiltration und, zusammen mit den leicht abbaubaren Wurzelexsudaten und der Streu, eine reichhaltige, aktive Bodenfauna und -mikroflora.

Bedeutung des Bodenaufbaus:
- Neben den biogenen Makroporen (s. unten) bestimmt v.a. die Deckschicht (Humus, Aufschüttung und Auenlehm) mit ihrer Horizontierung, Korngrössenzusammensetzung und Mächtigkeit die Aufenthaltszeit des Filtratwassers in der ungesättigten Zone und damit die Versickerungs- und Reinigungsleistung.

Bedeutung der Bodenfauna
- Die Infiltration erfolgte in der Deckschicht primär nicht über die Bodenmatrix, sondern über biogene Makroporen mit einem Durchmesser von 0.1-5 cm (z.B. Gänge von Waldmäusen [*Apodemus sylvaticus*] oder Regenwürmern etc.; s. DILL 2000). Die Versickerungsleistung war – bei gleicher Deckschicht – in einem Bodenausschnitt mit Makroporen viel höher als in einem Bodenausschnitt ohne.
- Da die Makroporen zwar mit der Zeit zerfallen, jedoch ständig wieder neu geschaffen werden, bleibt die Versickerungsleistung konstant.
- Ein Teil der trotz Schnellsandfiltration noch mit dem Filtratwasser eingebrachten Schwebstoffe wird wahrscheinlich durch die Bodenfauna in die vorhandene Bodenmatrix eingebaut. Auch dies trägt zur Verhinderung einer Kolmatierung bei.
- Bei vorheriger Entfernung der meisten Schwebstoffe aus dem Rohwasser kann somit eine Kolmatierung des Bodenfilters ausgeschlossen werden, und dies auch bei jahrzehntelangem Betrieb (für mindestens weitere 50 Jahre). Im Vergleich zur Langsamsandfiltration ist der Betrieb damit praktisch wartungsfrei.

Bedeutung des Bewässerungsrhythmus
- Durch die kurzen Bewässerungsperioden von zehn Tagen und die langen Trockenperioden von 20 Tagen, sowie durch die Beschattung wird die Verschlämmung des Bodens und die Bildung eines infiltrationshemmenden Biofilms an der Bodenoberfläche verhindert.
- Der 10-Tage/20-Tage-Bewässerungszyklus ist für die langfristige Existenz einer Waldvegetation und einer Bodenfauna in den Wässerstellenböden von entscheidender Bedeutung: Die Bewässerungsdauer ist genügend kurz, die Trockenphase für die Wiederbelüftung genügend lang. Dies ist, zusammen mit längeren Betriebsunterbrüchen von ein bis zwei Monaten Dauer (s. Kap. 7.6), die *einzige Regenerationsmassnahme, welche das Basler System benötigt.*

Kapitel 7: Zusammenfassung 319

7.5 Reinigungsprozesse in der ungesättigten Zone

Ausgehend von den Prozessen bei der Langsamsandfiltration, erwarteten die IWB einen Grossteil der Abnahme der organischen Substanz in der Humusschicht und in der künstlichen Aufschüttung der Wässerstelle, d.h. den obersten 10-25 cm. Im Laufe dieser Arbeit zeigte sich, dass die *Reinigung* nicht nur in tieferen Bodenschichten als den obersten 10-25 cm sondern *entlang der gesamten Fliessstrecke der Boden- und Aquiferpassage bis zum Brunnen* stattfindet.

Mikrobielle Aktivität und Biomasse:
- Ein Grossteil der aktiven Mikroorganismen fand sich nahe der Bodenoberfläche und mineralisiert dort vermutlich v.a. Laubstreu und Wurzelexsudate. Mikrobielle Bodenrespiration konnte aber bis in 3.4 m Tiefe, mikrobielle Biomasse sogar noch bis zum Grundwasserstauer in 10.6 m Tiefe nachgewiesen werden. Dies zeigt, dass organische Substanz auch in grösserer Tiefe abgebaut wird. Die Reinigung des Filtratwassers kann somit nicht nur nahe der Bodenoberfläche erfolgen.
- Analysen der physiologischen Diversität der Mikroorganismengemeinschaften mittels Biolog-Ecoplates ergaben, dass die Mikroorganismen an der Bodenoberfläche und im Bereich um den Grundwasserspiegel eine besonders hohe Anzahl verschiedenster organischer Substanzen mineralisieren konnten.

Verlauf der organischen Belastung während der Bodenpassage (Abb. 3-79, Kap. 3.5.3.8):
- Mittels Saugkerzen gewonnenes Filtratwasser zeigte innerhalb der Deckschicht des Wässerstellenbodens kaum eine Reduktion der organischen Stoffe. Daraufhin wurde die ganze Fliessstrecke von der Wässerstelle zum Brunnen anhand eines Transektes zwischen der Wässerstelle Verbindungsweg und dem Brunnen X mit Grundwasserbeobachtungsrohren untersucht (s. Abb. 2-20ff., Kap. 2.3.1. und Abb. 3-57, Kap. 3.5.3). Alle weiteren genannten Angaben basieren auf Ergebnissen, die in diesem Untersuchungsgebiet erhoben wurden.
- Der mit dem Filtratwasser eingetragene DOC-Gehalt wurde im Verlauf der gesamten Untergrundpassage um 80-90 % und der SAK254-Wert um 90 % verringert (von 1.7 auf 0.7 mg $C*L^{-1}$, bzw. von 4.9 auf 1.4$*m^{-1}$). Die Hintergrundwerte des natürlichen Grundwassers lagen bei 0.55 mg $C*L^{-1}$, bzw. 1.1$*m^{-1}$. Unter Berücksichtigung der 30jährigen Betriebsdauer der Wässerstelle Verbindungsweg ist dies eine sehr effektive Reinigung.
- Bis in 1 m Bodentiefe erfolgten 2 % und bis in 3 m unter Flur (Höhe des Grundwasserspiegels während der Wässerung) 32 % der gesamten

Kapitel 7: Zusammenfassung

DOC-Reduktion entlang der Untergrundpassage. In der bereits gesättigten Zone zwischen 3 und 5 m Tiefe nahm der DOC-Gehalt nochmals stark ab, so dass in 5 m Tiefe zwei Drittel der Gesamtreduktion erreicht wurden.
- Im Gegensatz zum DOC stieg der Anteil komplexer, UV-absorbierender organischer Substanzen (SAK254) im Verlaufe des ersten Meters der Bodenpassage bei allen Messungen jeweils leicht an (im Mittel um 15 %). Dies ist vermutlich durch die Auswaschung von Huminstoffen aus der Streu und dem Boden bedingt. Bis in 5 m Bodentiefe jedoch erfolgten bereits zwei Drittel der Gesamtreduktion.

Reinigungsort und -mechanismen:
- Die Deckschicht ist während der Wässerung gesättigt. Durch die Bodenmatrix versickert nur wenig Wasser. Die Hauptmenge des Wassers infiltriert über die biogenen Makroporen. In den Poren selbst ist die Aufenthaltszeit sehr kurz (vermutlich nur Sekunden bis ca. zehn Minuten), weshalb auch kaum eine Reinigung stattfinden kann.
- Die Reduktion des DOC in der ungesättigten Zone unterhalb der Deckschicht ist hauptsächlich auf mikrobiellen Abbau zurückzuführen:
    - Wegen der im Schotter grösseren Wasserleitfähigkeit sind die Makro- und Mesoporen in diesem Bereich mit Luft gefüllt, und die Versickerung erfolgt perkolativ.
    - Die einem Tropfkörper gleichenden Bedingungen im luftgesättigten Porenraum sind ideal für einen effizienten mikrobiellen Abbau organischer Substanzen: Das Wasser rinnt in einem Film über die einzelnen Bodenpartikel, der ein Bruchteil von einem Millimeter dünn ist. Deshalb ist die Wahrscheinlichkeit, dass organische Moleküle mit Bakterien in Kontakt kommen und mineralisiert werden, relativ gross.
    - Von entscheidender Bedeutung für die dauerhafte Luftversorgung dieser Zone sind eine genügend lange Trockenphase und die biogenen Makroporen in der Deckschicht als Luftwege.
- Wegen der aber immer noch relativ kurzen Aufenthaltszeit in der ungesättigten Zone unterhalb der Deckschicht (weniger als einen Tag) wird allerdings vermutet, dass während der Wässerphase organische Substanzen mehrheitlich an Bodenpartikel adsorbieren. Hierbei könnten insbesondere Eisenoxiddepots nahe des Grundwasserspiegels von grosser Bedeutung sein. Erst in der nachfolgenden Trockenphase werden die adsorbierten Stoffe mikrobiell abgebaut. Die mikrobielle Mineralisierung muss im Endeffekt gegenüber der reinen Adsorption oder der Fällung stark dominieren: Darauf deuten einerseits die gemessenen Werte der mikrobiellen Bodenrespiration. Andererseits übersteï-

gen die seit Beginn der Wässerung im Jahre 1970 in den Wässerstellenboden eingebrachten Gesamtmengen an organischem Material (Wurzelexsudate, Laub, Wässerung) den derzeitigen Gehalt an organischem Kohlenstoff im Boden um über das Vierfache.

7.6 Reinigungsprozesse in der gesättigten Zone

Reduktion von organischen Substanzen und Mikroorganismen:
- Während der Aufenthaltszeit von etwa zehn bis 15 Tagen erfolgte im Aquifer mit einem Anteil von einem Drittel an der Gesamtreduktion die restliche Abnahme der organischen Substanz.
- Die im Filtratwasser vorhandenen pathogenen Keime waren nach einer maximalen Fliessstrecke von 210 m bzw. elf Tagen Aufenthaltszeit im Aquifer nicht mehr nachweisbar.
- Die tiefen AOC- und DOC-Gehalte von 12 µg Acetat-$C*L^{-1}$, bzw. 0.77 mg $C*L^{-1}$ im Brunnen X zeigen, dass das geförderte Grundwasser biologisch stabil ist und nur ein geringes Wiederverkeimungspotential aufweist.

Reinigungsmechanismen:
- Die Abnahme organischer Substanzen ist vermutlich vor allem, jedoch nicht alleinig durch Verdünnung mit zuströmendem natürlichem Grundwasser (Dispersion) bedingt.
- Der Anteil von Sorptions- und Fällungseffekten sowie mikrobiellem Abbau ist wahrscheinlich weniger bedeutend als der Anteil der Dispersion.
- Da der in den Aquifer eingetragene Kohlenstoff aber im Vergleich zur bereits gespeicherten Menge gering ist, konnten mit den in dieser Arbeit verwendeten Methoden die Anteile von Dispersion, Adsorption, Fällung und Biodegradation nicht genauer quantifiziert werden.
- Es ist ausserdem aufgrund unterschiedlicher Grundwasserströmungsverhältnisse und Durchlässigkeitsbeiwerte im Bereich des Wiesedeltas wahrscheinlich, dass diese Anteile an verschiedenen Stellen im Delta unterschiedlich gross sind.

Bedeutung von Wässerungsunterbrüchen:
- Die grossen Schwankungen des Grundwasserspiegels von bis zu 2 m (entspricht knapp 30 % der Grundwassermächtigkeit) bei länger dauernden Betriebsunterbrüchen sind wichtig für die Durchlässigkeit des Aquifers, die Regeneration der Sorptionskapazität und den mikrobiellen Abbau sorbierter Stoffe.
- Die wichtigsten Mechanismen sind dabei die Freispülung durch relativ grosse horizontale und vertikale Fliessgeschwindigkeitsänderungen,

sowie die Desorption und der mikrobielle Abbau adsorbierter Substanzen in den belüfteten Bereichen.

Robustheit des Basler Systems:
- Die lange, problemlose Betriebsdauer und die robuste Reaktion des Gesamtsystems auf Störungen (z.B. mehrmonatige Betriebsunterbrüche) liegt v.a. in folgenden Gründen (s. Kap. 4.3.3.1):
    - Das System ist in einem sehr dynamischen Gleichgewicht. Die dynamischen Prozesse bewegen sich in unterschiedlichen Zeitskalen. Deshalb ist das System gefordert, sich ständig den aktuellen Bedingungen anzupassen.
    - Das System ist hochredundant, stark vernetzt und sowohl auf der mikroskopischen wie makroskopischen Ebene sehr heterogen. Damit können unzählbare „seriell und parallel geschaltete" Systemelemente wie Bodenporen, Bakterien etc., etc. auch grosse Störungen abfangen.

7.7 Fazit

In den Langen Erlen sind der Einsatz eines naturnahen Auwaldökosystems mit seiner Phyto- und Zoozönose und seinem Auenboden in Kombination mit dem 10-Tage/20-Tage-Bewässerungszyklus die primären Gründe für die gute und langfristig garantierte Reinigungsleistung. Im Zusammenspiel zwischen Technik, biotischer und abiotischer Natur wird aus dem nicht trinkbaren Rheinwasser einwandfreies Basler Trinkwasser.

Die grundlegenden Mechanismen der künstlichen Grundwasseranreicherung in den Langen Erlen sind folgende:

- Ein infiltrationshemmender Biofilm, wie er in Langsamsandfilteranlagen vorkommt, wird in den Langen Erlen durch die Beschattung der Wasseroberfläche, die kurze Bewässerungszeit von zehn Tagen und die lange Trockenzeit von 20 Tagen verhindert.
- Die Bodentiere in den Wässerstellen (v.a. Mäuse und Regenwürmer) schaffen immer wieder neue Makroporen, welche durch die Deckschicht bis zum Schotter reichen. Zusammen mit der geringmächtigen Deckschicht sind sie für die guten Versickerungsleistungen von 1-2 $m^3 * m^{-2} * d^{-1}$ verantwortlich. Damit wird ein Verstopfen der Böden auch über Jahrzehnte verhindert.
- Der Gehalt organischer Stoffe des Anreicherungswassers wird im Verlauf der Untergrundpassage um 80-90 % verringert.
- Diese Abnahme erfolgt zu zwei Dritteln zwischen 1-5 m Bodentiefe und nicht an oder nahe der Bodenoberfläche wie in Langsamsandfiltern. Sie ist hauptsächlich durch mikrobiellen Abbau verursacht. Das im Vergleich zur Langsamsandfiltration unterschiedliche Reduktionsmuster hat folgende Gründe:
  - fehlender Biofilm an der Bodenoberfläche,
  - rasche Infiltration in den Boden über biogene Makroporen,
  - zusätzlicher Kohlenstoff-Eintrag aus Wurzelexsudaten, Streu und Boden,
  - gute Bedingungen für mikrobiellen Abbau in der ungesättigten Zone unterhalb der Deckschicht und im Bereich des schwankenden Grundwasserspiegels.
- Der Wässerstellenboden ist daher ein sich selbst regenerierender Raumfilter, der Sandkörper in den Langsamsandfilteranlagen hingegen ein wartungsbedürftiger Flächenfilter.
- Die restliche Abnahme der organischen Belastung erfolgt im Verlauf der Aquiferpassage. Dort sind v.a. Verdünnung mit zuströmendem natürlichem Grundwasser, aber auch Adsorption, Fällung und mikrobieller Abbau entscheidend.

8. Summary

8.1 Characterisation of the Basel System

In the "Langen Erlen" – a former floodplain area in the delta of the regulated Wiese river– the local water works (Industrial Works of Basel, IWB) are gaining around 50 % of the drinking water of Basel (200'000 inh., north western Switzerland). Therefore, the natural groundwater is artificially recharged with water from the Rhine river.

Approx. 95 % of the suspended solids in the Rhine water are removed by passing a rapid sand filtration. In the average, 60'000 m^3 per operation day of filtrated Rhine water (consecutively called as "filtrate") are pumped into 11 forested recharge areas ("RA") with a total surface of 13 ha. A small earth dam surrounds each of those. The recharge areas are generally divided in three sections, which one after another are flooded for ten days and afterwards are allowed to dry out for 20 days. The height of the supernatant water during the flooding phase ranges between 10-60 cm (max. 1.2 m). The RA are mainly covered with hybrid poplar (*Populus x canadensis*) as well as ash (*Fraxinus excelsior*), alder (*Alnus nigra*) and willow (*Salix spp.*).

With a velocity of 1-2 $m*d^{-1}$ the filtrate seeps first through a covering layer (humus and floodplain loam) of a thickness of 20-70 cm and then through a 2-2.5 m thick gravel and sand layer before it reaches the groundwater level. After a travel distance of 200-800 m in the 8-16 m thick aquifer the filtrate is purified by physical, chemical and biological processes. 40'000 m^3 of recharged groundwater are gained per day in 11 pumping wells. The recharge plant is in operation during 9 months per year. In the course of a full year, the amount of pumped groundwater equals the amount of infiltrated river water. This system (consecutively called as "Basel System") is in operation since 1912. Between 1912 und 1964 non-filtered water from the Wiese river was used for recharge in the gradually extended recharge areas.

In the following table (Tab. 8-1) the most important technical data of the artificial groundwater recharge plant in the Langen Erlen are summarised.

Chapter 8: Summary

Tab. 8-1: Summary of the most important technical data of the artificial groundwater recharge plant in the Langen Erlen.

Total drinking water delivery of IWB	27.07 Mio. m^3 (2003)
Groundwater gained from Langen Erlen	15.42 Mio. m^3 (2003)
Pretreatment of the Rhine water	Rapid sand filtration through a 80 cm thick layer of quartz sand with a velocity of 5 m$*$h^{-1} (since 1964)
Surface of recharge areas	13 ha
Numbers of recharge areas	11 (divided in 25 fields; during watering about 60-90 % of the surface of a field is ponded [3'000-8'000 m^2])
Average watering cycle	10 days watering-phase per field, afterwards 20 days dry out-phase per field
Soil type in the recharge areas	Fluvi-Eutric Cambisol over siliceous gravel
Vegetation in the recharge areas	Tree layer: poplar, alder, ash, willow; Shrub layer: bird cherry, European spindle-tree, wayfaring tree, common elder; Herb layer: stinging nettles, reed grass, reed, sedges, rushes, blackberries.
Operation period per year	9-10 months
Operation period in total	The oldest recharge area dates from 1912, the youngest from 1981.
Yearly infiltration capacity (incl. dry-out-phases and operation breaks)	0.1-0.5 m^{3*}d$^{-1}*$m^{-2} of infiltration area
Infiltration capacity per field during watering phase	1-2 m^{3*}d$^{-1}*$m^{-2} of ponded infiltration area
Groundwater level	2-4 m below surface during watering phase, 3-6 m below surface during operation breaks
Aquifer thickness	8-16 m
Groundwater thickness	5-13 m
Flow velocity in the aquifer	$1*10^{-5}$ m$*$s^{-1} till $1*10^{-4}$ m$*$s^{-1}
Retention time in the Aquifer	10-100 days; mostly 10-30 days
Number of wells	11

In Comparison with other groundwater recharge methods the Basel System shows the following outstanding characteristics:
- Use of ± natural *forested* sites on former floodplain soils for groundwater recharge for drinking water production purposes.
- Short watering cycle of ten days flooding and 20 days dry out-phase.
- Even over decades there is – beside the dry-out-phase – no need for regeneration or maintenance of the recharge areas for keeping the infiltration performance and the water quality constant.

Intensive literature enquiries and consultations of experts lead to the conclusion that the Basel System is likely to be unique.

8.2 Background of this Study

The understanding of the purification processes during the underground passage in the Langen Erlen was based only on comparisons with slow sand filtration, a common procedure in artificial groundwater recharge:
At the surface of the 70-100 cm thick sand filter a biofilm is developing during the flooding over weeks or months. This is a gelatinous, biological highly active layer, which is several millimetres thick and consists of algae, bacteria, fungi and protozoae as well as organic and inorganic particles. The water is mainly purified in the biofilm itself and the uppermost 10-40 cm of the sand filter. Gradually, the infiltration capacity is reduced by the growing biofilm (so-called "clogging"), so that every 1-6 months the biofilm and the uppermost 2-3 cm of the sand filter have to be removed. In the forested recharge areas in the Langen Erlen however such a regeneration procedure is neither possible nor necessary. Nevertheless the infiltration capacity is – even after long-term operation over decades – still comparable to the capacity of slow sand filters. The reason for it was unknown. Therefore, the general mechanisms of the artificial groundwater recharge in the Langen Erlen have been examined in this dissertation in cooperation with IWB.

The goal of this study was to get a whole-system-overview with a particular emphasis on the processes in the unsaturated zone of the soils in the recharge areas. Therefore microbial soil respiration and biomass as well as the functional diversity of soil microorganisms were examined. They were used as *indirect* parameters for indicating performance, mechanisms and site of purification processes. Additionally, beside other hydrochemical parameters, the fate of the organic load during the underground passage (measured as dissolved organic carbon [DOC] and UV-Absorption at 254 nm [UVA254]) was determined as a *direct* indicator for purification performance. The behaviour of single organic substances, as e.g. halogen organic compounds, or of anorganic substances, as heavy metals, were not examined in the course of this study. Neither were laboratory experiments carried out. The purification performance has been studied directly in the operating system.

In the following chapters the results of this study are summarised.

8.3 Processes in the Supernatant Water in the Recharge Areas

- As a consequence of unhampered sun irradiation and therefore enhanced growth of algae negative effects as warming and oxygen fluc-

tuations occur in non-shaded slow sand filtration basins. In the recharge areas in the Langen Erlen however, those effects are avoided by the shading of the water surface by trees and/or reed vegetation.
- The content of dissolved organic substances in the supernatant water increased slightly along the flow path of the supernatant as mainly easily biodegradable compounds were leached out from living vegetation, litter and soil.

8.4 Infiltration Processes

Infiltration capacity:
- With 1-2 $m*d^{-1}$ a similar infiltration capacity as in slow sand filtration plants was reached. The capacity increased during the watering phase of 10 days. This is probably caused by displacement and solving of soil air in the infiltrating water.
- In winter the infiltration capacity was lower than in summer. Reasons are the higher water viscosity and the outgassing of the cool water in the warmer soil causing embolisms in the soil pores.

Significance of vegetation:
- Reed vegetation (mostly reed grass *Phalaris arundinacea*) covers the soil during the whole year and protects it from drying out, cooling down and silting up. This favours, together with easily biodegradable root exsudates and litter, a large and active soil fauna and -microflora.

Significance of soil structure:
- The covering layer which overlays the Wiese gravel in the recharge areas consists of:
    - a 10-15 cm thick natural forest-humus layer,
    - a mostly, but not everywhere found anthropogenic, 5-15 cm thick, loamy layer,
    - and a 10-50 cm thick natural floodplain loam layer.

  Beside biogenic macropores (s. below) mainly the grain size distribution and the thickness of the covering layer are determining the retention time of the filtrate in the unsaturated zone and therefore also the possible purification performance.

Significance of soil fauna:
- In the covering layer the infiltration takes place not primarily in the soil matrix but mostly in biogenic macropores with diameters of 0.1-5 cm (e.g. channels from mice and rainworms, s. DILL 2000).

- Those channels decay with time. However new channels are permanently created which holds infiltration capacity constant even over decades.
- The suspended solids, which are brought into the RA by the filtrate despite the rapid sand filtration, are probably incorporated in the existing soil matrix by soil fauna. This contributes to the prevention of clogging.
- If the main part of the suspended solids is removed from the infiltrating water, a clogging of the soil filter can be excluded even for long-term operation (at least for further 50 years). In comparison with slow sand filtration the Basel System is practically maintenance free.

Significance of watering cycle
- The development of an infiltration-hampering biofilm at the soil surface and the silting up of the soil are prevented by a short watering phase of 10 days and a long dry-out phase of 20 days as well as by the shading of the recharge areas by trees and reed vegetation.
- For the long-term existence of the forest vegetation and the soil fauna the 10-days/20-days-watering cycle is of decisive importance (watering is sufficiently short and drying out is sufficiently long for reventilation of soil). Together with some longer operation breaks of 1-2 months length (s. chap. 8.6), the watering cycle is the only maintenance which is needed for the Basel System.

8.5 Purification Processes in the Unsaturated Zone

Based on the mechanisms of slow sand filtration, the IWB expected a major part of the decrease of the organic load to take place in the uppermost 10-25 cm of the soil in the RA. In the course of this study, it turned out however that the *purification* does not only *occur* in deeper soil layers but *along the whole underground passage until the pumping well.*

Microbial activity and biomass:
- A major part of the active microorganisms was found near the soil surface, where presumably mainly litter and root exsudates are mineralised. Microbial soil respiration was found down to a depth of 3.4 m, microbial biomass could be determined even down to the aquiclude in 10.6 m soil depth. This shows that organic substances are degraded also in greater depths. Therefore the purification of the filtrate cannot take place only near the soil surface but must occur in deeper soil layers too.
- The analysis of the physiological diversity of the microbial community with Biolog-Ecoplates revealed that especially the microorganisms at

the soil surface and around the fluctuating groundwater level were able to degrade a particularly high number of various organic substances.

Fate of the organic load during the soil passage (Fig. 3-76, Chap. 3.5.3.8):
- The filtrate, gained by suction cups, showed hardly any reduction in DOC-content within the uppermost 40 cm of the RA-soils. Therefore the whole flow path from a recharge area („Verbindungsweg") till a pumping well (well no. X, s. Fig. 2-20 et sqq., Chap. 2.3.1.3, and Fig. 3-57, Chap. 3.5.3) was examined by establishing a transect of high-grade steel monitoring wells. All results mentioned further on are based on these examinations.
- During the whole underground passage the DOC-content, imported by the filtrate, was reduced by 80-90 % (from 1.7 down to 0.7 mg $C*L^{-1}$) and the UVA254 by 90 % (4.9 down to $1.4*m^{-1}$) at background values of the natural groundwater from 0.55 mg $C*L^{-1}$, and $1.1*m^{-1}$ respectively. Thus, this is a very effective purification considering the 30 years operation time of this specific RA.
- Down to 1 m soil depth occurred 2 % and down to 3 m below surface (height of groundwater level during watering phase) occurred 32 % of the total DOC-reduction along the underground passage. In the already saturated zone between 3 and 5 m depth the DOC-content decreased once again strongly, so that in 5 m depth already two third of the total reduction were achieved.
- Unlike the DOC, the content of complex, UV-absorbing organic substances (UVA254) increased during the first metre of soil passage in all measurements (by 15 % in the average). Presumably, this is caused by the leaching out of humic substances from litter and soil. Down to 5 m soil depth however two third of the total reduction were achieved.

Purification site and mechanisms:
- During the watering phase the covering layer is saturated. Only few water seeps through the soil matrix. The main part of the infiltrating water seeps through the biogenic macropores. In the pores themselves, the retention time is very short (presumably only seconds till approx. 10 minutes). Therefore the purification can be only slight.
- The DOC-reduction in the unsaturated zone below the covering layer is mainly caused by microbial degradation:
    - Because of the higher water conductivity in the gravel than in the overlaying covering layer, the macro- and mesopores are filled with air and the infiltration is percolative.
    - The conditions in the air saturated pore space are similar to that of a trickling filter and ideal for an efficient microbial degradation of organic substances: The water runs over the soil particles in a film

which is only a tenth of a millimetre thick. Therefore the probability that an organic molecule comes into contact with a microorganism and is mineralised is relatively high.
- A sufficiently long dry-out phase and the function of biogenic macropores as airways through the covering layer are of decisive importance for the permanent air supply in this zone.
- The retention time in the unsaturated zone however is still relatively short (<1d). Therefore it is postulated that during the watering phase organic substances adsorb to soil particles. Hereby iron and manganese oxide deposits near the groundwater level might of decisive importance. In the following dry-out phase the adsorbed substances are biodegraded. The net amount of substances which have been introduced in the soils of the recharge areas since the beginning of the watering (1970) exceeds far the present content of organic material in the soils. Therefore microbial mineralisation must dominate strongly over pure adsorption and precipitation, which is also supported by the measured microbial soil respiration.

8.6 Purification Processes in the Saturated Zone

Reduction of organic substances and microorganisms:
- The remaining third of the total reduction of organic substances took place in the aquifer during the retention time of 10-15 days.
- After a flow path of 210 m and a retention time of 11 days respectively pathogenic germs were not detectable any more in the aquifer.
- The low AOC- und DOC-contents in the well of 12 µg acetate-$C*L^{-1}$, and 0.77 mg $C*L^{-1}$ respectively, showed that the extracted groundwater is biologically stable and has only a small regermination potential.

Purification mechanisms:
- Presumably, the concentration decrease of organic substances is mainly, but not solely, caused by dilution with natural groundwater (dispersion).
- Sorption and precipitation effects as well as microbial degradation are probably of minor importance for the decrease of the organic load.
- It was however not possible to quantify the portions of dispersion, adsorption, precipitation and biodegradation with the methods used in this study, as the amount of carbon introduced in the aquifer by watering is small compared to the amount already stored.
- Because of different transmissibility in the aquifer it is probable that these portions are varying throughout the Wiese delta.

Chapter 8: Summary

Significance of operation breaks:
- The high fluctuation of the groundwater level (up to 2 m; ≙ max. 30 % of groundwater thickness) during long lasting operation breaks is important for the permeability of the aquifer and the regeneration of the sorption capacity.
- Hereby the most important mechanisms are pore flushing by relative great changes in horizontal and vertical flow velocity in the aquifer as well as desorption and microbial degradation of adsorbed substances in the reventilated areas.

Robustness of the Basel System:
- There are several reasons for the long, trouble-free operating period and the robust reaction of the complete system upon disturbances (e.g. operation breaks over months; s. Chap. 4.3.3.1):
  - The system is in a highly dynamic balance. The dynamic processes range in different time scales. Therefore the system is forced to adapt itself constantly to the actual conditions.
  - The system is highly redundant, strongly linked internally and heterogeneous on the microscopic as well as on the macroscopic level. Connected in series and in parallel, uncountable system elements as soil pores, bacteria etc. etc., can intercept even large disturbances.

8.7 Conclusions

In the Langen Erlen, the use of a semi-natural floodplain forest ecosystem with its phyto- and zoocoenosis and its floodplain soil in combination with the 10-days/20-days watering cycle are the primary reasons for the high and long-term guaranteed purification performance. In the intercourse between technology, biotic and abiotic nature, non-drinkable Rhine water is turned into fresh and pure drinking water.

The elementary mechanisms of the artificial groundwater recharge in the Langen Erlen are as follows:
- In the Langen Erlen the formation of an infiltration-hampering biofilm, as it develops typically in slow sand filtration plants, is prevented by shading the water surface with vegetation and by a short watering period of ten days and a long dry-out period of 20 days.
- The soil fauna of the forested recharge areas (mostly mice and rainworms) create continuously new macropores which reach the gravel layer through the covering layer and are responsible for the high infiltration performance of 1-2 $m^3*m^{-2}*d^{-1}$. With this, a clogging of the soil in the recharge areas is prevented even over many decades.
- The content of organic substances in the recharge water is reduced by 80-90 % during the underground passage.
- Two thirds of this reduction occur between 1-5 m soil depth and not at or directly beneath the soil surface as in slow sand filtration plants and are primarily caused by microbial degradation. This reduction pattern has the following reasons:
    - Lacking biofilm at the soil surface;
    - Rapid infiltration in deeper soil zones by biogenic marcopores;
    - Additional carbon input from root exsudates, litter and soil;
    - Good conditions for microbial degradation in the unsaturated zone beneath the covering layer (trickling filter) and around the fluctuating groundwater level.
- The soil in the infiltration areas works therefore primarily as a self-regenerating room (3D-) filter, the sand in the slow sand filtration plants however as maintenance-needing surface (2D-) filter.
- The remaining decrease of the organic loading takes place during the aquifer passage. There, mainly, dispersion (dilution with natural groundwater), absorption and biodegradation are important.

Literaturverzeichnis

ABU-ASHOUR, J., JOY, D.M., LEE, H., WITHELEY, H.R. & ZELIN, S., 1998. Movement of bacteria in unsaturated soil colums with macropores. *Trans. ASAE*, **41**(4), 1043-1050.

ABU-ASHOUR, J., JOY, D.M., LEE, H., WITHELEY, H.R. & ZELIN, S., 1994. Transport of Microorganisms through Soil. *Water, Air, Soil Poll.*, **75**, 141-158.

AG BODEN (ARBEITSGEMEINSCHAFT BODEN DER GEOLOGISCHEN LANDESÄMTER UND DER BUNDESANSTALT FÜR GEOWISSENSCHAFTEN UND ROHSTOFFE DER BRD), 1994. *Bodenkundliche Kartieranleitung.* 4. Auflage. Hannover. 1-392.

AMY, G., DEBROUX, J.F., ARNOLD, R.G. & WILSON, L.G., 1996. Preozonation for enhancing the biodegradability of wastewater effluent in a potable-recovery soil aquifer treatment (SAT) system. *Rev. Sci. Eau*, **9**(3), 365-380.

AMY, G., WILSON, L.G., CONROY, A., CHAHBANDOUR, J., ZHAI, W. & SIDDIQUI, M., 1993. Fate of chlorination byproducts and nitrogen species during effluent recharge and soil aquifer treatment (SAT). *Wat. Env. Res.*, **65**(6), 726-734.

AUE (AMT FÜR UMWELT UND ENERGIE, KANTON BASEL-STADT), 1996-2000. *Qualität der Oberflächengewässer im Kanton Basel-Stadt.* Jährliche Berichte.

BALTES, B., 2001. Aquatische Makroinvertebraten: Indikatoren erster Veränderungen im Zuge von Revitalisierungsmassnahmen. *Verh. d. Ges. f. Ökologie*, **31**, 221.

BALTES, B. & RÜETSCHI, D., 2001. *Abschlussbericht zur Phase 1: Schutz und Revitalisierung selten gewordener stadtnaher Auenlandschaften (Stellimatten, Lange Erlen bei Basel) – Ökologische Begleituntersuchungen.* Unveröff. Bericht an die Wolfermann-Nägeli-Stiftung.

BELLAMY, W.D., HENDRICKS, D.W. & LOGSDON, G.S., 1985a. Slow Sand Filtration: Influences of Selected Process Variables. *J. AWWA*, **77**(12), 62-66.

BELLAMY, W.D., SILVERMAN, G.P., HENDRICKS, D.W. & LOGSDON, G.S., 1985b. Removing Giardia cysts with slow sand filtration. *J. AWWA*, **77**(2), 52-60.

BENNIE, A.T.P., 1991. Growth and mechanical impedance. In: WAISEL, Y., ESHEL, A. & KAFKAF, U. (Hrsg.): *Plant roots: The hidden half.* Marcel Dekker, New York. 393-414.

BERGER, S.G. & GIENTKE, F.J., 1998. Seawater intrusion inverted through artificial recharge beneath the Oxnard Plain, California. In: PETERS, J.H., et al. (Hrsg.): *Artificial Recharge of Groundwater.* A.A. Balkema, Rotterdam. 3-7.

BETTAQUE, R.H.B., 1958. *Studien zur künstlichen Grundwasseranreicherung.* Veröffentlichungen des Instituts für Siedlungswasserwirtschaft der TH Hannover, **2**, 1-105.

BINGGELI, V., 1999. *Die Wässermatten des Oberaargaus. Subalpine Bewässerungskulturen im Schweizer Mittelland.* In: JAHRBUCHVEREINIGUNG DES

OBERAARGAUS (Hrsg.): Jahrbuch des Oberaargaus. Sonderband **4**, 1-278. Merkur Druck, Langenthal.

BLATTNER, M. & RITTER, M., 1985. *Basler Naturatlas.* BASLER NATURSCHUTZ (Hrsg.). 3 Loseblattordner. Basel. 1-562.

BMI (BUNDESMINISTERIUM DES INNERN), 1985. *Künstliche Grundwasseranreicherung – Stand der Technik und des Wissens in der Bundesrepublik Deutschland.* Erich Schmidt Verlag, Berlin. 1-559 + 17 S. Anhang.

BÖKEN, H. & HOFFMANN, C., 2001. *Rieselfelder im Norden Berlins.* Online verfügbar unter: http://www.berliner-rieselfelder.de. Stand: April 2004. Letztmals aktualisiert am 05.11.2001.

BOLLER, M. & MOTTIER, V. 1998. Wasserwirtschaftliche Bedeutung der Regenwasserversickerung am Beispiel einer Region. *Z. f. Kult.tech. & Landent.* **39**, 247-254.

BOSHER, C.B., SIMMS, T.O. & KRACMAN, B., 1998. Wastewater Aquifer Storage and Recovery (ASR) – Towards sustainable reuse in South Australia. In: PETERS, J.H. et al. (Hrsg.): *Artificial Recharge of Groundwater.* A.A. Balkema, Rotterdam. 87-92.

BOSMA, T.N.P. & ZEHNDER, A.J.B., 1994. Behavoir of microbes in aquifers. In: DRACOS, T. & STAUFFER, F. (Hrsg.): *Transport and Reactive Processes in Aquifers. Proceedings of the IAHR/AIRH Symposium. Zürich, Switzerland, 11-15 April 1994.* A.A. Balkema, Rotterdam. 37-41.

BOUCHÉ, M. & AL-ADDAN, F., 1997. Earthworms, water infiltration and soil stability: some new assessments. *Soil Biol. Biochem.*, **29**(3/4), 441-452.

BOURG, A.C.M. & BERTIN, C., 1993. Biogeochemical Processes during the Infiltration of River Water into an Alluvial Aquifer. *Environ. Sci. Technol.,* **27**, 661-666.

BOUWER, H., RICE, R.C. & ESCARCEGA, E.D., 1974. High-rate land treatment I: Infiltration and hydraulic aspects of the Flushing Meadows project. *Journ. WPCF*, **46**(5), 834-843.

BRUGGER, E.C., 1935. *Industrielle Betriebe des Kantons Basel Stadt.* Doktorarbeit an der Sc. Écon. de l' Université de Genève. 1-290.

BRUNNER, T., 1998. *Auswirkungen biologischer und konventioneller Bewirtschaftung auf die Netto-Stickstoffmineralisierung und auf C- und N-Gehalte organischer Fraktionen in einem Lössboden.* Diplomarbeit am Geographischen Institut der Universität Basel. 1-93 + 10 S. Anhang.

BRUSSEAU, M. L., 1995. Sorption and Transport of Organic Chemicals. In: WILSON, L.G., EVERETT, L.G. & CULLEN, S.J. (Hrsg.): *Handbook of vadose zone monitoring and characterization.* Lewis Publishers, Boca Raton. 93-104.

BUNDT, M., WIDMER, F., PESARO, M., ZEYER, J. & BLASER, P., 2001. Preferential flow paths: biological 'hotspots' in soils. *Soil Biol. Biochem*, **33**, 729-738.

BUWAL (BUNDESAMT FÜR UMWELT, WALD UND LANDSCHAFT), 1998. *Altlasten – Arbeitshilfe Probenahme und Analyse von Porenluft.* Bern. 1-24.

BUWAL & EFD (BUNDESAMT FÜR UMWELT, WALD UND LANDSCHAFT & EIDGEN. FORSTDIREKTION), 2002. *Lothar Zwischenbericht – Materielle und Finanzielle Bilanz Ende 2001.* Bern. 1-15.

CHAPELLE, F.H., 1993. *Ground-Water Microbiology and Geochemistry*. J. Wiley & Sons, New York. 1-424.

CHOI, K.-H. & DOBBS, F.C., 1999. Comparison of two kinds of Biolog microplates (GN and ECO) in their ability to distinguish among aquatic microbial communities. *J. of Microbiol. Meth.*, **36**, 203-213.

CHORUS, I., 2001. *Cyanotoxins: occurrence, causes, consequences.* Springer, Berlin. 1-357.

CIPPARONE, L.A., DIEHL, A.C. & SPEITEL, G.E., 1997. Ozonation and BDOC removal: effect on water quality. *J. AWWA*, **89**(2), 84-97.

CLARHOLM, M., 1994. The microbial loop in soil. In: RITZ, K., DIGHTON, J. & GILLER, K.E. (Hrsg.): *Beyond the Biomass.* Wiley & Sons, New York. 220-230.

CLEASBY, J.L., 1991. Source Water Quality and Pretreatment Options for Slow Sand Filters. In: LOGSDON, G. S. (Hrsg.): *Slow Sand Filtration.* Am. Soc. Civ. Eng., New York. 69-100.

COLLINS, M.R., EIGHMY, T.T., FENSTERMACHER, J.M. & SPANOS, S.K., 1992. Removing Natural Organic Matter by Conventional Slow Sand Filtration. *J. AWWA*, **84**(5), 80-90.

DEBROUX, J.F., AMY, G., ARNOLD, R.G. & WILSON, L.G., 1994. Effluent pretreatment and its effects on water quality during soil aquifer treatment. In: JOHNSON, A.I. & PYNE, R.D.G. (Hrsg.): *Artificial recharge of ground water II*. Am. Soc. Civ. Eng., New York. 512-518.

DEHNERT, J., NESTLER, W., FREYER, K. & TREUTLER, H.-C., 1999. Messung der Infiltrationsgeschwindigkeit von Oberflächenwasser mit Hilfe des natürlichen Isotops Radon-222. *Grundwasser*, **1**, 18-30.

DETAY, M. & HAEFFNER, H., 1997. The role of artificial recharge in active groundwater management. *Water Supply*, **15**(2), 1-13.

DEW (DORTMUNDER ENERGIE UND WASSER), 1997. *Wasser für Dortmund, Herdecke, Schwerte, Holzwickede, Iserlohn.* Broschüre der Dortmunder Energie und Wasser, Ostwall 51, D-44135 Dortmund.

DICTOR, M.C., TESSIER, L. & SOULAS, G., 1998. Reassessment of the k_{EC} coefficient of the fumigation-extraction method in a soil profile. *Soil Biol. Biochem.*, **30**(2), 119-127.

DILL, A., 2000. *Die Böden in den hinteren Langen Erlen und ihr Infiltrationsvermögen.* Diplomarbeit am Geographischen Institut der Universität Basel. 1-148 + 18 S. Anhang.

DILL, A., GLASSTETTER, M. & RÜETSCHI, D., in Vorb.. Biopores – A Key Element for Artificial Groundwater Recharge Through Forested Alluvial Soils. *Geographica Helvetica*.

DOBBINS, D.C., AELION, C.M. & PFAENDER, F., 1992. Subsurface, terrestrial microbial ecology and biodegradation of organic chemicals: a review. *Crit. Rev. Env. Con.*, **22**(1-2), 67-136.

DONNER, C., 2001. *Verbesserung der Reinigungsleistung von Langsamsandfiltern zur künstlichen Grundwasseranreicherung durch zusätzliche kohlenstoffhaltige Filtermaterialien.* Dissertation an der Geowissenschaftlichen Fakultät der Universität Tübingen. 1-126.

DREWES, J.E. & FOX, P., 1999. Behavior and Characterization of Residual Organic Compounds in Wastewater Used for Indirect Potable Reuse. *Wat. Sci. Tech.*, **40**(4-5), 391-398.

DUNCAN, A., 1988. The Ecology of Slow Sand Filters. In: GRAHAM, N.J.D. (Hrsg.): *Slow Sand Filtration: Recent Developments in Water Treatment Technology.* Ellis Horwood, Chichester. 163-180.

DURRER, H., 1992. *Vernetzungskonzept in den Langen Erlen, Basel.* Unpubl. Manuskript. 1-59.

DUVIGNEAUD, P., 1971. Productivity of forest ecosystems. In: *Proc. Brussels Symposium 1969*, UNESCO, Paris.

DVWK, 1992. Entnahme und Untersuchungsumfang von Grundwasserproben. In: DVWK-FACHAUSSCHUSS "GRUNDWASSERCHEMIE" (Hrsg.): *DVWK-Regeln,* **128**, 1-36.

EDWARDS, W.M., SHIPITALO, M.J., TRAINA, S.J., EDWARDS, C.A. & OWENS, L.B., 1992. Role of *Lumbricus terrestris* (L.) burrows on quality of infiltrating water. *Soil Biol. Biochem.*, **24**(12), 1555-1561.

EGNÈR, H., RIEHM, H. & DOMINGO, W.R., 1960. Untersuchungen über die chemische Bodenanalyse als Grundlage für die Beurteilung des Nährstoffzustandes der Böden. II. Chemische Extraktionsmethoden zur Phosphor- und Kaliumbestimmung. *Kungl. Lantbrukshögsk. Ann.* **26**, 199-215.

EHLERS, W., 1975. Observations on earthworm channels and infiltration on tilled and untilled loess soils. *Soil Sci.*, **119**, 242-249.

EICHENBERGER, W., 1925. *Pläne und Karten der Stadt Basel.* Sammlung von diversen Zeichnungen und Darstellungen. Einsehbar in der Kartensammlung des Geographischen Instituts der Universität Basel (Kasten 2.11).

ELA, S.D., GUPTA, S.C. & RAWLS, W.J., 1992. Macropore and Surface Seal Interactions Affecting Infiltration into Soil. *Soil Sci. Soc. Am. J.*, **56**, 714-721.

ENDRISS, G., 1952. Die künstliche Bewässerung des Schwarzwaldes und der angrenzenden Gebiete. *Berichte der Naturforschenden Gesellschaft zu Freiburg im Breisgau.*, **42**(1), 77-113.

EUGSTER, T., 2003. Fluor im Wasser vermasselt Geschäft. *Basler Zeitung,* **31**/2003, 21.

EUREAU, 1970. International Survey of Existing Water Recharge Facilities. In: IAHS (Hrsg.): *Redbooks*, **87**, 1-762.

FAL (EIDG. FORSCHUNGSANSTALT FÜR AGRARÖKOLOGIE UND LANDBAU), 1996. *Referenzmethoden der Eidg. Landwirtschaftlichen Forschungsanstalten.* Band 1: Boden- und Substratuntersuchungen zur Düngeberatung.

FAUST, S.D. & ALY, O.M., 1998. *Chemistry of water treatment.* Ann Arbor Press. 1-581.

FLEMMING, H.C., 1998. Biofilme in Trinkwassersystemen. Teil 1. *GWF*, **139**(13), 65-72.

FLURY, M., 1996. Experimental evidence of transport of pesticides through field soils – A review. *J. Environ. Qual.*, **25**, 25-45.

FRANK, W.H., 1982. Historical and present state of artificial groundwater recharge in the Federal Republic of Germany. *DVWK-Bulletin*, **11**, 11-41.

FREY, R., 1878. *Bericht über den Versuchsbrunnen auf der Waisenhausmatte und Antrag betreffend Ergänzung der Wasserversorgung der Gas- und Wassercommission vorgelegt am 15. December 1878*. Basel. Einsehbar im Wirtschaftsarchiv Basel unter der Signatur H+I Bi7.

FRIMMEL, F.H., 1995. Interpretierbarkeit des SAK(254 nm) bei Gewässeruntersuchungen und Trinkwasseraufbereitung. In: MATSCHÉ, N. (Hrsg.): Alte und neue Summenparameter. *Wiener Mitteilungen - Wasser, Abwasser, Gewässer*, **156**, G1-G17.

FUJITA, Y., AESCHIMANN, R., DING, W.H. & REINHARD, M., 1994. DOC characterization of reclaimed wastewater. In: JOHNSON, A.I. & PYNE, R.D.G. (Hrsg.): *Artificial recharge of ground water II*. Am. Soc. Civ. Eng., New York. 386-395.

GARLAND, J.L. & MILLS, A.L., 1991. Classification and Characterization of Heterotrophic Microbial Communities on the Basis of Patters of Community-Level Sole-Carbon-Source Utilization. *Appl. & Environ. Microbiol.*, **57**(8), 2351-2359.

GEISSBÜHLER, U., 1998. *Veränderung der biologischen Filterung in den Wässerstellen der Langen Erlen im Winterhalbjahr*. Diplomarbeit am Geographischen Institut der Universität Basel. 1-90 + 6 S. Anhang.

GERBA, C.P., WALLIS, C. & MELNICK, J.L., 1975. Fate of wastewater bacteria and viruses in soil. *J. Irrig. Drain. Eng.*, **101**, 157-174.

GERBER, S., 2003. *Die Partizipationsbereitschaft der Bevölkerung an der Landschaftsplanung*. Diplomarbeit am Geographischen Institut der Universität Basel. 1-124 + 9 S. Anhang.

GERLACH, M. & GIMBEL, R., 1999. Influence of humic substance alteration during soil passage on their treatment behaviour. *Water Science Technology*, **40**(9), 231-239.

GERMANN, P. & BEVEN, K., 1981. Water Flow in Soil Macropores I. An Experimental Approach. *J. Soil Sci.*, **32**, 1-13.

GISI, U., SCHENKER, R., SCHULIN, R., STADELMANN, F.X. & STICHER, H., 1997. *Bodenökologie*. G. Thieme, Stuttgart. 1-350.

GLASSTETTER, M., 1991. Die Bodenfauna und ihre Beziehungen zum Nährstoffhaushalt in Geosystemen des Tafel- und Faltenjura (Nordwestschweiz). *Physiogeographica, Basler Beiträge zur Physiogeographie*, **15**, 1-224 + 6 S. Anhang.

GLEICK, P.H., 2000. *The World's Water 2000-2001. The Biennial Report on Freshwater Resources*. Island Press, Washinton D.C. 1-315.

GOLAY, N., 1994. *Konzept zur Renaturierung des Geländes der ehemaligen Gärtnerei Breitenstein*. Hrsg.: BASLER NATURSCHUTZ. Unpubl. Manuskript.

GOLDER, E., 1991. *Die Wiese - ein Fluss und seine Geschichte*. Baudepartement Basel-Stadt, Tiefbauamt. 1-187.

GOLLNITZ, W.D., CLANCY, J.L. & GRANER, S.C., 1994. Natural Reduction of Microscopic Particulates in an Alluvial Aquifer. In: STANFORD, J.A. & VALETT, H.M. (Hrsg.): *Proceedings of the Second International Conference on Groundwater Ecology*. Atlanta, USA. 127-136.

GOLZ, I. & GISIN, D., 1999. *Entwicklungskonzept Tierpark Lange Erlen Basel.* Diplomarbeit an der Abt. Landschaftsarchitektur der Hochschule Rapperswil.

GROSSER RAT (DES KANTONS BASEL-STADT), 1880-1984. *Diverse Ratschläge und Berichte zu Handen des Grossen Rates des Kantons Basel-Stadt.* Einseh- und ausleihbar im Freihandmagazin der Universitätsbibliothek Basel unter der Signatur: Oek Zs 53.

GU, B., SCHMITT, J., CHEN, Z., LIANG, L. & MCCARTHY, J.F., 1994. Adsorption-desorption of natural organic matter on iron-oxide: mechanisms and models. *Env. Sci. Tech.*, **28**, 38-46.

GWA (GAS, WASSER, ABWASSER), 1993. Mehrere Beiträge zur Rolle der Kiesfiltration in der Wasseraufbereitung. Resultate einer Arbeitstagung in Zürich vom Juni 1992. *GWA*, **73**(3), 161-193.

GWW (GAS- UND WASSERWERK BASEL), 1964. *Filteranlage des Gas- und Wasserwerkes Basel.* Broschüre. 1-4.

GWW (GAS- UND WASSERWERK BASEL), 1948. *Bericht über die zukünftige Entwicklung der Wasserversorgung der Stadt Basel.* Ausleihbar in der Universitätsbibliothek Basel unter Ök Cv 155:946.

GWW (GAS- UND WASSERWERK BASEL), 1936. *Jahresbericht 1935.*

HAARHOFF, J. & CLEASBY, J.L., 1991. Biological and Physical Mechanisms in Slow Sand Filtration. In: LOGSDON, G.S. (Hrsg.): *Slow Sand Filtration.* Am. Soc. Civ. Eng., New York. 19-68.

HAEFFNER, H., DETAY, M. & BERSILLON, J.L., 1998. Sustainable groundwater management using artificial recharge in the Paris region. In: PETERS, J.H. et al. (Hrsg.): *Artificial Recharge of Groundwater.* A.A. Balkema, Rotterdam. 9-14.

HAMBSCH, 1993. Wiederverkeimung von Trinkwasser in Abhängigkeit von Wasserqualität, Kontaktflächen und Verweilzeit. *DVWG Schriftenreihe Wasser*, **79**, 203-212.

HAMBSCH, B., WERNER, P. & FRIMMEL, F.H., 1992. Bakterienvermehrungsmessungen in aufbereiteten Wässern verschiedener Herkunft. *Acta hydrochim. hydrobiol.*, **20**(1), 9-14.

HANTKE, H., 1983. Der Betrieb von Sickerleitungen zur künstlichen Grundwasseranreicherung. *GWF*, **4**, 192-194.

HARDWASSER AG, 1993. *Grundwasseranreicherungswerk für die Deckung des zusätzlichen Trinkwasserbedarfs der Kantone Basel-Stadt und Basel-Landschaft.* Broschüre, beziehbar bei: Hardwasser AG, Rheinstr. 87, CH-4133 Pratteln.

HARDWASSER AG, 1996. *Rheinwasser-Hardwasser-Trinkwasser.* Broschüre, beziehbar bei: Hardwasser AG, Rheinstr. 87, CH-4133 Pratteln.

HARTGE, K.H. & HORN, R., 1999. *Einführung in die Bodenphysik.* Enke, Stuttgart. 1-304.

HARTNAGEL, S. & DIERAUER, H., 2002. *Konzept für eine nachhaltige Entwicklung der Landwirtschaft im Kanton Basel-Stadt.* Forschungsinstitut für biologischen Landbau, Frick. Projektauftrag des Wirtschafts- und Sozialdepartementes Basel-Stadt.

HAUBER, L. & BITTERLI-BRUNNER, P., 1974. *Hydrogeologische Untersuchungen im Kanton Basel-Stadt 1962-1973.* Geologisch-Paläontologisches Institut der Universität Basel. 1-64 + 11 Karten.

HEGI, R., 1928. *Die Entwicklung der Basler Wasserversorgung vom XIII. Jahrhundert bis zur Gegenwart.* Dissertation an der Medizinischen Fakultät der Universität Basel. 1-57.

HELMISAARI, H.-S., KITUNEN, V., LINDROSS, A.-J., LUMME, I., MONNI, S., NÖJD, P., PAAVOLAINEN, L., PESONEN, E., SALEMAA, M. & SMOLANDER, A., 1998. Sprinkling infiltration in Finland: Effects on forest soil, percolation water and vegetation. In: PETERS, J.H. et al. (Hrsg.): *Artificial Recharge of Groundwater.* A.A. Balkema, Rotterdam. 243-248.

HENDEL, B., MARXSEN, J., FIEBIG, D. & PREUSS, G., 2001. Extracellular Enzyme Activities During Slow Sand Filtration in a Water Recharge Plant. *Wat. Res.,* **35**(10):2484-2488.

HIJNEN, W. A. M. & VAN DER KOOJI, D., 1992. The Effect of Low Concentrations of Assimilable Organic Carbon (AOC) in Water on Biological Clogging of Sand Beds. *Wat. Res.,* **26**(7), 963-972.

HJORT, J. O. & ERICSSON, P., 1998. Artificial groundwater recharge in Stockholm - I. The project and its general aim. In: PETERS, J.H. et al. (Hrsg.): *Artificial Recharge of Groundwater.* A.A. Balkema, Rotterdam. 379-381.

HOEHN, E. & VON GUNTEN, H. R., 1989. Radon in groundwater: A tool to assess infiltration from surface water to aquifers. *Wat. Res. Res.,* **25**, 1795-1803.

HOHL, C., 1992. *Profiluntersuchungen am Boden der Wässerstelle Hüslimatt 1991.* Unpubl. Bericht des Kantonalen Laboratoriums Basel-Stadt. 1-11.

HUBER, K.A., 1955. Die Basler Wasserversorgung von den Anfängen bis heute. *Basler Zeitschrift für Geschichte und Altertumskunde,* **54**, 63-122.

HUGGENBERGER, P., KÜRY, D. & LARDI, R., 2001. *Wiederbelebung der Wiese - Neue Erkenntnisse für alle Beteiligten.* Tiefbauamt Basel-Stadt. 1-16.

HUISMAN, L. & WOOD, W.E., 1974. *Slow Sand Filtration.* WHO, Genf. 1-122.

HUNZINGER, W., 1975. Die wasserwirtschaftliche Situation der Region Basel. *DVGW-Schriftenreihe Wasser* **10** (Wasserfachliche Aussprachetagung Basel 1975), 13-21.

HÜTTER, U. & REMMLER, F., 1997. *Möglichkeiten und Grenzen der Versickerung von Niederschlagsabflüssen in Wasserschutzgebieten.* Dortmunder Beiträge zur Wasserforschung. Veröffentlichungen des Instituts für Wasserforschung GmbH Dortmund und der Dortmunder Energie- und Wasserversorgung GmbH. **54a**, 1-207 + Anhänge.

IAP, 1989. *Schadstoffuntersuchungen in den Bodenproben aus den Langen Erlen.* Unpubl. Bericht des Instituts für angewandte Pflanzenbiologie, Sandgrubenstr. 24, CH-4124 Schönenbuch. 1-20 + 1 Karte.

IAWR (INTERNATIONALE ARBEITSGEMEINSCHAFT DER WASSERWERKE IM RHEINEINZUGSGEBIET), 2000. Wasserförderung und -aufbereitung im Rheineinzugsgebiet. *Rheinthemen,* **2**, 1-241.

ICEKSON-TAL, N. & BLANC, R., 1998. Wastewater treatment and groundwater recharge for reuse in agriculture: Dan Region reclamation project, Shafdan. In: PETERS, J. H. *et al.* (Hrsg.): *Artificial Recharge of Groundwater*. A.A.Balkema, Ritterdam. 99-103.

IDELOVITSCH, E. & MICHAIL, M., 1984. Soil-Aquifer-Treatment - a new approach to an old method of wastewater reuse. *J. Wat. Poll. Con. Fed.*, **56**(8), 936-943.

IWB (INDUSTRIELLE WERKE BASEL), 2001a. *Die Wasserversorgung von Basel-Stadt*. Broschüre, beziehbar bei IWB, Margarethenstr. 40, CH-4002 Basel. 1-27.

IWB (INDUSTRIELLE WERKE BASEL), 2001b. *Geschäftsbericht 2000*. Broschüre, beziehbar bei IWB, Margarethenstr. 40, CH-4002 Basel. 1-46.

JARDINE, P.M., WEBER, N.L. & MCCARTHY, J.F., 1989. Mechanisms of dissolved organic carbon absorption on soil. *Soil Sci. Soc. Am. J.*, **53**, 1378-1385.

JORDI, F., 1967. Die Basler Trinkwassergewinnung. *GWF*, **106**(6), 137.

JÖRGENSEN, R. G., 1995. Die quantitative Bestimmung der mikrobiellen Biomasse in Böden mit der Chloroform-Fumigations-Extraktions-Methode. *Göttinger Bodenkundliche Berichte*, **104**, 1-229.

JÖRGENSEN, R.G., 1996. The fumigation-extraction method to estimate soil microbial biomass calibration of the k_{EC} value. *Soil Biol. Biochem.*, **28**(1), 25-31.

JUHNA, T. & SPRINGE, G., 1998. Distribution of Microorganisms in the Course of Artificial Recharge of Groundwater at Baltezers Waterworks, Riga. *Vatten*, **54**, 259-264.

JÜLICH, W. & SCHUBERT, J., 2001. Proceedings of the International Riverbank Filtration Conference. In: IAWR (INTERNATIONALE ARBEITSGEMEINSCHAFT DER WASSERWERKE IM RHEINEINZUGSGEBIET; Hrsg.): *Rheinthemen*, **4**, 1-309.

JURY, W.A. & FLÜHLER, H., 1992. Transport of chemicals through soil: Mechanisms, models and field applications. *Adv. Agron.*, **47**, 141-201.

KALBITZ, K., SOLINGER, S., PARK, J.-H., MICHALZIK, B. & MATZNER, E., 2000. Controls on the dynamics of dissolved organic matter in soils: A review. *Soil Sci.*, **164**(4), 277-304. Siehe dazu auch Projekt-Homepage: http://www.bitoek.uni-bayreuth.de/dfg-spp/
letztmals geändert am 14.04.2003. Stand: Mai 2004.

KÄTTERER, T. & ANDRÉN, O., 1999. Growth dynamics of reed canarygrass (*Phalaris arundinacea* L.) and its allocation of biomass and nitrogen below ground in a field receiving daily irrigation and fertilisation. *Nutrient Cycl. Agroecosyst.*, **54**, 21-29.

KLAHRE, J. & ROBERT, M., 2002. Ultrafiltration zur Gewinnung von Trinkwasser. *GWA*, **82**(1).

KOHL, J., 1997. *Vegetationsaufnahme erster Sukzessionsstadien einer Wirtschaftswiese auf dem Weg zu einer Riedfläche*. Semesterarbeit am Institut für Natur-, Landschafts- und Umweltschutz der Universität Basel. 1-30 + 20 S. Anhang.

KOHL, J., in Vorb. *Akzeptanz durch Mitwirkung? Das Beispiel Auenrevitalisierung*. Dissertation am Geographischen Institut der Universität Basel.

KOPCHYNSKI, T., FOX, P., ALSMADI, B. & BERNER, M., 1996. The effect of soil type and effluent pretreatment on Soil-Aquifer-Treatment. *Wat. Sci. Tech.*, **34**(11), 235-242.

KÜRY, D., 1997. Neues Leben für die Wiese. *Natur und Mensch* 3/1997, 12-17.

LARCHER, W., 1994. *Ökophysiologie der Pflanzen.* Ulmer, Stuttgart. 1-394.

LEKANDER, K., FRYCKLUND, C., JACKS, G. & JOHANSSON, P.O., 1994. Artificial recharge in four water plants in Sweden. In: JOHNSON, A.I. & PYNE, R.D.G. (Hrsg.): *Artificial recharge of ground water II.* Am. Soc. Civ. Eng., New York. 848-857.

LESER, H., 1997. *Landschaftsökologie - Ansatz, Modelle, Methodik, Anwendung.* 4. Auflage. Eugen Ulmer, Stuttgart. 1-644.

LESER, H., WÜTHRICH, C., SEIBERTH, C. & RÜETSCHI, D., 2000. *Geoökologischer Laborkurs.* Handbuch zum Geoökologischen Laborkurs am Geographischen Institut der Universität Basel, ed. 2000. 1-101.

LÖFFLER, H., PIETSCH, W. & HUHN, W., 1973. Erhöhung der Grundfondseffektivität durch Grundwasseranreicherung – weitere Ergebnisse zu Einsatz, Technologie und Bemessung. *WWT*, **23**, 200-204 & 267-272.

LOGSDON, G.S. & FOX, K., 1988. Slow Sand Filtration in the USA. In: GRAHAM, N.J.D. (Hrsg.): *Slow Sand Filtration: Recent Developments in Water Treatment Technology.* Ellis Horwood, Chichester. 29-45.

LUCKNER, L., 1993. Ökologisches Konzept für die Planung von Infiltrationsanlagen. 1. Deutsch-Niederländischer Workshop Künstliche Grundwasseranreicherung 16.-17.09.93 Castricum, NL. *DVGW-Schriftenreihe Wasser*, **85**, 89-101.

LUDWIG, B., HEIL, B. & BEESE, F., 1999. Dissolved organic carbon in seepage water – production and transformation during soil passage. In: GESELLSCHAFT DEUTSCHER CHEMIKER, FACHGRUPPE WASSERCHEMIE (Hrsg.): *Jahrestagung 1999 in Regensburg.* 32-46.

LUKA, H., 2002. *Bewertung von Landschaftselementen mit Hilfe der epigäischen Arthropodenfauna (Coleoptera: Carabidae & Staphylinidae; Arachnida: Araneae). Ein Vergleich der Trinkwasserversorgungsanlage mit deren Umgebung.* Dissertation am Institut für Natur-, Landschafts- und Umweltschutz der Universität Basel. 1-352.

MADSEN, E.L. & GHIORSE, W.C., 1993. Groundwater microbiology: subsurface ecosystem processes. In: FORD, T.E. (Hrsg.): *Aquatic Microbiology.* Blackwell Scientific Publications, Boston. 167-213.

MARKUS, A., 1896. Das Wasserwerk der Stadt Basel. *Schweiz. Bauz.*, **28**(14/15), Separatdruck, einsehbar im Wirtschaftsarchiv Basel unter H+I Bi7.

MCCARTHY, J.F. & ZACHARA, J.M., 1989. Subsurface transport of contaminants. *Environ. Sci. Technol.*, **23**(5), 496-502.

MEHLICH, A., 1942. Rapid Estimation of Base-Exchange Properties of Soil. *Soil Sci.*, **53**, 1-15.

MICHALZIK, B., KALBITZ, K., PARK, J.-H., SOLINGER, S. & METZNER, E., 2001. Fluxes and concentrations of dissolved organic carbon and nitrogen - a synthesis for temperate forests. *Biogeochem.*, **52**, 173-205.

MIESCHER, P., 1901. *Bericht über die Wassergewinnung in Klein-Basel und die Weiterentwicklung der Wasserversorgung.* Beilage zum Ratschlag Nr. 1281 vom 09.05.1901 zu Handen des Grossen Rates des Kantons Basel-Stadt betreffend ein generelles Projekt für die Erweiterung des Pumpwerks bei den Langen Erlen und betreffend die Anlage von zwei neuen Brunnen des Pumpwerks. Direktion des Gas-, Wasser- und Elektrizitätswerkes, Basel. 1-63 + 15 S. Anhang + 1 Karte.

MIKKELSEN, P.S., HÄFLIGER, M., OCHS, M., JACOBSEN, P., TJELL, J.C. & BOLLER, M., 1997. Pollution of soil and groundwater from infiltration of highly contaminated stormwater – a case study. *Wat. Sci. Tec.*, **36**(8-9), 325-330.

MILLER, R.M., 1995. Biotransformation of Organic Compounds. In: WILSON, L.G., EVERETT, L.G. & CULLEN, S.J. (Hrsg.): *Handbook of vadose zone monitoring and characterization.* Lewis Publishers, Boca Raton. 104-121.

MITTENDORF, H., 1971. Ein Jahrhundert Wasserversorgung - Werden und Wachsen der Wasserversorgung in der Großstadt Dortmund. In: *Neue DELIWA-Zeitschrift – Sonderdruck.*

MÖHLE, K.A., 1989. Hydraulische Leistungen von Grundwasseranreicherungsanlagen. *DVGW-Schriftenreihe Wasser*, **201** (Fortbildungskurs für Ingenieure und Naturwissenschaftler, Kurs 1: Wassergewinnung), 16-1 bis 16-27.

MORTLAND, M.M., 1985. Interaction between organic molecules and mineral surfaces. In: WARD, C.H., GIGER, W. & MCCARTHY, P.L. (Hrsg.): *Groundwater Quality.* John Wiley & Sons, New York. 370-386.

MOSER, D. & KREUZINGER, N., 1995. Summenparameter in der Abwassertechnik - eine kritische Betrachtung. In: MATSCHÉ, N. (Hrsg.): Alte und neue Summenparameter. *Wiener Mitteilungen – Wasser, Abwasser, Gewässer.* **156**, B1-B45.

NAGEL, P., 2000. Welche Insektenvielfalt wollen wir? Arten- und Naturschutzstrategien auf dem Prüfstand. *Mitt. Dtsch. Ges. Allg. Angew. Ent.*, **12**, 629-636.

NATIONALZEITUNG, ca. 1974. Die Wasserversorgung der Stadt Basel. In: *Nationalzeitung*, Nr. 322, 334, 346. Basel.

NATURHISTORISCHES MUSEUM BASEL, 2003: *Artenliste zum Basler Tag der Artenvielfalt vom 8. und 9. Juni 2001.* Online abrufbar unter: http://www.nmb.bs.ch/NaturmuseumBasel/Dokumente/TdA02_Liste.xls Stand: Mai 2004.

NCSWS (NATIONAL CENTER FOR SUSTAINABLE WATER SUPPLY), 2001. *Investigation on Soil-Aquifer Treatment for Sustainable Water Reuse. Research Project Summary.* Arizona. 1-43. Online verfügbar unter: http://www.eas.asu.edu/civil/ncsws/projects/WhitePaper.pdf Stand: Mai 2004.

NIEDERHAUSER, K., 2002. *Die Schwermetallbelastung der Böden der hinteren Langen Erlen.* Diplomarbeit am Geographischen Institut der Universität Basel. 1-152.

NORTON, C.D. & LECHEVALLIER, M.W., 2000. A Pilot Study of Bacteriological Population Changes through Potable Water Treatment and Distribution. *Appl. & Env. Microbiol.*, **66**(1), 268-276.

NOWACK, G. & UEBERBACH, O., 1995. Die kontinuierliche SAK-Messung – Aussagekraft, statistische Sicherheit und Anwendungen. In: MATSCHÉ, N. (Hrsg.): Alte und neue Summenparameter. *Wiener Mitt. – Wasser, Abwasser, Gewässer*, **156**, F1-F31.

PAAVOLAINEN, L., FOX, M. & SMOLANDER, A., 2000. Nitrification and denitrification in forest soil subjected to sprinkling infiltration. *Soil Biol. Biochem.*, **32**, 669-678.

PEARCE, D., BAZIN, M.J. & LYNCH, J.M., 1995. The Rhizosphere as a Biofilm. In: LAPPIN-SCOTT, H.M. & COSTERTON, J.W. (Hrsg.): *Microbial Biofilms*. Cambridge Univ. Press. 207-220.

PETERS, J.H., VAN BAAR, M.J.C., NOBEL, P.J., VOGELAAR, A.J., SCHIJVEN, J.F., HOOGENBOEZEM, W., BERGSMA, J. & STAKELBEEK, A., 1998. Fate of pathogens and consequences for the design of artificial recharge systems. In: PETERS, J.H. et al. (Hrsg.): *Artificial Recharge of Groundwater*. A.A. Balkema, Rotterdam. 141-146.

PHILIPS, J.G.H., PETERS, J.H. & VERHEIJDEN, S.M.L., 1994. Artificial Recharge of Ground water in the Maaskant area. In: JOHNSON, A.I. & PYNE, R.D.G. (Hrsg.): *Artificial recharge of ground water II*. Am. Soc. Civ. Eng., New York. 168-176.

PINNEY, M.L., WESTERHOFF, P.K. & BAKER, L., 2000. Transformations in dissolved organic carbon through constructed wetlands. *Wat. res.*, **34**(6), 1897-1911.

PIVETZ, B.E. & STEENHUIS, T.S., 1995. Soil matrix and macropore biodegradation of 2,4-D. *J.Environ. Qual.* 24, 564-570.

PULS, P.R.W. & BARCELONA, B.M.J., 1996. Low-flow (minimal drawdown) ground-water sampling procedures. In: EPA (Hrsg.): *Ground water issue*. Washington, D.C., EPA/540/S-95/504, April 96. 1-12. Online verfügbar unter: http://www.epa.gov/tio/tsp/download/lwflw2a.pdf
letztmals aufdatiert: 25.06.2002, Stand: Mai 2004.

PYNE, R.D.G., 1998. Aquifer storage recovery: Recent developments in the United States. In: PETERS, J.H. et al. (Hrsg.): *Artificial Recharge of Groundwater*. A.A. Balkema, Rotterdam. 257-261.

PYNE, R.D.G., 1994. Seasonal storage of reclaimed water and surface water in brakish aquifers using aquifer storage recovery (ASR) wells. In: JOHNSON, A.I. & PYNE, R.D.G. (Hrsg.): *Artificial recharge of ground water II*. Am. Soc. Civ. Eng., New York. 282-298.

QUALLS, R.G. & HAINES, B.L., 1992. Biodegradability of dissolved organic matter in forest throughfall, soil solution, and stream water. *Soil Sci. Soc. Am. J.*, **56**, 578-586.

QUALLS, R.G. & HAINES, B.L., 1991. Geochemistry of dissolved organic nutrients in water percolating through a forest ecosystem. *Soil. Sci. Soc. Am. J.*, **55**, 1112-1123.

QUANRUD, D.M., ARNOLD, R.G., WILSON, L.G. & CONKLIN, M.H., 1996. Effect of Soil Type on Water Quality Improvement During Soil Aquifer Treatment. *Wat. Sci. Tec.*, **33**(10-11), 419-431.

REGLI, C., HUGGENBERGER, P. & RAUBER, M., 2002. Interpretation of drill core and georadar of coarse gravel deposits. *J. Hydrol.*, **255**, 234-252.

REGLI, C., RAUBER, M. & HUGGENBERGER, P., 2003. Analysis of aquifer heterogeneity within a well capture zone, comparison of model data with field experiments: A case study from the river Wiese, Switzerland. *Aq. Sci.,* **65**(2), 111-128.

REGLI, C., ROSENTHALER, L. & HUGGENBERGER, P., 2004. GEOSSAV: a simulation tool for subsurface applications. *Comp. & Geosc.*, **30**(3), 221-238.

RICHERT, J. G., 1900. *Les eaux souterraines artificielles*. C.F. Fritze, Stockholm.

RIST, U., 2003. Fluoridierung des Trinkwassers wird aufgehoben. *Basler Zeitung,* **85**/2003, 25.

ROHRMEIER, M., 2000. *Geologische Modelle im Anströmbereich von Wasserfassungen*. Diplomarbeit am Geologisch-Paläontologischen Institut der Universität Basel.

RÜETSCHI, D. & MEIER, S. 2003a. *Gestaltungs- und Pflegekonzept für das Naturschutzgebiet Etzmatten*. PRO NATURA BASEL (Hrsg.). Unpubl. Manuskript.

RÜETSCHI, D. & MEIER, S. 2003b. *Gestaltungs- und Pflegekonzept für das Naturschutzgebiet Weilmatten*. PRO NATURA BASEL (Hrsg.). Unpubl. Manuskript.

RÜESCH-THOMMEN, H., 1988. *Bodenanalysen beider Basel - Regionale Übersichtsstudie 1988*. Unpubl. Bericht vom Amt für Umweltschutz und Energie des Kantons Basel-Landschaft und des Kantonalen Laboratoriums Basel-Stadt. 1-27.

SCHENKER, A., 1992. *Das Reservat der Ornithologischen Gesellschaft Basel in den Langen Erlen. Konzept für ökologische Aufwertungsmassnahmen – eine Diskussionsgrundlage*. Unpubl. Manuskript. 1-11 + 4 S. Anhang.

SCHEYTT, T., GRAMS, S. & ASBRAND, M., 2000. Grundwasserströmung und -beschaffenheit unter dem Einfluss 100-jähriger Rieselfeldwirtschaft. *Wasser & Boden*, **52**(9; Schwerpunkt: Rieselfelder - Altlast mit Nutzungspotenzial), 15-22.

SCHMASSMANN, H., 1970. Hydrologie und Wasserversorgung der Nordwestschweiz. *Wasser und Luft in der Industrie, (Pro Aqua 1969)* **4**, 225-244.

SCHMID, M., 1997. *Eignung einer Riedwieseninfiltration für die künstliche Grundwasseranreicherung in den Langen Erlen*. Diplomarbeit am Geographischen Institut der Universität Basel. 1-88 + 3 S. Anhang.

SCHMIDT, W.-D., 1994. Stand der künstlichen Grundwasseranreicherung in Deutschland. *GWF*, **135**(5), 273-280.

SCHÖTTLER, U., 1985. Eliminierung von Schwermetallen bei der künstlichen Grundwasseranreicherung und Untergrundpassage. *DVWK-Schriftenreihe Wasser*. **45**. 130-210.

SCHÖTTLER, U., 1995. Neuere Techniken der Grundwasseranreicherung. In: INSTITUT WAR, TU DARMSTADT (Hrsg.): Grundwasseranreicherung - Stand der Technik und neuere Entwicklungen. *Schriftenreihe WAR* **83**, 59-73.

SCHÖTTLER, U. & SCHULTE-EBBERT, U., 1995. Verhalten von Schadstoffen im Untergrund bei der Infiltration von Oberflächenwasser am Beispiel des Untersuchungsgebietes "Insel Hengsen" im Ruhrtal bei Schwerte. In: DFG

(DEUTSCHE FORSCHUNGSGEMEINSCHAFT, Hrsg.): *Schadstoffe im Grundwasser*, **3**, 1-534. VCH, Weinheim.
SCHULTHESS, A., 1995. *Die Wasserversorgung von Basel-Stadt.* Diplomarbeit am Geographischen Institut der Universität Basel. 1-108.
SCHÜTZ, H., 1990. *Anorganisch-chemische Wasseruntersuchung der Trinkwasserversorgung der Stadt Basel (Industrielle Werke Basel; Hardwasser AG).* Diplomarbeit am Mineralogisch-Petrographischen Institut der Universität Basel. 1-115.
SCHWARZ, O., 1996. Ergebnisse von Grundwasseranreicherungen im Mooswald. *Agrarforschung in Baden-Württemberg*, **26**, 191-198.
SCHWARZE, M., EGLI, M. & KELLER, D., 2001. *Landschaftspark Wiese - Landschaftsrichtplan, Landschaftsentwicklungsplan.* Hochbau- und Planungsamt Basel-Stadt (Hrsg.). 1-32 + Anhang.
SCHWER, P. & EGLI, A., 1997. *Auenlandschaft Lange Erlen. Machbarkeitsstudie.* Diplomarbeit am Institut für Kulturtechnik an der ETH Zürich. 1-57 + Anhangband.
SEIBERTH, C., 1997. *Messung der DOC- und POC-Austräge über den Vorfluter des Einzugsgebietes Länenbachtal.* Diplomarbeit am Geographischen Institut der Universität Basel. 1-126.
SIA, 1978. Grundwasseranreicherung. Bericht der SIA-Kommission für Wasserwirtschaft und Wassertechnik. *Schweiz. Bauzeitung*, **49 & 50**, 935-963 & 963-974.
SIEGRIST, L., 1997. *Die Ökodiversität der Wässerstellen Lange Erlen.* Diplomarbeit am Geographischen Institut der Universität Basel. 1-126 + 4 S. Anhang.
SIMON, P. & STAUSS, T., 1993. *Bodenkartierung Kanton BS 1:5000 & Erläuterungsbericht zu den Gemeinden Basel, Bettingen und Riehen.* Eidg. Forschungsanstalt für landwirtschaftlichen Pflanzenbau Reckenholz, im Auftrag des Hochbau- und Planungsamtes, Baudepartement Basel-Stadt.
SIMONI, S.F., 1999. *Factors Affecting Bacterial Transport and Substrate Mass Transfer in Model Aquifers.* Dissertation an der ETH Zürich. 1-108.
SIMS, R.C. & SLEZAK, L.A., 1991. Slow Sand Filtration: Present Practice in the United States. In: LOGSDON, G.S. (Hrsg.): *Slow Sand Filtration.* Am. Soc. Civ. Eng., New York. 1-18.
SMITH, M.S., THOMAS, G.W., WHITE, R.E. & RITONGA, D., 1985. Transport of *Escherichia coli* through intact and disturbed soil columns. *J. Environ. Qual.*, **14**(1), 87-91.
STÄHELI, T., 1974. Die Ergebnisse der Schadstoff-Untersuchungen des Trinkwassers der Stadt Basel und des Rheins oberhalb Basel. In: AWBR (ARBEITSGEMEINSCHAFT DER WASSERWERKE BODENSEE-RHEIN, Hrsg.): *5. Jahresbericht.* 101-116.
STÄHELI, T., 1975. Zusammenfassender Bericht über die bisher erhaltenen Ergebnisse von Schadstoffuntersuchungen des Rheins oberhalb von Basel und des durch künstliche Grundwasseranreicherung gewonnenen Trinkwassers der Stadt Basel. In: AWBR (ARBEITSGEMEINSCHAFT DER WASSERWERKE BODENSEE-RHEIN, Hrsg.): *6. Jahresbericht.* 91-101.

STÄHELI, T., 1981. Eine Grundwasserverschmutzung durch flüchtige Halogenkohlenwasserstoffe im Gebiet des Anreicherungswerks Lange Erlen aus dem Bereich Lörrach/Riehen. In: AWBR (ARBEITSGEMEINSCHAFT DER WASSERWERKE BODENSEE-RHEIN, Hrsg.): *13. Jahresbericht.* 195-208.

STÄHELI, T., 1993. Die Schadstoffbelastung des Hochrheins und die künstliche Grundwasseranreicherung zur Trinkwassergewinnung für den Grossraum Basel. In: AWBR (ARBEITSGEMEINSCHAFT DER WASSERWERKE BODENSEE-RHEIN, Hrsg.): *25. Jahresbericht.* 107

STUCKI, O., 2002. *Tagesganglinien wasserchemischer Parameter in der Grundwasseranreicherungsfläche "Hintere Stellimatten".* Diplomarbeit am Geographischen Institut der Universität Basel. 1-126 + 33 S. Anhang.

STUCKI, O., GEISSBÜHLER, U. & WÜTHRICH, C., 2002. Tägliche Schwankungen des limnoökologischen Milieus in den Versickerungsflächen der "Langen Erlen". *Regio Basiliensis*, **43**(3), 227-240.

SUTER, M., 1996. *Mit Erlkönig in den Langen Erlen: Umweltpädagogik in einem Naherholungsgebiet.* Diplomarbeit am Geographischen Institut der Universität Basel.

THOMAS, G.W. & PHILLIPS, R.E., 1979. Consequences of water movement in macropores. *J. Environ. Qual.*, **8**, 149-152.

THOMMEN, H., 1996. *Ökologische Aufwertung der Grundwasserschutzzone 'Lange Erlen' bei Basel als Naherholungs- und Naturlehrgebiet - Ein koordiniertes interdisziplinäres Projekt MGU.* Schlussbericht zum Forschungsprojekt F21, einsehbar in der MGU-Bibliothek, Socinstr. 59, CH-4051 Basel.

THURMANN, E. M., 1985. *Organic geochemistry of natural waters.* Martinus Nijhoff/Dr. W. Junk Publishers, Dordrecht. 1-497.

TIUNOV, A.V. & SCHEU, S., 1999. Microbial respiration, biomass, biovolume and nutrient statuts in burrow walls of *Lumbricus terrestris* L. (Lumbricidae). *Soil Biol. Biochem.*, **31**, 2039-2048.

TRÜBY, P., 1998. CO_2-Emission und C-Umsatz im Boden des Standorts Schluchsee. In: RASPE, S., FEGER, K.H. & ZÖTTL, H.W. (Hrsg.): *Ökosystemforschung im Schwarzwald. Verbundprojekt ARINUS. Umweltforschung in Baden-Württemberg.* ecomed, Landsberg. 250-259.

TRÜEB, E., 1973. Theorie und Praxis der Grundwasseranreicherung und Untergrundspeicherung von Trinkwasser in der Schweiz. In: ÖSTERREICHISCHER WASSERWIRTSCHAFTSVEBAND (Hrsg.): Uferfiltrat und Grundwasseranreicherung. *Wiener Mitt. – Wasser, Abwasser, Gewässer.* **12**, I1-I25.

UNESCO, 2002. *UNESCO heute online. Facts & Figures zum internationalen Jahr des Süsswassers 2003.* Online-Magazin der Deutschen UNESCO-Kommission. Online verfügbar unter: http://www.unesco-heute.de/1202/ij2003ff.htm, Stand: Mai 2004.

VAN DER KOOIJ, D., 1990. Assimilable organic carbon (AOC) in drinking water. In: MCFETERS, G. (Hrsg.): *Drinking Water Microbiology.* Springer, New York. 57-87.

VAN DER KOOIJ, D., VISSER, A. & HIJNEN, W.A.M., 1982. Determing the concentration of easily assimilable organic carbon in drinking water. *Am. Wat. Works Ass. J.*, **74**, 540-545.

VANCE, E.D., BROOKES, P.C. & JENKINSON, D., 1987. An extraction method for measuring soil microbial biomass C. *Soil Biol. Biochem.*, **19**, 703-707.

VINTHER, F.P., EILAND, F., LIND, A.M. & ELSGAARD, L., 1999. Microbial biomass and numbers of denitrifiers related to macropore channels in agricultural and forest soils. *Soil Biol. Biochem.*, **31**, 603-611.

VOGEL, A.I., 1978. *Vogel's Textbook of Quantitative Chemical Analysis.* 4th ed. rev. by J. BASSET. Wiley & Sons, New York. 1-925.

WARKEN, E., 1998. *Sukzessionsverlauf einer künstlich angelegten Riedwiese - Ergebnisse der zweiten Vegetationsaufnahme und Vergleich mit der Ausgangssituation.* Projektarbeit am Institut für Natur-, Landschafts- und Umweltschutz der Universität Basel. 1-26 + 10 S. Anhang.

WARKEN, E., 2001. *Vegetationsdynamik in den Grundwasseranreicherungsflächen "Hintere Stellimatten".* Diplomarbeit am Geographischen Institut der Universität Basel. 1-101 + 6 S. Anhang.

WEBER-SHIRK, M.L. & DICK, R.I., 1997. Biological mechanisms in slow sand filters. *J. AWWA,* **89**(2), 73-83.

WEGELIN, M., 1988. Roughing gravel filters for suspended solids removal. In: GRAHAM, N.J.D. (Hrsg.): *Slow Sand Filtration: Recent Developments in Water Treatment Technology.* Ellis Horwood, Chichester. 103-122.

WEILER, M.H., 2001. *Mechanisms controlling macropore flow during infiltration: dye tracer experiments and simulations.* Diss. an der ETH Zürich. 1-151.

WENGER, M., 1989. *Methodische Fragen bei der Ermittlung der finanziellen Auswirkungen einer multifunktionalen Waldbewirtschaftung am Beispiel der "Langen Erlen" der Industriellen Werke Basel.* Diplomarbeit am Institut für Wald- und Holzforschung der ETH Zürich. 1-110 + 26 S. Anhang.

WESSEL-BOTHE, S. PÄTZOLD, S., KLEIN, C. & BEHRE, G. & WELP, G., 2000. Adsorption von Pflanzenschutzmitteln und DOC an Saugkerzen aus Glas und Keramik. *Journ. Plant Nutr. Soil Sc.*, **163**(1), 53-56.

WESTERHOFF, P. & PINNEY, M., 2000. Dissolved organic carbon transformation during laboratory-scale groundwater recharge using lagoon-treated wastewater. *Water Managem.*, **20**, 75-83.

WETZEL, P.R. & VAN DER WALK, A.G., 1998. Effect of nutrient and soil moisture on competition between *Carex stricta, Phlaris arundinacea,* and *Typha latifolia. Plant Ecol.,* **138**, 179-190.

WHIPPS, J.M. & LYNCH, J.M., 1983. Substrate flow and utilisation in the rhizosphere of cereals. *New Phytol.*, **95**, 605-623.

WIDMER, H.P., 1970. Das Grundwasserwerk Lange Erlen der Stadt Basel. *Wasser und Luft in der Industrie. (Pro Aqua 1969),* **4**, 245-249.

WIDMER, H.P., 1966. Die Trinkwasserversorgungsanlagen der Stadt Basel. *Regio Basiliensis,* **7**(2), 113-128.

WILDERER, P.A., FÖRSTNER, U. & KUNTSCHIK, O.R., 1985. The Role of Riverbank Filtration along the Rhine River for Municipal and Industrial Water Supply. In: ASANO, T. (Hrsg.): *Artificial Recharge of Groundwater.* Boston. Butterworth. 509-528.

WILSON, L.G., EVERETT, L.G. & CULLEN, S.J., 1995a. *Handbook of vadose zone monitoring and characterization.* Lewis Publishers, Boca Raton. 1-730.

WILSON, L.G., AMY, G.L., GERBA, C.P., GORDON, H., JOHNSON, B. & MILLER, J., 1995b. Water quality changes during soil aquifer treatment of tertiary effluent. *Wat. Env. Res.*, **67**(3), 371-376.

WILSON, L.G., QUANRUD, D., ARNOLD, R.G., AMY, G., GORDON, H. & CONROY, A.D., 1994. Field and laboratory observations on the fate of organics in sewage effluent during soil aquifer treatment. In: JOHNSON, A.I. & PYNE, R.D.G. (Hrsg.): *Artificial recharge of ground water II.* Am. Soc. Civ. Eng., New York. 529-538.

WITHE, R.E., 1985. The Influence of Macropores on the Transport of Dissolved and Suspended Matter Through Soil. In: STEWARD, B.A. (Hrsg.): *Advances in Soil Science*, **3**, 95-120.

WOTTON, R.S., CHALONER, D.T. & ARMITAGE, P.D., 1996. The Colonisation, Role in Filtration and Potential Nuisance Value of Midges in Slow Sand Filter Beds. In: GRAHAM, N.D.J. & COLLINS, R. (Hrsg.): *Advances in Slow Sand and Alternative Biological Filtration.* John Wiley & Sons, Chichester. 149-157.

WSL/BUWAL (EIDG. FORSCHUNGSANSTALT FÜR WALD, SCHNEE UND LANDSCHAFT/BUNDESAMT FÜR UMWELT, WALD UND LANDSCHAFT), 2001. *Lothar. Der Orkan 1999. Ereignisanalyse.* Birmensdorf/Bern. 1-365.

WÜTHRICH, C., 1994. *Die biologische Aktivität arktischer Böden mit besonderer Berücksichtigung ornithogen eutrophierter Böden.* Dissertation am Dep. Geographie der Universität Basel. *Physiogeographica, Basler Beiträge zur Physiogeographie,* **17**, 1-222.

WÜTHRICH, C., HUGGENBERGER, P., GURTNER-ZIMMERMANN, A., GEISSBÜHLER, U., STUCKI, O., ZECHNER, E. & KOHL, J., 2003. *Schlussbericht MGU F2.00*, online verfügbar unter:
http://www.physiogeo.unibas.ch/stellimatten/Schlussbericht.pdf
Stand: April 2004.

WÜTHRICH, C., MÖLLER, I. & TANNHEISER, D., 1999. CO_2-Fluxes in different plant communities of a high-Arctic tundra watershed (Western Spitsbergen). *Journ. Veg. Sci.*, **10**, 413-420.

YANO, Y., MCDOWELL, W.H. & KINNER, N.E., 1998. Quantification of Biodegradable Dissolved Organic Carbon in Soil Solution with Flow-Through Bioreactors. *Soil Sci. Soc. Am. J.*, **62**, 1556-1564.

YOUNG, L.B., 1991. *Die Selbstschöpfung des Universums.* Wilhelm Goldmann, München. 1-254.

ZECHNER, E., 1996. Hydrogeologische Untersuchungen und Tracertransport-Simulationen zur Validierung eines Grundwassermodells der Langen Erlen (Basel-Stadt). Dissertation am Geologisch-Paläontologischen Institut der Universität Basel. 1-156.

ZIEGLER, D.H. & JEKEL, M. 2001. Verhalten gelöster organischer Verbindungen bei der Uferfiltration mit Abwassereinfluss in Berlin. *Vom Wass.* **96**, 1-14.

ZIEGLER, D.H. & JEKEL, M. 1999. Stand der Abwasserwiederverwendung in den USA. In: INSTITUT WAR, TU DARMSTADT (Hrsg.): Abwasserwiederverwendung in wasserarmen Regionen. *Schriftenreihe WAR* **119**, 193-209.

Anhang 1: Weitere Bodendaten

A1.1 Bodenprofile des Transektes VW1-Brunnen XE

Nachfolgend sind die Bodenprofile der Standorte GRA, GRB, GRD und GRE dargestellt, die anlässlich der Bohrungen für die Einrichtung der Grundwasserbeobachtungsrohre im Dezember 1998 erhoben wurden.

A1.1.1 Legende zu den Bodenprofilen

Die Profile wurden nach der Bodenkundlichen Kartieranleitung (AG BODEN 1994) aufgenommen. In Abb. A1-1 ist die Legende für die Abb. A1-2 bis A1-20 dargestellt. Die Farbe des Bodenmaterials wurde nach der Soil Color Chart von MUNSELL beurteilt (Legende s. Tab. A1-1). Die zeichnerische Darstellung des Profils gibt die ungefähre Lage und Grösse des Kiesmaterials in der Bohrkernkiste wieder und bezieht sich somit auf eine gestörte Lagerung. Die Genauigkeit der Tiefenangaben wird dadurch auf ca. 20 cm beschränkt.

Legende zu den Signaturen der Bohrkernprofile			
	Laubstreu	t	tonig
	Wurzeln	l	lehmig
	Regenwurmgänge	f	fein
		m	mittel
	Sand/Feinkies	g	grob
		Krü.	Krümelgefüge
#	Marmorierung	Pol.	Polyedergefüge
	Kiesel/Stein	Spol.	Subpolyedergefüge
	Kiesel/Stein silikatisch	Koh.	Kohärentgefüge
	Kiesel/Stein kalkhaltig	Ek.	Einzelkorngefüge
St.	Steine	10YR2/3	Farbcodierung nach der Munsell Soil Color Chart
K	Kies		
S	Sand	l.	leicht
U	Schluff/Silt	st.	stark
T	Ton		
L	Lehm	m.	mit
s	sandig	etw.	etwas
u	schluffig/siltig	reichl.	reichlich

Abb. A1-1: Legende zu den nachfolgenden Bodenprofilen.

Anhang 1: Weitere Bodendaten

Zu den Korngrössenverteilungen:
Im Feld wurden die Korngrössen auf max. 5% genau geschätzt, weshalb sich auch oftmals Angaben „<5%" finden oder die Prozentzahlen nicht genau auf 100% aufgehen.

Tab. A1-1: Legende zu den Bodenfarben:

Angaben aus der Bodenfarbenkarte		Bedeutung
10 R	5/3	rötliches Braun
	6/3	matt-rötliches Orange
2.5 YR	5/2	rötliches Grau
	6/2	gräuliches Rot
	7/2	leicht rötliches Grau
5 YR	3/3	bräunliches Schwarz
	4/4	matt-rötliches Braun
	4/8	rötliches Braun
	5/8	hell-rötliches Braun
	7/1	leicht bräunliches Grau
7.5 YR	4/4	Braun
	4/6	Braun
	5/3	mattes Braun
	5/4	mattes Braun
	5/6	helles Braun
	5/8	helles Braun
	6/2	gräuliches Braun
	6/6	Orange
10 YR	3/4	dunkles Braun
	4/4	Braun
	4/6	Braun
	5/1	bräunliches Grau
	5/3	matt-gelbliches Braun
	5/4	matt-gelbliches Braun
	5/6	gelbliches Braun
	6/1	bräunliches Grau
	6/2	gräulich-gelbliches Braun
2.5 Y	6/2	gräuliches Gelb
5 Y	8/1	helles Grau
N	4/0	Grau

Anhang 1: Weitere Bodendaten

A1.1.2 Bodenprofil des Standorts GRA

Profil Kernbohrung Nr. 2872, Wässerstelle Verbindungsweg, Lange Erlen, 614'895.323/270'021.983, OK Terrain: 264.85 m.ü.M., 17.12.1998

Tiefe	Horiz.	Farbe	pH	Kalk	Skelett	Bodenart	Gefüge	Dichte
0–10 cm	Ah	10YR 2/3	5.5	c0	<5%	uL	Krü	1
10–20 cm	Überg.							
20–30 cm	Anthropogene Aufsch.	10YR 4/4			<5%		Pol	3
30–40 cm	Überg.	10YR 4/6			<5%	tL, 30% S, 50% U, 20% T	Spol	2
40–60 cm	Auenlehm	7.5YR 5/4	5.5	c0	<5%	ufS, Sandanteil nach unten zunehmend	Spol-Koh	2
60–100 cm	Auenlehm	7.5YR 6/8 Marm.: 10YR 6/2, 5YR 4/6				tfS, Marmorierung fleckenhaft, bis 2 cm Ø	Krü-Spol	2
100–120 cm	Sand		5	c0	<5%	tuf-mS	Ek	2–3
120–150 cm	Schotter	gener. Eindruck: 10YR 4/4 (Verfärbg.: 5YR 4/8)			70%	tf-mS mit Kies (mit Zwischenlagen aus ufS und vielen Steinen (Ø 30 cm, aber auf kleinere Stücke zerbohrt), viele Steine verfärbt (Fe/Mn), z.T. vernässte, verlehmte Zwischenlagen; 20%S, 5%U, 5%T, 10%fK, 20% mK, 20%gK, 20%St.	Ek-Koh	2–3

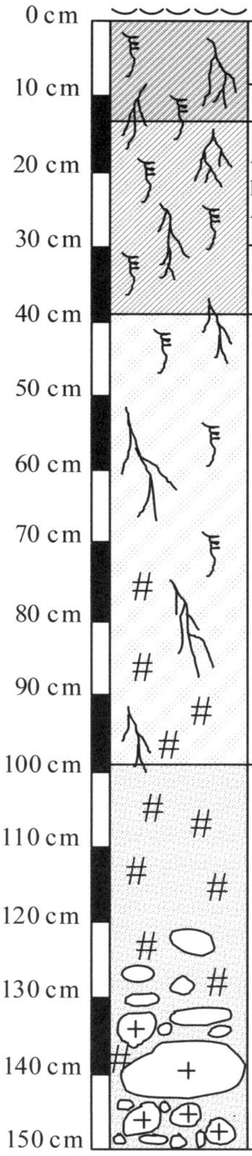

Abb. A1-2: Bodenprofil des Standorts GRA von 0–1.5 m Bodentiefe.

Anhang 1: Weitere Bodendaten

Profil Kernbohrung Nr. 2872, Fortsetzung 1 (150-300 cm)

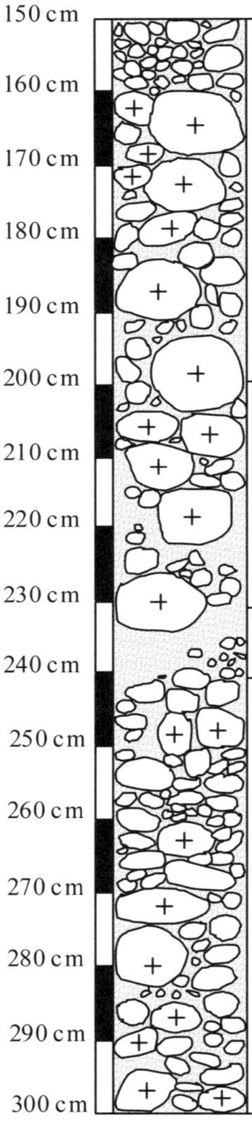

Tiefe	Bodenprofil	Horiz.	Farbe	pH	Kalk	Skelett	Bodenart	Gefüge	Dichte
150-230 cm		Schotter	7.5 YR 4/4	6.0	c0	70 %	Vernässter und bindiger ugsfK mit gK und vielen, z.T. dunkelrostbraun verfärbten Steinen (Ø 11 cm), 20%S, 5%U, <5%T, 20%fK, 15%gK, 35%St.	Koh	2
230-245 cm			10 YR 5/4			60 %	Zwischenlage aus sauberem f-msfK mit U-Einlagen.	Ek-Koh	3
245-300 cm			7.5 YR 6/6	5.5	c0	80 %	lgsK, gegen unten deutl. vernässend, gK oft verlehmt, z.T. open-framework-Zonen, zwischen 240-280 cm reichl. Steine (Ø 10cm, verfärbt), nach unten abnehmend. 10%S, <5%U, <5%T, 15%fK, 40%mK, 15%gK, 10%St.	Ek	2

Abb. A1-3: Bodenprofil des Standorts GRA von 1.5-3.0 m Bodentiefe.

Anhang 1: Weitere Bodendaten   A1V

Profil Kernbohrung Nr. 2872, Fortsetzung 2 (300-450 cm)

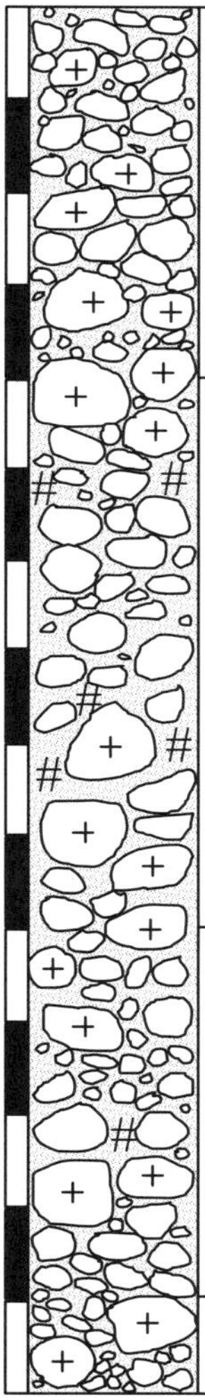

Tiefe	Bodenprofil	Horiz.	Farbe	pH	Kalk	Skelett	Bodenart	Gefüge	Dichte
300-340 cm									
340-400 cm			Gener. Eindr.: 7.5 YR 4/4 Rost: 10 R 5/3 od. 5 YR 4/8	6.0	c0	60 %	Vernässter, bindiger, marmorierter suK mit z.T. rostbraun verfärbten und stark verlehmten Steinen (Ø 15 cm), 25%S, 10%U, <5%T, 5%fK, 15%mK, 25%gK, 15%St., Teilw. kompakte, bindige Massen aus sufK, unten marmoriert. Steine v.a. zw. 380-400 cm.	Koh	2 / 3
400-440 cm			10 YR 5/4	6.5		60 %	lsK mit etw. St (Ø 7cm), z.T. marmoriert (violett), gegen unten St. z.T. dunkel verfärbt. 25%S, 10%U, 5%T, 15%fK, 10%mK, 20%gK, 15%St.	Ek	3
440-450 cm		Gwsp.	7.5 YR 4/4			85 %	Stark u m-gsK mit reichl. St. (Ø 15cm), 30%fK, 30%mK, 10%gK, 15%St.	Ek-Koh	2-3

Abb. A1-4: Bodenprofil des Standorts GRA von 3.0-4.5 m Bodentiefe.

Anhang 1: Weitere Bodendaten

Profil Kernbohrung Nr. 2872, Fortsetzung 3 (450-600 cm)

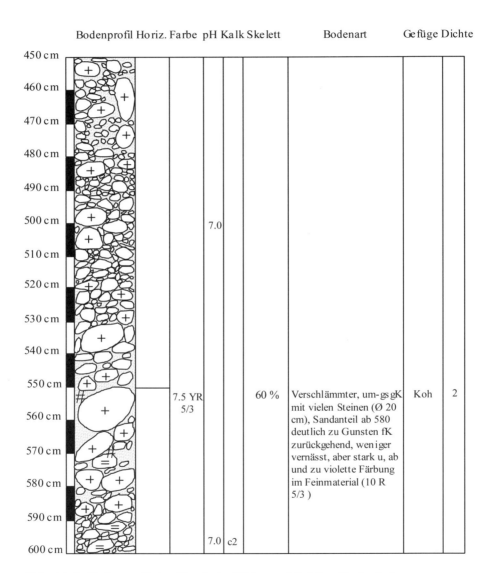

Abb. A1-5: Bodenprofil des Standorts GRA von 4.5-6.0 m Bodentiefe.

A1.1.3 Bodenprofil des Standorts GRB

Profil Kernbohrung Nr. 2873, Wässerstelle Verbindungsweg, Lange Erlen, 614'870.406/269'962.021, OK Terrain: 265.09 m.ü. M., 15.12.1998

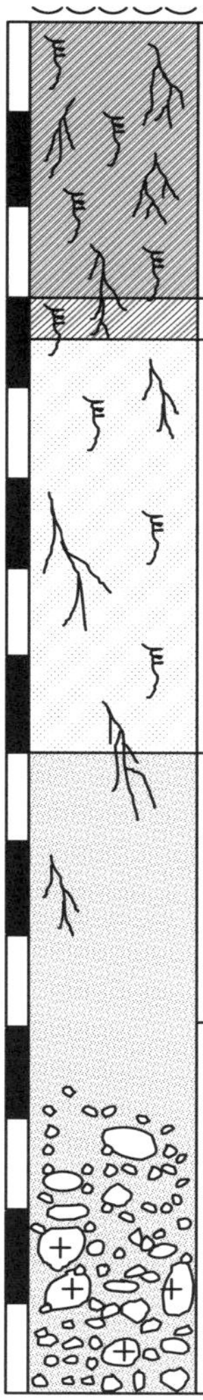

Tiefe	Bodenprofil	Horiz.	Farbe	pH	Kalk	Skelett	Bodenart	Gefüge	Dichte
0–30 cm		Ah	10YR 3/4	6	c0	<5%	uL, Fein- und Mittelwurzeln (bis 5mm Ø)	Krü	1
~35 cm		Überg.							
40–80 cm		Auenlehm	10YR 4/6			<5%	st. suL, bindig	Spol	3
							tsL	Spol-Koh	2-3
							st. utfS		
80–110 cm		Sand	10YR 5/6			10%	st. ufS (80-90 cm: mit etwas mK)	Koh	2
				5	c0	<5%	tf-mS		3
115–150 cm		Schotter	10YR 5/6			60%	l. um-gsfK mit etw. Steinen (v.a. zw. 120-135 cm; Ø max: 12 cm); 25%S, 10% U, <5%T, 30%fK, 10% mK, 10%gK, 10%St.	Ek	2

Abb. A1-6: Bodenprofil des Standorts GRB von 0-1.5 m Bodentiefe.

Anhang 1: Weitere Bodendaten   A1 VIII

Profil Kernbohrung Nr. 2873, Fortsetzung 1 (150-300 cm)

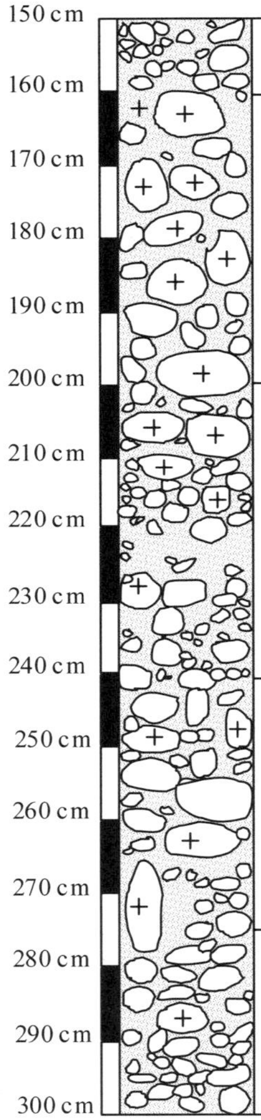

Tiefe	Bodenprofil Horiz.	Farbe	pH	Kalk	Skelett	Bodenart	Gefüge	Dichte
150–200 cm		10 YR 5/6			60 %	mS mit Steinen (Ø 15 cm), 30%S, 5%U, <5%T, 10%fK, 50%St.	Ek	2
200–240 cm		10 YR 5/6			60 %	Zieml. trockener und sauberer mS mit gK und wenig Steinen (Ø 11 cm), 30%S, 5%U, <5%T, 10%fK, 10 % mK, 30%gK, 10%St.	Ek	2
240–275 cm		10 YR 5/3			65 %	Zieml. trockener und sauberer mS mit etw. fK und viel gK und wenig Steinen (Ø 11 cm), 25%S, <5%U, <5%T, 15%fK, 10 % mK, 25%gK, 15%St.	Ek	2
275–300 cm		7.5 YR 5/6 (Sand + fK: 7.5 YR 4/4)			85 %	l.ul.msgK m. etw. St. (Ø 10 cm), vernässt, leicht bindig, gK z.T. m. nasser, sehr bind. Lehmschicht überzog. 10%S, <5%U, <5%T, 15%fK, 30 % mK, 30%gK, 10%St.	Koh	2

Abb. A1-7: Bodenprofil des Standorts GRB von 1.5-3.0 m Bodentiefe.

Anhang 1: Weitere Bodendaten

Profil Kernbohrung Nr. 2873, Fortsetzung 2 (300-450 cm)

Tiefe	Bodenprofil	Horiz.	Farbe	pH	Kalk	Skelett	Bodenart	Gefüge	Dichte
300–310 cm			5YR3/3 7.5YR 5/6			80 %	ugS + viel fK, gK u. St. (Ø 12 cm), rostbraun verf. 15%S, 5 %U <5%T, 20%fK, 40%gK, 20%St.	Koh	2-3
310–320 cm			10YR 5/3 7.5YR 5/4			30 %	fsU, marmoriert, 25%S, 35 %U, 10% T, 20% fK, 10% mK	Koh	3
320–340 cm			10 YR 5/6			95 %	st. vernässt. u. bindig. l. ugK mit etw. St. als open-framework (Ø 8 cm), <5%S, <5%U, <5%T, 10%fK, 10%mK, 65%gK, 10%St.,	Koh	2
340–370 cm			10 YR 5/6			90 %	st. vernässt. u. bind. ugs gK, mit reichl. Steinen (Ø 9 cm), 5%S, <5%U, <5%T, 15%fK, 20%mK, 35%gK, 20%St.,	Koh-Ek	2
370–400 cm			7.5 YR 5/5			80 %	st. vernässt. ugsK, mit etw. rötl.braun verf. u. verlehmt. Steinen (Ø 11 cm), 15%S, <5%U, <5%T, 10%fK, 30%mK, 30%gK, 10%St.,	Koh-Ek	2
400–420 cm			10 YR 5/4	6.0	c0	65 %	st. vernässt., bind. umgsK m. etw. z.T. rostbr. verf. St. (Ø 11 cm), 20%S, 10%U, 5%T, 10%fK, 25%mK, 20%gK, 10%St.	Koh	2-3
420 cm		Gwsp.							
420–450 cm			10 YR 5/6			75 %	st. vernässt., bind. ugsfK m. wenig. St. (Ø 12 cm), 15%S, 5%U, 5%T, 50%fK, 10%mK, 5%gK, 10%St.	Koh-Ek	2

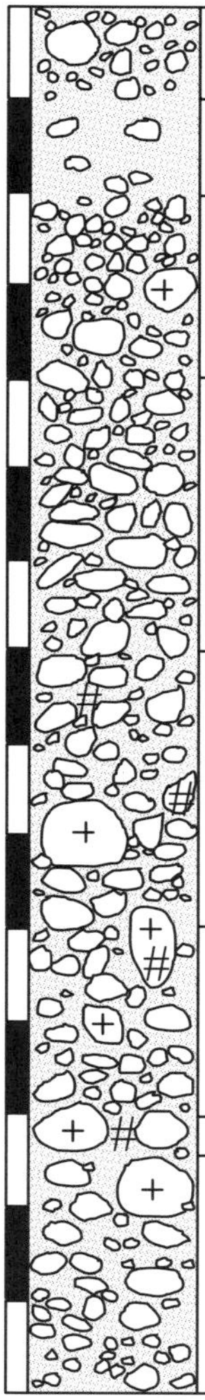

Abb. A1-8: Bodenprofil des Standorts GRB von 3.0-4.5 m Bodentiefe.

Anhang 1: Weitere Bodendaten

Profil Kernbohrung Nr. 2873, Fortsetzung 3 (450-600 cm)

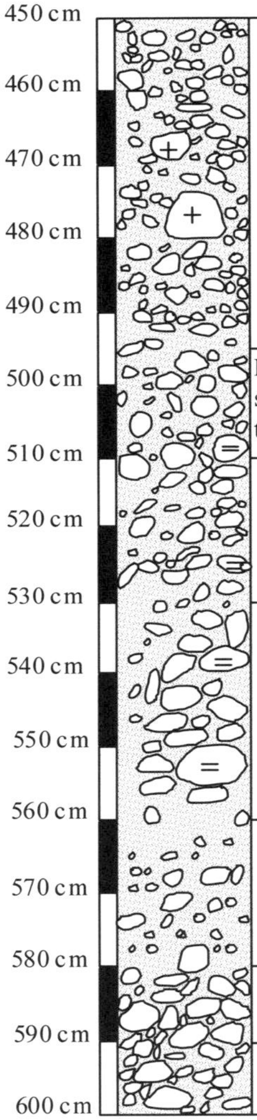

Tiefe	Bodenprofil	Horiz.	Farbe	pH	Kalk	Skelett	Bodenart	Gefüge	Dichte
450–460 cm				7.0					
500 cm		Rhein-schot-ter	10 YR 6/3	8.5	c4	60 %	st. vernässt., st. bindiger fsutgK, 10%S, 25%U, 5%T, 35%fK, 25%gK,	Koh	2
510–520 cm			2.5 YR 6/2			65 %	l. vernässt. ufsfK, 25%S, 10%U, 35%fK, 20%mK, 10%gK,		
530–550 cm			10 YR 5/4			60 %	breiiger usmK, mit wenig St. (Ø 9 cm), 25%S, 15%U, 30%fK, 5%mK, 20%gK, 5%St.	Ek	2
560–570 cm			2.5 YR 5/2			70 %	deutl. trockenerer msfmK, 30%S, 30%fK, 25%mK, 15%gK,	Ek	2
580–590 cm			10 YR 6/3			85 %	st. vernässt., l. bindiger usfgK, 10%S, 5%U, 30%fK, 10%mK, 45%gK,	Koh	2
600 cm			2.5 YR 6/2	8.5		70 %	deutl. trockener ufsfK, 15%S, 10%U, <5%T, 35%fK, 10%mK, 25%gK,	Ek	2

Abb. A1-9: Bodenprofil des Standorts GRB von 4.5-6.0 m Bodentiefe.

Anhang 1: Weitere Bodendaten A1XI

A1.1.4 Bodenprofil des Standorts GRD

Profil Kernbohrung Nr. 2875, Acker Hüslimattweg, Lange Erlen, 614'815.597/269'911.773, OK Terrain: 264.70 m.ü. M., 11.12.1998

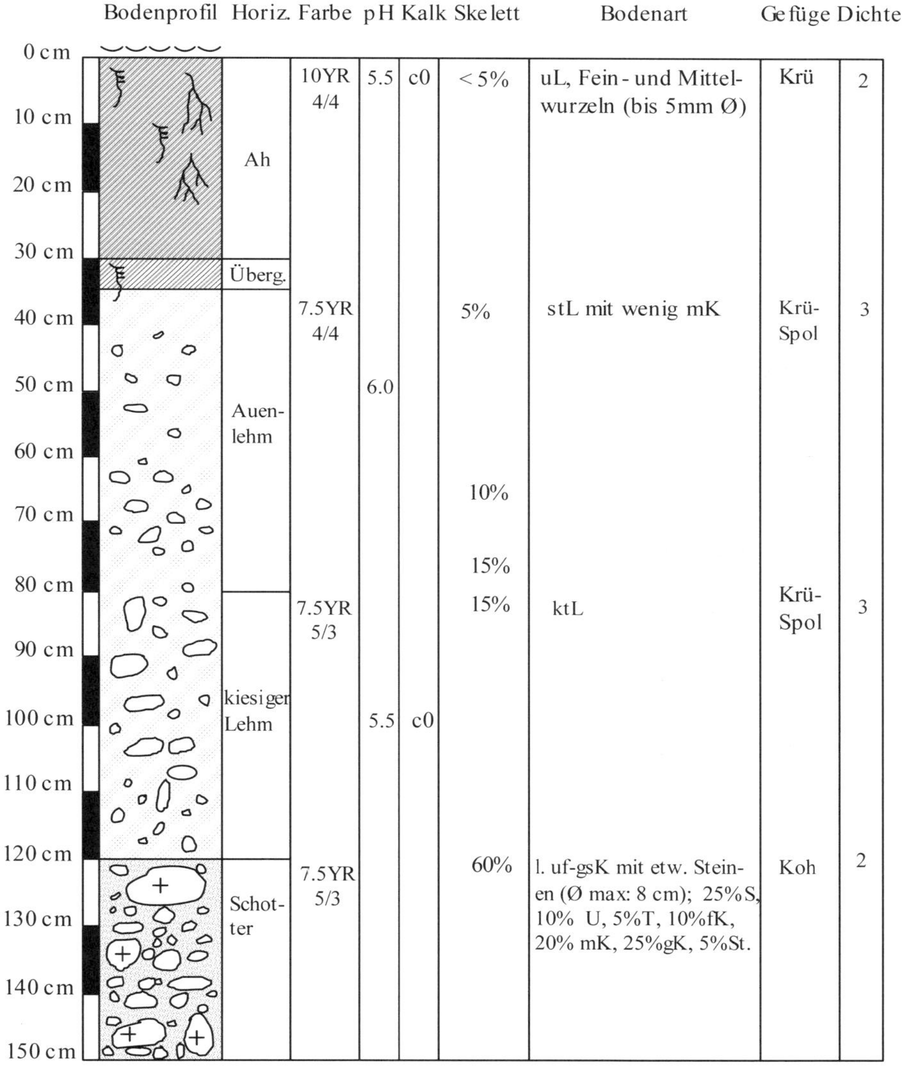

Tiefe	Bodenprofil	Horiz.	Farbe	pH	Kalk	Skelett	Bodenart	Gefüge	Dichte
0–30 cm		Ah	10YR 4/4	5.5	c0	<5%	uL, Fein- und Mittelwurzeln (bis 5mm Ø)	Krü	2
30–40 cm		Überg.							
40–80 cm		Auenlehm	7.5YR 4/4	6.0		5% / 10%	stL mit wenig mK	Krü-Spol	3
80–120 cm		kiesiger Lehm	7.5YR 5/3	5.5	c0	15% / 15%	ktL	Krü-Spol	3
120–150 cm		Schotter	7.5YR 5/3			60%	l. uf-gsK mit etw. Steinen (Ø max: 8 cm); 25%S, 10% U, 5%T, 10%fK, 20% mK, 25%gK, 5%St.	Koh	2

Abb. A1-10: Bodenprofil des Standorts GRD von 0-1.5 m Bodentiefe.

Profil Kernbohrung Nr. 2875, Fortsetzung 1 (150-300 cm)

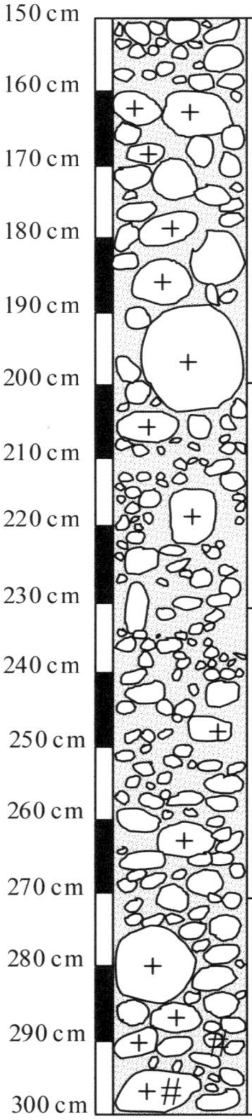

Tiefe	Bodenprofil	Horiz.	Farbe	pH	Kalk	Skelett	Bodenart	Gefüge	Dichte
150-200 cm			7.5YR 5/3			70 %	usgK mit reichl. Steinen (Ø 20 cm), 20%S, 10%U, <5%T, 10%fK, 10%mK, 35%gK, 15%St.	Ek	2
200-230 cm			7.5 YR 6/2			60 %	ufsmK mit etw. Steinen (Ø 8 cm), 30%S, 10%U, <5%T, 10%fK, 30 % mK, 10%gK, 10%St.	Ek	2-3
230-270 cm			7.5 YR 5/4			65 %	ugsmK mit wen. Steinen (Ø 8 cm), 25%S, 10%U, <5%T, 20%fK, 30 % mK, 10%gK, 5%St.	Koh-Ek	2
270-300 cm			10 YR 6/2 Sowie 7.5 YR 5/4)	6.5		80 %	lmsK m. reichl. St. (Ø 12 cm), marmoriert, 10%S, 10%U, <5%T, 20%fK, 20 % mK, 10%gK, 30%St.	Koh	2

Abb. A1-11: Bodenprofil des Standorts GRD von 1.5-3.0 m Bodentiefe.

Anhang 1: Weitere Bodendaten A1XIII

Profil Kernbohrung Nr. 2875, Fortsetzung 2 (300-450 cm)

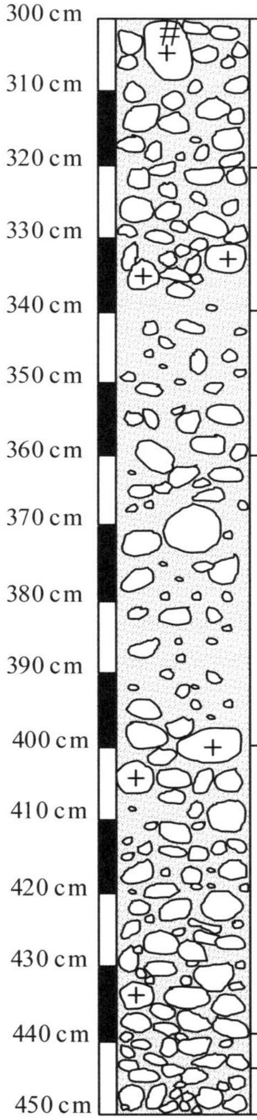

Tiefe	Bodenprofil	Horiz.	Farbe	pH	Kalk	Skelett	Bodenart	Gefüge	Dichte
300–340 cm			7.5 YR 5/6			60 %	lugsmgK, 30%S, 10% U, <5%T, 10%fK, 30%mK, 20%gK,	Ek	2
340–360 cm			10 YR 5/3			40 %	st.ufsfmK, 35%S, 25%U, <5%T, 25%fK, 10%mK, 5%gK,	Spol	2-3
360–400 cm			7.5 YR 5/4			70 %	ugsmK, 25%S, 5%U, <5% T, 50%fK, 15%mK, 5% gK,		
400–440 cm			10 YR 5/4	6.5	c0	80 %	ugsgK, l. bindig, 15%S, 5%U, <5%T, 20%fK, 20mK, 40%gK,	Koh-Ek	2
440–450 cm		Gwsp.							

Abb. A1-12: Bodenprofil des Standorts GRD von 3.0-4.5 m Bodentiefe.

Anhang 1: Weitere Bodendaten A1XIV

Profil Kernbohrung Nr. 2875, Fortsetzung 3 (450-600 cm)

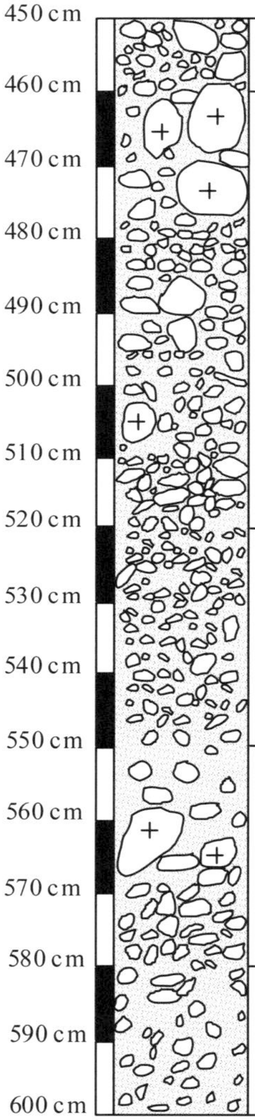

Tiefe	Bodenprofil	Horiz.	Farbe	pH	Kalk	Skelett	Bodenart	Gefüge	Dichte
450–480 cm			10 YR 6/3			60 %	deutl. vernässt. lgsfK mit etw. St. (Ø 10 cm), 15%S, 20%U, 5%T, 20%fK, 10%mK, 15%gK, 15% St.	Ek-Koh	2
490–510 cm				7.0					
520–540 cm			7.5 YR 5/3			60 %	fsuK, 30%S, 10%U, 25%fK, 25%mK, 10%gK	Spol	
550–570 cm			7.5 YR 5/3			80 %	ugsmK, mit etw. St. (Ø 10 cm), 15%S, 5%U, 25%fK, 35%mK, 10%gK, 10%St.	Ek-Koh	
580–600 cm			10 YR 5/4	7.0		80 %	ugsK, 15%S, 5%U, 50%fK, 20%mK, 10%gK	Ek-Koh	

Abb. A1-13: Bodenprofil des Standorts GRD von 4.5-6.0 m Bodentiefe.

Anhang 1: Weitere Bodendaten A1XV

Profil Kernbohrung Nr. 2875, Fortsetzung 4 (600-750 cm)

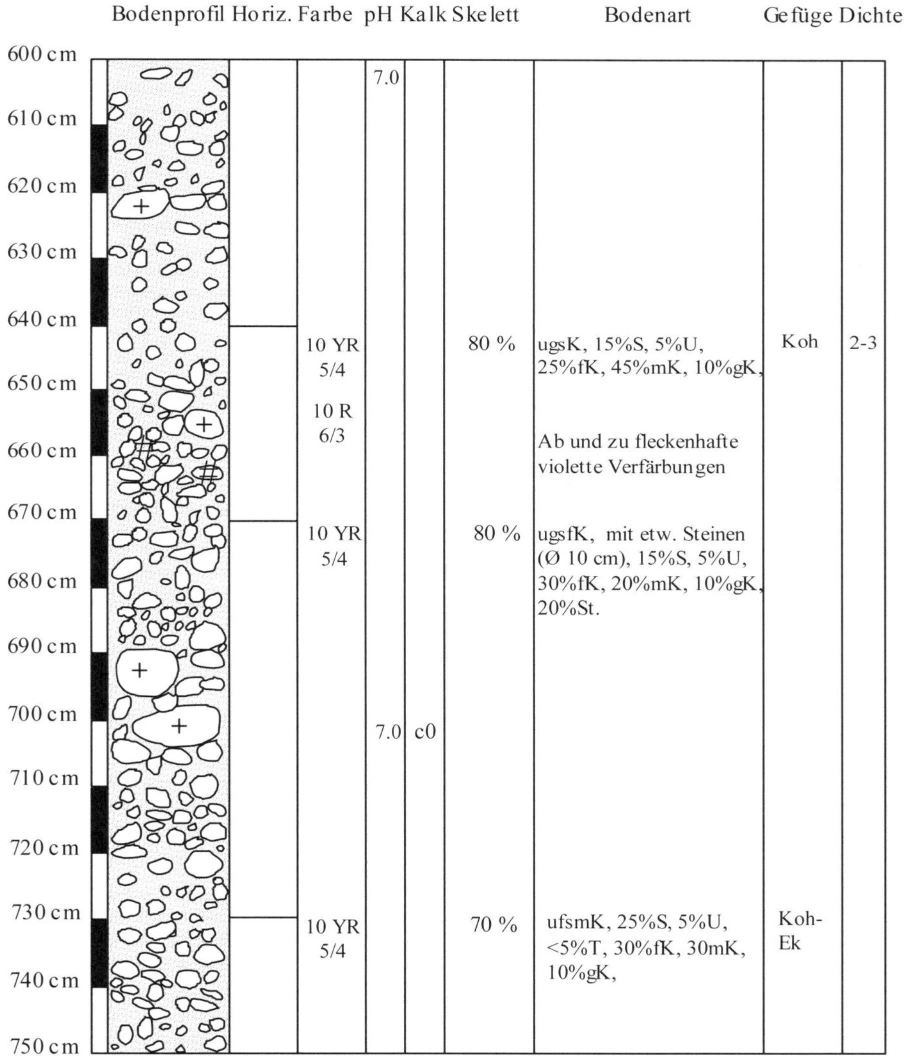

Tiefe	Bodenprofil	Horiz.	Farbe	pH	Kalk	Skelett	Bodenart	Gefüge	Dichte
600 cm				7.0					
610 cm									
620 cm									
630 cm									
640 cm			10 YR 5/4			80 %	ugsK, 15%S, 5%U, 25%fK, 45%mK, 10%gK,	Koh	2-3
650 cm			10 R 6/3						
660 cm							Ab und zu fleckenhafte violette Verfärbungen		
670 cm			10 YR 5/4			80 %	ugsfK, mit etw. Steinen (Ø 10 cm), 15%S, 5%U, 30%fK, 20%mK, 10%gK, 20%St.		
680 cm									
690 cm									
700 cm				7.0	c0				
710 cm									
720 cm									
730 cm			10 YR 5/4			70 %	ufsmK, 25%S, 5%U, <5%T, 30%fK, 30mK, 10%gK,	Koh-Ek	
740 cm									
750 cm									

Abb. A1-14: Bodenprofil des Standorts GRD von 6.0-7.5 m Bodentiefe.

Anhang 1: Weitere Bodendaten A1XVI

Profil Kernbohrung Nr. 2875, Fortsetzung 5 (750-900 cm)

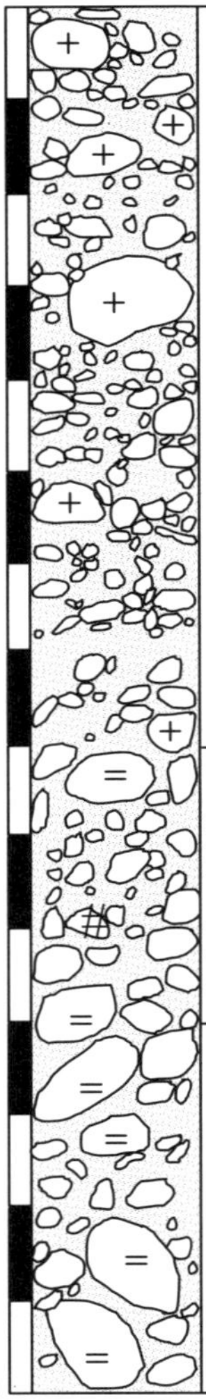

Tiefe	Bodenprofil	Horiz.	Farbe	pH	Kalk	Skelett	Bodenart	Gefüge	Dichte
750-830 cm			10 YR 5/4			60 %	ufsK mit wen. St. (Ø 25 cm), 15%S, 20%U, <5%T, 10%fK, 25%mK, 20%gK, 5% St.	Koh	2
800 cm				7.0	c0				
830-860 cm		Übergangszone Wiese-/Rheinschotter	10 YR 5/3 2.5 YR 7/2		c0 c3	60 %	ufsgK, 25%S, 10%U, <5%T, 20%fK, 10%mK, 30%gK, mit fleckenartiger Marmorierung	Koh-Spol	3
860-900 cm			10 YR 5/1		c4	60 %	lfsmK, mit etw. St. (Ø 12 cm), 20%S, 15%U, 5%T, 10%fK, 25%mK, 10%gK, 15%St.	Koh	
900 cm				8.0					

Abb. A1-15: Bodenprofil des Standorts GRD von 7.5-9.0 m Bodentiefe.

Anhang 1: Weitere Bodendaten A1XVII

Profil Kernbohrung Nr. 2875, Fortsetzung 6 (900-1060 cm)

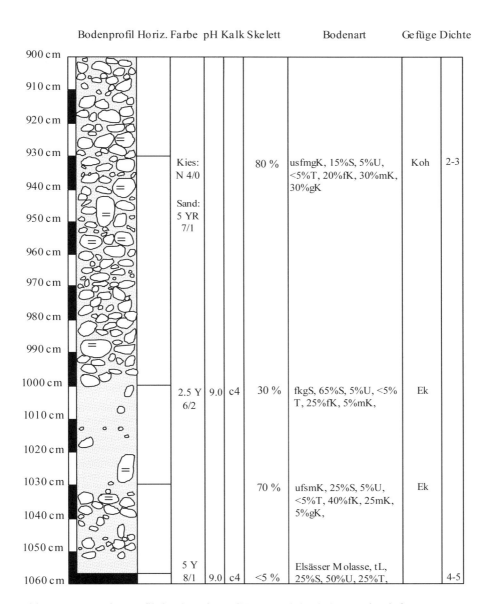

Abb. A1-16: Bodenprofil des Standorts GRD von 9.0-10.6 m Bodentiefe.

Anhang 1: Weitere Bodendaten A1 XVIII

A1.1.4 Bodenprofil des Standorts GRE

Profil Kernbohrung Nr. 2876, Nähe Brunnen XF, Lange Erlen, 614'771.634/269'866.675, OK Terrain: 264.03 m.ü.M., 21.12.1998

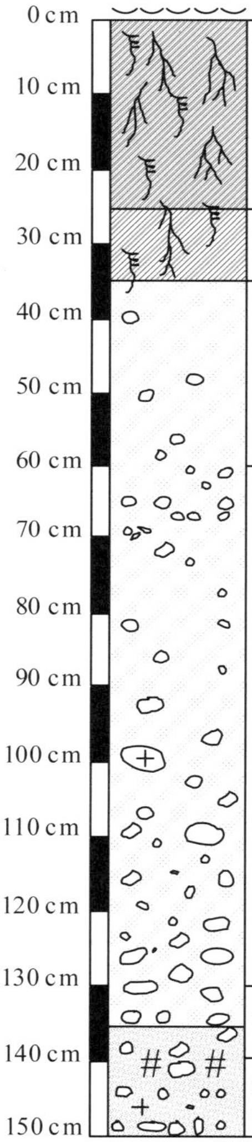

Tiefe	Horiz.	Farbe	pH	Kalk	Skelett	Bodenart	Gefüge	Dichte
0–ca. 25 cm	Ah	10YR 3/4	5.0	c0	<5%	uL, viel Fein- und Mittelwurzeln (Ø bis 2mm)	Krü	2
ca. 25–35 cm	Überg.	10YR 4/4					Spol	2-3
ca. 35–55 cm	Auenlehm	10 YR 4/6	5.0		<5%	fsuL, 30%S, 50%U, 15%T, wenig Kohle	Spol-Krü	3
ca. 55–130 cm		7.5 YR 4/4	5.5	c0	10% / 30%	suL, 40%S, 45%U, 5% T, 10%fmK / 10%fK, 15%mK, 5%gK,	Spol	3
ca. 130–140 cm	Überg.	10 YR 3/4			30%	lmsmK, 35%S, 30% U, 5%T, 5%fK, 20% mK, 5%gK, mit wen. Rostfl.	Spol	2
ca. 140–150 cm	Schotter	5YR 5/8 / 10 YR 5/3			60%	uf-gsfK, 25%S, 15% U, <5%T, 45%fK, 10% mK, 5%gK,	Spol	2

Abb. A1-17: Bodenprofil des Standorts GRE von 0-1.5 m Bodentiefe.

Anhang 1: Weitere Bodendaten

Profil Kernbohrung Nr. 2876, Fortsetzung 1 (150-300 cm)

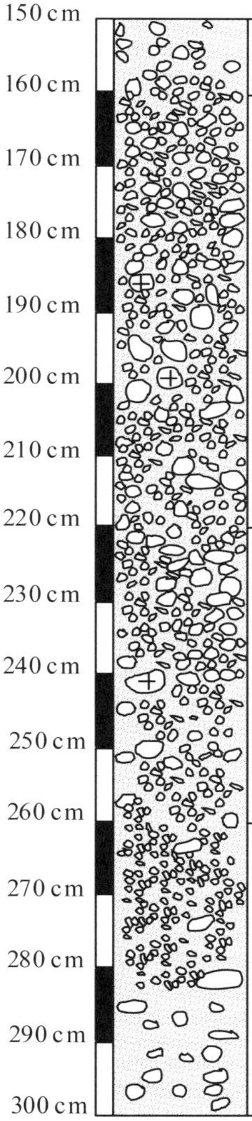

Tiefe	Bodenprofil	Horiz.	Farbe	pH	Kalk	Skelett	Bodenart	Gefüge	Dichte
150-220 cm			7.5 YR 5/8	5.5		95 %	tufK, etw. vernässt, l. bindig, <5%S, <5%U, 75%fK, 15%mK, 5%gK, teilw. verfärbt (5 YR 5/8), openframework-Form	Ek	2
220-260 cm			7.5 YR 5/6			75 %	ugsK, bindig, 10%S, 10%U, <5%T, 40%fK, 30%mK, 5%gK,	Koh	2
260-300 cm			7.5 YR 4/6	5.5		75 %	msfK m. wen. St. (Ø 7 cm), 25%S, <5%U, <5%T, 60%fK, 10 %mK, 5%gK, <5%St.	Ek	2

Abb. A1-18: Bodenprofil des Standorts GRE von 1.5-3.0 m Bodentiefe.

Profil Kernbohrung Nr. 2876, Fortsetzung 2 (300-450 cm)

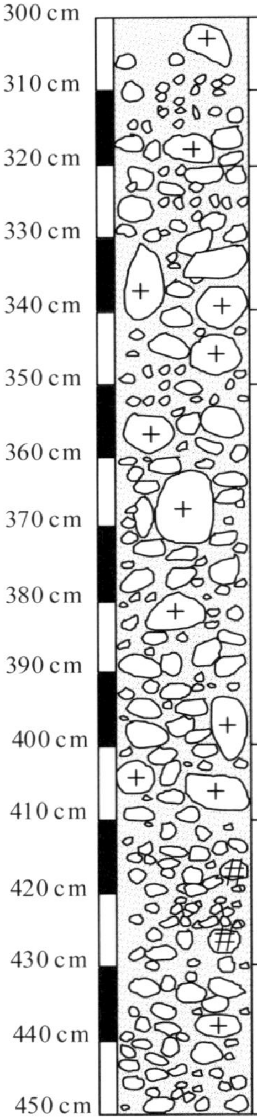

Tiefe	Horiz.	Farbe	pH	Kalk	Skelett	Bodenart	Gefüge	Dichte
310 cm		7.5 YR 5/4			80 %	sK	Koh	2
320–330 cm		7.5 YR 5/6			80 %	utsfK mit viel. St. (Ø max. 11 cm), 10%S, 5%U, 5% T, 25%fK, 10%mK, 15%gK, 30%St.	Koh	2
340 cm		7.5 YR 5/4			60 %	utfsmK, 20%S, 15%U, 5%T, 35%fK, 25%mK,	Ek	2
350–370 cm		7.5 YR 5/6			85 %	sgK mit vielen St. (Ø 12 cm), Sand stark verlehmt, bindig, 5%S, 5%U, 5% T, 5%fK, 20%mK, 30%gK, 30%St.		
400–410 cm		7.5 YR 5/3	5.5	c0	90 %	sfK m. viel. St. (Ø 14 cm), 10%S, <5%U, <5%T, 30%fK, 20%mK, 10%gK, 30%St.	Ek	
420 cm		10 YR 6/3			65 %	ufsmK, 20%S, 10%U, 5%T, 50%fK, 10%mK, 5%gK, teilw. violette Flecken (2.5 YR 5/4)		3-4
430–440 cm		7.5 YR 5/6			75 %	ugsfK m. etw. St. (Ø 9 cm), l. bindig, 20%S, 5%U, <5%T, 25%fK, 20%mK, 15%gK, 15%St.	Koh	2

Abb. A1-19: Bodenprofil des Standorts GRE von 3.0-4.5 m Bodentiefe.

Anhang 1: Weitere Bodendaten A1XXI

Profil Kernbohrung Nr. 2876, Fortsetzung 3 (450-600 cm)

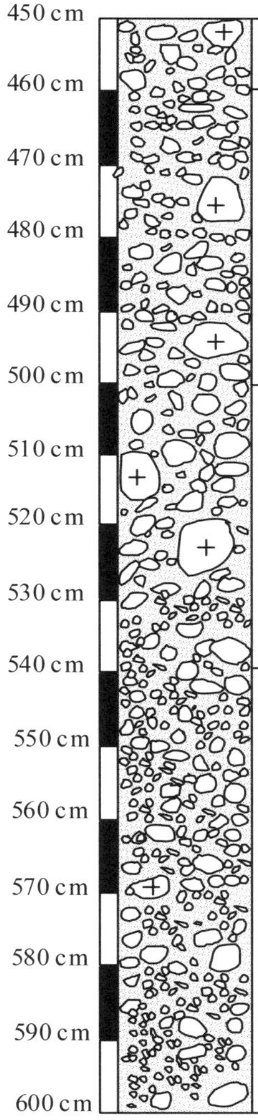

Tiefe	Bodenprofil	Horiz.	Farbe	pH	Kalk	Skelett	Bodenart	Gefüge	Dichte
450-490 cm		Gwsp.	10 YR 6/3	7.0		80 %	vernässt., bindiger usfK mit etw. St. (Ø 10 cm), 10%S, 5%U, 5%T, 30%fK, 20%mK, 20%gK, 10%St.	Koh	2
500-530 cm			2.5 YR 6/2	7.0	c0	70 %	st. vernässt. usmK mit St. (Ø 13 cm), 25%S, 5%U, <5%T, 15%fK, 25% mK, 10%gK, 20%St.	Koh	2
540-600 cm			5 YR 4/4	7.0		65 %	bindiger ufsK, 15%S, 15%U, <5%T, 25%fK, 25%mK, 10%gK, 5%St.	Koh	2

Abb. A1-20: Bodenprofil des Standorts GRE von 4.5-6.0 m Bodentiefe.

Anhang 1: Weitere Bodendaten

A1.2 Weitere bodenchemische Daten

In diesem Kapitel werden Analysedaten bodenchemischer Untersuchungen des Bohrkernmaterials dargestellt (Tab. A1-2 und A1-3).

Tab. A1-2: Nährstoffgehalte sowie C_{org} und N_{tot}-Gehalte der Bohrkerne GRA, GRB, GRD und GRE. Nährstoffgehalte in mg*kg^{-1} Feinboden; AL-Extraktion, s. Kap. 2.2.4.2. C_{org} und N_{tot}-Gehalte in %; s. Kap. 2.2.4.1.

Standort und Bodentiefe (cm)	Ca	Mg	K	P_2O_5	C_{org}	N_{tot}
GRA 0-10	3988.0	312.3	76.3	79.50		
GRA 90-110	924.9	58.8	27.9	40.6		
GRA 160-170	1138.0	95.0	48.9	51.8		
GRA 290-300	920.0	65.1	39.6	75.6		
GRA 410-420	612.8	84.3	65.7	79.9		
GRA 500-510	779.6	49.4	35.2	101.90		
GRA 590-600	783.6	61.7	44.8	123.0		
GRB 0-10	4075.0	348.8	142.2	89.8		
GRB 90-100	1078.0	131.2	113.7	32.5		
GRB 180-200	1763.0	192.2	130.5	33.4		
GRB 290-310	679.8	166.2	145.1	36.9		
GRB 380-400	708.7	151.1	125.0	40.7		
GRB 470-490	3615.0	206.5	147.1	34.0		
GRB 510-520	66070.0	551.1	79.5	6.6		
GRB 560-570	68460.0	540.1	75.6	5.4		
GRD 0-10	4043.0	305.1	126.7	70.6		
GRD 170-180	1172.0	224.1	148.2	30.6	0.135	0.019
GRD 290-310	973.6	168.4	136.3	39.4	0.190	0.102
GRD 360-380	770.9	171.7	126.3	40.4	0.135	0.023
GRD 410-430	812.5	196.7	135.3	44.8	0.135	0.020
GRD 460-480	793.6	129.0	131.9	58.3	0.135	0.020
GRD 550-570	640.6	146.2	110.9	57.1	0.098	0.012
GRD 610-630	709.5	175.1	162.0	59.3	0.108	0.018
GRD 750-770	50390.0	726.6	130.6	17.0	0.271	0.029
GRD 860-880	66830.0	630.2	88.6	9.1	0.306	0.013
GRD 920-940	74600.0	597.3	70.5	6.9	0.152	0.013
GRD 1000-1010	58690.0	685.0	109.8	7.6	0.173	0.010
GRD 1060-1080	56110.0	9311.0	594.8	15.1		
GRE 0-10	3520.0	277.4	60.0	113.1		
GRE 90-110	1894.0	172.9	55.4	13.5		
GRE 140-150	1700.0	116.6	116.2	21.1		
GRE 270-280	514.8	181.7	175.6	31.2		
GRE 380-400	796.1	187.3	169.9	37.2		
GRE 440-450	737.4	188.9	179.1	41.0		
GRE 500-510	675.8	169.3	161.9	51.7		
GRE 590-600	1096.0	127.2	132.9	75.0		

Tab. A1-3: Schwermetallgehalte in den Bohrkernen. Analyse nach Kochmethodik (NIEDERHAUSER 2002; Angaben in mg$_*$kg^{-1} Feinboden). x: Gehalt unterhalb der Bestimmungsgrenze; B: Gehalt an der Bestimmungsgrenze, Genauigkeit zweifelhaft.

Standort und Bodentiefe (cm)	Pb	Zn	Cu	Cd
GRA 0-10	162.60	84.33	21.61	0.26
GRA 90-110	15.06	31.37	4.63	x
GRA 160-170	14.91	40.08	11.01	x
GRA 290-300	14.26	34.88	8.33	x
GRA 410-420	12.36	35.53	7.54	x
GRA 500-510	B 9.31	31.6	8.3	x
GRA 590-600	B 8.45	32.72	12.56	x
GRB 0-10	146.3	99.07	24.46	0.39
GRB 90-100	13.38	32.9	8.47	x
GRB 180-200	B 5.19	31.5	13.01	x
GRB 290-310	B 3.67	33.17	13.98	x
GRB 380-400	13.72	41.22	10.38	x
GRB 470-490	B 3.83	33.87	11.94	x
GRB 510-520	B 2.80	20.38	13.09	x
GRB 560-570	B 3.38	19.1	14.6	0.28
GRD 0-10	204.3	75.36	25.79	0.42
GRD 170-180	11.83	33.92	9.51	x
GRD 290-310	14.65	41.22	10.6	x
GRD 360-380	B 9.45	41.15	9.21	x
GRD 410-430	15.09	38.7	11.09	x
GRD 460-480	11.56	30.55	8.19	x
GRD 550-570	B 9.52	28.87	7.02	x
GRD 610-630	B 7.18	18.11	5.71	x
GRD 750-770	B 5.61	17.56	6.42	x
GRD 860-880	B 4.96	19.80	16.08	x
GRD 920-940	B 4.06	17.35	11.63	x
GRD 1000-1010	11.97	15.71	9.84	x
GRD 1060-1080	212.9	132.1	25.26	0.93
GRE 0-10	24.06	55.9	10.05	0.29
GRE 90-110	17.74	50	8.73	x
GRE 140-150	17.98	53.1	13.55	0.61
GRE 270-280	B 8.63	28.4	5.82	x
GRE 380-400	10.97	35	8.02	x
GRE 440-450	B 9.66	19.8	7.37	x
GRE 500-510	B 9.99	35.7	12.46	x
GRE 590-600	B 8.19	24.3	7.04	x

Anhang 2: Geschichte der Basler Trinkwasserversorgung

Die Basler Wasserversorgung nahm ihren Anfang zur ersten Blüte der Stadt im Hochmittelalter. Bis zum 19. Jahrhundert blieb die Wasserversorgung in ihren Grundzügen fast unverändert. Lokale Brunnen und Quellen reichten für die Versorgung aus. Mit der grossen Bevölkerungszunahme und der Industrialisierung mussten hingegen neue Wasservorkommen erschlossen werden. Deshalb wurde 1882 in den Langen Erlen ein Grundwasserwerk erstellt, das im 20. Jahrhundert stetig erweitert wurde. Es bildet heute mit dem Grundwasserwerk im Hardwald den tragenden Pfeiler der Wasserversorgung von Basel und Umgebung.

A2.1. Die Wasserversorgung bis zum 19. Jahrhundert

Über die frühe Geschichte der Basler Wasserversorgung bis zum Ende des 19. Jahrhunderts gibt HUBER (1955) detailliert Auskunft:
In der Frühzeit von Basel wurde vermutlich Quellwasser an den Hängen von Leonhards-, Heu- und Petersberg genutzt, mittels Sodbrunnen Birsig-Grundwasser gewonnen oder Wasser aus dem Rhein geschöpft.
Mit der starken Entwicklung der Stadt Basel im 13. Jahrhundert begann die öffentliche Wasserversorgung unter Verwendung von drei Brunnentypen:
- Sod- oder Ziehbrunnen, aus welchen mittels Eimern an Seilen Grundwasser gewonnen wurde.
- Lochbrunnen, mit welchen lokale Quellen gefasst wurden.
- Stockbrunnen, welche durch höherliegende Quellen aus der weiteren Umgebung der Stadt über ein Brunnwerk (s. Tab. A2-1) gespiesen wurden. Dabei wurde das Wasser in Holzleitungen (ausgehöhlte Baumstämme, sog. Teucheln) transportiert. Im Brunnen stieg das Wasser in den Brunnenstock auf und gelangte über eine Röhre in den hölzernen Brunnentrog.
- Abwasserbrunnen nutzten den Abfluss der Haupttröge öffentlicher oder privater Stockbrunnen. Damit wurden neben privaten zeitweise sogar weitere öffentliche Brunnen gespiesen.

Tab. A2-1: Errichtung und Schliessung der Brunnwerke von Basel nach Huber (1955) und HUNZINGER (1975).

Brunnwerk	Errichtung	Schliessung
Spalen-Brunnwerk	1250	1954
Münster-Brunnwerk	1266	1954
Riehemerwerk	1493	1954
1. Steinen-Brunnwerk	1631	1680 (unergiebig, schlechte Qualität)
Gundeldingerwerk	1739	1930
Asp-Brunnwerk	1741	1748 (viel Wasserverluste, zu teuer)
St.Alban-Brunnwerk	1838	1963
2. Steinen-Brunnwerk	1853	1929
Pumpwerk Riehentor	1860	1890 (wiederholte Verunreinigungen)

Spätestens ab 1317 waren das Spalen-Brunnwerk (Abb. A2-1) und das Münster-Brunnwerk in öffentlichem Besitz, so dass Basel als erste Schweizer Stadt eine öffentliche Wasserversorgung besass. Bis 1954, bzw. 1963 wurden alle Brunnwerke still gelegt und die damit versorgten Brunnen an das Druckwassernetz angeschlossen.

Anhang 2: Geschichte der Basler Trinkwasserversorgung

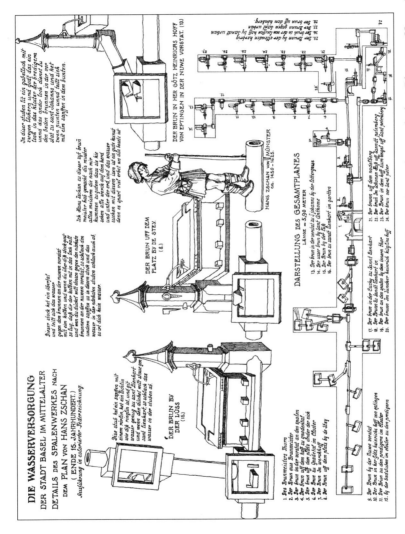

Abb. A2-1: Die Wasserversorgung der Stadt Basel im Mittelalter (Detail des Spalenwerkes nach dem Plan von HANS ZSCHAN; EICHENBERGER 1925).

A2.2 Die Grellinger Quellen

Der besonders durch die Kantonsteilung von 1833 verursachte grosse Bevölkerungsanstieg in der ersten Hälfte des 19. Jahrhunderts und die stark zunehmende Industrialisierung (v.a. Farbenchemie) führten zu einem immer grösseren Bedarf nach neuen Wasserquellen. Nach längerer Diskussion wurde 1861 der Ankauf von 40 Quellen in Angenstein und Grellingen beschlossen (s. Abb. 1-3, Kap. 1.2). Die relativ ergiebigen und deshalb unverzichtbaren Grellinger Quellen waren aber im Besitz eines privaten Konsortiums, welches das Wasser selber in die Stadt leiten wollte. Deshalb lag ab 1866 der wichtigste Teil der Basler Wasserversorgung in privaten Händen. Durch die Zuleitung im freien Gefälle wurde auch erstmalig eine Druckwasserversorgung möglich. Doch die Qualität und Quantität des Grellinger Quellwasser reichte trotz des Einbezugs von weiteren Quellen mit der Zeit nicht mehr aus.

In der zweiten Hälfte des 19. Jahrhunderts wüteten in Basel eine Cholera-Epidemie (1855), sowie eine Typhus-Epidemie (1865), welche bis 1898 immer wieder aufflackerte. Diese Epidemien waren v.a. in einer fehlenden Kanalisation und der räumlichen Nähe von Sodbrunnen zu Latrinen und Sickergruben begründet (Abb. A2-2), weshalb eine Schwemmkanalisation notwendig wurde. Diese benötigt aber grosse Mengen billigen Wassers. Die Stadt übernahm deshalb 1875 für 3.1 Mio. Fr. die Anlagen der Grellinger Gesellschaft, womit die ganze Wasserversorgung Basels wieder in öffentlichen Händen lag. Vier Jahre später wurden mit dem neuen Gas- und Wassergesetz das Gas- und Wasserwerk Basel gegründet.

Damit allein wurde aber noch kein einziger zusätzlicher Tropfen Trinkwasser in das Leitungsnetz der Stadt eingespiesen. Weitere Wasservorkommen mussten erschlossen werden.

Anhang 2: Geschichte der Basler Trinkwasserversorgung

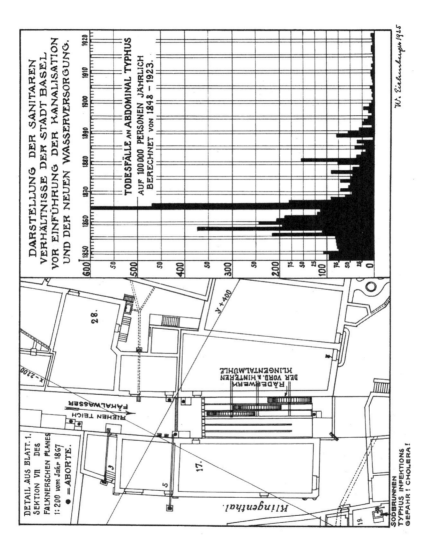

Abb. A2-2: Darstellung der sanitären Verhältnisse der Stadt Basel vor Einführung der Kanalisation und der neuen Wasserversorgung. (EICHENBERGER 1925).

A2.3 Das Grundwasser aus dem Wiesental

Einführende Bemerkung
In der einschlägigen Literatur über die Basler Trinkwassergewinnung des 20. Jahrhunderts (HEGI 1928; BRUGGER 1935; HUBER 1955; WIDMER 1966; STÄHELI 1974; STÄHELI 1975; SCHULTHESS 1995) sowie auch im Archiv der IWB finden sich sehr wenig Informationen über die konkreten Ereignisse in den Langen Erlen bzw. den Wässerstellen. Das Wissen darüber musste aus den Ratschlägen zu Handen des Grossen Rates (in der Universitätsbibliothek Basel ausleihbar), aus Unterlagen im Staatsarchiv des Kantons Basel-Stadt und aus persönlichen Gesprächen mit pensionierten Mitarbeitern der IWB und des Forstamtes zusammengetragen werden. Nachfolgend werden diese Informationen als Zusammenstellung in einer möglichst chronologischen Abfolge ausführlich wiedergegeben.

Entwicklung der Brunnen und Wässerstellen
Für die Ergänzung des Juraquellwassers wurde in den 1870er Jahren intensiv nach weiteren Versorgungsmöglichkeiten mit Trinkwasser gesucht, worüber es zu grösseren Streitigkeiten kam. Mehrere Standorte wurden vorgeschlagen:
- die Saugernquellen bei Soyhières, 30 km südlich von Basel;
- die Blotzheimerquellen, im Elsass 9 km unterhalb Basel;
- Anlage von Sammelweihern bei Seewen und im Unterackerntal, nahe bei den Quellen im Pelzmühletal;
- Errichtung eines Wasserwerks bei Birsfelden;
- Nutzung von Wiesental-Grundwasser durch Errichtung eines Brunnens auf der Waisenhausmatte östlich des Eglisees.

Besonders Prof. K. RÜTIMEYER machte sich schon anfangs der 1870er Jahre aufgrund seiner Kenntnisse der Boden- und Grundwasserverhältnisse der Umgebung Basels für die Nutzung des Grundwassers im Wiesental stark. Besonders im badischen Teil des Wiesentals, aber auch in Riehen wurden z.T. schon seit dem beginnenden 12. Jahrhundert Wässermatten betrieben, indem Wiesewasser in Kanäle abgezweigt wurde und periodisch auf die Matten verteilt wurde (ENDRISS 1952: 90ff.). Dies diente zur Düngung der flachgründigen Böden mit Schwebstoffen, aber auch zur Bewässerung in Trockenzeiten. Durch die indirekte Versickerung von Flusswasser über Wässermatten einerseits, und durch direkte Versickerung von Flusswasser über die durchlässige Sohle des bis Mitte des 19. Jahrhunderts grösstenteils noch unkorrigierten Wieselaufs andererseits, wurde der Grundwasserstand im durchlässigen Schotter sehr hoch gehalten (Abb. A2-3 und A2-4). Im Unterlauf der Wiese war eine intensive Wässermattenwirtschaft erst nach der Korrektur der Wiese möglich (Abb. A2-5).

Anhang 2: Geschichte der Basler Trinkwasserversorgung   A2VII

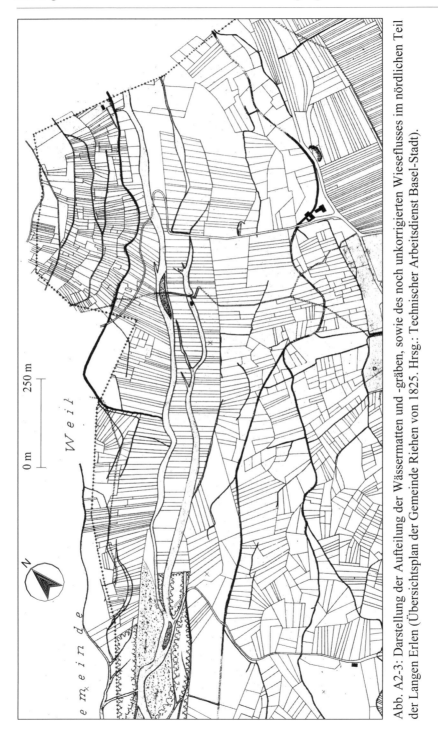

Abb. A2-3: Darstellung der Aufteilung der Wässermatten und -gräben, sowie des noch unkorrigierten Wieseflusses im nördlichen Teil der Langen Erlen (Übersichtsplan der Gemeinde Riehen von 1825. Hrsg.: Technischer Arbeitsdienst Basel-Stadt).

Anhang 2: Geschichte der Basler Trinkwasserversorgung

Abb. A2-4: Darstellung der Aufteilung der Wässermatten und -gräben, sowie des noch unkorrigierten Wiesenflusses im südlichen Teil der Langen Erlen (Übersichtsplan der Gemeinde Riehen von 1825. Hrsg.: Technischer Arbeitsdienst Basel-Stadt).

Anhang 2: Geschichte der Basler Trinkwasserversorgung

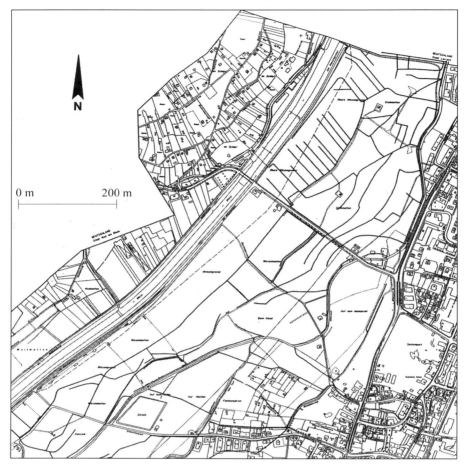

Abb. A2-5: Netz der Wässergräben im oberen Teil der Langen Erlen, Stand von 1912 (aus: DILL 2000: 13).

1878 zeigte sich denn auch bei Pumpversuchen in den „Waisenhausmatten" zwischen den Langen Erlen und dem Eglisee, dass das *Grundwasser des Wiesentals* mit 100 $L*s^{-1}$ nicht nur in genügender Menge, sondern auch in genügender Qualität vorhanden war (FREY 1878). Zwei Jahre später wurde deshalb für Fr. 450'000.- der Bau eines Pumpwerkes an derselben Stelle in den Langen Erlen bewilligt („Bericht der Grossratskommission zur Vorberathung des Rathschlags betreffend die Erweiterung der städtischen Wasserversorgung, 14.06.1880"; GROSSER RAT 1880-1984). Da die Ratschläge die am einfachsten zugänglichen Literaturquellen sind, entsprechen alle nachfolgend genannten Kosten für den Bau von Brunnen nicht den tatsächlichen, sondern dem vom Grossen Rat im Ratschlag jeweils genehmigten Betrag.

Am Standort des Versuchsbrunnens wurde 1882 mit ca. 80 $L*s^{-1}$ der Brunnen I in Betrieb genommen (Abb. A2-6). Durch die Einführung der Kanalisation und die weiterhin zunehmende Bevölkerung stieg der Wasserverbrauch stark an, weshalb bereits 1886 für rund Fr. 35'000.- der Brunnen II errichtet wurde (ca. 40 $L*s^{-1}$; Ratschlag betreffend die Erstellung eines zweiten Brunnens beim Pumpwerk, 07.06.1886; GROSSER RAT 1880-1984). 1894 erfolgte ein Ausbau des Pumpwerks mit leistungsfähigeren Pumpen und der Bau der Brunnen III (100 $L*s^{-1}$) und IV (80 $L*s^{-1}$) für gesamthaft ca. Fr. 433'000.- (Ratschlag betreffend Erweiterung des Pumpwerks, 25.01.1894; MARKUS 1896). Um die Brunnen vor Verunreinigung zu schützen, wurden sie mit einer Schutzzone umgeben, die notfalls sogar mittels Enteignung durch das Sanitätsdepartement erworben werden konnte (Ratschlag betreffend Erwerbung von Land beim Pumpwerk, 11.01.1894; GROSSER RAT 1880-1984). Das bis 1896 landwirtschaftlich genutzte Gebiet von 25.4 ha wurde anschliessend sukzessive in Wald- und Parkanlagen umgestaltet (MARKUS 1896).

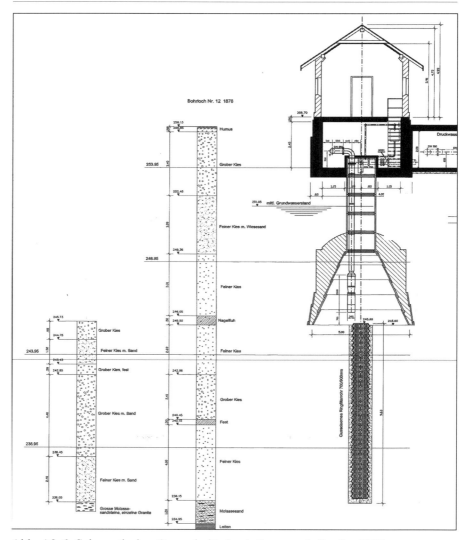

Abb. A2-6: Schematischer Querschnitt durch Brunnen I. Quelle: IWB.

1901 wurde dem Grossen Rat ein Ratschlag über ein generelles Projekt für die Erweiterung des Pumpwerks und den Bau zweier Brunnen (V und VI) für Fr. 180'000.- vorgelegt (Ratschlag 1281; GROSSER RAT 1880-1984). Diesem beigefügt ist ein aus heutiger Sicht als visionär zu bezeichnender Bericht des damaligen Direktors des Gas-, Wasser- und Elektrizitätswerks, Paul Miescher, der damit zum Initiator der heutigen künstlichen Grundwasseranreicherung in den Langen Erlen wurde (MIESCHER 1901). Deshalb soll hier ausführlich auf diesen Bericht eingegangen werden.

In den Jahren 1889 bis 1900 nahm der Jahreskonsum von 3 Mio. auf 6 Mio. m^3 Wasser zu. Für den Zeitraum bis 1920 wurde eine weitere Verdoppelung projiziert. Die Grellingerquellen konnten aber nur max. 4 Mio. m^3 liefern und die Brunnen in den Langen Erlen durften wegen möglicher Versandung nicht zu stark belastet werden. Berechnungen des Grundwasserstromes im Wiese-Delta auf Schweizer Gebiet (14.5 km^2) ergaben, dass an der Landesgrenze ca. 1'000 L$*$s^{-1} Grundwasser einströmen. Dazu kommen noch 45 L$*$s^{-1} von Dinkelberg und Tüllinger Hügel, 35 L$*$s^{-1} aus den Niederschlägen, 20 L$*$s^{-1} infiltrieren aus der Wiese und 300 L$*$s^{-1} aus dem Riehenteich; insgesamt also 1'400 L$*$s^{-1}, bzw. 44 Mio. m^{3*}a^{-1} (MIESCHER 1901: 31). Damit liesse sich auch der zukünftige Wasserbedarf decken. Als Vergleich dazu sei die Dissertation von ZECHNER (1996) erwähnt. Er errechnete in einem Grundwasserströmungsmodell für ein Untersuchungsgebiet von 8.36 km^2 die in Abb. A2-7 dargestellten Zu- und Wegflüsse.

Anhang 2: Geschichte der Basler Trinkwasserversorgung   A2XIII

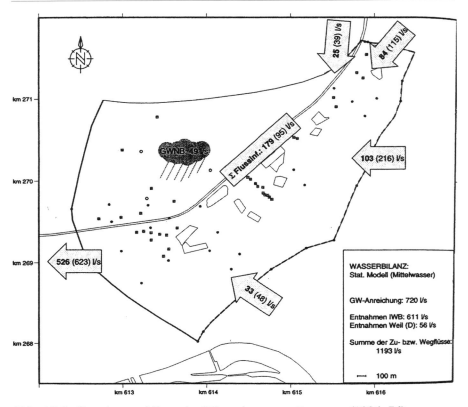

Abb. A2-7: Grundwasserbilanz der Wieseebene; aus ZECHNER (1996: 76).

Mit einem Gesamtstrom von 1'200 $L*s^{-1}$ liegen seine Bilanz und diejenige von MIESCHER 1901 interessanterweise nahe beieinander, wenn auch heute ein grosser Teil (720 $L*s^{-1}$) aus der Wässerung durch die IWB stammt, während früher vermehrt Oberflächenwasser aus der Wiese, dem Riehenteich und den Wässermatten ins Grundwasser infiltrierte.

Anhand von Messungen von Härtegrad und Temperatur konnte 1900 der Verlauf verschiedener Teilströme im Grundwasser nachvollzogen werden. Besonders bedeutsam war die Infiltration von Teichwasser (Wasser aus künstlichen Seitenkanälen der Wiese) über Wässergräben (MIESCHER 1901: 24):
„Es ist eine den Besitzern von Sodbrunnen im östlichen Teil des Wiesendelta längst bekannte Thatsache, dass der Wasserspiegel ihrer Brunnen innerhalb weniger Tage um 1-2 m steigt, wenn auf den der Wiese und dem Teich entlang sich hinziehenden Matten mit der Wässerung begonnen wird (...). Dieselbe Erscheinung wie beim Wässern der Matten tritt ein beim Füllen der Eisweiher. Die Speisung derselben erfordert recht bedeutende Wassermengen, welche fast vollständig

ihren Weg ins Grundwasser finden (...). Dass die so erhaltenen Zuschüsse nicht gering sind, zeigt sich auch bei Beobachtung der Grundwassertemperaturen.".

Der grosse „Eisweiher am oberen Ende der Lange Erlen" (d.h. des damals bewaldeten Gebietes) wird als besonders günstig für das Pumpwerk erwähnt. Dieser Eisweiher ging im Juni 1905 aus privaten Händen für Fr. 92'000.- in den Besitz des Kantons über (Brunnacten E1, Staatsarchiv Basel). Auf Bitten der Ornithologischen Gesellschaft Basel wurde 1916 direkt oberhalb des Eisweihers ein sog. „Berlep'sches Vogelschutzgehölz" eingerichtet. Der Eisweiher wurde vermutlich in den 30er Jahren wieder ausser Betrieb genommen und diente nur noch als Absetzbecken für das Teichwasser, mit welchem die unterhalb gelegenen Wässermatten bewässert wurden. Der Eisweiher und das Vogelschutzgehölz wurden 1938 zum Schutzgebiet „Entenweiher" erklärt und wurden damit nach der Rheinhalde das zweite Naturschutzgebiet im Kanton. Somit war der *heutige Entenweiher die erste, grosse Wässerstelle* in den Langen Erlen (s. auch Abb. 16).

MIESCHER (1901: 26) fährt fort:
„Dass auch die Wässerung der Matten zwischen Riehen und den Langen Erlen diesseits und jenseits der Wiese eine bedeutende Rolle spielt, sieht man an der starken Anschwellung, welche das Grundwasser beim Pumpwerk und oberhalb desselben unmittelbar während und nach der in den Juli fallenden Abstellung des Teiches zeigt. (...), so dass die Gelegenheit, das Wasser des Lörracher und Weilerteiches zur Disposition zu haben, von den Mattenbesitzern im Riehen- und Weiler Bann in ausgiebigster Weise benützt wird. (...) Eine weitere, **von der Mattenwässerung herrührende**, (...) durchaus **willkürliche Füllungsperiode für das Grundwasser** [Hervorhebung durch DR] tritt in der Regel in der zweiten Hälfte April ein (...)."

Damit wurde hier die, eigentlich landwirtschaftlichen Zwecken dienende, Bewässerung (s. Abb. A2-8) auch als *künstliche Anreicherung des Grundwassers* erkannt. MIESCHER (1901: 33) nennt dazu Zahlen:
„Die approximative Messung der bei der allgemeinen Wässerung im Riehenbann in der ersten Novemberwoche des Jahres 1900 zwischen der Landesgrenze und den Langen Erlen in die Wässermatten und Eisweiher geflossenen Wassermengen ergab einen durchschnittlichen Erguss von ca. 2000 Litern pro Sekunde (...). Davon wurden ca. 3/5 verbraucht zur Hebung des Grundwasserspiegels um durchschnittlich 1,4 m, die übrigen 2/5 liefen auf dieser ca. 2 Kilometer langen Strecke grösstenteils nach der Wiese ab."

Es geht aus dem Bericht von MIESCHER (1901) nicht hervor, ob die Basler Gas- und Wasserwerke von den Versuchen RICHERTS, die erst im Jahr zuvor publiziert wurden (s. Kap. 1.1.5), Kenntnis hatten, oder ob die vorgeschlagenen Projekte in den Langen Erlen (v.a. die weiter unten genannte Versickerung von Rheinwasser) eine Basler Eigenentwicklung waren.

Anhang 2: Geschichte der Basler Trinkwasserversorgung   A2XV

Die Bedeutung der Wässermattenwirtschaft auf die Grundwasserspiegelhöhe zeigte sich besonders eklatant am Beispiel des Suhrentales zwischen Oberentfelden und Suhr im Kanton Aargau (Abb. A2.8). Dort wurde bis 1941 eine sehr ausgeprägte Wässermattenwirtschaft betrieben. Danach wurden aber aufgrund der „Anbauschlacht" des Plans Wahlen die Wässergräben zugeschüttet, die Matten planiert, zu Äckern umgewandelt und künstlich gedüngt.

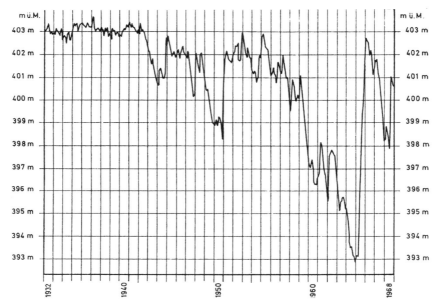

Abb. A2-8 Verlauf des Grundwasserspiegels nach Ende des Wässermattenbetriebs 1941 im Suhrental oberhalb Suhr (Wasserwerk „Brüelmatten" der Stadt Aarau; aus SCHMASSMANN 1970).

Weiter wird in Miescher (1901: 36) festgehalten:
„Es wäre daher im Interesse der (...) Leistungsfähigkeit der (...) Brunnen von grossem Wert, wenn diese willkürliche Speisung nicht dem Zufall überlassen (...) bliebe (...). (...) Die einfachste und billigste Methode zur Ueberführung des Teichwassers in das Grundwasser wäre nun ohne Zweifel die Benützung des Wassers zur Mattenbewässerung (...)."

Hierbei wird aber auf die bekannten Probleme bei unzeitigem und zu langem Überstau von Wässermatten (Faulen der Grasnarbe und Verschlammung) hingewiesen (s. z.B. BINGGELI 1999: 138 und 208). In MIESCHER (1901) wird daher die Einrichtung von Langsamsandfiltern (s. Kap. 1.1.2.1) unterhalb der heutigen Entenweiher vorgeschlagen (Abb. A2-9). Vor der Versickerung sollten die Schwebstoffe in Ablagerungsbassins entfernt werden. In der Anlage könnten pro Tag 50'000 m^3 Teichwasser versickert werden. Als Alternative wird für gesamthaft Fr. 500'000.- auch eine Versickerung von Rheinwasser vorgeschlagen, welches bei der Bierburg an der Grenzacherstrasse entnommen werden sollte (etwas unterhalb des heutigen Entnahmeortes, s. Kap. 1.2) und über eine Leitung an den gleichen Standort wie die Langsamsandfilter transportiert werden sollte. Bereits damals wurde die bessere Qualität des Rheinwassers gegenüber dem Wiese-, bzw. Teichwasser bezüglich „Klarheit und Reinheit" erwähnt (s. Kap. A2.5). Dieser Vorschlag kommt der heutigen Situation recht nahe.

Als Alternativen zur Grundwasseranreicherung in den Langen Erlen nennt MIESCHER (1901) neben der Grundwassergewinnung ausserhalb des Wiesedeltas, die aus verschiedensten Gründen verworfen wird, auch die direkte Aufbereitung von Rheinwasser. Dieses würde in den Langen Erlen nach Passage der Klärbassins in geschlossenen Sandfilterkammern doppelt filtriert. Zur Qualität des so gewonnenen Trinkwassers wird bemerkt (S. 57):
„Es unterliegt wohl keinem Zweifel, dass beim heutigen Stand der Filtrationstechnik (...) das Rheinwasser in Bezug auf Klarheit und Reinheit dem Grundwasser beinahe ebenbürtig gemacht werden kann; aber in einem Punkte wird es den Vergleich niemals aushalten können, nämlich in der Gleichmässigkeit der Temperatur."
Diese Direktaufbereitung soll deshalb erst dann zum Zuge kommen, wenn der Wasserverbrauch so stark angestiegen ist, dass
„auch mit Hülfe der künstlichen Speisung nicht mehr genug Grundwasser gewonnen werden kann." (S. 61).

Anhang 2: Geschichte der Basler Trinkwasserversorgung

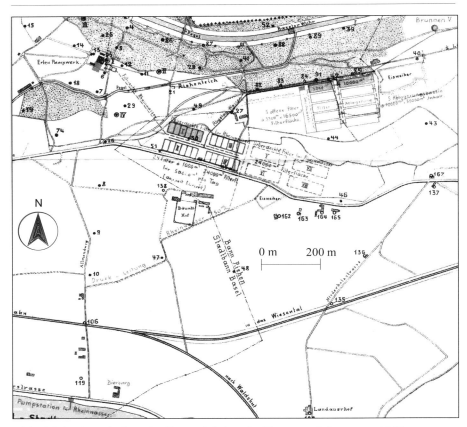

Abb. A2-9: Ausschnittweise Reproduktion der Karte aus MIESCHER 1901.

Nach den Vorstellungen von MIESCHER (1901) wurden zwischen 1901 und 1906 am Standort der vorgesehenen Sandfilter zwei Versuchsfilter (1'600 m^3 Klärbecken und 500 m^2 Filterfläche) mit einer Filtergeschwindigkeit von 50-100 L*s^{-1} errichtet, welche über einen Wässergraben mit Teichwasser gespeist wurden (Bericht des Sanitätsdepartements an den Regierungsrat vom 6.1.1933, Brunnacten E1, Staatsarchiv BS). Diese Filter befinden sich westlich der Entenweiher und werden heute mit Wasser aus dem Südlichen Waldrandbach gespeist, erfüllen aber keine Anreicherungsfunktion mehr. In den Jahren 1901 und 1909 wurden der Brunnen V und VI erbaut.

Zu einer ersten deutlichen Verbesserung der Trinkwassersituation kam es 1905, als auf dem Bruderholz das bestehende Reservoir von 4'000 m^3 Inhalt durch eines mit 14'000 m^3 ersetzt wurde. Das bestehende Reservoir wurde als Vorbassin weitergenutzt, dem vier biologische Langsamsandfilter von je 800 m^2 Fläche nachgeschaltet wurden. Das Wasser der Juraquellen passiert die ca. 0.8 m mächtige Sandschicht mit 4-5 m*d^{-1}. Zwei der Kammern dienen als Vorfilter. Damit wurde die Wasserqualität allgemein stark verbessert.

Aufgrund der Verlegung des Badischen Bahnhofs und der mittlerweile unhaltbaren hygienischen Zustände am Unterlauf des Riehenteiches wurde nach 1907 der Teichlauf verlegt und unter dem neuen Erlenpark hindurch in die Wiese geführt (in diversen Ratschlägen in den Jahren 1904/05 beschlossen). Um die Wasserkraft des Teiches für das Pumpwerk nutzbar zu machen, wurde für 1 Mio. Fr. der Bau eines Turbinenhauses beim Eintritt des Teiches in den unterirdischen Kanal beschlossen (1921/22 errichtet; Ratschlag Nr. 2385 vom 30.06.1921; GROSSER RAT 1880-1984). Bei einem nutzbaren Gefälle von 5.5 m und einem Durchfluss von 5.5 m^3*s^{-1} leistet das Kraftwerk mit zwei Francisturbinen 220 kW und liefert bis heute zwischen 200 und 900 $MWh*a^{-1}$ (Abb. A2-10 und A2-11). Das Wasserwerk der IWB verbraucht jährlich rund 11'000 MWh, das Kraftwerk am Riehenteich liefert somit zwischen 2-8 % des betriebsinternen Stromverbrauchs.

Abb. A2-10: Ansicht des Kraftwerkes am Riehenteich. Photo: D. Rüetschi.

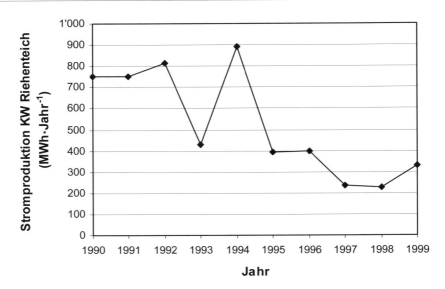

Abb. A2-11: Stromproduktion des Kraftwerks am Riehenteich zwischen 1990 und 1999 (Daten aus Jahres- und Geschäftsberichten der IWB).

Die früheren Nutzer des Teichwassers im Kleinbasel wurden mit entsprechenden Strom- und Wasserlieferungen entschädigt und das Wasserwerk konnte nun frei über das Teichwasser verfügen, so dass die benötigte Wassermenge zur Grundwasseranreicherung immer vorhanden war. Dazu wurde vom Grossen Rat am 27.01.1910 der auch heute immer noch gültige Staatsvertrag mit dem Grossherzogtum Baden vom 25.08.1756 über die Wasserbenützung aus der Wiese angepasst (auf Basis des Ratschlags Nr. 1730 vom 16.09.1906; GROSSER RAT 1880-1984; s. auch Systematische Gesetzessammlung des Kantons Basel-Stadt, 771.720). Damit kann der **27.01.1910 de jure als „offizieller" Beginn der künstlichen Grundwasseranreicherung in den Langen Erlen** zum Zwecke der Trinkwassergewinnung genannt werden.

Bei der Änderung des Vertrages mit Baden wurde auch der Bau eines Grabens zur Entnahme von Wasser aus dem Riehenteich zur direkten Speisung der Versuchsfilter genehmigt, der im April 1912 beendet wurde. Im Jahresbericht des Gas- und Wasserwerkes von 1912 wird dies wie folgt beschrieben (S. 50):
„Im Berichtsjahr wurde unterhalb der Grendelgasse am rechten Teichufer ein Teichwasserauslauf erstellt und mit dem ehemaligen Guidischen Eisweiher [*heutige Entenweiher, Anmerkung DR*] und dem Versuchsfilter auf der Spittelmatte durch einen offenen Graben verbunden. Die Erstellung dieser Einrichtung ermöglicht es auch in trockenen Zeiten hier Wasser für die Grundwasserspeisung zu entnehmen. Um der mit den Badischen Behörden getroffenen und im Januar 1910

vom Grossen Rat genehmigten Vereinbarung zu genügen, wurde der Auslauf mit einer Messvorrichtung (Überfall) versehen. Die Erstellungskosten beliefen sich auf Fr. 7586.20 (...)."

Der Plan von Basel zeigt in seiner Ausgabe von 1913 einen Graben, der in etwa mit der Position der Felder 2 und 3 der heutigen Wässerstelle Grendelgasse Rechts identisch sind (Abb. A2-12). Auch sichtbar ist auf dieser Abbildung ein Graben entlang der heutigen Wässerstelle Grendelgasse Links. Somit lässt sich sagen, dass die Wässerstelle *Grendelgasse mit über 90 Jahren* die *älteste, heute noch in Betrieb stehende Wässerstelle* ist!

Die Ausleitung von 1912 dient heute zum Transport des filtrierten Rheinwassers zu den Feldern der Wässerstelle Grendelgasse Rechts. Weiterhin ist er um die Entenweiher herum bis zum Breitmattenweg erhalten geblieben.

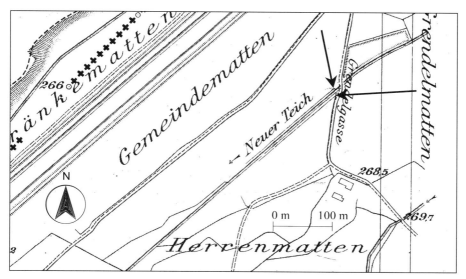

Abb. A2-12: Auszug aus dem Stadtplan von Basel von 1913. Pfeile markieren die Ausleitungen.

Über die Bewässerungszyklen sind keinerlei Angaben vorhanden. Es ist von der bestehenden Art der Wässermattenbewirtschaftung auszugehen, welche den aktuellen Bedürfnissen des Wasserwerks angepasst wurde, d.h. kurzzeitige (drei bis sechs Tage) andauernde Überflutung mit strömendem Wasser und nachfolgend mehrwöchiger Trockenzeit. Nach den Angaben von P. HÄNSLI, dem ehemaligen Wiese-Bannwart und Verantwortlichen des Gas- und Wasserwerkes für die Schutzzone Lange Erlen, wurde in den 1940er und 50er Jahren zu Beginn einer Wässerungsphase eine möglichst grosse Menge Wasser in die Wässerstellen geleitet und diese nach fünf bis sechs Tagen nach und nach gedrosselt, bis die Versickerungsleistung so stark abnahm, dass die Wässerstelle trockengelegt wurde. Mit zunehmendem Verbrauch wurde vermutlich auch die Überflutungsdauer ausgedehnt. Die Wässerungsfelder waren damals nicht von Dämmen umgeben und nicht planiert, so dass, anders als heute, vermutlich nur ein kleiner Teil der Flächen wirklich überflutet war. So waren z.B. in der Wässerstelle Grendelgasse Links bis zur Planierung in den 1950/60er Jahren nur die ersten fünf Meter jenseits des Wässergrabens überflutet (HÄNSLI, pers. Mitt.: 18.01.2001). Erst durch die Planierung sowie die Errichtung von Dämmen und Überlaufrohren konnten die Flächen voll überstaut werden und somit die ganze Versickerungsleistung genutzt werden. Anders als bei den Anlagen der Hardwasser AG (s. Kap A2.4) war hier wegen des geringen Flurabstandes des Grundwassers von nur 1-4 m keine Anreicherung über Gräben oder Versickerungsmulden möglich. Es musste deshalb ähnlich wie bei der Wässermattenwirtschaft flächig versickert werden.

Die Versuchsfilter unterhalb der heutigen Entenweiher wurden nach dem im Kap. 1.1.2.1 beschriebenen Langsamsandfilterprinzip betrieben. Die Filter setzten jedoch wegen mangelnder Vorfiltration mit Laub, Sand und Schlamm schnell zu. Mittels Herauspumpen des Schlammes wurde versucht, die Versickerungsleistung wiederherzustellen, was jedoch misslang. Deshalb dienten die Filter möglicherweise bereits ab 1910 nur noch als Klärbecken und nicht mehr als Grundwasseranreicherungsstellen – es bleibt allerdings unklar, wann die Umstellung erfolgte. Die „normalen" Anreicherungsflächen, die z.T. bis Mitte der 1960er Jahre als grasbewachsene Wässermatten betrieben wurden, boten jedoch keine Probleme. Deshalb wurden die natürlichen Böden auch nie durch Sandfilter ersetzt.

Aufgrund des weiterhin ansteigenden Wasserbedarfes (Abb. A2-13) wurde gemäss dem Ratschlag Nr. 1817 vom 12.10.1911 einerseits für Fr. 500'000.- das Pumpwerk ausgebaut und mit elektrischen Pumpen ausgerüstet, andererseits wurde für Fr. 180'000.- der Bau neuer Brunnen (VII bis IX) genehmigt (GROSSER RAT 1880-1984). Diese sollten bis an die Landesgrenze verteilt sein, denn:
„Die grosse Entfernung der Brunnen und die geringe Geschwindigkeit (...) des Wassers im Boden erlauben dann, ohne dass die in Benützung stehenden Brunnen beeinträchtigt werden, die in der Schutzzone liegenden Wässermatten in geeigneten Zeiten sukzessive zu wässern und dadurch nicht nur den Graswuchs zu erhalten, sondern auch dem Grundwasserstrom während anhaltender Trockenheit die nötige Speisung zukommen zu lassen." (Ratschlag Nr. 1817: 16).

Dazu wurde eine Ausweitung der Schutzzone um 69.5 ha auf 107 ha beschlossen,

„in welcher nicht nur die weitere Bebauung und die Düngung mit Stall- und Abtrittjauche untersagt, sondern auch die Wässerung so geregelt werden kann, dass sie die Grundwasserentnahme nicht stört" (Ratschlag Nr. 1817: 20).

Der Bau der Brunnen VII bis IX erfolgte zwischen 1913 und 1916.

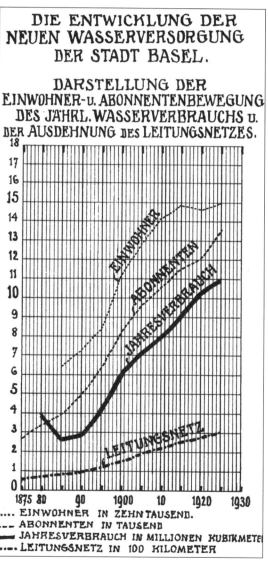

Abb. A2-13. Entwicklung der Basler Wasserversorgung zwischen 1875 und 1925 (aus: EICHENBERGER 1925).

In den Jahren 1927-1930 wurden für Fr. 480'000.- in den Brunnen verbesserte Pumpen (Tiefbrunnenpumpen) installiert, sowie die Pumpenanlage im Erlenpumpwerk erweitert (Ratschlag Nr. 2804 vom 19.03.1927, bzw. Ratschlag Nr. 2975 vom 14.11.1929; GROSSER RAT 1880-1984). Etwa im Jahre 1928 wurde der damalige Eisweiher (heutige Entenweiher, s.o.) in ein Ablagerungsbassin umfunktioniert, das vermutlich dauernd überflutet war (Brunnacten E1, Staatsarchiv Basel-Stadt). Laut mündlichen Aussagen von IWB-Vertretern konnte aber die Klärungsfunktion nur in ungenügendem Masse erreicht werden.

In einem Bericht des Sanitätsdepartements vom 06.01.1933 über „Die Grundwasseranreicherungsanlagen in der Schutzzone des Wasserwerkes am Breitmattenweg" an den Regierungsrat ist die weitere Entwicklung geschildert:
- 1929 wurde eine kleine Wässerungsanlage zwischen dem Erlensträsschen und dem Brunnen VII erstellt, welche ab Sommer 1932 im Wechsel mit dem Riehener Eisweiher (entspricht dem *heutigen* Eisweiher beim Reservat Wiesenmatten) zur Infiltration benutzt wurde. Damit kann eigentlich nur die heutige Wässerstelle Wiesengriener gemeint sein, was sich auch im Übersichtsplan der Gemeinden Riehen und Bettingen von 1939 zeigt (Abb. A2-14).
- Im Herbst 1932 wurden mit „lokaler Wässerung aus vorhandenen Wässerungsgräben", den Versuchsfiltern, der Wässerstelle Wiesengriener und dem benachbarten Riehener Eisweiher täglich bis zu 1'000 L$*$s^{-1} versickert. Dies führte zu einer so starken Anhebung des Grundwasserspiegels, dass Grundwasser in die Wiese exfiltrierte.

Dazu heisst es im Bericht von 1933:
"Wir beabsichtigen nun solche Versuche im grösseren Masstab weiter zu führen und hierfür geeignete Einrichtungen zu schaffen, die eine Messung des Wassers erlauben und nicht mehr den Charakter von Provisorien haben sollen. Zu diesem Zwecke ist vorgesehen, in Verbindung mit dem genannten Ablagerungsbassin *[Entenweiher] gemäss mitfolgendem Situationsplan [leider nicht beiliegend, Anmerkung DR; s. aber Abb. A2-15 und A2-16]* 2 ca. 140 m lange begraste Versickerungsgräben von 3 m Breite, die abwechslungsweise unter Wasser gesetzt werden sollen, anzulegen und ferner eine westlich des Ablagerungsbassin liegende grössere Fläche zur Infiltration zu benützen, welche mit einem kurzen Zulauf zu versehen ist, sowie mit einem Abschlussdamm, der verhindern soll, dass das Wasser über anderes als das zur Infiltration vorgesehene Kulturland fliesst."

Bei der genannten grösseren Fläche handelt es sich höchstwahrscheinlich um die erste, teichnähere Hälfte der heutigen Wässerstelle Hüslimatten (Abb. A2-14). 1934 wurde am gleichen Ort eine weitere (nicht benannte) Wässerstelle in Betrieb genommen (vermutlich die zweite Hälfte der heutigen Hüslimatten; GWW Basel, Jahresbericht 1936). Für die genannten Arbeiten wurden Fr. 35'000.- aufgewendet. Zwischen 1939 und 1948 wurden auch die Habermatten eingerichtet (Abb. A2-15 und A2-16). Nach Angaben im IWB-Archiv wurde bereits 1937 beschlossen, die Schutzzone sukzessive aufzuforsten. Durch die Aufforstung wurden einerseits die Erholungssuchenden von dem Betreten dieser Flächen abgehalten. Andererseits, und das war damals schon bekannt, konnten so das bessere Mikroklima des Waldbodens erhalten sowie das Algenwachstum und die damit verbundenen Probleme vermindert werden (s. auch Kap. 4.1.1.1).

Das Dammmaterial stammt nach den Aussagen von P. HÄNSLI von Basler Baufirmen, die nicht brauchbares Erdmaterial (d.h. aus unter ca. 30 cm Bodentiefe) z.T. bis 30 km zur Deponie ins Elsass fahren mussten und nun zu einer kostenlosen Deponierungsmöglichkeit in den Langen Erlen fanden. Die chemische Qualität des Materials wurde nur mit der Nase geprüft (T. STÄHELI, pers. Mitt.: 27.07.1999). Beide Aussagen beziehen sich auch auf das Erdmaterial, mit dem die Wässerstellen bei der Planierung ca. ab den 1950er Jahren jeweils künstlich aufgeschüttet wurden. Dies zur Verbesserung der Reinigungsleistung und zur besseren Wasserversorgung der Bäume während langer Unterbrüche im Sommer.

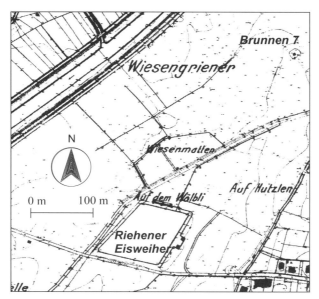

Abb. A2-14: Ansicht der vermutlich bereits mit einem Damm umgebenen Wässerstelle Wiesengriener/Wiesenmatten mit Wässergräben im Übersichtsplan der Gemeinde Riehen und Bettingen von 1939 (leicht verändert).

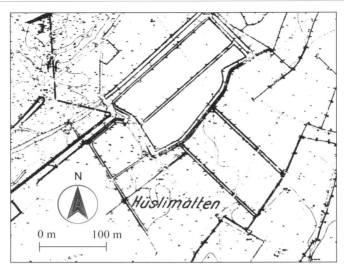

Abb. A2-15: Ansicht der Wässerstelle Hüslimatten mit Wässergräben im Übersichtsplan der Gemeinde Riehen und Bettingen von 1939.

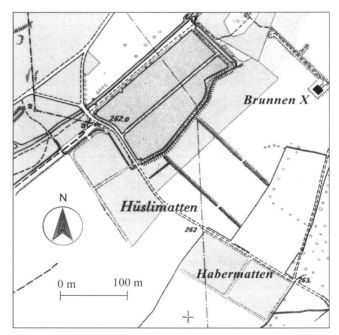

Abb. A2-16: Ansicht der aufgeforsteten und mit Dämmen umgebenen Wässerstellen Hüslimatten und Habermatten mit Wässergräben im Übersichtsplan der Gemeinde Riehen und Bettingen von 1948 (leicht verändert).

Nicht ganz klar ist die Geschichte der Wässerstelle Finkenmatten. Aufgrund der zur Verfügung stehenden alten Pläne scheinen die Finkenmatten seit mindestens 1900 als Wässermatten landwirtschaftlich genutzt worden zu sein. Im damaligen Übersichtsplan der Stadt Basel führte ein Bewässerungsgraben durch das Gebiet der Finkenmatten. Im Plan der Stadt Basel von 1913 ist ein Graben eingetragen, der heute zur Rückleitung des südlichen Waldrandbaches in den Riehenteich dient. Von diesem zweigte damals ein Graben mitten in die Finkenmatten ab (Abb. A2-17). Es sind auch heute noch Stellfallen sichtbar, die zeigen, dass früher die Wässerstelle Finkenmatten aus dem Südlichen Waldrandbach bewässert wurde. Ab wann die Fläche zur Grundwasseranreicherung genutzt wurde, kann nicht beantwortet werden. Gemäss Angaben des ehemaligen Wiese-Bannwartes HÄNSLI wurde die Matte ca. anfangs der 1970er Jahre mit einem Damm umgeben, da bei der Bewässerung jeweils die Fusswege überflutet wurden.

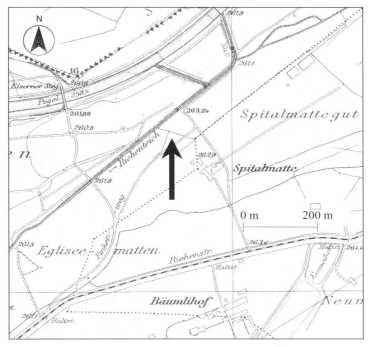

Abb. A2-17: Ansicht der Wässerstelle Finkenmatten im Übersichtsplan der Stadt Basel von 1913 (Pfeil verweist auf Wässergräben in der WS).

Zwischen 1920 und 1937 nahm der Wasserverbrauch von 10 Mio. m^3 auf 16 Mio. m^3*a^{-1} zu. Deshalb musste Ende der 30er Jahre beim Breitmattenweg eine neue Brunnengruppe, der Sammelbrunnen X, erstellt werden, welche zusammen mit dem Brunnen V die ganze Breite der Schutzzone erschliesst (Ratschlag 3687; GROSSER RAT 1880-1984). Zusätzlich wurde beim Brunnen X eine eigene Hochdruckpumpe und eine zweite Heberleitung gebaut, wofür insgesamt ein Kredit von Fr. 850'000.- gesprochen wurde. Der Brunnen wurde 1940 in Betrieb genommen.

Im Übersichtsplan von 1948 ist auch das Feld 3 der Wässerstelle Verbindungsweg erkennbar (Abb. A2-18). Dessen Existenz macht erst im Zusammenhang mit dem Brunnen X Sinn, so dass es zwischen 1940 und 1948 erstellt worden sein muss. Im gleichen Plan sind auch die Felder 1 und 2 der Wässerstelle Grendelgasse Rechts von einem Damm umgeben und bewaldet dargestellt, während im Plan von 1939 eine Begrenzung fehlt (Abb. A2-19). Es ist anzunehmen, dass gleichzeitig mit der Erstellung der Dämme auch eine Planierung erfolgte. Aufgrund des Bodenprofils (s. Kap. 3.1.1.1) ist eine flächige Aufschüttung der Wässerstelle mit künstlich zugeführtem Material unwahrscheinlich. Die Wässerstelle Grendelgasse links wurde erst im Zeitraum zwischen 1956 und 1965 planiert, mit einem Damm umgeben und aufgeforstet.

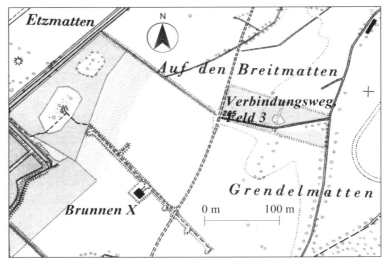

Abb. A2-18: Ansicht des aufgeforsteten und mit Dämmen umgebenen Feldes 3 der Wässerstelle Verbindungsweg und des Brunnens X im Übersichtsplan der Gemeinde Riehen und Bettingen von 1948 (leicht verändert).

Anhang 2: Geschichte der Basler Trinkwasserversorgung A2XXVIII

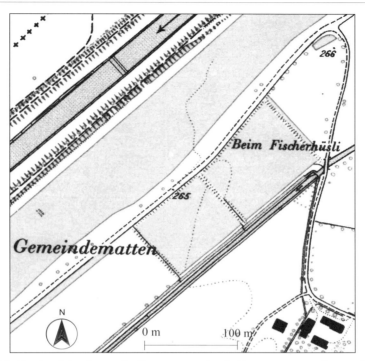

Abb. A2-19: Ansicht der aufgeforsteten und mit Dämmen umgebenen Felder 1 und 2 der Wässerstelle Grendelgasse Rechts im Übersichtsplan der Gemeinde Riehen und Bettingen von 1948.

Als Folge auf die im extremen Trockenjahr 1947 erlassenen Bewässerungsverbote für private Verbraucher und die z.T. heftigen Reaktionen der Bevölkerung publizierte das Wasserwerk ein Jahr später einen Bericht über die zukünftige Entwicklung der Wasserversorgung der Stadt Basel (GWW 1948), in dem mehrere Ausbauvarianten vorgestellt wurden: Die Bewässerung der Wässerstellen mit Rheinwasser, die direkte Rheinwasseraufbereitung, die Grundwasserfassung aus dem Hardwald bei Birsfelden und die Grundwasserfassung aus dem Aaretal. Bis auf die Direktaufbereitung des Rheinwassers zur Abdeckung des Spitzenverbrauchs wurden alle Varianten verworfen, obwohl auch dieses Verfahren nachteilig wäre (zunehmende Schadstoffbelastung des Rheinwassers, massive Versorgungsprobleme mit Flockungsmitteln in Krisenzeiten, Temperaturausgleich). Zuerst sollte deshalb laut Bericht die Kapazität der Schutzzone mit dem Bau neuer Brunnen und der Erhöhung der Pumpleistung vollständig ausgenützt werden. Die künstliche Anreicherung mit Rheinwasser wäre zwar die günstigste Methode, die Gefahr einer Verschmutzung der Schutzzone wurde aber als schwerwiegend betrachtet. Ebenso wurde eine Stechmückenplage befürchtet. Die Grundwassergewinnung aus der Hard wurde als technisch schwierig beurteilt und die gewinnbare Quantität als zu gering erachtet.

Bereits im Herbst 1947 wurde vom Grossen Rat der Ausbau der Brunnen I, III, und IV mit Nebenbrunnen für Fr. 173'000.- genehmigt (Ratschlag Nr. 4354 vom 12.09.1947; GROSSER RAT 1880-1984). Am 14.10.1948 wurde für Fr. 1.9 Mio. die Erweiterung des Pumpwerks genehmigt und am 28.01.1949 beschloss der Grosse Rat den Bau der Brunnen XI, XII, und XIII rechtsseitig der Wiese für 2.77 Mio. Franken. Zudem wurde in den Jahren 1951/52 an der Grenzacherstrasse eine Versuchsanlage zur direkten Rheinwasseraufbereitung mittels Aktivkohle, Ozon, Chlor und Chlordioxid betrieben.

A2.4 Das Grundwasserwerk im Hardwald

Trotz der Ablehnung der Hard als neuer Trinkwasserquelle in GWW 1948 wurden aufgrund einer Studie von Prof. VONDERSCHMITT (Geologisches Institut, Universität Basel) und Dr. SCHMASSMANN (Geologe aus Liestal) vom Oktober 1950 an systematische Untersuchungen der Grundwasserverhältnisse in der Muttenzer Hard unternommen (HUNZINGER 1975; HARDWASSER AG, 1996: 5). Ein im Ratschlag Nr. 5071 vom 20.12.1954 (GROSSER RAT 1880-1984) dargestellter Vergleich des Gas- und Wasserwerks Basel zwischen der direkten Rheinwasseraufbereitung und der Grundwasseranreicherung im Hardwald gab dem Hardwaldprojekt den Vorzug. Finanzielle und versorgungstechnische Gründe, sowie die konstantere Temperatur im Grundwasser und die Verwendung von natürlichen Reinigungsprozessen im Gegensatz zur chemischen Vorbehandlung und „fabrikatorischen Massnahmen" waren hierbei ausschlaggebend. Eine direkte Rheinwasseraufbereitung zur Deckung von Verbrauchsspitzen sei auch später noch möglich. Deshalb wurde im November 1954 ein Vertrag zur Gründung einer Aktiengesellschaft zum Bau und Betrieb von Trinkwassergewinnungsanlagen in der Hard beschlossen und anschliessend von beiden Basler Kantonsparlamenten genehmigt. Am 19.12.1955 wurde die Hardwasser AG gegründet, an welcher beide Basel jeweils zur Hälfte beteiligt sind. Bereits im folgenden Jahr wurde aus fünf Grundwasserbrunnen 940'000 m^3 Trinkwasser gefördert. Doch die Förderung des Grundwassers ohne eine gleichzeitige künstliche Anreicherung mit Rheinwasser hatte Qualitätsmängel zur Folge. Daher wurde ab Mai 1958 provisorisch unbehandeltes Rheinwasser versickert, womit rund 6.5 Mio. m^3 Trinkwasser gefördert werden konnten. In den 60er Jahren erfolgte der weitere Ausbau des Werkes mit zusätzlichen Brunnen, Anreicherungsanlagen und einer Vorreinigung des Rheinwassers. Im Jahre 1971 wurde mit 23 Mio. m^3 die bisher grösste Menge an Trinkwasser gefördert. Das Werk ist für eine Spitzenproduktion von 124'000 m³ pro Tag ausgelegt. Heute wird die Anlage wie folgt betrieben: Das zur Versickerung benötigte Rheinwasser wird unterhalb des Kraftwerkes Augst entnommen (Abb. A2-20). Über eine Pumpstation erreicht das Wasser das Überlaufbauwerk, von wo es sämtliche weiteren Anlagen im freien Gefälle (13 m Höhendifferenz) passieren kann. Nach der Passage eines Absetzbeckens (Cyklator und/oder Lamellenseparator) und bei Bedarf – etwa einmal jährlich – einer Flockung mittels Eisenchlorid, sowie nach der Passage eines Schnellsandfilters sind auch bei hoher Rheintrübung im Mittel rund 95 % der Schwebstoffe entfernt und das Wasser (ca. 1'000 - max. 2'000 $L*s^{-1}$) kann so zu den rund 4 km entfernten Anreicherungsflächen im Hardwald geleitet werden (Abb. A2-21 und A2-22).

Anhang 2: Geschichte der Basler Trinkwasserversorgung A2XXXI

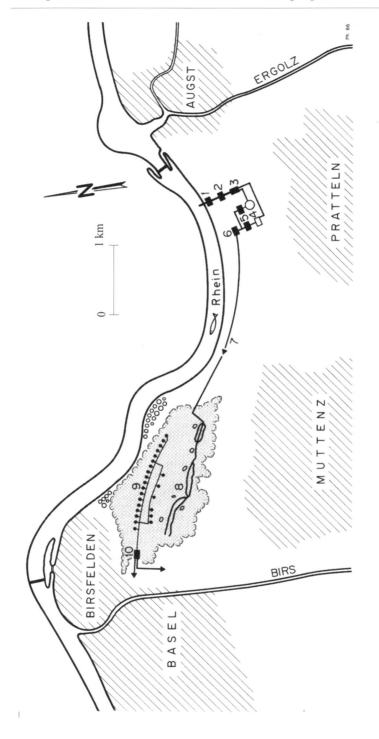

Abb. A2-20: Lagekarte des Grundwasserwerks Hardwasser. Legende zu den angegebenen Ziffern: s. Abb. A2-21und A2-22 (aus HARDWASSER AG 1993).

Anhang 2: Geschichte der Basler Trinkwasserversorgung

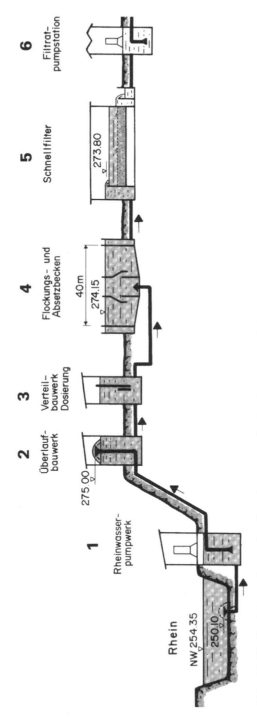

Abb. A2-21: Funktionsschema des Grundwasserwerks Hardwasser, östlicher Teil (aus HARDWASSER AG 1993).

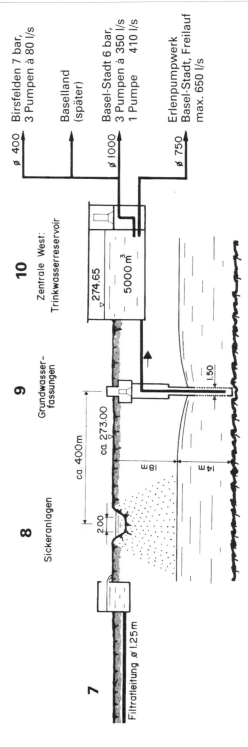

Abb. A2-22: Funktionsschema des Grundwasserwerks Hardwasser, westlicher Teil (aus HARDWASSER AG 1993).

Im Hardwald versickert das Wasser durch ein 3'500 m langes, offenes Grabensystem mit rund 7'000 m² Fläche und sechs Sickerweihern mit 4'000 m² Fläche (Abb. A2-22 und A2-23). Die Sohle der Sickeranlagen ist aus verschiedenen Sand- und Kiesschichten aufgebaut, wo sich ähnliche Reinigungsprozesse wie in Sand- und Kiesfiltern abspielen (s. Kap. 1.1.2.1). Das Wasser versickert bei einer Trockentiefe von 18 m mit einer Geschwindigkeit von rund 10-12 $m*d^{-1}$ in den bis zu 38 m tiefen Schotterkörper unterhalb des Hardwaldes. Nach einer Aquiferpassage von rund 400 m und einer mittleren Aufenthaltszeit von zehn Tagen wird das Grundwasser als einwandfreies Trinkwasser in 33 Brunnen gefasst und in einer Menge von 200-1'200 $L*s^{-1}$ direkt in das Netz (bis zu 400 $L*s^{-1}$) eingespiesen oder in einer Freilaufleitung zum Pumpwerk in den Langen Erlen gefördert.

Abb. A2-23: Ansicht eines Anreicherungsgrabens im Hardwald (aus HARDWASSER AG 1996).

Die Anlagen der Hard sind auf allen Seiten von verschiedensten Gefahrenherden umgeben: Autobahn, Eisenbahnrangiergelände, Chemische Industrie und Hafenanlagen mit grossen Öltanks. Daher wird in der Regel eine bis zu doppelt so grosse Filtratwassermenge in den Hardwald geleitet, als daraus in Form von Grundwasser wieder entnommen wird. Dadurch wird ein Grundwasserberg erzeugt, der allseitig evtl. verschmutztes Grundwasser von den Brunnenanlagen abdrängt und daher eine gute Trinkwasserqualität garantiert. Dass solche Massnahmen notwendig sind, zeigen auch die neuesten Entwicklungen und Querelen um die ehemaligen Chemiegruben „Feldreben", „Margelacker" und „Rothaus" in Muttenz. Mit jährlich um 14 Mio. m^3 liefert die Hardwasser AG die andere Hälfte des Basler Trinkwassers. In Tab. A2-2 sind die weiteren Gemeinden aufgeführt, welche von der Hardwasser AG versorgt werden.

Tab. A2-2: Trinkwasserlieferungen der Hardwasser AG im Jahre 2002 (in m^3).

Gemeinde	Lieferung	Gemeinde	Lieferung
Basel	10'324'407	Birsfelden	863'150
Allschwil	1'435'563	Münchenstein	600
Binningen	1'237'000	Reinach	240'117

Parallel zu den Studien in der Muttenzer Hard anfangs der 1950er Jahre wurde aufgrund der Empfehlung des Gutachtens von VONDERSCHMITT und SCHMASSMANN die Errichtung eines Grundwasserwerks bei Möhlin geprüft und im Juni 1973 ein Untersuchungsbericht erstellt (HUNZINGER 1975). Wegen der grossen Trockentiefe von 50 bis 70 m und einer schlecht durchlässigen, 10-15 m mächtigen Lössschicht an der Bodenoberfläche sollte mittels Flockung und Filtration aufbereitetes Rheinwasser über Sickerrohre in den Aquifer des Möhliner Felds infiltriert werden. Für den Endausbau wurde eine Förderleistung von rund 300'000 m^3 Trinkwasser täglich erwartet. Wegen des ab 1972 sinkenden Wasserbedarfs wurde dieses Projekt wie auch die direkte Rheinwasseraufbereitung oder der Bezug von Wasser aus dem Vierwaldstättersee jedoch nicht mehr weiterverfolgt.

A2.5 Neuere Entwicklungen der Trinkwasserfassung in den Langen Erlen

Die nachfolgenden Angaben stammen, soweit sie nicht separat zitiert sind, zumeist aus dem IWB-Archiv und den internen Jahresberichten der IWB-Abteilung Wasser.

Die Qualität und Quantität des Wiesewassers nahm im Verlauf der 50er Jahre immer mehr ab. Beispielsweise traten in der Wiese pH-Werte bis 11 auf (s. Kap. A2.6). Die Wiese führte im Sommer so wenig Wasser, dass sie über Monate hinweg ganz im Flussbett versickerte und im trockenen Sommer von 1959 konnten anstelle der maximal möglichen 120'000 m^3 Grundwasser pro Tag nur noch 60'000 m^3 gewonnen werden. Deshalb musste eine neue Wasserquelle für die künstliche Grundwasseranreicherung in den Langen Erlen gefunden werden, welche trotz der Errichtung des Grundwasserwerks Hardwald immer noch den grössten Teil des Basler Trinkwassers lieferte. Ab 1955 wurde deshalb auch als Folge von Verschmutzungen in der Schutzzone selbst (s. Kap. A2.6) eine Sicherheitsentkeimung mit Chlordioxid eingeführt und ab 1959 eine Rheinwasserinfiltration geplant. Zudem wurde 1962 aufgrund der starken Karieszunahme bei Kindern und aufgrund positiver Erfahrungen in den USA die Trinkwasserfluoridierung mit Natriumsilikofluorid zur Kariesprophylaxe eingeführt (Ratschlag Nr. 5362 vom 13.06.1957; GROSSER RAT 1880-1984). Wegen der Zwangsmedikation und möglicher Zahnverfärbungen war dieser Entscheid bereits damals umstritten. Die IWB sind zur Zeit sehr an einem Export des Basler Wassers ins Elsass und das nähere Baselbiet interessiert, was aber bisher v.a. durch die Fluoridbeigabe verhindert wurde. Der Zusatz von Fluorid zum Basler Trinkwasser wurde im Jahr 2003 aufgehoben (EUGSTER 2003; RIST 2003).

Um die Ergiebigkeit des Grundwasserwerks in den Langen Erlen zu steigern, beschloss der Grosse Rat mit dem Ratschlag 5670 vom 02.06.1960 (GROSSER RAT 1880-1984) für 12.95 Mio. Fr. den Bau einer Rohwasserfassung, einer Schnellsandfilteranlage sowie einer Filtratwasserleitung zu den linksufrigen Wässerstellen, welche im April 1964 in Betrieb genommen werden konnte. Im Ratschlag Nr. 5670 (S. 6) wurde die Wichtigkeit der Schutzzone betont (s. dazu auch Kap. A2.6):
„Da mit dem neuen Projekt die Bedeutung der Schutzzone Lange Erlen für die Wasserversorgung erneut steigt, braucht es den Willen aller Kreise der Bevölkerung, auf jede weitere Beanspruchung der Schutzzone für werkfremde Bedürfnisse heute und in Zukunft zu verzichten."

Schon aufgrund der früheren Erfahrungen mit der Versickerung von Wiesewasser war klar, dass die Wässerstellen nicht lange, d.h. länger als ein bis zwei Monate, überflutet werden konnten, da dann die Versickerungsleistung massiv abnahm. Zumal auch die zur Beschattung der Wässerstellen gepflanzten Bäume diese Überflutungsdauer nicht vertragen würden. Somit wurde auch im Rheinwasserbetrieb ein Bewässerungsrhythmus eingeführt. Dessen Anfänge bleiben im Dunkeln. In WIDMER (1966) wird erstmals eine Wässerungsphase von drei bis sechs Wochen und eine Trockenphase von vier Wochen mit einer Versickerungsleistung von 2.5 m pro Tag beschrieben. SCHMASSMANN (1970) macht keine Angabe über die Dauer der Wässerungsphase, nennt aber 14 Tage als Dauer der Trockenphase bei einer durchschnittlichen Versickerungsleistung von 2-3 $m*d^{-1}$. TRÜEB (1973; aus EUREAU 1970) nennt eine zweiwöchige Bewässerungs- und eine dreiwöchige Trockendauer. Und schliesslich beschreibt STÄHELI (1974) mit zehn Tagen Bewässerungs- und 20 Tagen Trockenphase den auch heute noch gültigen Zustand, allerdings bei einer maximalen Versickerungsleistung von 3.6 $m*d^{-1}$ (bezüglich Versickerungsleistungen s. Kap. 3.5.1.1 und DILL 2000). Die Veränderung des Bewässerungsrhythmus in den genannten Literaturzitaten weist auf mehrjähriges Experimentieren mit der geeignetsten Verteilung von Nass- und Trockenphasen.

Irgendwann zwischen 1964 und 1968 wurden die Wässerstellen Wiesenwuhr Links und Rechts in Betrieb genommen. Da der Wasserverbrauch weiterhin anstieg, wurde im Jahre 1970 die Wässerstelle Spittelmatten erstellt und die Wässerstelle Verbindungsweg um die Felder 1 und 2 erweitert. Der Grosse Rat bewilligte bei der Behandlung des Ratschlages 6913 vom 30.06.1972 u.a. die Errichtung einer Entsäuerungsanlage für das Trinkwasser aus den Langen Erlen, welche im Dezember 1974 in Betrieb genommen wurde (Entsäuerung mit Natronlauge; GROSSER RAT 1880-1984). Zu einer zweiten Lesung zurückgewiesen wurden aber u.a. die Erstellung von neuen Wässerstellen und Grundwasserbrunnen, sowie die Zuschüttung des Alten Teiches und Verlegung des Neuen Teiches (Bericht vom Oktober 1972, nachfolgend „Bericht 1972" genannt). Dies v.a. weil beim Bau der technischen Anlagen mehr Rücksichtnahme auf das Landschaftsbild und die Wünsche der Gemeinde Riehen verlangt wurde. Bereits damals monierte die Gemeinde neben weiteren Punkten die geradlinige und geometrische Gestaltung der Waldränder und Wässerstellen, sowie die „bisher praktizierte Methode gleichförmiger Anpflanzungen alternierend mit periodischen Kahlschlägen" (Hybridpappelbewirtschaftung in den Wässerstellen; s. Kap. 3.6). Nach einer Aussprache mit der Gemeinde Riehen wurde u.a. festgehalten, dass „die Schutzzone in den Langen Erlen als Auenlandschaft auszugestalten ist" und die geplanten Wässerstellen kleiner ausfallen und teilweise „mit Buschwerk angepflanzt" werden. Alter und Neuer Teich sollen bestehen bleiben. Zudem soll die seit 1913 bestehende „Lörracher Dole" ganz aufgehoben werden (Hauptsammelleitung für Abwasser aus Lörrach, welche durch die Grundwasserschutzzone führt, s. auch Kap. A2.6). Neu sollen folgende Wässerstellen erbaut werden (Abb. A2-24- A2-26):
- Hüslimatten II
- Habermatten II und III
- Wölblimatten
- Wiesenmatten
- Vordere und Hintere Stellimatten.

Zudem sollen die Brunnen XIV-XVI neu errichtet werden.

Anhang 2: Geschichte der Basler Trinkwasserversorgung A2XXXVIII

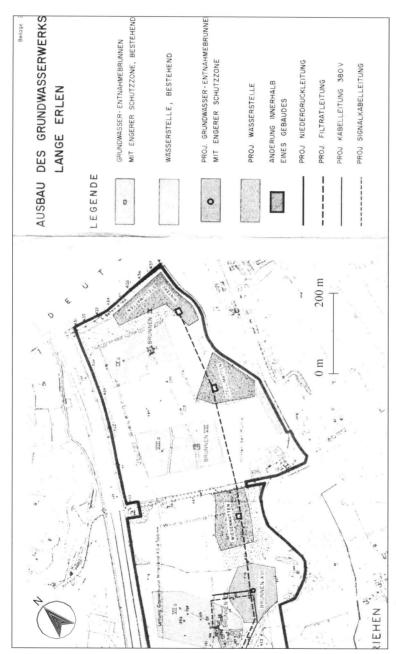

Abb. A2-24: Übersicht über den im Bericht 1972 geplanten Ausbau des Grundwasserwerks in den Langen Erlen (nördlicher Teil).

Anhang 2: Geschichte der Basler Trinkwasserversorgung A2IXL

Abb. A2-25: Übersicht über den im Bericht 1972 geplanten Ausbau des Grundwasserwerks in den Langen Erlen (Mitte).

Anhang 2: Geschichte der Basler Trinkwasserversorgung

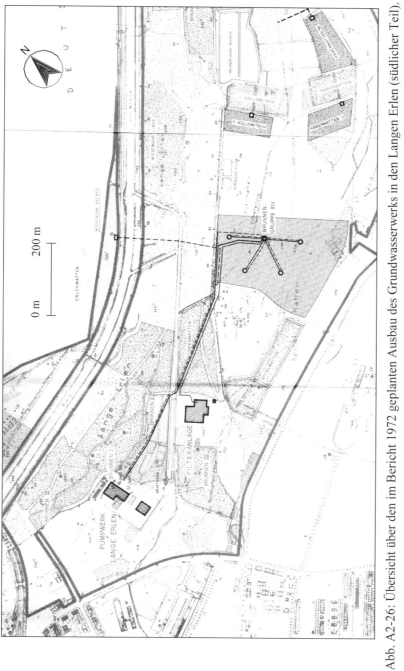

Abb. A2-26: Übersicht über den im Bericht 1972 geplanten Ausbau des Grundwasserwerks in den Langen Erlen (südlicher Teil).

Schliesslich wird im Bericht von 1972 noch Bezug genommen auf die Gutachten von Prof. Dr. T. FREYVOGEL vom Tropeninstitut und von Dr. W. BÜTTIKER über die Mückenplage im Bereich der Wieseebene bei Riehen. Dabei wurde festgehalten, dass v.a. Tümpel und Regenwassersammelgefässe in den umliegenden Familiengärten als Brutstätten für Mückenlarven in Frage kämen. Brutstätten in Wässerstellen könnten durch eine adäquate Wässerungsdauer (< 14 Tage), sowie durch Planierung und Beschattung vermieden werden.

Ebenfalls 1972 wurden in den Finkenmatten und den Spittelmatten Überlaufschächte gebaut, womit ein voller Einstau der Flächen erreicht wurde. Dies war auch notwendig, denn im Jahre 1971 wurde mit knapp 49 Mio. m^3 die grösste Jahresabgabemenge der IWB erreicht. Die höchste Trinkwassertagesabgabe in der Geschichte der IWB erfolgte mit 244'300 m^3 erst am 01.07.1976. Die im Bericht von 1972 genannten neu einzurichtenden Wässerstellen Vordere und Hintere Stellimatten wurden 1977 in ziemlich genau der projektierten Form erstellt. Aufgrund des seit 1972 sinkenden Jahreswasserverbrauchs erübrigte sich der Bau weiterer Wässerstellen und Brunnen.

In den 1980er Jahren wurden nur noch wenige Veränderungen vorgenommen (Jahresberichte der Abt. Wassergewinnung IWB). So wurde 1981 der Boden in beiden Stellimatten mit Walzen und Plattenvibratoren zur Senkung der damals zu hohen Infiltrationsleistung verdichtet, welche für eine zu schlechte Wasserqualität verantwortlich war. Ein Jahr später wurde zusätzlich in beiden Wässerstellen 6'552 m^3 Erdmaterial (sog. „2.Stich") aufgeschüttet. Weitere Angaben zu den Stellimatten finden sich in Kap. 4.1.2.1.

Ebenfalls 1981 wurden in der Wässerstelle Wiesewuhr Rechts neue Umfassungsdämme gebaut, welche die Nutzung um 70 % verbesserten. Die Stellfallen in der Grendelgasse links wurden neu gebaut, und in der Finkenmatte 1 ein Überlaufschacht erstellt. 1984 folgte je ein Überlaufschacht in den Wässerstellen Habermatten und Wiesewuhr Rechts und als letzte bewässerbare, verpachtete Mattlandfläche wurde die Wässerstelle Wiesengriener planiert (Feld 1) und mit einem Damm umgeben. Vermutlich bereits 1985 wurde die Wässerstelle Wiesewuhr Rechts wieder ausser Betrieb gesetzt. In etwa um die gleiche Zeit wurde auch die Wässerstelle Wiesenwuhr Links um ca. die Hälfte auf die heutige Grösse verkleinert.

Als Reaktion auf die Grundwasserverschmutzungen in Lörrach-Stetten und beim Bachtelenweg am Rande der Schutzzone in Riehen von 1980/81 (s. Kap. A2.6) wurde im Oktober 1988 die Aktivkohlefilteranlage in Betrieb genommen (projektierte Baukosten: 12 Mio. Fr; Ratschlag Nr. 7842, 16.11.1984; GROSSER RAT 1880-1984). Im drei Monate dauernden Betriebsunterbruch nach dem Chemieunfall bei Sandoz am 01.11.1986 (s. Kap. A2.6) konnte gezwungenermassen nur auf den natürlichen Grundwasserzustrom aus dem Wiesental zurückgegriffen werden. Dies erlaubte auch die Durchführung eines Pumpversuches, der 44'000 m^3*d^{-1} als die maximale Entnahmemenge aus dem natürlichen Grundwasserstrom ohne künstliche Anreicherung auswies. Ein weiterer Pumpversuch 1989 ergab eine maximale Ergiebigkeit von 110'000 m^3*d^{-1} bei gleichzeitiger künstlicher Anreicherung. Ab Ende der 1980er Jahre wurden auf den Wässermatten in Weil keine Wässerungen mehr vorgenommen, so dass die Ergiebigkeit der Horizontalfilterbrunnen XI-XIII deutlich sank.

Im Februar 1990 wurden in den Langen Erlen durch den Wirbelsturm Vivian 635 Bäume – davon 410 Hybridpappeln – mit total 742 m^3 Holzvolumen geworfen. Im Vergleich dazu liegt die normale Jahreserntemenge bei 200 m^3. An Weihnachten 1991 ereignete sich an der Wiese ein Jahrhunderthochwasser, bei welchem im Bereich des Schiffliweihers der Wasserspiegel rund 50 cm unterhalb der Deichkrone lag und Wasser aus den Dolen im Schorenweg drang.

Die 1990er Jahre waren hinsichtlich der künstlichen Grundwasseranreicherung geprägt vom ständig abnehmenden Wasserverbrauch: Mittlerweile wird die Grundwasseranreicherung in den Langen Erlen mit weniger als der Hälfte der möglichen Kapazität betrieben. Die Verbrauchsabnahme und die damit verbundenen Ertragsausfälle zwangen die Industriellen Werke zu einer Rationalisierung. Gleichzeitig konnten aber z.B. die Grundwasserbrunnen schonender gefahren werden, was eine Versandung verhindert und die Qualität des Grundwassers durch die längere Aufenthaltszeit und den geringeren Ansog von Wiesewasser verbessert. In den Langen Erlen nahm jedoch der Druck durch die Erholungsnutzung zu und führte damit einerseits zur Steigerung der sog. „Wohlfahrtsausgaben" der IWB (z.B. Waldrandpflege entlang von Wegen, Entsorgung immer grösserer Mengen umherliegenden Abfalls etc.). Anderseits stieg auch die „Rechtfertigungspflicht" der IWB gegenüber den stetig wachsenden Ansprüchen verschiedenster Nutzergruppen in den Langen Erlen. (s. dazu auch die Empfehlungen in Kap. 5.3)

A2.6 Zunahme des Nutzungsdruckes und Gefährdungen der Grundwasserqualität und der Schutzzone in den Langen Erlen

Obwohl das Wasserwerk für die Sicherung der Grundwasserqualität eine grosse Schutzzone erwarb, z.T. unter Enteignung der bisherigen Besitzer, wurde deren Existenz im Laufe des 20. Jahrhunderts mehrfach in Frage gestellt:

Im Jahre 1935 bemühte sich der Hornusserverein Basel-Stadt vergeblich um ein Spielgelände (Staatsarchiv Basel-Stadt, SD Reg 1 13-3-0). Im Jahr darauf folgte ein Gesuch für eine Reitsportanlage in den Gemeindematten, welche nur stark verkleinert genehmigt wurde.

Noch nicht einmal in ihren endgültigen Grenzen festgelegt, wurde die Schutzzone bereits 1937 entlang ihrem südöstlichen Rand hart vom Projekt der Wiesentalstrasse (Umfahrung von Riehen) bedrängt, welche nach langem Streit erst 32 Jahre später in einer Abstimmung über die Volksinitiative des Basler Naturschutz zur Erhaltung der Grundwasserschutzzone in den Langen Erlen im Stimmenverhältnis 2:1 endgültig begraben wurde.

1935 erhielt das Wasserwerk eine Anfrage zur Durchführung des eidgenössischen Schützenfestes im Jahre 1939 auf der Landwirtschaftsfläche zwischen Spittelmatthof und der Wässerstelle Hüslimatten. Dieses Gesuch wurde abgelehnt. 1938 folgte eine erneute Anfrage für das Schützenfest im Jahre 1944. Trotz diesmalig positivem Bescheid wurde jedoch nur die 500-Jahr-Gedenkfeier der Schlacht im St. Jakob realisiert. Ab Ende der 30er Jahre wurde der Sportplatz Grendelmatten ausgebaut.

Als definitives Datum der Festlegung der Schutzzonengrenze findet sich in Dokumenten des Staatsarchivs (SD Reg 1 13-3-1) der 13.10.1944. Doch kaum ein Jahr später wurde das Gas- und Wasserwerk von der damaligen CIBA angefragt, ob die Schutzzone nicht zugunsten des Baus von Arbeiterunterkünften wieder aufgehoben werden könnte. Diese Anfrage erhielt die Unterstützung des Regierungsrates, der schon früher die ganze Schutzzone der Überbauung überlassen und die Grundwasseranreicherung durch eine direkte Aufbereitung des Rheinwassers ersetzen wollte (Staatsarchiv Basel-Stadt, BD-Reg 1 A 1303-5). In Gutachten vom 08.05.1944 des Professors für Hygiene der Universität Basel, TOMCSIK, und des Dozenten für Hygiene der ETH Zürich, VON GONZENBACH wurde aber die Position des Wasserwerkes unterstützt, welches die Grundwasseranreicherung beibehalten wollte. So schrieb TOMCSIK: „Technisch ist die Verwendung von Rheinwasser möglich, aber es ist fraglich, ob die gleiche hygienische Qualität des Trinkwassers wie diejenige des Grundwassers gesichert würde; auch geschmacklich wird das Flusswasser dem Grundwasser nicht ebenbürtig sein." (SK Reg 64 12-10-3, 1938-1952). Den beiden Experten ist es zu verdanken, dass die Schutzzone letztendlich in ihrer Form bestehen blieb. Interessanterweise wurde nur vier Jahre später, nach dem starken Druck der Öffentlichkeit im Trockenjahr 1947, in GWW (1948) die direkte Rheinwasseraufbereitung vom Wasserwerk favorisiert (s.o.).

> Es ist deshalb nicht genügend zu betonen, dass die Langen Erlen als Grün- und Erholungsraum in der heutigen Form nur dank der Trinkwassergewinnung bestehen. Wäre damals die direkte Rheinwasseraufbereitung umgesetzt worden, wären die Lagen Erlen heute zumindest teilweise überbaut.

Selbst eine Schutzzone war jedoch nicht immer Garant für eine gute Grundwasserqualität. Durch die immer stärkere Besiedelung und Industrialisierung des Wiesentales wurde die Grundwasseranreicherung mit Teichwasser immer risikoreicher. Nach einem Bericht des Labors des Gas- und Wasserwerkes vom 26.07.1950 wurden im Riehenteich allein in der Zeit vom 11.06. bis zum 25.07. 18 mal rote, gelbe, graue und blaue Färbungen sowie schäumendes Wasser festgestellt. Nur zwei Tage nach Erscheinen dieses Berichts musste zudem wegen bakteriellen Verunreinigungen mit *E.coli* im Brunnen X der Mattenhof bei der Grendelgasse evakuiert werden. Zudem wurde im Wasser Phenolgeruch festgestellt. Als Verursacher wurden aus der undichten Lörracher Dole versickerte Industrieabwässer aus Brombach eruiert. Diese Verschmutzungen führten, begleitet von heftigen Leserbriefwechseln, zu verschiedenen Gutachten. Bereits im Anhang des Berichts 1948 forderten Prof. TOMCSIK und der Vorsteher des kantonalen Gesundheitsamtes, Dr. MÜLLER, eine Schliessung des Mattenhofes aufgrund der prekären hygienischen Verhältnisse im und rund um den Hof.

Im Gutachten der EAWAG betreffend die Grundwasserverschmutzung aus dem Wiesental vom Dezember 1950 wurde eine zentrale Chlorierung empfohlen, zudem eine bakteriologische Kontrolle jeder Fassung sowie eine Umgrenzung der Brunnen, in der eine Bewaldung oder eine Begrasung mit Schnitt des Grases (also eine Mähwiese anstatt eine Weide) vorgenommen wird. Die Ausbringung von Jauche und Mist nordöstlich des Breitmattenweges soll verboten werden.

Im Gutachten der Eidgenössischen Agrikulturchemischen Anstalt in Liebefeld vom 06.10.1951 wurde die Ausscheidung einer engeren Schutzzone um den Brunnen empfohlen, welche einen Maximalradius von 60 m und eine Dauerwiese als Pflanzendecke aufweisen sollte. Diese könne mit 4-5 kg Thomasmehl und mit 6 kg 4% Kalisalz/Are gedüngt werden. Oberhalb der Brunnen V und X sollte das Ausbringen von Stalldüngern verboten, die Weide hingegen erlaubt sein. Im Weiteren

„...muss aber unbedingt und erneut darauf hingewiesen werden, dass die obere Humusschicht die grösste Absorptions- und Filtrierkraft besitzt, die auf frisch gepflügten Böden praktisch ausgeschlossen wird. Weiter sei betont, dass die oberste Schicht die stärkste biologische Regenerierkraft zeigt. Alles, was zur Erhöhung des Filtrier- und Absorptionskraft des Bodens führt, ist als günstig zu empfehlen." Auf die Aussage dieser Sätze bezüglich der Vorstellungen über die Reinigungsprozesse bei der Grundwasseranreicherung s. Kap. 1.5.

Aufgrund der Gutachten wurde 1952/53 der Spittelmatthof und das Restaurant Wiesengarten an der Weilstrasse saniert, sowie der Mattenhof als Landwirtschaftsbetrieb geschlossen. Das Pachtland wurde an die übrigen Riehener Bauern verteilt und auf dem Hof selbst war nur noch eine reine Wohnnutzung erlaubt. Eine Naturdüngung wurde nur im Gebiet des Spittelmatthofs gestattet. Im Weiteren wurde die Lörracher Dole repariert und Gespräche über einen Neubau der Abwassersammler von deutschem Gebiet zum Rhein aufgenommen. Diese gipfelten in der Annahme des Ratschlages Nr. 5388 am 19.11.1957 (GROSSER RAT 1880-1984), mit welchem 3.15 Mio. Fr. für den Bau eines Abwasserkanals von Hauingen/Brombach/Lörrach bis nach Märkt gesprochen wurde. Zudem wurde ab 1955 eine Sicherheitsentkeimung mit Chlordioxid eingeführt.

1972 wurde das Wasserwerk gebeten, eine Galoppierstrecke und einen Reitplatz mit Tribune, gelegen zwischen der Wässerstelle Wiesengriener und der Wiese, zu genehmigen. Wiederum nach deutlicher Gegenwehr wurde nur eine Galoppierstrecke zwischen dem Wiesengriener und der Weilstrasse errichtet.

Eine grössere Grundwasserverschmutzung durch flüchtige Halogenkohlenwasserstoffe (fHKW) wurde 1980 festgestellt (STÄHELI 1981). Dabei wurden durch einen industriellen und einen gewerblichen Betrieb in Lörrach Trichlorethylen (TRI), Perchlorethylen (PER) und Trichlorethan (TCE) ins Grundwasser eingetragen, wodurch das Grundwasser im Brunnen IX mit 80 $mg*L^{-1}$ und in den Brunnen VII und VIII mit je 35 $mg*L^{-1}$ fHKW belastet war. Die Ausserbetriebnahme dieser Brunnen führte zu einem Ausfall von 20'000 m^3 Grundwasser pro Tag. Ab 1982 wurde der Brunnen IX bis November 1985 als Sanierungsbrunnen eingesetzt. Die Wässerstelle Hintere Stellimatten wurde durch ausgiebige Wässerung als Grundwasserbarriere verwendet. Im Jahre 1981 erfolgte durch eine chemische Reinigung am Bachtelenweg in Riehen eine Grundwasserverschmutzung mit leichtflüchtigen chlorierten Kohlenwasserstoffen (v.a. PER): Zur Reinigung wurden drei Sanierungsbrunnen beim Brunnen VII errichtet, mit welchen das kontaminierte Wasser bis Januar 1986 abgepumpt wurde.

Am 01.11.1986 kam es zu einem Grossbrand in einer Lagerhalle für Agrochemikalien bei der Sandoz AG in Schweizerhalle (ca. 4.5 km oberhalb der IWB-Rheinwasserfassung), wobei über 500 t Chemikalien verbrannten. Wegen der damals noch fehlenden Löschwasserauffangbecken floss das Löschwasser mit den darin enthaltenen Pestiziden direkt in den Rhein, was durch den Eintrag von Phosphorsäureestern wie Disulfoton und Thiometon zu einem massiven Fischsterben mit mehreren Hunderttausend toten Fischen (v.a. Aale) führte. Neben Pestiziden wurde auch rund 150 kg organisch gebundenes Quecksilber eingeleitet. Die Rheinwasserfassung wurde aber noch vor einer Beeinträchtigung abgestellt. Die Abstellung dauerte bis zum 27.01.1987. Während dieser Zeit konnte fehlendes Trinkwasser von der Hardwasser AG bezogen werden, deren Rheinwasserfassung oberhalb von Schweizerhalle liegt. Dieser sowie auch die beiden vorgenannten Unfälle mit chemischen Substanzen bewogen die IWB, im Jahre 1988 eine Aktivkohleanlage in Betrieb zu nehmen (s. Kap. A2.5).

Jüngste Beispiele von Wünschen der Beanspruchung der Schutzzone für Freizeitaktivitäten sind eine Frisbeewiese auf der Exerziermatte beim Pumpwerk und die Erweiterung des Sportplatzes Grendelmatten. Diese sollte zuerst in die Wässerstelle Verbindungsweg hinein erfolgen, dann wurde als Alternative eine Ausweitung in den Acker nördlich des Alten Teiches und östlich der Grendelgasse vorgeschlagen. Mit dem neuen Richtplan „Landschaftspark Wiese" wurde dieses Projekt unter teilweise deutlichem Protest im Jahre 2001 definitiv fallengelassen. Auch nach der Genehmigung des Richtplanes folgen jedoch immer wieder neue konfliktträchtige Ideen wie die Errichtung eines Fesselballons oder eines Golfplatzes im Mattfeld zwischen der Wiese und Weil am Rhein. Mit der Querung der Schutzzone durch die Zollfreie Strasse zwischen Lörrach und Weil, deren Bau unmittelbar bevorsteht, entsteht eine weitere mögliche Quelle für Grundwasserverschmutzungen in der Schutzzone. Mit der vorgängigen Erneuerung des Abwassersammlers unter der Trasse der Strasse wurde jedoch auch eine Verschmutzungsquelle beseitigt.

Besonders seit der Schliessung des Naturschutzgebiets Reinacherheide zwischen Reinach und Münchenstein für Spaziergänger mit Hunden im Jahre 1993 wichen diese vermehrt in die Langen Erlen aus, was ebenfalls zu zunehmenden Konflikten führte (Hunde in den Wässerstellen, Hunde, die Feldhasen nachjagten, Hundekot in den Landwirtschaftsflächen). Langfristig wird der Leinenzwang deshalb kaum zu umgehen sein.

Aber auch jüngste Naturschutzprojekte wie das Konzept von DURRER (1992), die Revitalisierung der Wiese und das MGU-Projekt in der Wässerstelle Hintere Stellimatten tangieren die Schutzzone (s. Kap. 1.4.2.3 und

1.4.3). Dies führte auch hier zu Bedenken und teilweise erheblichen Widerständen seitens der IWB. Obwohl der Verfasser dieser Arbeit von einer optimalen Verbindung zwischen Naturschutz und Trinkwassergewinnung sehr überzeugt ist und die genannten Naturschutzprojekte unterstützt, so ist doch die Reaktion der IWB aufgrund der Verantwortung über das Trinkwasser von 200'000 Einwohnern, v.a. aber auch aufgrund des obengeschilderten, ständigen harten Ringens um die Erhaltung der Schutzzone verständlich.

Anhang 3: Farbtafeln

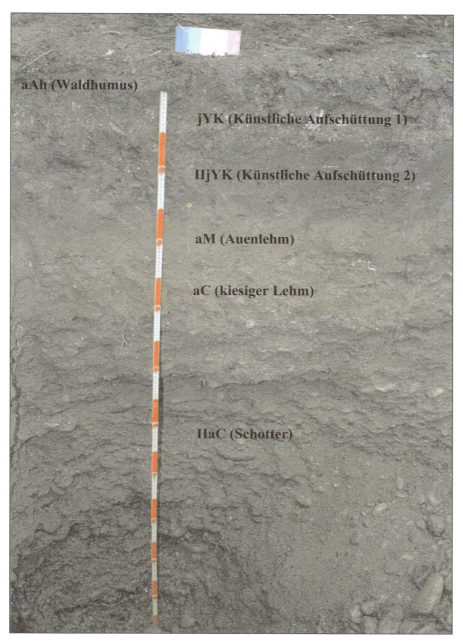

Abb. A3-1: Ansicht eines 2 m tiefen Bodenprofils am Standort SPM2/7 vom 23.02.1998. Photo: D. Rüetschi.

Anhang 3: Farbtafeln

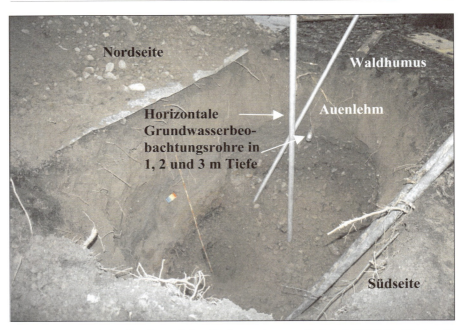

Abb. A3-2: Ansicht der 3 m tiefen Bodengrube am Standort VW1/7. Photo: D. Rüetschi.

Abb. A3-3: Detailbild der Bodengrube am Standort VW1/7 (Nordseite) zwischen 1.0 und 2.30 m Bodentiefe. Photo: D. Rüetschi.

Abb. A3-4: Detailbild der Bodengrube am Standort VW1/7 zwischen 1.0 und 1.30 m Bodentiefe. Photo: D. Rüetschi.

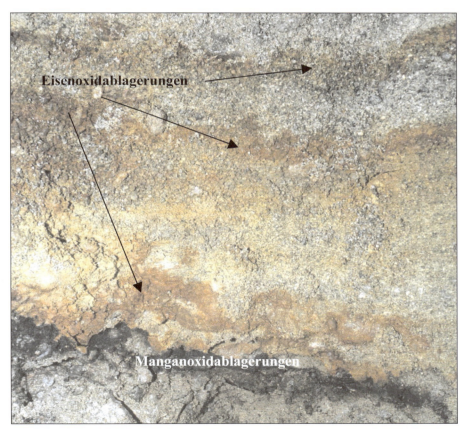

Abb. A3-5: Detailbild der Bodengrube am Standort VW1/7 (Südseite) zwischen 2.30 und 2.80 m Bodentiefe. Photo: D. Rüetschi.

Abb. A3-6: Ausschnitt eines Regenwurmganges (4 cm lang, 0.5 cm Durchmesser) aus ca. 35 cm Bodentiefe etwa 5 m südwestlich von VW1/11. Die weissen Linien markieren den linken und rechten Rand des aufgebrochenen Ganges. Photo: D. Rüetschi.

Anhang 3: Farbtafeln

Abb. A3-7: Mikrophoto der Eisen- und Manganoxid-Überzüge auf Schotter aus 3 m Bodentiefe aus der Grube am Standort VW1/7.

Abb. A3-8: Mikrophoto der Eisen- und Manganoxid-Überzüge auf Schotter aus 3 m Bodentiefe aus der Grube VW1/7. Die Detailaufnahme zeigt rechts der Mitte eine bäumchenartige Struktur.

Abb. A3-9: Ansicht der Langsamsandfilter 1 (rechts) und 2 (links) auf der Insel Hengsen von NO aus. Beide LSF wurden frisch eingesandet. LSF 1 wurde bereits wieder in Betrieb genommen. Photo: D. Rüetschi.

Abb. A3-10: Einlaufbauwerk des LSF 1 auf der Insel Hengsen mit Kaskaden zur Sauerstoffanreicherung von SO aus. Photo: D. Rüetschi.

Basler Beiträge zur Physiogeographie

PHYSIOGEOGRAPHICA

Band 1 R.-G. Schmidt
Probleme der Erfassung und Quantifizierung von Ausmaß und Prozessen der aktuellen Bodenerosion (Abspülung) auf Ackerflächen. Methoden und ihre Anwendung in der Rheinschlinge zwischen Rheinfelden und Wallbach (Schweiz).
Basel 1979, 240 S. mit 36 Abbildungen, 1 Karte und 16 Tabellen   Fr. 14.-

Band 2 P. Luder
Das ökologische Ausgleichspotential der Landschaft, Untersuchungen zum Problem der empirischen Kennzeichnung von ökologischen Raumeinheiten, Beispiel Region Basel und Rhein-Neckar.
Basel 1980, 172 S. mit 27 Abb., 9 Tab., 22 Karten und 2 Abb. im Kartenband   vergriffen

Band 3 Th. Mosimann
Boden, Wasser und Mikroklima in den Geoökosystemen der Löß-Mergel-Hochflächen des Bruderholzgebietes (Raum Basel).
Basel 1980, 267 S. mit 45 Abbildungen, 23 Tabellen und 5 Karten   Fr. 24.-

Band 4 H.R. Moser
Die Niederschlagsverteilung und -struktur bei verschiedenen Wetterlagen in der Region Basel.
Basel 1984, 269 S. mit 30 Abbildungen, 39 Tabellen und 37 Karten   Fr. 29.-

Band 5 W. Seiler
Bodenwasser- und Nährstoffhaushalt unter Einfluß der rezenten Bodenerosion am Beispiel zweier Einzugsgebiete im Basler Tafeljura bei Rothenfluh und Anwil.
Basel 1983, 510 S. mit 129 Abbildungen, 143 Tabellen und 14 Karten   vergriffen

Band 6 J. Rohrer
Quantitative Bestimmung der Bodenerosion unter Berücksichtigung des Zusammenhanges Erosion-Nährstoff-Abfluss im Oberen Langete-Einzugsgebiet (Napfgebiet, südlich Huttwil).
Basel 1985, 242 S. mit 51 Abbildungen und 47 Tabellen   Fr. 29.-

Band 7 Th. Mosimann
Untersuchungen zur Funktion subarktischer und alpiner Geoökosysteme (Finnmark (Norwegen) und Schweizer Alpen).
Basel 1985, 488 S. mit 131 Abbildungen, 18 Tabellen und 8 Karten   vergriffen

Band 8 R. Bono
Geoökologische Untersuchungen zur Naturraumgliederung und Regenwurmfauna des Niederen und Hohen Sundgaus (Elsass, Frankreich).
Basel 1985, 300 S. mit 66 Abbildungen, 25 Tabellen und 8 Karten   Fr. 42.-

Band 9 K. Herweg
Bodenerosion und Bodenkonservierung in der Toscana, Italien (Testgebiet Roccatederighi, Provinz Grosseto).
Basel 1988, 175 S. mit 43 Abbildungen, 21 Tabellen, 4 Karten sowie 7 Karten im Kartenband   Fr. 45.-

Band 10 S. Vavruch
Bodenerosion und ihre Wechselbeziehungen zu Wasser, Relief, Boden und Landwirtschaft in zwei Einzugsgebieten des Basler Tafeljura (Hemmiken, Rothenfluh).
Basel 1988, 338 S. mit 99 Abbildungen, 50 Tabellen und 8 Karten   Fr. 42.-

Band 11 *W. Dettling*
Die Genauigkeit geoökologischer Feldmethoden und die statistischen
Fehler quantitativer Modelle.
Basel 1989, 140 S. mit 39 Abbildungen und 10 Tabellen   vergriffen

Band 12 *G. Zollinger*
Bodenerosionsformen und -prozesse auf tonreichen Böden des Basler
Tafeljura (Raum Anwil) und ihre Auswirkungen auf den Landschaftshaushalt.
Basel 1991, 372 S. mit 73 Abbildungen und 75 Tabellen   vergriffen

Band 13 *D. Schaub*
Die Bodenerosion im Lössgebiet des Hochrheintales (Möhliner Feld -
Schweiz) als Faktor des Landschaftshaushaltes und der Landwirtschaft.
Basel 1989, 228 S. mit 46 Abbildungen, 47 Tabellen und 9 Karten   Fr. 30.-

Band 14 *J. Heeb*
Haushaltsbeziehungen in Landschaftsökosystemen topischer Dimensionen
in einer Elementarlandschaft des Schweizerischen Mittellandes.
Modellvorstellungen eines Landschaftsökosystems.
Basel 1991, 198 S. mit 66 Abbildungen, 32 Tabellen und 7 Karten   Fr. 30.-

Band 15 *M. Glasstetter*
Die Bodenfauna und ihre Beziehungen zum Nährstoffhaushalt in
Geosystemen des Tafel- und Faltenjura (Nordwestschweiz).
Basel 1991, 224 S. mit 60 Abbildungen, 50 Tabellen und 6 Karten   Fr. 39.-

Band 16 *V. Prasuhn*
Bodenerosionsformen und -prozesse auf tonreichen Böden des Basler
Tafeljura (Raum Anwil, BL) und ihre Auswirkungen auf den Landschaftshaushalt.
Basel 1991, 372 S. mit 75 Abbildungen, 75 Tabellen   Fr. 30,-

Band 17 *Ch. Wüthrich*
Die biologische Aktivität arktischer Böden mit spezieller Berücksichtigung
ornithogen eutrophierter Gebiete (Spitzbergen und Finnmark).
Basel 1994, 222 S. mit 51 Abbildungen und 23 Tabellen   Fr. 30.-

Band 18 *P. Schwer*
Untersuchungen zur Modellierung der Bodenneubildungsrate auf
Opalinuston des Basler Tafeljura.
Basel 1994, 190 S. mit 86 Abbildungen und 23 Tabellen   Fr. 30.-

Band 19 *J. Hosang*
Wasser- und Stoffhaushalt von Lössböden im Niederen Sundgau
(Region Basel). Messung und Modellierung.
Basel 1995, 131 S. mit 45 Abbildungen und 17 Tabellen   Fr. 30.-

Band 20 *M. Huber*
The digital geoecological map concepts, GIS-methods and case studies.
Basel 1995, 144 S. mit 25 Abbildungen, 12 Tabellen und 13 Karten   Fr. 25.-

Band 21 *R. Lehmann*
Landschaftsdegradierung, Bodenerosion und -konservierung auf der
Kykladeninsel Naxos, Griechenland.
Basel 1994, 223 S. mit 76 Abbildungen, 45 Tabellen, 18 Photos und 8 Karten   Fr. 35.-

Band 22 *D. Dräyer*
GIS-gestützte Bodenerosionsmodellierung im Nordwestschweizerischen Tafeljura -
Erosionsschadenskartierungen und Modellergebnisse – *GIS-based Soil Erosion
Modelling in NW-Switzerland - Erosion damage mappings and modelling results -
(chapter summaries, figures and tables in English).*
Basel 1996, 234 S. mit 53 Abbildungen, 27 Tabellen, 9 Karten und
10 S. Anhang   Fr. 30.-

Band 23 *M. Potschin*
Nährstoff- und Wasserhaushalt im Kvikkåa-Einzugsgebiet, Liefdefjorden
(Nordwest-Spitzbergen). Das Landschaftsökologische Konzept in einem
hocharktischen Geoökosystem.
Basel 1996, 258 S. mit 78 Abbildungen und 27 Tabellen   Fr. 32.-